卓越工程师教育培养计划系列教材
ZHUOYUE GONGCHENGSHI JIAOYU PEIYANG JIHUA XILIE JIAOCAI

国家级一流本科专业建设成果教材

U0876970

石油和化工行业“十四五”规划教材

化工与制药工程制图

姚瑰妮 主 编
曾坤伟 李 微 副主编

第二版

化学工业出版社
·北京·

内容简介

《化工与制药工程制图》（第二版）以最新颁布的《机械制图》《技术制图》国家标准为核心，深度融合化工、制药工程领域的行业规范，内容涵盖画法几何基础理论、机械制图规范、化工设备结构表达、化工与制药工艺流程图解析以及厂区设计，特别针对全国大学生化工设计大赛及全国大学生制药工程设计竞赛图纸要求进行了说明。书中配置60个例题解题步骤及三维动态立体图，通过扫描二维码即可观看解题过程视频演示，帮助读者直观理解空间投影关系与工程图样转化逻辑。

全书贯穿课程思政理念，在制图标准演进历程中阐释中国工业标准化的时代价值，通过中国制造等典型案例传递工匠精神，将绿色化工与可持续生产设计融入生态文明建设内涵。

本书可作为高等院校化学工程与工艺、制药工程、高分子材料与工程、药物制剂、生物工程、环境工程、过程装备与控制工程等专业的教材，也可供化工与制药行业从事研究、设计、生产的工程技术人员参考。

图书在版编目（CIP）数据

化工与制药工程制图 / 姚瑰妮主编 ；曾坤伟，李微副主编. -- 2 版. -- 北京 ：化学工业出版社，2026. 1.
（石油和化工行业“十四五”规划教材）. -- ISBN 978-7-122-49251-7

Ⅰ. TQ050. 2；TQ46

中国国家版本馆 CIP 数据核字第 2025L72Q26 号

责任编辑：马泽林　杜进祥　　文字编辑：崔婷婷
责任校对：刘曦阳　　装帧设计：刘丽华

出版发行：化学工业出版社
（北京市东城区青年湖南街 13 号　邮政编码 100011）
印　　装：北京云浩印刷有限责任公司
787mm×1092mm　1/16　印张 17¾　插页 2　字数 456 千字
2026 年 2 月北京第 2 版第 1 次印刷

购书咨询：010-64518888　　售后服务：010-64518899
网　　址：http://www.cip.com.cn
凡购买本书，如有缺损质量问题，本社销售中心负责调换。

定　　价：49.00 元

前言

本书自2015年作为“卓越工程师教育培养计划系列教材”出版以来，全国不少高等院校化工与制药类专业选用了本教材。

工程制图是化工与制药类专业实现设备工艺设计、标准化技术沟通及合规生产的基础核心内容。与第一版相比，此次修订主要体现在以下几个方面：

1. 坚持正确政治方向和价值导向

教材融合了思政元素，引导学生树立远大的理想信念，具备社会责任感及良好的职业道德。化工与制药类专业的学生需要学习化工设备图、化工工艺流程图、化工设备布置图和管道图等内容。作为一门学生较早接触的工程技术类课程，工程制图为后续课程和从事工程技术工作奠定了必备的基础，承担着转变学生思维观念和引领学生建立工程意识的任务。本教材以立德树人为根本，充分挖掘蕴含在专业知识中的思政元素，实现专业课与思政教育的有机融合，将思政渗透、贯穿教育和教学的全过程，助力学生的全面发展。

2. 提升教材内容的先进性

围绕教育部“双一流”建设和工程教育专业认证，融入国际标准和行业前沿，将新规范、新案例纳入教材中并加强纸质教材与数字资源的结合。在画法几何部分，对每个例题增加了视频讲解，方便学生更好地学习解题方法和步骤；在组合体及机件的表达部分，增加了立体图视频；在零件图及装配图部分，增加了典型零部件的装配视频。

3. 贴合全国大学生专业设计竞赛要求

本书紧密结合全国大学生化工设计大赛及全国大学生制药工程设计竞赛对设计图纸的要求，对化工专业及制药专业图样作相应的介绍。

全国大学生化工设计大赛及全国大学生制药工程设计竞赛作为国内高校工程实践类的重要赛事，通过模拟真实工业场景中的复杂项目设计，全面锻炼学生的创新思维、工程实践能力和团队协作精神。在化工设计竞赛及制药工程设计竞赛中，绘图是贯穿整个设计流程的核心技能，直接影响作品的技术可行性和专业呈现质量。本教材增加两赛对绘图的规定和要求等内容，可以帮助学生在大赛时规范绘图，提高绘图效率。

本书为石油和化工行业“十四五”规划教材，参加本书编写与修订工作的有云南大学姚瑰妮（全书编写），曾坤伟（习题集编校）、李微（校正）、张隽玮（习题集编校）。此外，山东理工大学王超、孙文龙、舒伟老师对本书书稿提出了修改建议；云南大学本科生院和云南大学化学科学与工程学院对本书修订和出版工作给予了大力支持，在此一并致谢。

限于编者的学识水平，教材中难免有不足之处，恳请广大读者批评指正，编者将不胜感激。

编　者

2025年4月

第一版前言

语言、文字和图形是人们进行交流的主要方式，而在工程界，为准确表达一个物体的形状，主要用的工具就是图形。在工程技术中为了正确表示出机器、设备的形状、大小、规格和材料等内容，通常将物体按一定的投影方法和技术规定表达在图纸上，这种根据正投影原理、标准或有关规定，表示工程对象，并有必要的技术说明的图就称图样。工程图样是人们表达设计的对象，生产者依据图样了解设计要求并组织、制造产品。因此，工程图样常被称为工程界的技术语言。

在科学技术迅速发展的今天，知识的更新越来越快，伴随着知识经济和信息时代的到来，社会对人才需求的多样性，促进了人才培养模式和人才培养结构的巨大变化。教育部推行的“卓越工程师教育培养计划”（简称“卓越计划”），就是贯彻落实《国家中长期教育改革和发展规划纲要（2010～2020年）》和《国家中长期人才发展规划纲要（2010～2020年）》的重大改革项目。该计划旨在培养造就一大批创新能力强、适应经济社会发展需要的高质量各类型工程技术人才，为国家走新型工业化发展道路、建设创新型国家和人才强国战略服务。

目前化工与制药类专业的工程制图课程所用的教材多是针对非机械类的《机械制图》，这类教材主要针对的是所有非机械专业学生，与化工与制药类专业学生需要掌握的制图知识有很大差异。为适应教育教学改革，提高育人质量，满足高等院校化工与制药类专业的教学需要，结合我国高等教育的特点编写了本教材。该教材是化工与制药类专业最基本的技术基础教材之一。

教育部“卓越计划”具有三个特点：一是行业企业深度参与培养过程；二是学校按通用标准和行业标准培养工程人才；三是强化培养学生的工程能力和创新能力。本书正是顺应“卓越计划”的要求编写而成。

本书在编写过程中参考了国内外同类教材，并结合最新制图国家标准，从培养应用型高技能人才这一总目标出发，以培养学生职业素养、增强学生职业能力为主线，科学处理好知识、能力、素养三者之间的关系，较好地体现了基础理论、基本知识和基本技能的相关内容。

在知识体系和内容安排上，力求简明扼要。其中画法几何“以够用为度”，内容有所精简，深度适当降低；在投影制图部分，对制图和读图的基本原理力求分析透彻，并注重理论与工程实际相结合，深入浅出，覆盖面广，突出立体形象图以辅助文字解释，使之形象、直观，易于理解，便于记忆，以求达到举一反三、触类旁通的目的；后四章专业图样部分以阐述化工与制药设备图和化工与制药工艺图两类典型化工与制药工程图的图示知识和相关标准为目的，从整体上体现培养化工与制药图样的绘制与识读能力的教学思想，注重实物与图样、理论与实践的有机结合。化工与制药设备图部分结合四大典型设备（贮罐、换热器、反应釜和塔）的特点分别介绍其绘图与读图方法；化工与制药工艺图部分则针对一个工艺过程，按照工艺设计的顺序，对工艺流程图、设备布置图和管道布置图的绘制和识读方法加以介绍。

本书在讲解过程中应用了大量的例题，既有经多部教材使用后证明是经典的范例，又有多所高校教师们在实际教学实践中的总结归纳，是集众家之长的结果。因此，在这里对那些在教学中呕心沥血的前辈们和同行们致以深深的敬意和感谢。

本书力求做到理论够用、内容充实、重点突出、专业全面、文字简明、图样清晰。着重培养学生空间想象能力、空间表达能力、识图能力，针对性较强。

在本书的编写过程中，参考了部分同专业的教材、习题集等文献，在此谨向文献的作者致谢。

鉴于时间、水平和能力的限制，书中难免有不妥之处，恳请广大读者批评指正。

编　者

2014 年 12 月

目录

绪　论

图样是人类文化知识的重要载体，是信息传播的重要工具。以图解法和图示法为基础的工程制图是科技思维的主要表达形式之一，也是指导工程技术的一种基本技术文件。在人类社会和科学技术的发展历程中，图或图样发挥了语言文字所不能替代的巨大作用，没有图或图样，任何科学技术活动是无法进行的。同时，工程图学也是一门应用相当广泛的基础学科，是我们研究古代科学技术发展历史的重要线索。

一、工程图学发展的历史及成就

1. 中国

(1) 中国古代的工程图学　中国是一个具有丰富图学传统的国家，工程图学是中国科学技术之荦荦大者。中国古代的图学家们创造了人类文明史上堪称凿空之举的奇迹，无论是图学思想、图学理论或是制图技术，都取得了巨大的科学成就；这些思想和成就闪烁着中华文明的奇光异彩，它不仅为近现代工程图学打下了基础，也为工程图学的未来发展做出了贡献。特别是中国古代工程图学所具有的科学技术与艺术的完美结合，为当今科学技术和艺术的整体发展趋势提供了历史的借鉴。

从出土文物中考证，我国人民在新石器时代（约一万年前），就能绘制一些几何图形、花纹，具有简单的图示能力。在春秋时代的一部技术著作《周礼·考工记》中，有画图工具“规、矩、绳、墨、悬、水”的记载。在战国时期我国人民就已运用设计图（有确定的绘图比例、酷似用正投影法画出的建筑规划平面图）来指导工程建设，距今已有2400多年的历史。“图”在人类社会的文明进步中和推动现代科学技术的发展中起了重要作用。自秦汉起，我国已出现图样的史料记载，并能根据图样建筑宫室。宋代李诫（仲明）所著《营造法式》一书，总结了我国两千年来的建筑技术成就。全书36卷，其中有6卷是图样(包括平面图、轴测图、透视图)，这是一部闻名世界的建筑图样的巨著，图上运用投影法表达了复杂的建筑结构。这在当时是极为先进的。元代王祯所著《农书》，或称《王祯农书》，是我国古代农书中附有图谱之作的最有影响的农学著作之一。《农书》中的图样，有的采用了平行投影和透视投影的方法，有的采用了等角投影的方法绘制。这些绘制方法满足了作图简便的要求，有的图样为了把农机具表现得更为清晰，还选择了有利的轴测投影方向。等角投影的画法及其具有的简便度量、关系准确的特点，在《农书》中得到了应用。

(2) 中国近现代的工程图学　中国近现代工程图学的发展，很大程度上得益于对蒙日画法几何学的借鉴与应用。这一源自18世纪法国的空间几何理论，为中国工程制图提供了严谨的空间表达方法，奠定了现代工程图学的基础。从早期的技术引进到后来的教育体系建立，再到与计算机辅助设计等现代技术的结合，蒙日画法几何学的影响贯穿始终。它不仅规范了工程图纸的绘制标准，更培养了几代工程师的空间思维能力，至今仍在工程教育和技术实践中发挥着重要作用。

2. 外国

(1) 外国古代工程图学　工程图学是一门历史悠久的科学学科。它的形成和发展，在中西方都经历了漫长的历史岁月，形成了各自不同的技术体系与学术体系。古罗马建筑师兼奥古斯都皇帝的军事工程师维特鲁威（Vitruvius）于公元前 1 世纪所著的《建筑十书》，系统总结了古希腊到罗马帝国初期古代建筑师的实践经验。在文艺复兴时期的达·芬奇（Leonardo daVinci，1452—1519 年）遗留的手稿中，各种机械图占据首要的位置。这些图样不仅是他想象中的理想机械，而且是对于当时已有机械的改进的设想，是对当时使用机械工具情况的反映。达·芬奇的这些机械图是工程图学史上的宝贵资料。他画的机械种类繁多，包括齿轮系，曲柄、飞轮、摇臂驱动的压力车，升降螺杆以及纺织机件和机具等。16 世纪时，德国的著名科学家阿格里科拉对冶金采矿及机械工程等进行了第一手的研究，他花了大量的时间和精力编撰了《论冶金》（有人译作《金属论》）。这部书成为 16 世纪最伟大近代技术典籍，一直被西方学者奉为 16～17 世纪的权威著作。在《论冶金》中，阿格里科拉对 1550 年以前欧洲机械工程技术方面所获得的成就作了精彩的描述，书中每章每节都附有大量的图样。其编撰方式有如王祯于《农书》的“农器图谱”，这些图样的范围很广，其绘制水平反映了欧洲 16 世纪机械制图的技术成果，是一部展示西方冶金机械的图集。

(2) 外国近现代的工程图学

① 理论体系建立。法国数学家蒙日于 1798 年出版《画法几何学》，创立正投影法和二投影面体系，为工程图学奠定了科学基础，被誉为工程图学史上的里程碑。

② 工业化与标准化。工业革命时期，工程图学与机械制造相结合，推动了尺寸标准化和图形符号的统一。现代数字化技术（如 CAD）进一步革新了工程制图方式，提高了设计与生产的精确性。

二、蒙日《画法几何学》及教育思想简介

在画法几何学发展成为一门科学的过程中，法国大革命时代的著名几何学家加斯帕·蒙日（Gaspard Monge，1746—1818 年）起到了卓越的作用。蒙日将积累起来的在平面上绘制空间物体图像的理论和实践加以系统化和概括，把各式各样的实际问题归纳为为数不多的几个基本的纯几何问题，并利用位于两个互相垂直的平面上的正投影予以求解。同时蒙日首次提出由两个投影组成的平面图形，可以看作是将所研究的形体的两个投影绕着这两个投影面的交线旋转而重合在一个平面上的结果，这两个平面的交线后来被称为“投影轴”。1795 年蒙日在法国巴黎高等师范学院教画法几何学的讲稿，是世界科学史和教育史上的重要文献。蒙日第一次系统地叙述了在平面上绘制空间形体图像的方法，从而奠定了图学的理论基础，并将画法几何学提高到科学的水平。蒙日在《画法几何学》中有几个观点：其一，创设学科，志在兴邦；其二，早期教育，可望有成；其三，注重实践，循序渐进；其四，注重能力，融会贯通。蒙日的这些思想，是对画法几何学本质特征的科学总结，说明了这门学科的研究对象是图与物转换的互逆过程，它用二维表示三维，研究二维图形如何在人的正确思维中建立起三维的空间形象，以及在解决空间问题过程中有严密的几何逻辑推理训练，从而能

培养人们的正确思想方法，使其具有空间想象构思的能力。因而它在科学技术人员一生所从事的学术活动中始终起着不可忽视的作用，为他们从事设计工作打下了表达自己意图的图学基础，这是其他学科课程所不能代替的。

三、本课程的教学目的和要求

本课程是一门既有理论、又具有很强实践性的技术基础课，其目的是培养学生的绘图、读图技能及空间想象能力。同时又是学生学习后续课程和完成课程设计、毕业设计不可缺少的基础。

它的主要任务是培养学生依据投影原理并根据有关规定绘制和阅读图样（即画图和读图）的能力。通过本课程的学习应达到如下要求：

① 能正确、熟练地使用常用绘图仪器和绘图工具，掌握国家标准《机械制图》的有关规定。

② 掌握正投影法的基本理论，具有较熟练、灵活运用国家标准《机械制图》中常用的表达方法表达简单空间形体的图示的能力。

③ 能较熟练识读和绘制一般常见的零件图和简单部件装配图，所绘图样应基本做到：投影正确，视图选择和配置恰当，尺寸标注符合规定，字体工整，图面整洁且符合规定要求。

④ 能识读简单的化工制药企业流程图、工艺图，且应掌握其规定画法。

⑤ 了解国家标准《机械制图》中尺寸标注的基本知识和掌握标注组合体尺寸的基本方法。

四、本课程的学习方法

本课程是一门实践性很强的课程，对空间思维能力要求很高。在本课程的学习过程中，不仅要理解基本原理、基本概念、基本规则，还要通过大量习题的练习去印证、加深和巩固，从而改善和提高空间想象能力、空间逻辑思维能力和创新能力，从真正意义上掌握本课程的内容，并达到相应的水平。

学好本课程需要理论联系实际，并做到以下几点：

① 认真扎实学好基本理论、基本概念及相关的国家标准规定；

② 在掌握有关基本概念的基础上，按照正确的方法和步骤作图，熟悉制图的基本知识，养成遵守国家标准的习惯；

③ 在作图过程中，要随时注意对所绘制的机件及图样进行形体分析及投影分析，把空间中的机件形状、结构与投影中的视图联系起来，逐步做到从空间的机件到图样中的视图，以及再从图样中的各个视图回到空间的机件上，把两者间投影对应关系理解清楚，不断提高空间思维能力；

④ 空间思维能力和绘制工程制图能力的提高是一个循序渐进、长期积累的过程，要注重平时的练习和积累，并结合化工及制药工程实际，有的放矢地进行学习。

随着计算机绘图技术的迅猛发展，人们已经可以在计算机上进行三维实体造型，得到具有真实感的“立体图”或由其生成“二维图纸”，也可以对三维造型的结果进行处理，生成数字化的加工信息，在数字化的生产设备上进行加工制造（即“无图纸”化生产）。但计算机绘图的出现并不意味着可以不学制图的基础理论，计算机绘图仅是绘图工具由绘图软件代替，只有熟练掌握制图的基本理论、相关的国家标准，才能做好设计工作，完成视图的合理选择、表达方案的正确制订，并用绘图软件将其绘出。

课后补充知识

墨经几何智慧与工程图学传承

一、轴心时代的平行突破

公元前4世纪，《墨子·经上》提出“圆，一中同长也”的圆定义（即：圆是从中心到周边等距的图形），比欧几里得《几何原本》早100余年。其法仪图式体系包含三大创新：

（1）正投影雏形　用“景倒，在午有端”描述小孔成像原理，建立物体与投影的对应关系。

（2）尺寸标注法　以“尺之两端以为度”确立基准统一原则，与当代尺寸标注的基准体系相通。

（3）组合体表达　通过“撄相得也”论述形体叠加规则，奠定组合体视图理论基础。

二、青铜时代的工程实践

曾侯乙编钟铸造工程（公元前433年）中，工匠运用墨家几何原理实现三大技术跨越：

技术难点	墨子理论应用	现代映射
65件编钟音准控制	“同异交得”的对称度控制	形位公差标注
三层钟架装配	“平同高也”的等高线定位	装配尺寸链计算
纹饰立体呈现	“临鉴立景”的镜像投影法	剖视图表达

第一章

制图基本知识与技能

本章主要介绍国家标准《机械制图》及《技术制图》中工程图常用标准，绘图工具的使用，平面图形的分析与绘制，徒手草图的基本技巧。

第一节　国家标准《技术制图》和《机械制图》的有关规定

工程图样是设计和制造机器过程中的重要技术文件，是工程技术界表达和交流技术思想的共同语言。因此工程图样的绘制必须遵守统一的规范，这个规范就是国家标准《技术制图》与《机械制图》。国家标准中对图样内容、格式、表达方法等都作了统一的规定，绘图时必须严格遵守。

国家标准简称“国标”，用 GB 或 GB/T 表示。GB 为强制性国家标准，GB/T 为推荐性国家标准。国家标准《技术制图》适用于机械、电气、工程建设等专业领域的制图，在技术内容上具有统一和通用的特点，是通用性和基础性的技术标准；而国家标准《机械制图》则是专业性技术标准。下面将对《技术制图》和《机械制图》国家标准中的图纸幅面、比例、字体、图线、尺寸标注等的规定作简要介绍。

一、图纸幅面及图框格式、标题栏（GB/T 14689—2008）

1. 图纸幅面

图纸的基本幅面有五种，代号为 A0、A1、A2、A3、A4。绘制技术图样时，应优先选择采用表 1-1 所规定的基本幅面。必要时，允许选用表 1-2 和表 1-3 所规定的加长幅面。加长幅面的尺寸是由基本幅面的短边成整数倍增加后得出，如图 1-1 所示。

表 1-1　基本幅面（第一选择）　　单位：mm

幅面代号	尺寸($B\times L$)	幅面代号	尺寸($B\times L$)
A0	841×1189	A3	297×420
A1	594×841	A4	210×297
A2	420×594		

表 1-2　加长幅面（第二选择）　　单位：mm

幅面代号	尺寸($B\times L$)	幅面代号	尺寸($B\times L$)
A3×3	420×891	A4×4	297×841
A3×4	420×1189	A4×5	210×1051
A4×3	297×630		

表 1-3　加长幅面（第三选择）　单位：mm

幅面代号	尺寸($B\times L$)	幅面代号	尺寸($B\times L$)
A0×2	1189×1682	A3×5	420×1486
A0×3	1189×2523	A3×6	420×1783
A1×3	841×1783	A3×7	420×2080
A1×4	841×2378	A4×6	297×1261
A2×3	594×1261	A4×7	297×1471
A2×4	594×1682	A4×8	297×1682
A2×5	594×2102	A4×9	297×1892

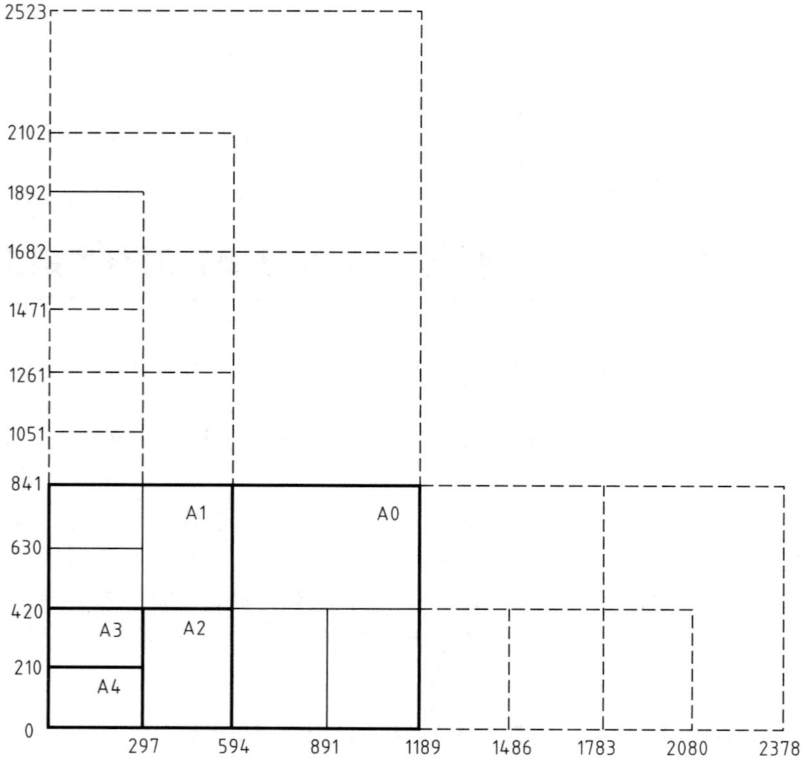

图 1-1　图纸的幅面尺寸

2. 图框格式

在图纸上必须用粗实线画出图框，其格式有不留装订边和留装订边两种，但同一产品的图样只能采用其中一种格式。

(1) 留装订边的图纸，其图框格式如图 1-2 所示。

(2) 不留装订边的图纸，其图框格式如图 1-3 所示。

图框尺寸见表 1-4。

3. 标题栏

每张图纸都必须画出标题栏。标题栏的格式和尺寸要符合 GB/T 10609.1—2008 的规定。一般位于图框的右下角，并使标题栏的底边与下图框线重合，右边与右图框线重合，标题栏中的文字方向通常为看图方向。标题栏格式如图 1-4 所示。学生制图作业建议采用的格式如图 1-5 所示，图中的 A 栏内容，零件图与装配图有区别，对应格式如图 1-5 的 (a)、(b) 所示。

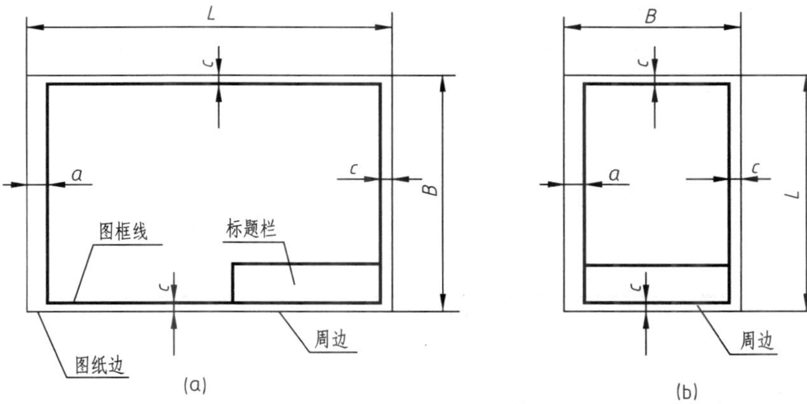

图 1-2 留装订边的图纸图框格式

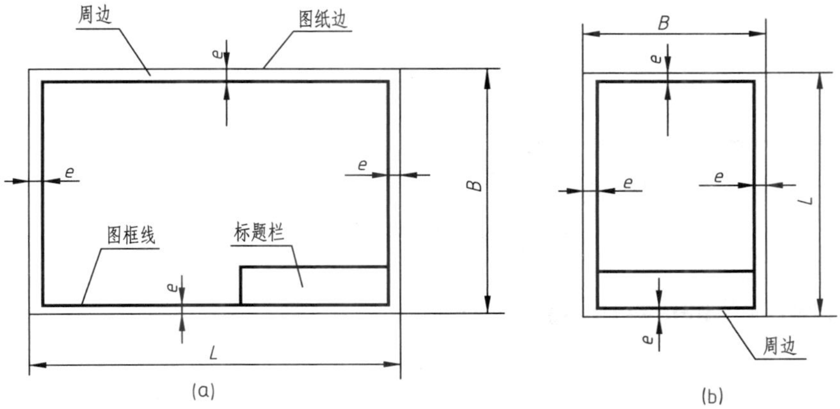

图 1-3 不留装订边的图纸图框格式

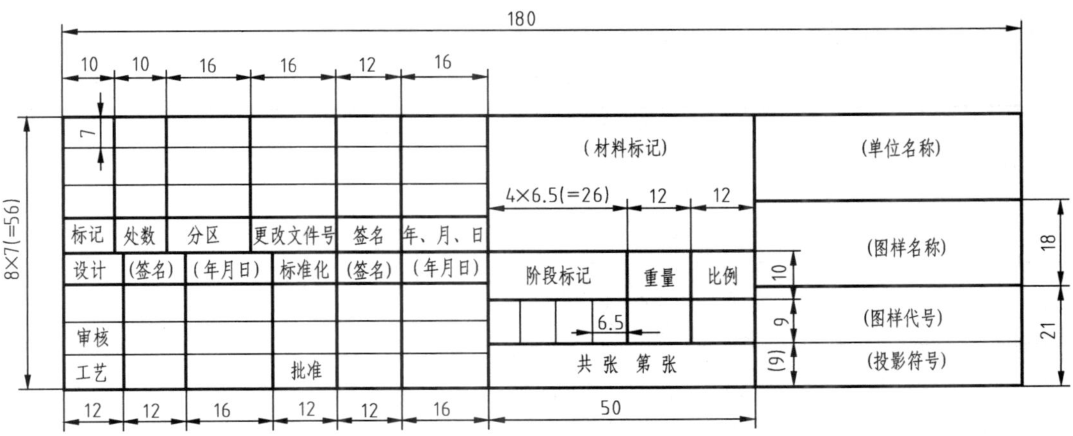

图 1-4 标题栏格式

表 1-4　图框尺寸　　单位：mm

幅面	A0	A1	A2	A3	A4
a	25				
c	10			5	
e	20		10		

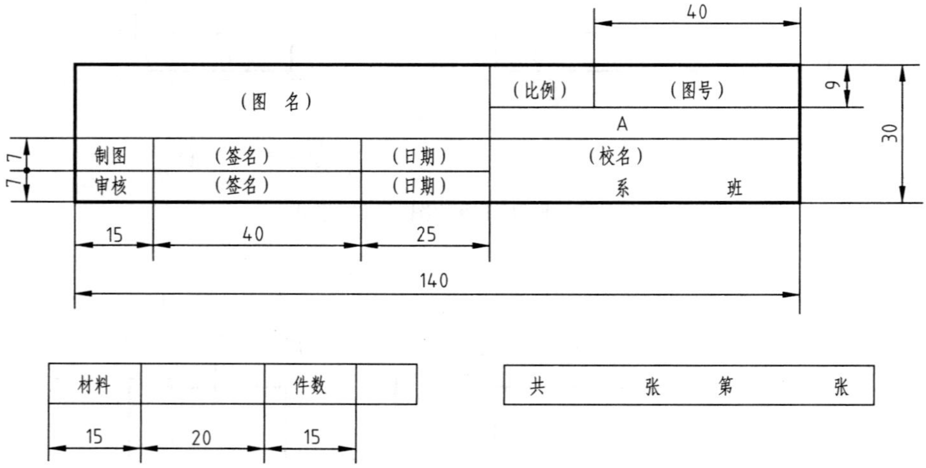

(a) 零件图A栏　　(b) 装配图A栏

图 1-5　制图作业中标题栏格式

二、比例（GB/T 14690—1993）

1. 比例的定义

比例是指图样中图形与实物相应要素的线性尺寸之比。

2. 比例的种类

比例分为原值比例、放大比例和缩小比例三种。如表 1-5 所示。n 为正整数。

表 1-5　比例系列

种类	比例系列 1	比例系列 2
原值比例	1∶1	
放大比例	5∶1　2∶1 5×10^n∶1　2×10^n∶1 1×10^n∶1	4∶1　2.5∶1 4×10^n∶1　2.5×10^n∶1
缩小比例	1∶2　1∶5　1∶10 1∶2×10^n 1∶5×10^n　1∶1×10^n	1∶1.5　1∶2.5　1∶3 1∶4　1∶6 1∶1.5×10^n　1∶2.5×10^n　1∶3×10^n 1∶4×10^n　1∶6×10^n

绘制同一机件的各个视图时，应尽量采用同一比例，并在标题栏的比例一栏中填写。当某个视图采用不同的比例绘制时，其比例必须另行标注在该视图名称的下方或右侧。

3. 比例的选用

绘制图样时，应尽可能按实物的实际大小，采用原值比例画图，以方便读图。如果物体太大或太小，可在表 1-5 中所给的比例中，优先选择第一系列的比例，必要时允许选择第二系列比例。无论采用何种比例，图样中所标注的尺寸数字必须是物体的实际大小，与画图的比例无关。

4. 比例的标注

比例一般标注在标题栏中的比例栏内，必要时也可标注在图形的上方。同一物体的多个视图应尽可能采用相同的比例。

三、字体（GB/T 14691—1993）

在图样上除了表达机件的图形外，还要用文字、数字和字母来说明机件的大小、技术要求和其他内容。国家标准对各种字体的大小和结构等作了统一规定。

1. 一般规定

汉字应写成长仿宋体并使用正式的简化字，其高度不应小于 3.5mm，书写要求：字体工整、笔画清楚、间隔均匀、排列整齐。

数字和字母有直体和斜体两种，斜体字头向右倾斜与水平线成 75°。按笔画粗细不同有 A 型和 B 型，A 型笔画宽度是$\frac{1}{14}h$，B 型笔画宽度是$\frac{1}{10}h$。

字体的大小以字高定义为字体的号数，用 h 表示，字宽是字高的$\frac{\sqrt{2}}{2}h$，单位为 mm。

常用的字体的号数有八种：20、14、10、7、5、3.5、2.5、1.8。

2. 字体书写要求及示例

(1) 长仿宋体汉字书写示例如图 1-6 所示。书写要领：横平竖直、注意起落、结构匀称、填满方格。

10号字　字体工整　笔画清楚　间隔均匀　排列整齐

7号字　横平竖直　注意起落　结构均匀　填满方格

5号字　技术制图　机械电子　汽车船舶　土木建筑

3.5号字　螺纹齿轮　航空工业　施工排水　供暖通风　矿山巷口

图 1-6　长仿宋体汉字书写示例

（2）字母、数字书写示例如图 1-7 所示。

图样中的字母和数字一般都写成斜体，A 型或 B 型在同一图样中只能选择其中一种；用作指数、分数、注脚的数字及字母，一般采用小一号字体。

1 2 3 4 5 6 7 8 9 0

ABCDEFGHIJKLMNOPQRSTUVWXYZ

abcdefghijklmnopqrstuvwxyz

I II III IV V VI VII VIII IX X

R3　2×45°　M24-6H　Φ60H7　Φ30g6

$\Phi 20^{+0.021}_{0}$　$\Phi 25^{-0.007}_{-0.020}$　*Q235　HT200*

图 1-7　字母、数字书写示例

四、图线（GB/T 4457.4—2002）

1. 图线种类及应用

如表 1-6 所示。

表 1-6　图线种类及应用

图线名称	图线形式与宽度	一般应用	图　　例
粗实线	—————— 宽度：优先考虑 0.5mm 和 0.7mm	可见轮廓线	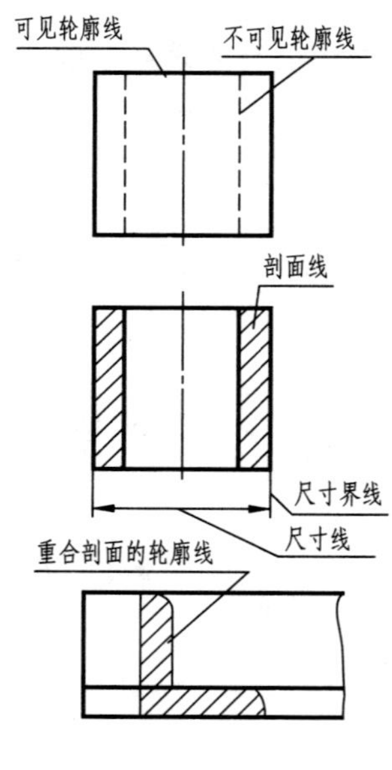
虚线	— — — — — — 宽度：约为粗线宽度的 1/2	不可见轮廓线	
细实线	—————— 宽度：约为粗线宽度的 1/2	尺寸线及尺寸界线剖面线 重合剖面的轮廓线	

图线名称	图线形式与宽度	一般应用	图　　例
细点画线	宽度：约为粗线宽度的 1/2	轴线 对称中心线	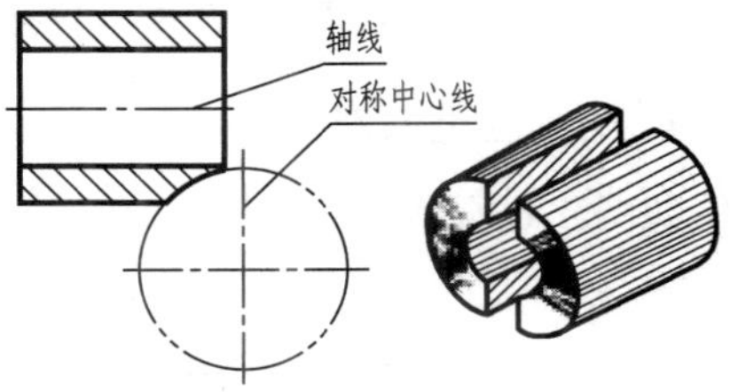
细双点画线	宽度：约为粗线宽度的 1/2	轨迹线 相邻辅助零件的轮廓线 可动零件的极限位置的轮廓线	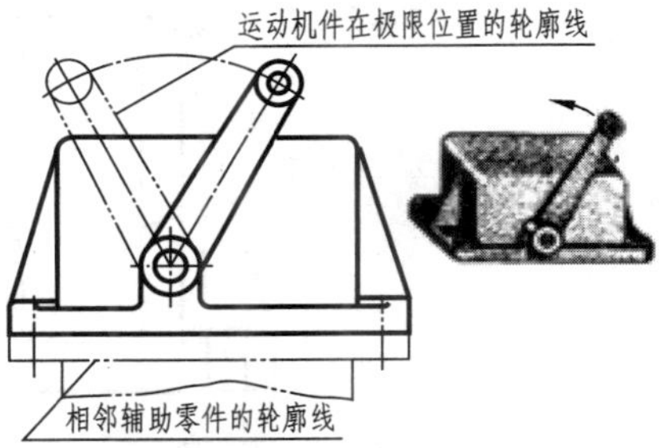
细波浪线	宽度：约为粗线宽度的 1/2	断裂处的边界线 视图与局部剖视图的分界线	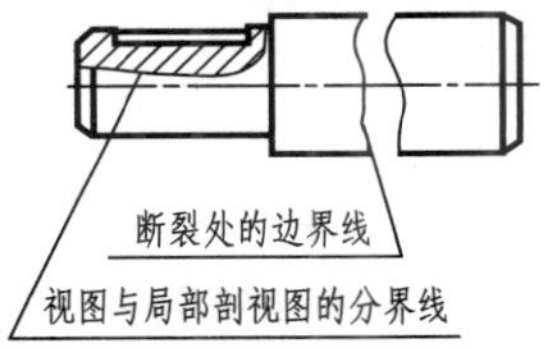
细双折线	宽度：约为粗线宽度的 1/2	断裂处的边界线	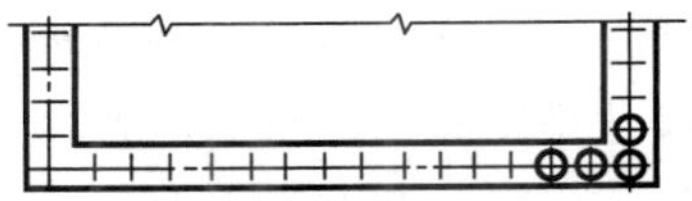
粗点画线	宽度：优先考虑 0.5mm 和 0.7mm	有特殊要求的线或表面	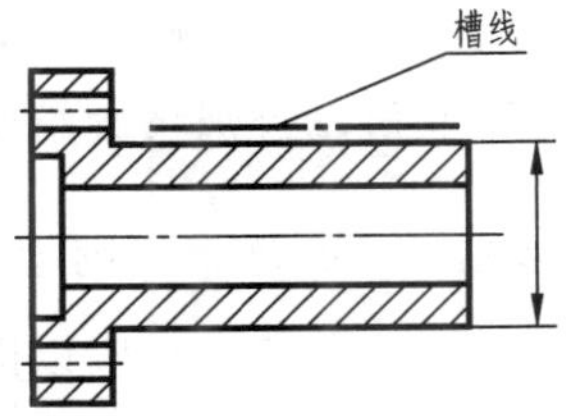

注：本书将棱边线和轮廓线统称为轮廓线。

2. 图线的宽度 d

图线分为粗线和细线两种，细线的宽度为粗线宽度的一半。

图线宽度（d）的推荐系列共九种：0.13、0.18、0.25、0.35、0.5、0.7、1、1.4、2，常用 d 为 0.5 或 0.7。

3. 图线画法及注意事项

(1) 同一图样中，同类图线的宽度应基本一致。

(2) 虚线、点画线及双点画线的线段长度和间隔应各自大小相等。

(3) 细虚线与细虚线、细虚线与粗实线相交应是线段相交；细虚线是粗实线的延长线时，粗实线画到分界点，细虚线在连接处留有空隙。

(4) 细点画线与粗点画线、细双点画线的首尾应是线段而不是点；细点画线相交时应该是线段相交；细点画线作为中心线或轴线时，应超出轮廓 3～5mm。

(5) 在较小的图形上画细点画线、细双点画线有困难时，可用细实线代替。

4. 图线应用示例

如图 1-8 所示。

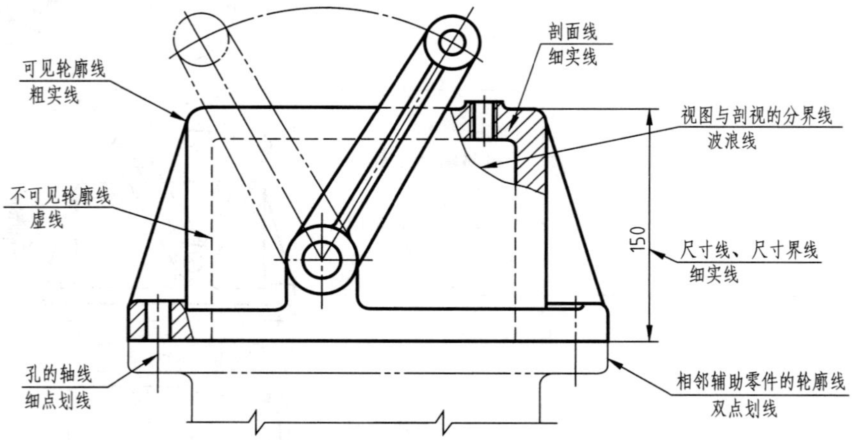

图 1-8　图线应用示例

五、尺寸标注（GB/T 4458.4—2003）

图样中的图形只能表达机件的结构形状，而机件的大小和相对位置关系必须由尺寸确定。尺寸是图样中的重要内容之一，是加工检验的直接依据。因此，GB/T 4458.4《机械制图　尺寸注法》和 GB/T 16675.2《技术制图　简化表示法　第 2 部分：尺寸注法》中对尺寸标注作了专门规定。标注尺寸是一项极为重要的工作，必须严格遵守国家标准规定，认真细致、一丝不苟，否则将会给生产带来困难和损失。

1. 标注尺寸的基本规则

(1) 机件的真实大小应以图样上所注的尺寸数值为依据，与图形的大小及绘图的准确度无关。

(2) 图样中（包括技术要求和其他说明）的尺寸，以 mm 为单位时，不需标注计量单位的代号或名称，如果采用其他单位，则必须注明相应的计量单位的代号或名称。

(3) 图样中所标注的尺寸，为该机件的最后完工尺寸，否则应另加说明。

(4) 机件的每一尺寸，一般只标注一次，并应标注在反映该结构最清晰的图形上。

2. 尺寸的组成

一个完整的尺寸由尺寸界线、尺寸线和终端符号、尺寸数字组成，如图 1-9 所示。

(1) 尺寸界线　尺寸界线表示尺寸的度量范围，用细实线绘制，由图形的轮廓线、轴线或对称中心线引出，末端超出尺寸线 2～3mm，也可用图形的轮廓线、轴线或对称中心线代替尺寸界线；尺寸界线一般应与尺寸线垂直。

(2) 尺寸线和终端符号　尺寸线表示尺寸的度量方向，必须用细实线单独绘制，不能用其他图线代替，也不能与其他图线重合或画在其延长线上。

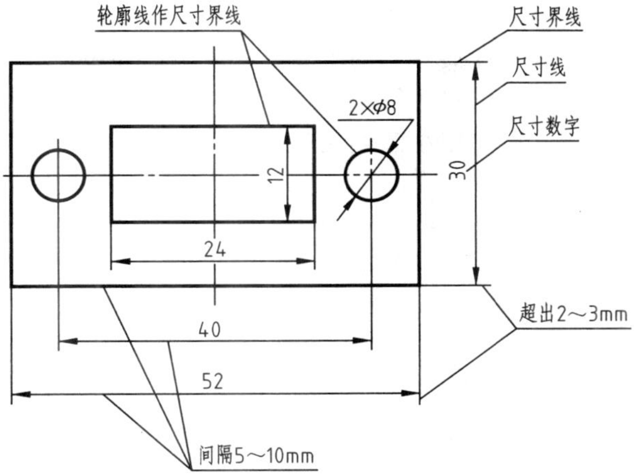

图 1-9　尺寸的组成

标注线性尺寸时，尺寸线必须与所标注的线段平行；当有几条平行的尺寸线时，大尺寸在外，小尺寸在里，避免尺寸线与尺寸界线相交，尺寸线间的距离为 5～10mm。在圆或圆弧上标注直径或半径尺寸时，尺寸线一般应通过圆心或延长线通过圆心。

尺寸的终端符号有两种：箭头和斜线。箭头适用于各种类型的图形，如图 1-10 所示，图中 d 为粗实线的宽度。斜线只适用于尺寸线与尺寸界线垂直的情况，斜线用细实线绘制。

(3) 尺寸数字　尺寸数字用来表示机件的实际大小，一般用 3.5 号字书写，同一张图样上的字体大小应保持一致。尺寸数字一般写在尺寸线的上方，也可以写在尺寸线的中断处，尺寸数字不允许被任何图线通过。

尺寸数字的书写方向应以看图方向为准。尺寸线为水平方向时，尺寸数字的字头向上，从左向右书写；尺寸线为竖直方向时，尺寸数字的字头朝左，从下向上书写；尺寸线为倾斜方向时，尺寸数字的字头应保持朝上的趋势。

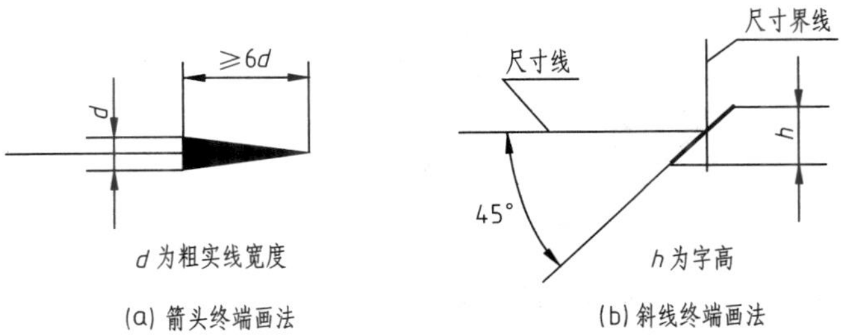

图 1-10　尺寸终端

3. **尺寸注法**

常用尺寸注法如表 1-7 所示。

(1) 线性尺寸　按线性尺寸标注规定进行标注，尽可能避免在 30°范围内标注尺寸，无法避免时，可按表 1-7 的形式标注。

(2) 直径和半径尺寸　标注直径尺寸时，应在尺寸数字前加注符号 ϕ；标注半径尺寸时，应在尺寸数字前加注“R”。

大于半圆的圆弧和圆一般标注直径，半圆及小于半圆的圆弧标注半径，尺寸线应通过圆心或其延长线；当圆弧半径较大时，在图纸标出圆心位置时，按表 1-7 示例方式标注。

（3）角度尺寸　尺寸数字一律水平书写，尺寸界线应沿径向引出，尺寸线画成圆弧，圆心是角的顶点。尺寸数字一般写在尺寸线的中间处，允许写在尺寸线的外面或引出标注。

（4）小尺寸　当没有足够的位置画箭头或写数字时，可按表 1-7 示例方法进行标注。即箭头可从外侧指向尺寸界线，也可用小圆点代替箭头，尺寸数字可用旁注或引出标注。

表 1-7　常用尺寸注法

项目	图　例	说　明
线性尺寸	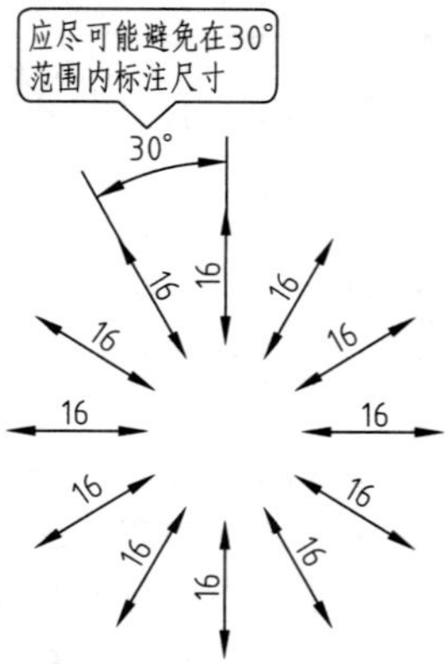	通常情况下线性尺寸的字头方向： ★水平尺寸(尺寸数字字头朝上，写在尺寸线上方) ★竖直尺寸(尺寸数字字头朝左，写在尺寸线左方) ★倾斜尺寸(尺寸数字字头有朝上的趋势，注在尺寸线的上侧) ★应尽量避免在 30°范围内标注尺寸
	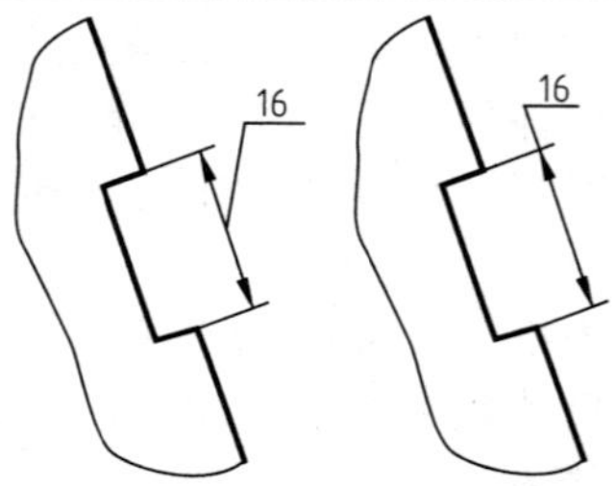	无法按通常情况标注的倾斜尺寸： ★从尺寸线终端引出 ★从尺寸线中部引出 ★断开尺寸线
直径和半径尺寸	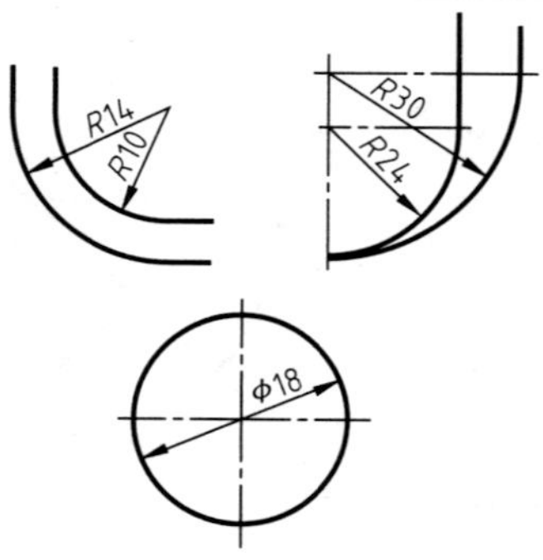	一般用轮廓线作为尺寸界线，尺寸线或其延长线要通过圆心
	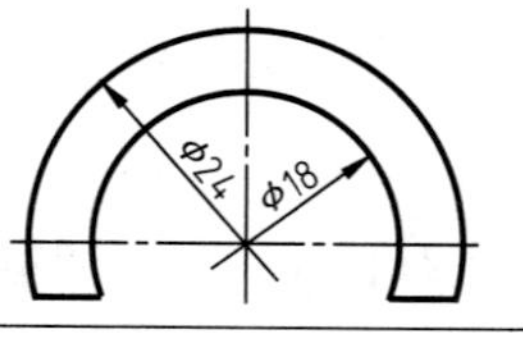	对于优弧，标注直径的尺寸线的一端无法画出箭头时，尺寸线必须超过圆心一段
	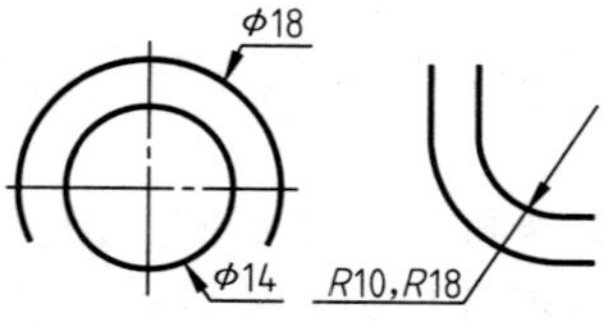	简化注法

续表

项目	图　　例	说　　明
角度尺寸	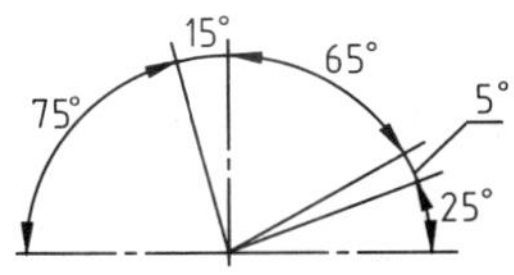	标注角度时，尺寸界线应沿径向引出，尺寸线应画成圆弧，圆心是角的顶点，尺寸数字一律水平书写
	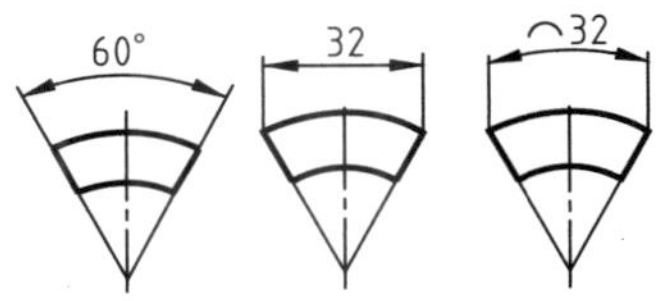	标注弦长或弧长时，尺寸界线应平行于弦的垂直平分线，弧长的尺寸线是圆弧的同心弧，弧长尺寸数字前应加注符号“⌒”
小尺寸	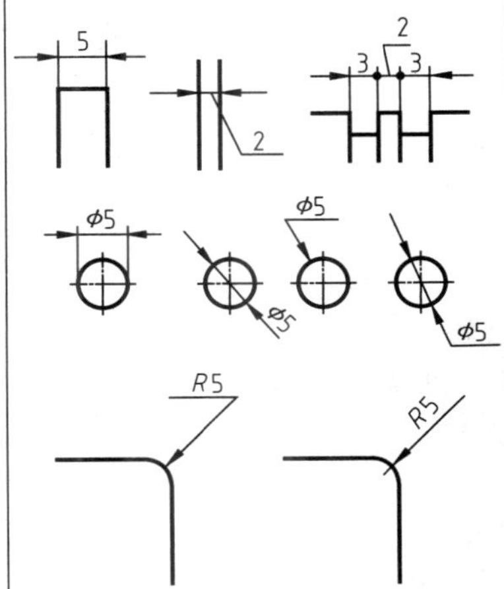	小图形没有足够空位按原格式标注尺寸时，箭头可画在尺寸界线的外侧，或用小圆点代替两个箭头，尺寸数字可写在尺寸界线的外侧或引出标注
对称机件	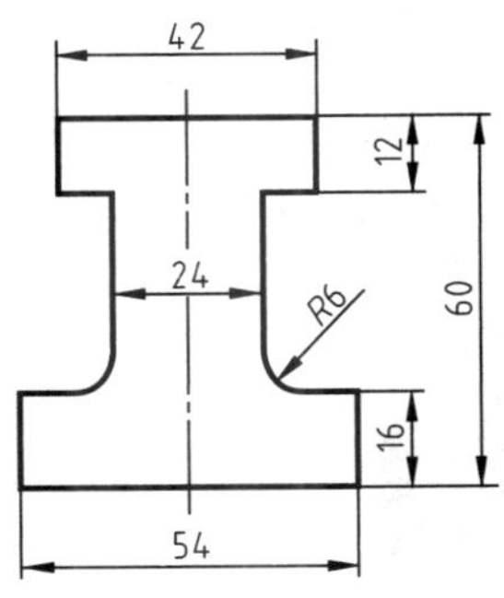	对称结构在对称方位上的尺寸应对称标注，分布在对称线两侧的相同结构，可只标注其中一侧的结构尺寸
	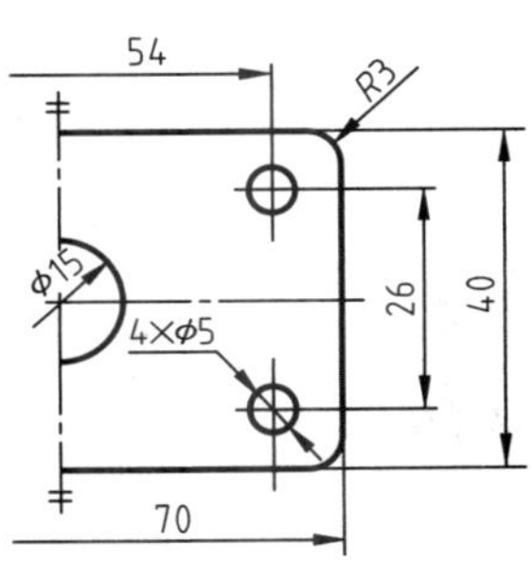	当对称机件只画出一半或大于一半时，尺寸线应略超过对称中心线或断裂处的边界线，仅在尺寸界线一端画出箭头

4. **尺寸标注中常用的符号和缩写词**

如表 1-8 所示。

表 1-8　尺寸标注中常用的符号和缩写词

直径	半径	球直径	球半径	厚度	正方形	45°倒角	深度	沉孔或锪平	埋头孔	均布
ϕ	R	$S\phi$	SR	t	□	C	↧	⌴	∨	EQS

第二节　绘图工具

常用的绘图仪器有圆规、分规等，常用的绘图工具有绘图铅笔、图板、丁字尺、三角板、曲线板等，要准确而迅速地绘制图样，必须合理、有效地使用绘图工具。常用绘图工具及其使用方法如表 1-9 所示。

表 1-9　常用绘图工具及其使用方法

名称	图　例	说　明
绘图铅笔		绘图铅笔一端的字母和数字表示铅芯的软硬程度。 ★H(Hard)——表示硬的铅芯，有 H、2H 等，数字越大铅芯越硬，通常用 H 或 2H 的铅笔打底稿和加深细线。 ★B(Black)——一般理解为软(黑)的铅芯，有 B、2B 等，数字越大表示铅芯越软，通常用 B 或 2B 的铅笔描深粗实线。 ★HB——铅芯软硬适中，多用于写字。 准备一块打磨铅笔的砂纸板，硬的铅芯一般磨成锥形，画粗实线的软铅芯磨成矩形断面，如图例所示
图板及丁字尺	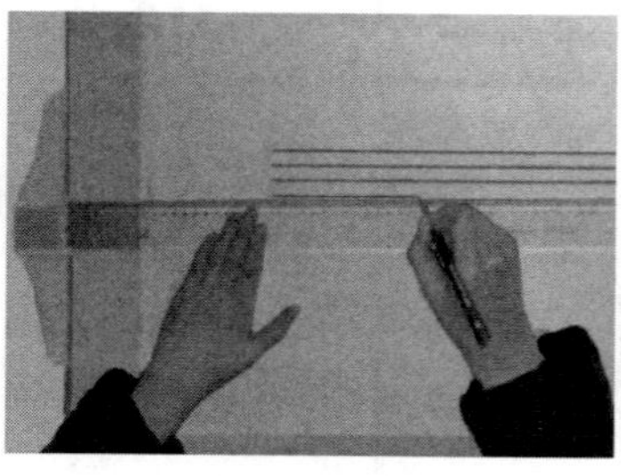	图板：用来铺放和固定图纸，工作导边(左边)要求平直。 丁字尺：多为透明有机玻璃制作，分尺头和尺身两部分，绘图时与图板配合画水平线。 使用时应防止坠地而造成尺头与尺身脱落或缺角。 使用要领：尺头靠在图板边缘，左手将丁字尺上下移动到位后按着尺身并稍向右拉，使丁字尺靠紧图板后再画线
三角板	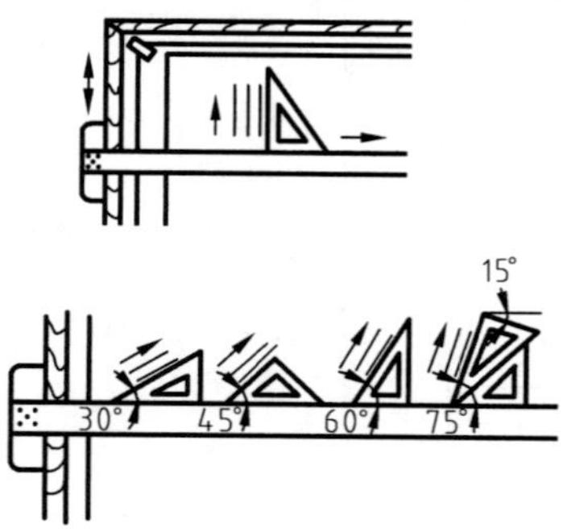	可以用来画垂线、15°倍数的倾斜线以及作线段的平行线、垂直线等。 ★图板、丁字尺和三角板配合使用画垂线。 ★图板、丁字尺和三角板配合使用画特殊位置的角度线。 ★图板、丁字尺和三角板配合使用画已知直线的平行线和垂直线

名称	图　例	说　明
三角板	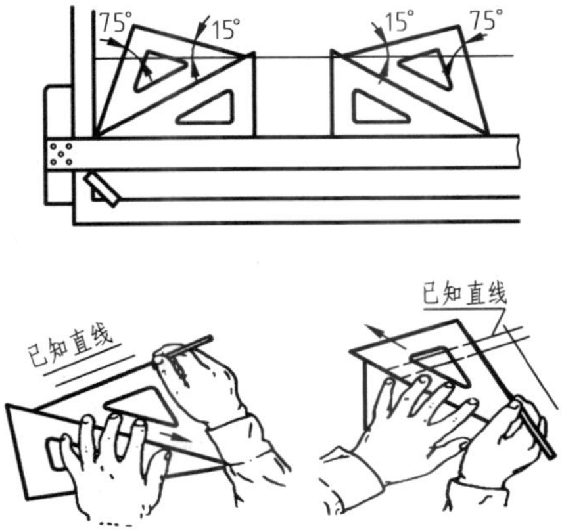	可以用来画垂线、15°倍数的倾斜线以及作线段的平行线、垂直线等。 ★图板、丁字尺和三角板配合使用画垂线。 ★图板、丁字尺和三角板配合使用画特殊位置的角度线。 ★图板、丁字尺和三角板配合使用画已知直线的平行线和垂直线
曲线板	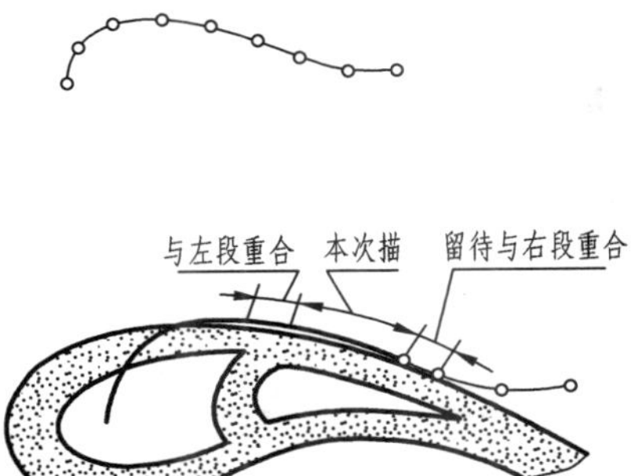	用来画非圆曲线。作图时先将曲线的一系列点用笔轻轻描上，再选择曲线板上的一段曲率与待画的曲线上的若干点（每段至少三点）吻合，然后逐段描绘，描绘时应有一小段与前段重叠，以保证曲线的光滑
圆规	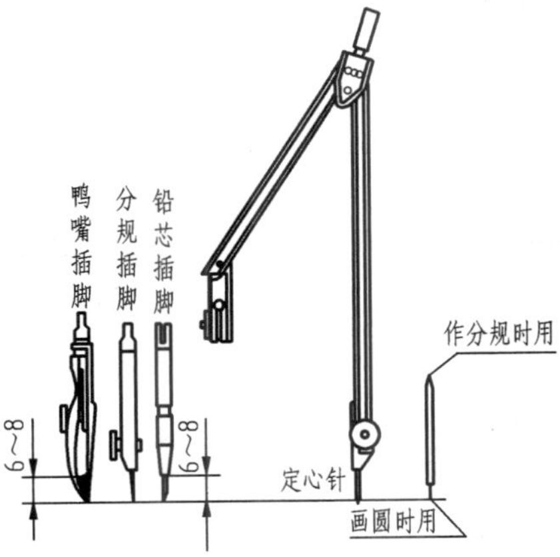	用来画圆或圆弧。圆规的针尖有长短之分。 ★画圆时要以短针尖为圆心支点，并使针尖略长于铅芯。长针尖作为分规量取尺寸用。 用圆规画圆时，应向前进方向（顺时针）倾斜；画较大圆时应使两脚均与纸面垂直；画大圆时可加接长杆

续表

名称	图　　例	说　　明
圆规	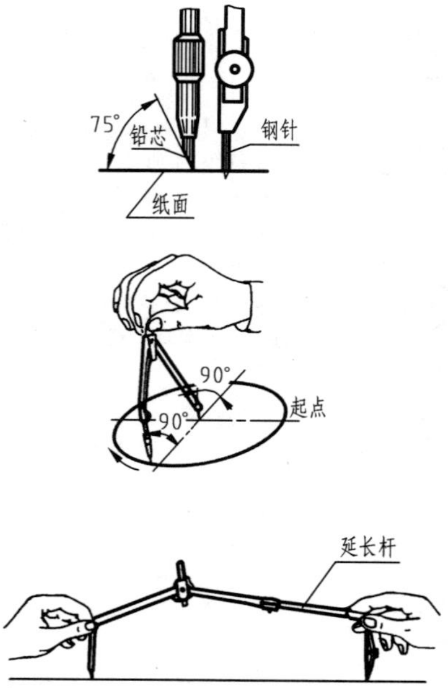	用来画圆或圆弧。圆规的针尖有长短之分。 ★画圆时要以短针尖为圆心支点，并使针尖略长于铅芯。长针尖作为分规量取尺寸用。 用圆规画圆时，应向前进方向（顺时针）倾斜；画较大圆时应使两脚均与纸面垂直；画大圆时可加接长杆

第三节　几何作图基本知识

一、常见平面图形的画法

1. 等分线段

平行线法：利用相似三角形的平行截割定理作图。

例 1-1　将已知线段 AB 五等分。

作法如图 1-11 所示。

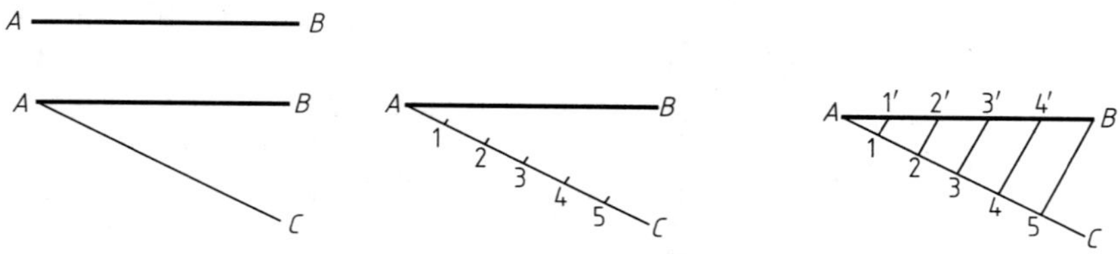

图 1-11　等分线段

2. 等分圆周

(1) 用圆规作圆周的三等分、六等分，如图 1-12 所示。

圆周三等分作图步骤：

① 以 4 端点为圆心，以圆半径为半径画圆弧，该圆弧与圆周交于 2、3 点；
② 用直线依次连接圆的端点 1 及点 2、点 3 得等边三角形。
圆周六等分作图步骤：
① 以 1、4 端点为圆心，以圆的半径为半径画两圆弧，该两圆弧与圆周交于四个点；
② 用直线依次连接上述六点可得正六边形。

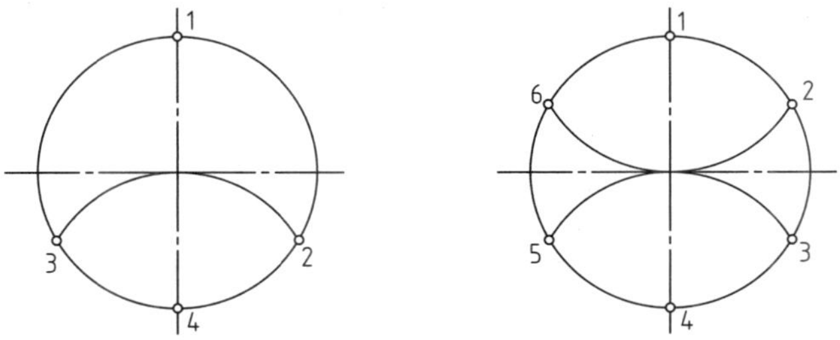

三等分　　　　六等分

图 1-12　圆规等分圆周

(2) 用丁字尺与 30°～60°三角板作圆周三等分、六等分，如图 1-13 所示。
圆周三等分作图步骤：
① 以 3 为垂直端点，过圆心引与水平线成 30°的斜线与圆周交于两个点 1、2；
② 用直线连接上述三点可得等边三角形。
圆周六等分作图步骤：
① 以 3、6 为水平端点，圆心引过与水平线成 60°的斜线与圆周交于四个点 1，2，4，5；
② 用直线连接上述六点可得正六边形。

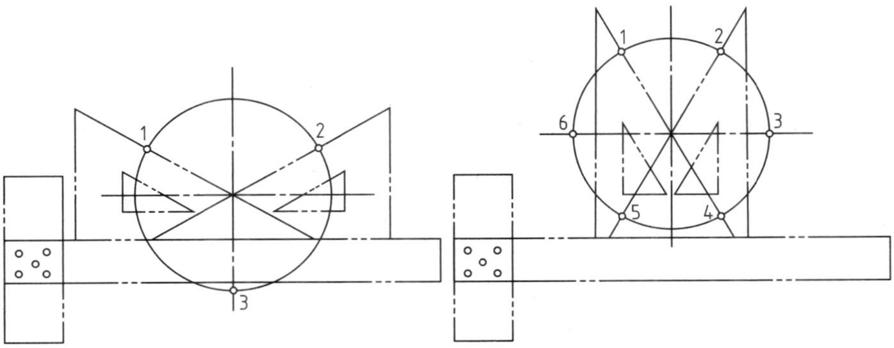

三等分　　　　六等分

图 1-13　丁字尺与 30°～60°三角板等分圆周

3. 斜度和锥度

(1) 斜度　斜度是指一直线（或平面）对另一直线（或平面）的倾斜程度。
斜度$=\tan\alpha=H:L$
用 $1:n$ 的形式表示。斜度符号方向应与斜度方向一致。如图 1-14 所示。
(2) 锥度　锥度是指正圆锥体的底圆直径与其高度之比。
锥度$=D:L$
用 $1:n$ 的形式表示。锥度符号方向应与锥度方向一致。如图 1-15 所示。

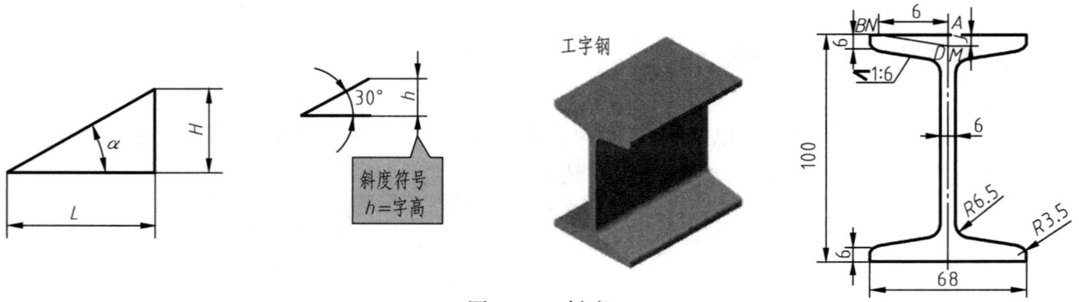

图 1-14 斜度

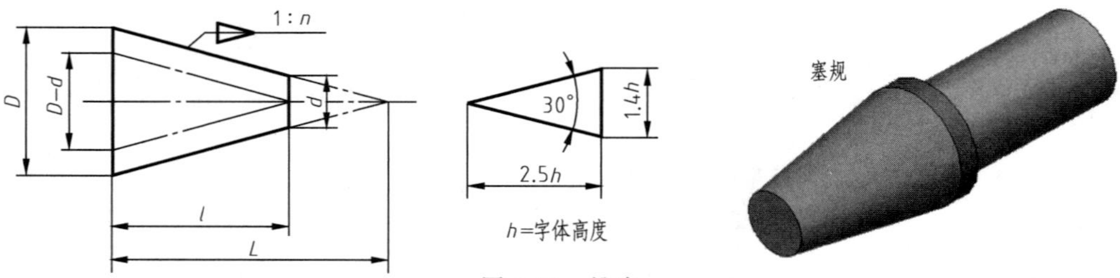

图 1-15 锥度

4. 圆弧连接

圆弧连接的原理与作图方法如表 1-10 所示。

(1) 用一已知半径的圆弧光滑地连接相邻的已知直线或圆弧（即相切）。为了保证连接的光滑，作图时必须准确地求出连接圆弧的圆心和连接点（即切点）。

(2) 作图步骤：

① 求出连接圆弧的圆心；

② 确定连接点（切点）的位置；

③ 在两切点之间画出连接圆弧。

表 1-10 圆弧连接的原理与作图方法

类别	图例	作图步骤
与定直线相切的圆心轨迹	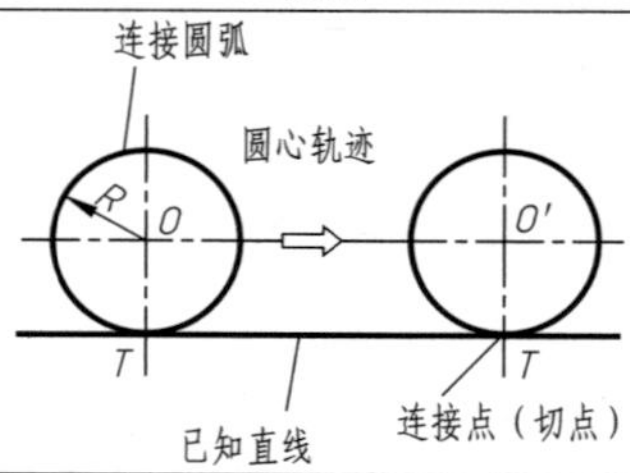	半径为 R 的连接圆弧与已知直线连接（相切）时，连接弧圆心 O 的轨迹是与直线相距为 R 且平行已知直线的直线；切点为连接圆弧圆心向已知直线所作垂线的垂足 T
与定圆外切的圆心轨迹	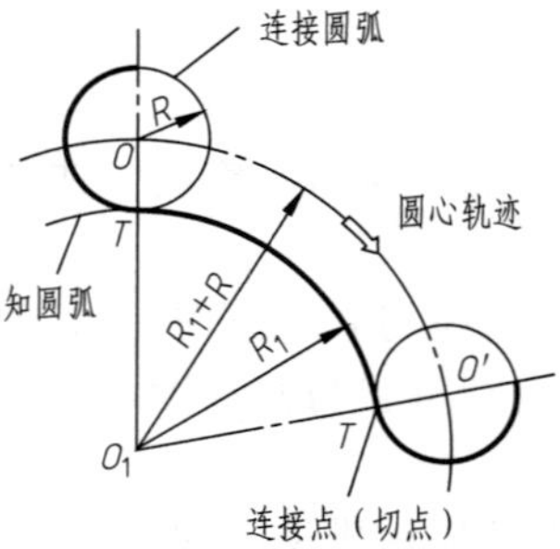	当一个半径为 R 的连接圆弧与已知圆弧（半径为 R_1）外切时，则连接圆弧圆心的轨迹是已知圆弧的同心圆弧，其半径为 R_1+R；切点为两圆心的连线与已知圆的交点 T

续表

类别	图例	作图步骤
与定圆内切的圆心轨迹	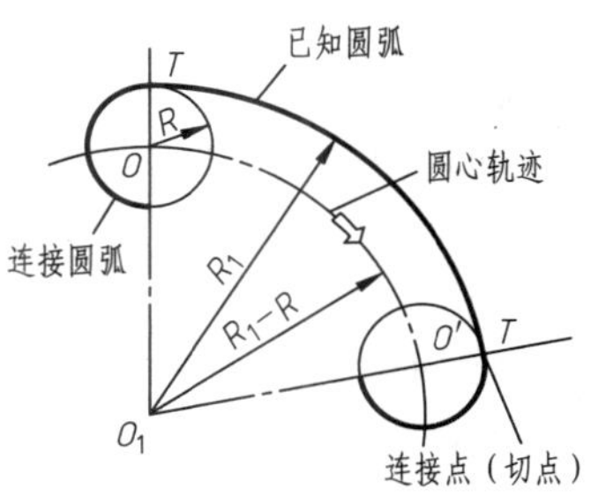	当一个半径为 R 的连接圆弧与已知圆弧(半径为 R_1)内切时，则连接圆弧圆心的轨迹是已知圆弧的同心圆弧，其半径为 R_1-R；切点为两圆心的连线与已知圆的交点 T
用圆弧连接锐角或钝角	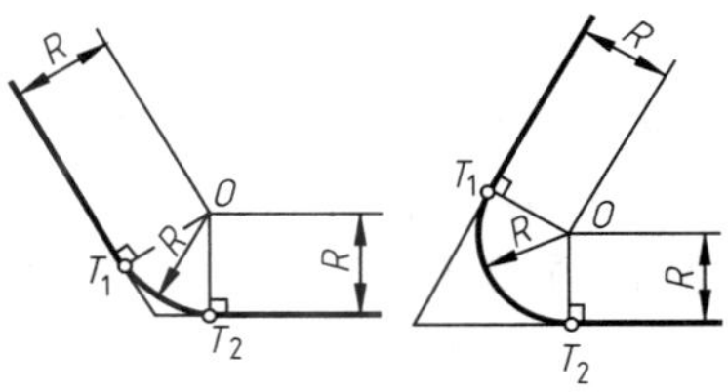	作与已知两边分别相距为 R 的平行线，交点即为连接弧圆心；过 O 点分别向已知角两边作垂线，垂足 T_1、T_2 即为切点；以 O 为圆心，R 为半径在两切点 T_1、T_2 之间作连接圆弧
用圆弧连接直角	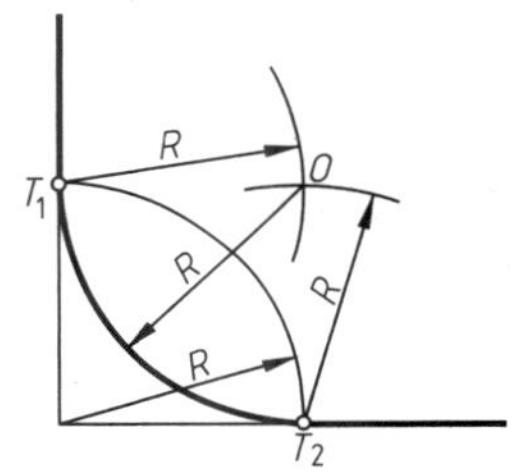	以直角顶点为圆心，R 为半径作圆弧交直角两边于 T_1 和 T_2；以 T_1 和 T_2 为圆心，R 为半径作圆弧相交得连接弧圆心 O；以 O 为圆心，R 为半径在切点 T_1 和 T_2 之间作连接圆弧

5. **椭圆的画法**

(1) 同心圆法　如图 1-16 所示。以 O 为圆心，长半轴 OA 与短半轴 OC 为半径作两个同心圆；由 O 作圆周 12 等分的放射线，使其与两圆相交，各得 12 个交点；由大圆上的各

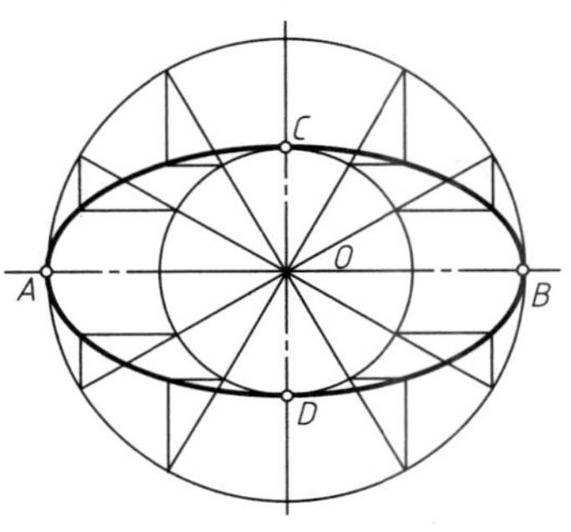

图 1-16　同心圆法画椭圆

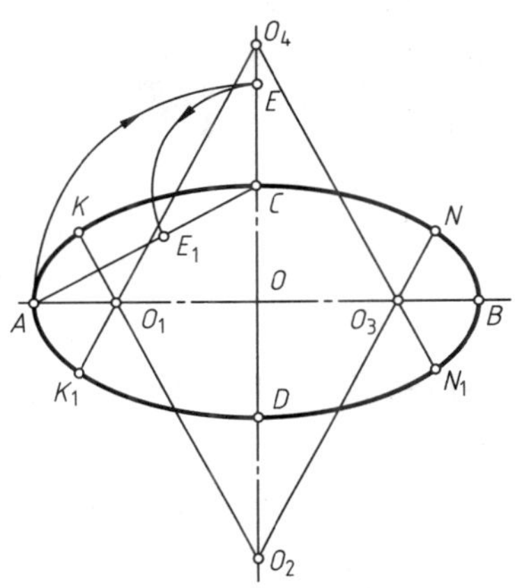

图 1-17　四心圆法画椭圆

交点作短轴的平行线，再由小圆上的各交点作长轴的平行线，每两对应平行线的交点即椭圆上的一系列点；光滑连接各点得椭圆。

（2）四心圆法　如图 1-17 所示。连 AC，取 $CE_1=CE=OA-OC$；作 AE_1 的中垂线，分别交长、短轴于点 O_1 和 O_2，并取其对称点 O_3、O_4；分别以 O_1、O_2、O_3、O_4 为圆心，O_1A、O_2C、O_3B、O_4D 为半径作弧，即近似作出椭圆，切点为 K、N、N_1、K_1。

二、平面图形的画法和尺寸注法

平面图形的分析是指：首先分析平面图形中所注尺寸的作用，确定组成平面图形的各个几何图形的形状、大小和相互位置并结合尺寸数据，确定组成平面图形的各线段的性质。从而可以确定平面图形的画图顺序和尺寸标注法。

1. 平面图形的尺寸分析

（1）定形尺寸　确定各线段的形状和大小的尺寸。这类尺寸或者表示圆的直径，或者表示圆弧的半径、线段的长度。如图 1-18 中的尺寸 $\phi24$、$R20$、55 等都是定形尺寸。

（2）定位尺寸　确定各线段间相对位置的尺寸。就平面图形来说，每个几何图形一般需要两个方向的定位尺寸。图 1-18 中，45、35 就是圆 $\phi24$ 和 $\phi12$ 圆心位置的定位尺寸。定位尺寸和定形尺寸不是截然分开的，有时某个尺寸既是定位尺寸又是定形尺寸。如图 1-18 中 10，它既表示右边线段长度是 10，起定形作用，也表示中间水平方向直线段到底边高度方向的尺寸，起定位作用。

（3）尺寸基准　标注尺寸的起点。一般有水平和垂直两个方向的尺寸基准。通常以图形的对称线、圆的中心线、主要轮廓线等作为尺寸基准。如图 1-18 所示。

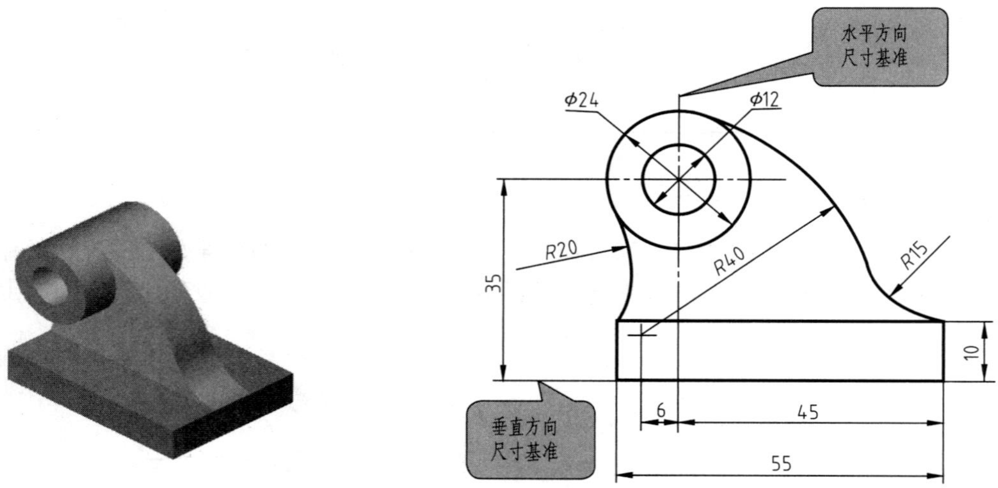

图 1-18　平面图形尺寸分析

2. 平面图形的线段分析

如图 1-19 所示。

（1）已知线段　具有齐全的定形尺寸、定位尺寸的线段。画图时，可直接画出。

（2）中间线段　具有定形尺寸，但定位尺寸不全的线段。如 $R40$，其圆心位置只有一个定位尺寸 6。

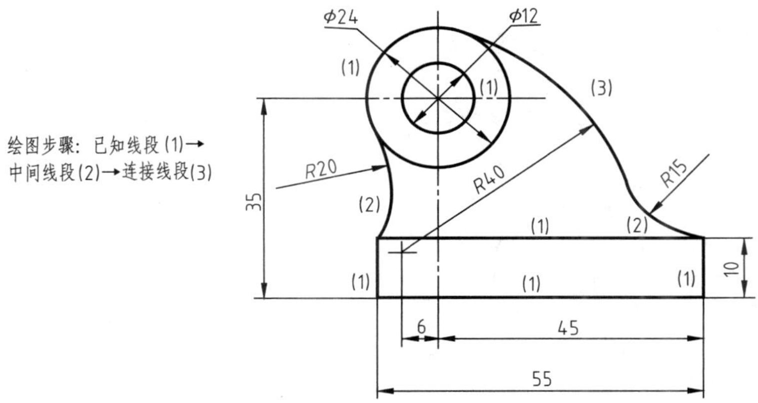

图 1-19　平面图形线段分析

(3) 连接线段　具有定形尺寸，无定位尺寸的线段。如 $R20$、$R15$。

例 1-2　平面图形吊钩的画图步骤。

步骤如图 1-20 所示。

(1) 画基准线　将长度方向和高度方向的基准线首先画出，要求图线以细而淡的点画线画出；

(2) 画已知线段　将已有定位和定形尺寸的图线用细实线画出；

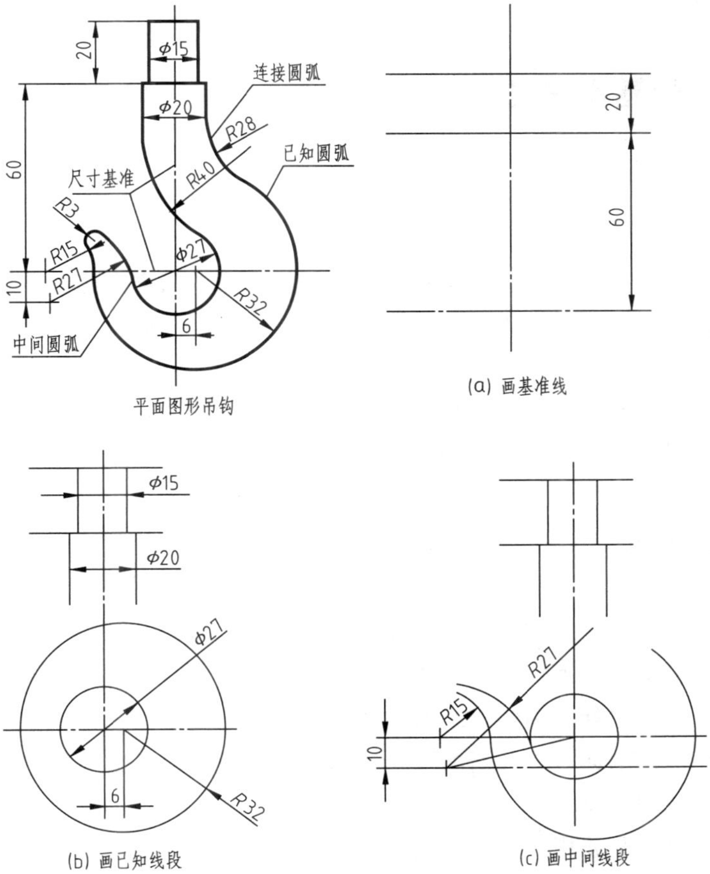

图 1-20

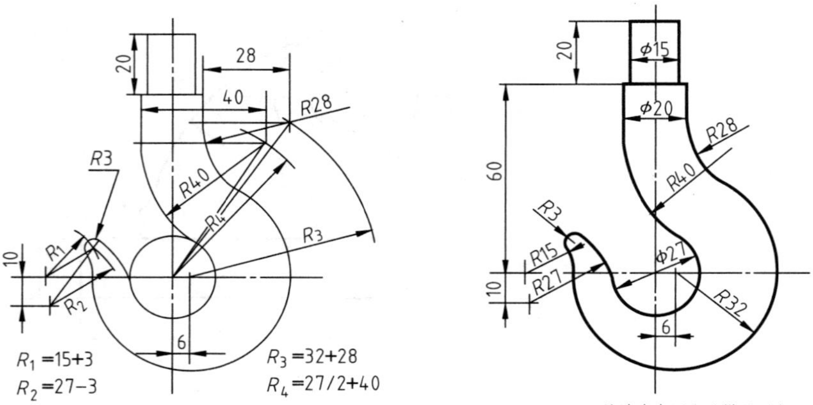

(d) 画连接线段　　　　(e) 擦除多余图线后描深图线，修饰、校正完成全图

图 1-20　平面图形吊钩及其画图步骤

(3) 画中间线段　将有定形但定位尺寸不全的线段用细实线画出；

(4) 画连接线段　将有定形尺寸但定位需要两侧线段确定的连接线段用细实线画出；

(5) 擦除多余图线后描深图线　可用铅笔或墨线笔描深线，描绘顺序宜先细后粗、先曲后直、先横后竖、从上到下、从左到右，最后描倾斜线；

(6) 修饰、校正完成全图。

第四节　绘图的基本方法

一、徒手绘图

徒手绘图是一种不用绘图仪器而按目测比例徒手画出的图样，这种图样称为草图或徒手图。这种图主要用于现场测绘、设计方案讨论或技术交流，因此，工程技术人员必须具备徒手绘图的能力。

(1) 草图的“草”字只是指徒手作图，并没有容许潦草的意思。

① 草图上的线条也要粗细分明，基本平直，方向正确，长短大致符合比例，线形符合国家标准。

② 画草图用的铅笔要软些，例如 B、HB；铅笔要削长些，笔尖不要过尖，要圆滑些；画草图时，持笔的位置高些，手放松些，这样画起来比较灵活。

③ 画水平线时，铅笔要放平些，初学画草图时，可先画出直线两端点，然后持笔沿直线位置悬空比划一两次，掌握好方向，并轻轻画出底线。然后眼睛盯住笔尖，沿底线画出直线，并改正底线不平滑之处。画铅直线时方法相同，但铅笔可竖高些。画向右上倾斜的线，手法与画水平线相似。画向右下倾斜的线，与画铅直线相似，但铅笔要更竖高些，而且要特别注意眼睛要盯住线的终点。

(2) 画草图时要手眼并用。作垂直线、等分线段或圆弧，截取相等的线段等，都是靠眼睛估计决定的。

(3) 徒手画平面图形时，不要急于画细部，先要考虑大局。画草图时，要注意图形的长与高的比例，以及图形的整体与细部的比例是否正确，草图最好画在方格纸（坐标纸）上，图形各部分之间的比例可借助方格数的比例来解决（当然是在有条件时用）。

① 画线要稳，图线应清晰，画图速度要快。

② 运笔力求自然，看清笔尖前进的方向，控制好图线。

③ 从左至右画水平线，从上至下画垂线，画短线手腕运笔。

徒手画水平线如图 1-21 所示，徒手画垂直线如图 1-22 所示，徒手画圆如图 1-23 所示。

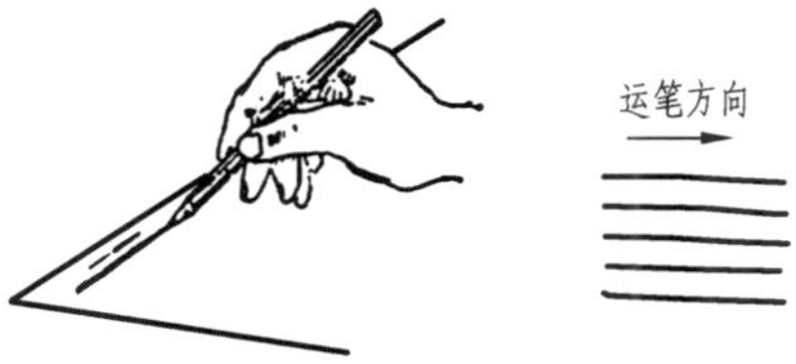

(a) (b)

图 1-21 徒手画水平线

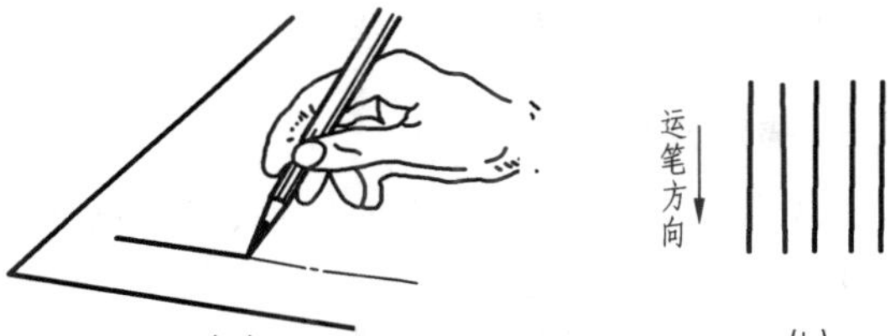

(a) (b)

图 1-22 徒手画垂直线

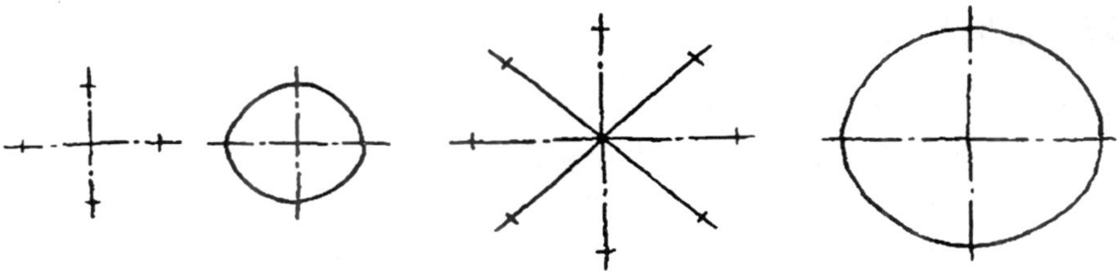

小圆 大圆

(a) 草图中圆的画法一

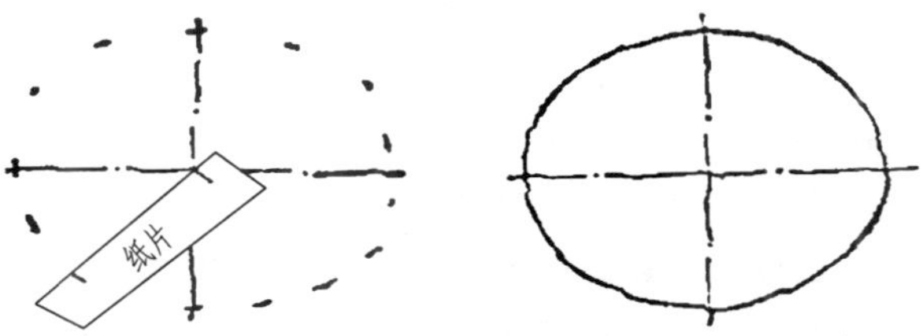

(b) 草图中圆的画法二

图 1-23 徒手画圆

二、尺规绘图

尺规绘图是比较常用的一种绘图方法，是初学者必须掌握的一项技能。

1. 绘图前准备工作

(1) 准备好画图用的仪器和工具（图板、丁字尺、三角板、圆规、铅笔等）；

（2）整理绘图场地；

（3）将图纸固定到图板上。

2. 绘制底稿

底稿线一律用细实线。

（1）画图框和标题栏；

（2）画主要基准线、轴线、中心线和主要轮廓线，并按先画已知线段，再画中间线段，最后画连接线段的顺序进行绘制；

（3）底稿画完后检查，然后擦去多余的线条；

（4）画尺寸界线和尺寸线。

3. 描深底稿

（1）描深图形，遵循先曲后直、先粗后细、先水平（从上至下）后垂斜（从左至右画倾斜线）、先小后大（指圆弧半径）的顺序，保证线条的圆滑、清洁、准确；

（2）描深图框线和标题栏；

（3）画箭头或斜线、标注尺寸和填写标题栏；

（4）整理校对，完成图形。

三、计算机辅助设计简介

计算机辅助设计（Computer Aided Design，CAD）技术，是指使用计算机系统进行辅助设计的全过程，包括资料信息检索、市场调研分析、方案构思、计算分析、工程绘图、检验测试和编制设计文件等。其中的CAD制图和数学、工程学、美学等学科组成了一个崭新的学科——计算机图形学（CG）。

课后补充知识

符号即责任

2023年10月，伊金霍洛旗马泰壕水处理项目预处理车间发生坍塌事故，最终造成6人死亡、5人受伤，造成的直接经济损失为2644.95万元。调查报告认定事故直接原因是：设计方面，钢柱结构设计图计算书中高强度螺栓数据错误，钢架梁-柱、梁-梁连接节点高强度螺栓设计配置不足；施工方面，连接高强度螺栓的螺母紧固不到位，钢架连接节点端板扩孔数量多且扩孔尺寸较大，随着屋面浇筑混凝土，进一步增加了屋面荷载。最终导致马泰壕水处理项目预处理车间低跨区域屋盖全部坍塌。

结构安全是底线，制图读图是基础。就如事故所展现的，工程上任何的疏忽都可能导致无法挽回的灾难，威胁生命与财产安全。在工程制图中"符号即责任"，图中的每个线条和符号都是对生命的承诺。学好制图基础、严格遵守规范是对生命安全的承诺。

第二章

投影基础

本章主要介绍投影法（GB/T 14692—2008）的基本知识、物体的投影与视图、物体上点、直线及平面的投影规律。

第一节　投影法

实际工程中的各种技术图样，都是按一定的投影方法绘制的。机械工程图样通常是用正投影法绘制。

一、投影法有关概念

(1) 投影现象　物体在光线的照射下，在地面或墙面上产生影子，这种现象称为投影现象。

(2) 投影法　根据投影现象总结出的，用一组射线通过物体射向预定平面的方法。投影的形成如图 2-1 所示。

二、投影法分类

投影法 ｛中心投影法；平行投影法 ｛正投影法；斜投影法｝｝

1. 中心投影法

所有投射线均交于投射中心，物体位置改变，投影大小也改变。中心投影图符合近大远小的直观视觉感受，立体感较好，多用于绘制建筑物的直观图（透视图）。如图 2-1 所示。

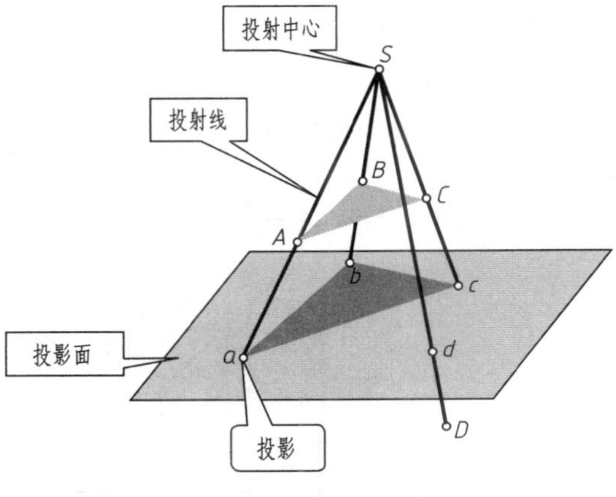

图 2-1　投影的形成

投射中心——所有投射线的起源点；投射线——发自投射中心且通过物体上各点的直线；投影面——物体投影所在的假想面；投影（图）——根据投影法所得到的图形

2. 平行投影法

如图 2-2 所示。所有投射线均相互平行，分为正投影法和斜投影法。正投影法中投射线垂直于投影面。正投影图的直观性不如中心投影图好，但能够真实表达空间物体的形状和大小，作图较简单，因此，机件的图样均采用正投影法中的多面正投影绘制。

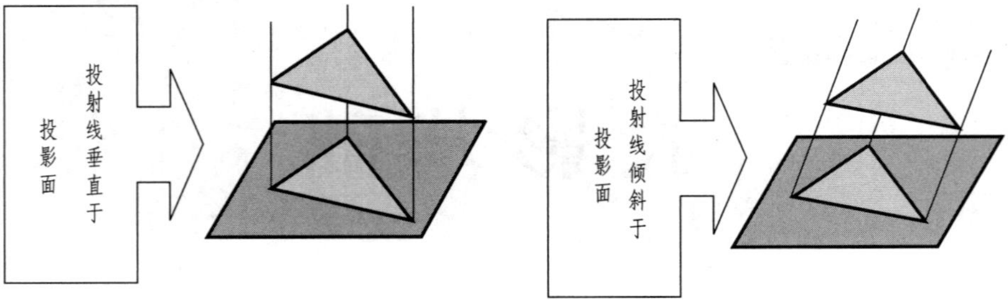

(a) 正投影法　　(b) 斜投影法

图 2-2　平行投影法

三、正投影的投影特性

如图 2-3 所示。正投影基本特性包括实形性、积聚性、类似性。

(1) 实形性　与投影面平行的几何要素在该投影面上的投影具有实形性。反映直线的实长、平面图形的实形。

(2) 积聚性　与投影面垂直的几何要素其投影具有积聚性。直线积聚为一个点、平面图形积聚为一条直线、柱面积聚为曲线。

(3) 类似性　与投影面倾斜的几何要素其投影具有类似性。直线为缩短的直线、平面为缩小的类似形。

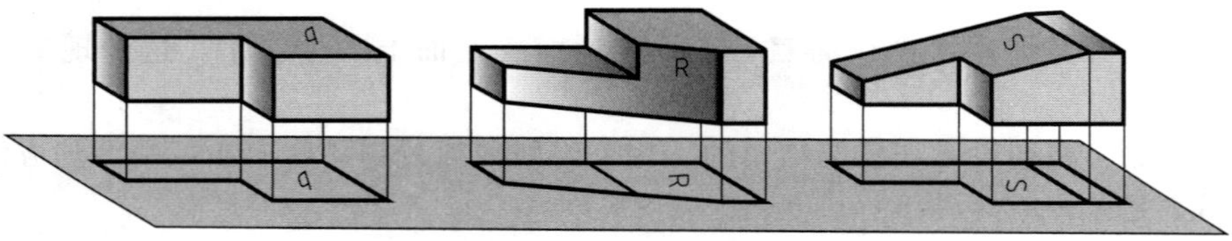

图 2-3　正投影投影特性

四、三面正投影图

(1) 三面投影体系，如图 2-4 所示。

三个相互垂直的投影面 V、H 和 W 构成三投影面体系。将空间分为八个区域，每个区域称为分角，分别称第一、第二、……、第八分角。我国国家标准优先采用第一角法。三面投影图需要展平在同一平面上（H 面下转 90°，W 面右转 90°）。如图 2-5 所示。

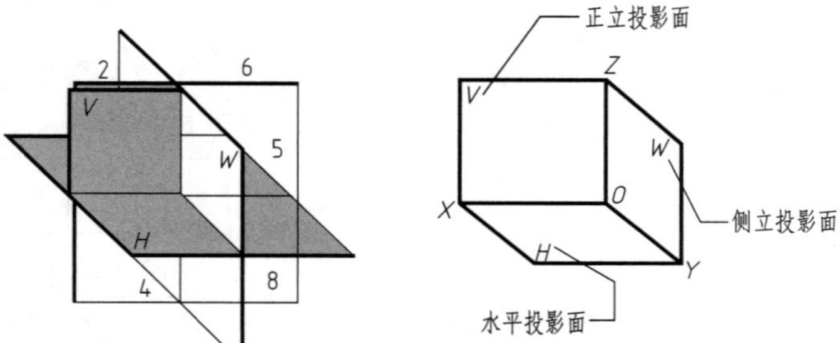

图 2-4　三面投影体系

(2) 三面投影图位置关系：以正立面图为准，水平投影图在它的正下方，侧面投影图在它的正右侧，位置固定，不必标注。如图 2-6 所示。

(3) 三视图与物体的方位对应关系如图 2-7 所示。

(4) 三视图投影规律为：长对正，高平齐，宽相等。如图 2-8 所示。

主视图反映物体的上、下、左、右方位。

左视图反映物体的上、下、前、后方位。

俯视图反映物体的左、右、前、后方位。

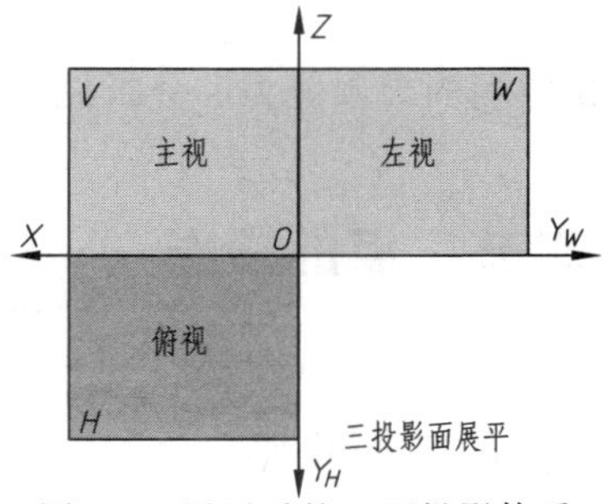

图 2-5 展开后的三面投影体系

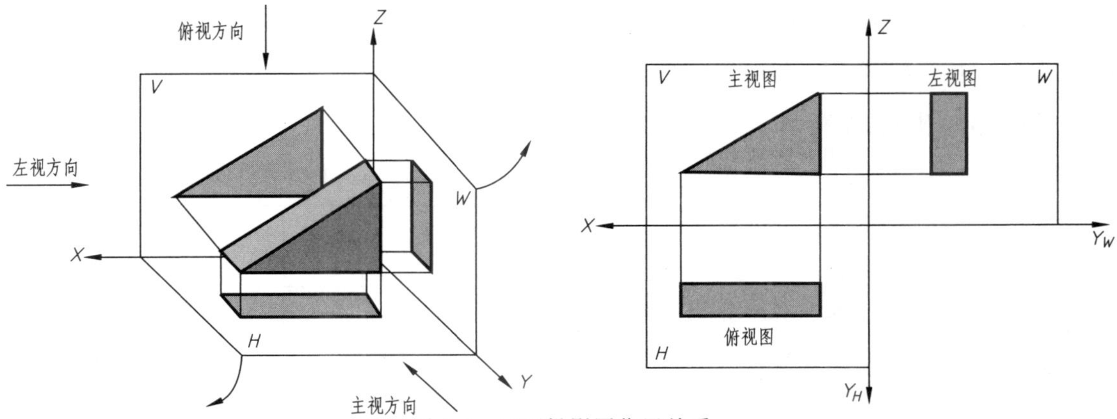

图 2-6 三面投影图位置关系

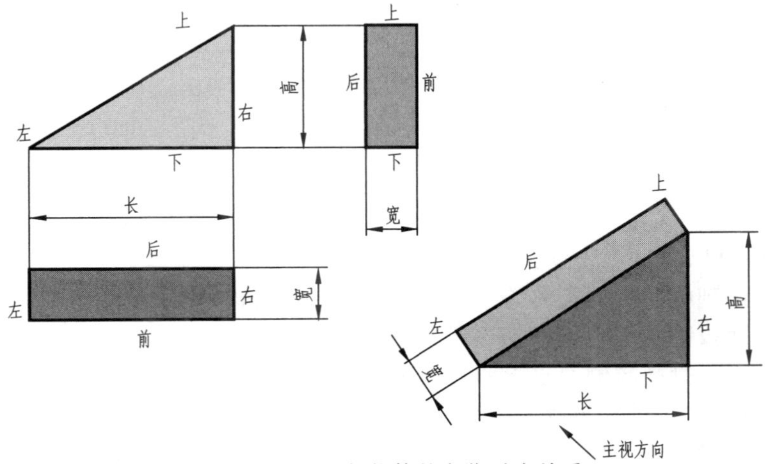

图 2-7 三视图与物体的方位对应关系

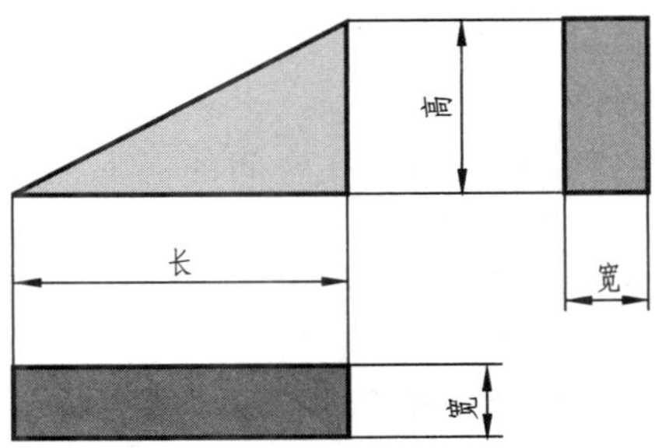

图 2-8 三视图投影规律

在实际读图中，要把几个视图结合到一起去考虑，才能想象出空间实体的立体形状，培养出空间的想象能力和分析能力。

第二节　点的投影

一、点的三面投影

点是构成一切形体的最基本元素。如图 2-9 所示。空间点用大写字母如 A、B、C……表示；水平投影用相应小写字母 a 表示；正面投影用相应小写字母加一撇 a'表示；侧面投影用相应小写字母加两撇 a''表示。

二、点投影与坐标的关系

如图 2-10 所示。

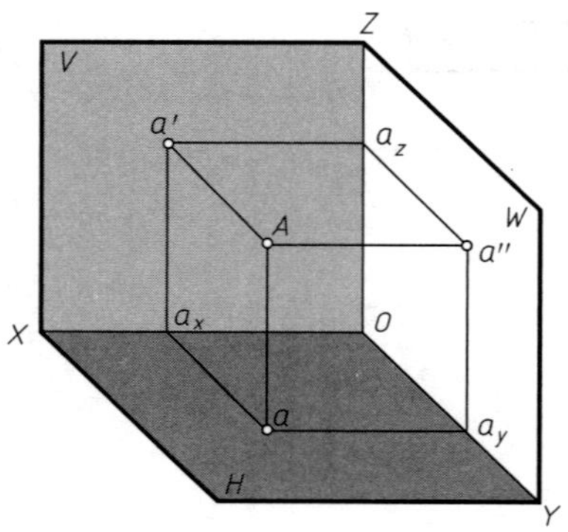

图 2-9　点的三面投影

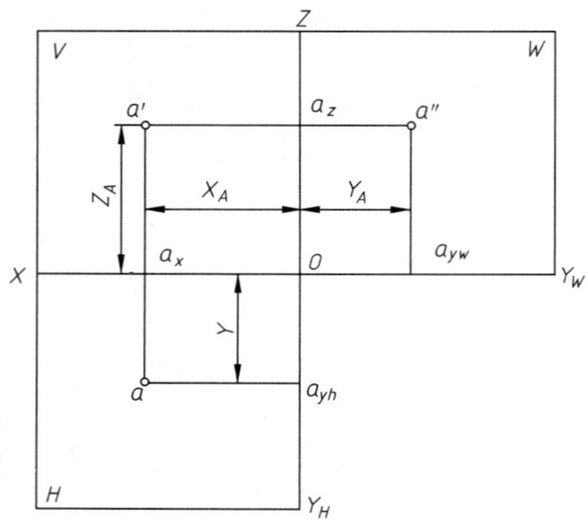

图 2-10　点投影与坐标的关系

从图 2-10 中可以看出点的投影规律：

(1) 点的投影到投影轴的距离等于空间点到相应投影面的距离；

(2) 点的正面投影与水平投影的连线垂直于 OX 轴，$aa' \perp OX$，$a'a_z = aa_{yh} = X_A$，即“长对正”；点的正面投影与侧面投影的连线垂直于 OZ 轴，$a'a'' \perp OZ$，$a'a_x = a''a_{yw} = Z_A$，即“高平齐”；点的水平投影与侧面投影都反映了 y 坐标，即“宽相等”；

(3) 两个投影决定了一个空间点的位置，因此，只要给出空间点的两面投影，利用投影规律一定能求出第三个投影。

三、点的相对位置

如图 2-11 所示，两点的相对位置指两点在空间的上下、前后、左右位置关系。x 坐标大的在左；y 坐标大的在前；z 坐标大的在上。图 2-11 中，A 在 B 的上、后、左。

例 2-1　已知点 A 的正面和水平面的两面投影［图 2-12 (a)］，求点 A 的侧面投影。

解题步骤：(1) 过原点 O 作 45°辅助线；(2) 过 a 作平行 OX 轴的直线与 45°辅助线相交一点；(3) 过交点作垂直于 OY_W 的直线；(4) 该直线与过 a'且平行 OX 轴的直线相较于一点即 a''［图 2-12 (b)］。

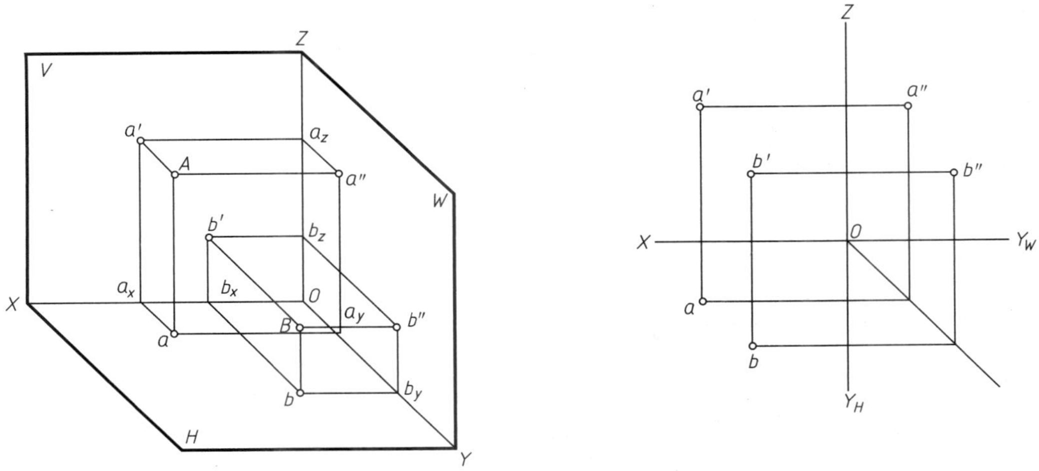

图 2-11　点的相对位置

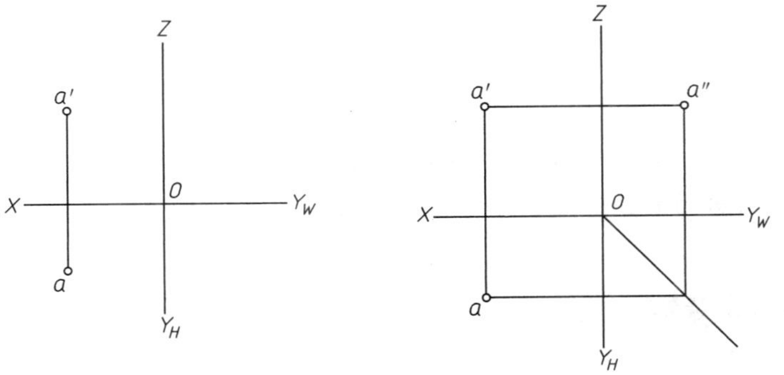

(a)　　　　(b)

图 2-12　例 2-1 附图

四、点的重影点

若两点在某一投影面的投影重合在一起，则此两点称该投影面的重影点。图 2-13 中，

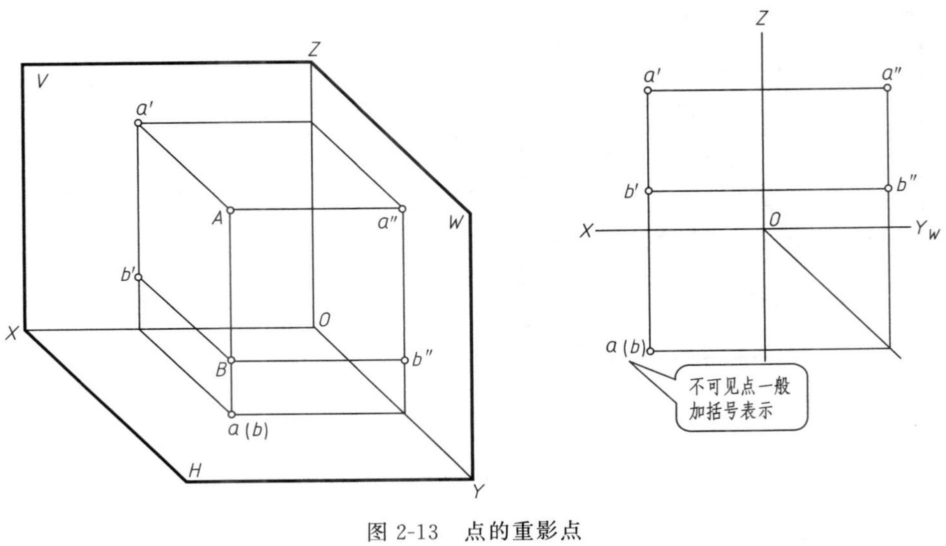

图 2-13　点的重影点

A、B 为基于 H 面的重影点。

例 2-2　已知点 A（14，10，20），作其三面投影图（图 2-14）。

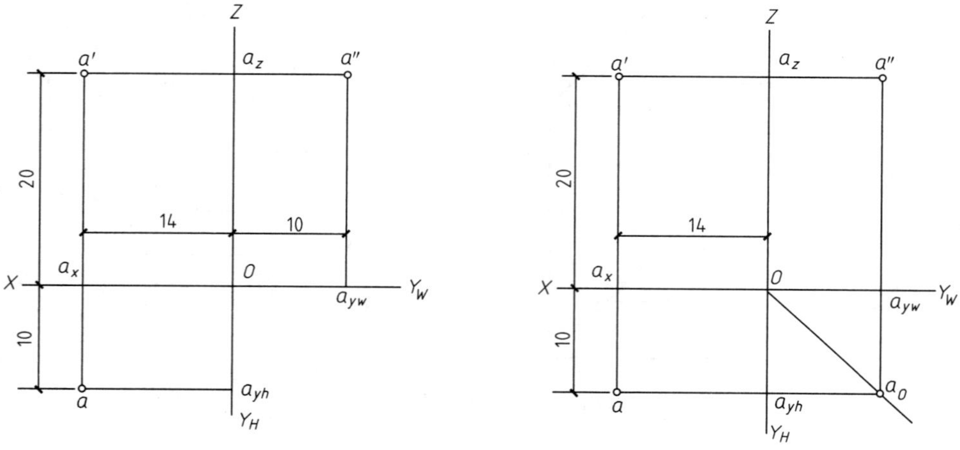

(a) 作三面投影（方法一）　　(b) 作三面投影（方法二）

图 2-14　例 2-2 附图

方法一是直接用 x、y、z 坐标找出点的三面投影；方法二是作出正面投影 a' 及 a 后，利用点的投影规律画出侧面投影 a''。

第三节　直线的投影

一、直线的三面投影

直线在立体表面上可表现为棱线、素线等。从两点可以确定一条直线可知，由不重合的两点能够唯一确定一条直线。

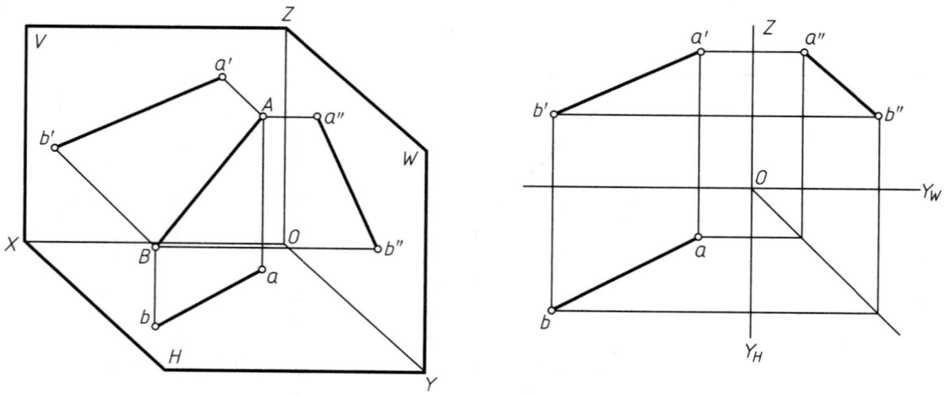

图 2-15　直线的三面投影

如图 2-15 所示，两点确定一条直线，将两点的同面投影用直线连接，就可得到直线的投影。

二、直线的投影特性

1. 直线对一个投影面的投影特性

如图 2-16 所示。

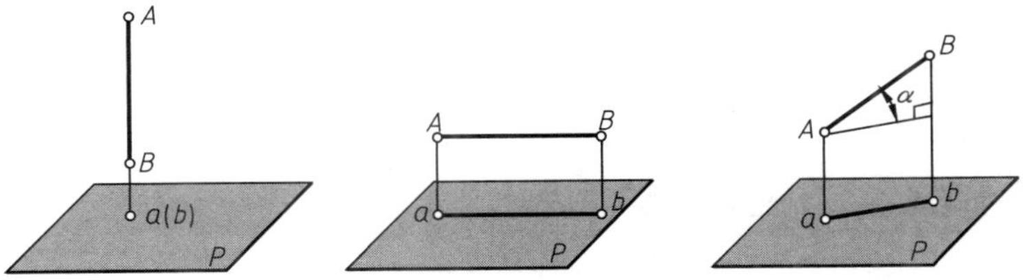

(a)积聚性
直线垂直于投影面，
投影积聚为一点

(b)显实性
直线平行于投影面，
投影反映线段实长

(c) 类似性
直线倾斜于投影面，
投影比空间线段短

图 2-16　直线对一个投影面的投影特性

2. 直线在三个投影面中的投影特性

其投影特性取决于直线与三个投影面间的相对位置。

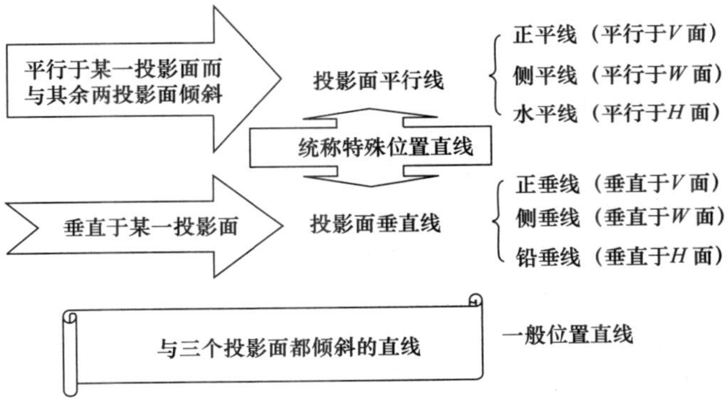

(1) 投影面平行线投影特性如表 2-1 所示。

表 2-1　投影面平行线投影特性

名称	水平线（//H 面，对 V、W 面倾斜）	正平线（//V 面，对 H、W 面倾斜）	侧平线（//W 面，对 H、V 面倾斜）
投影图	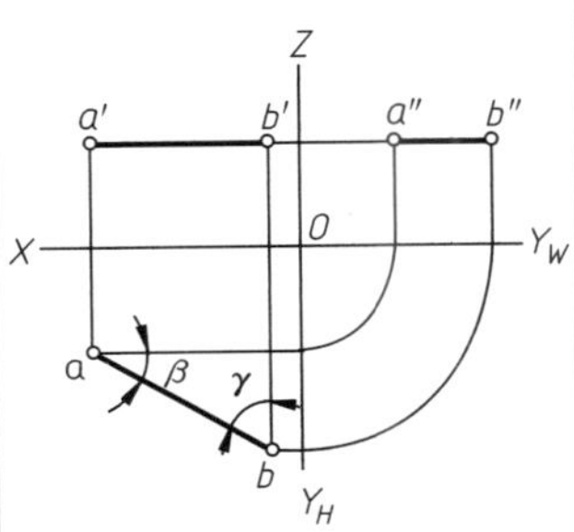	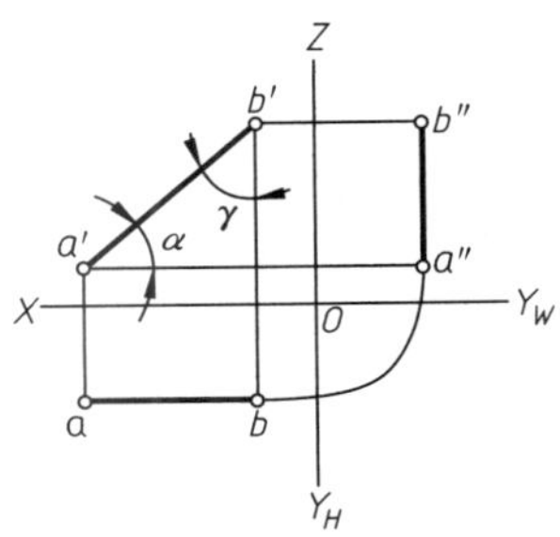	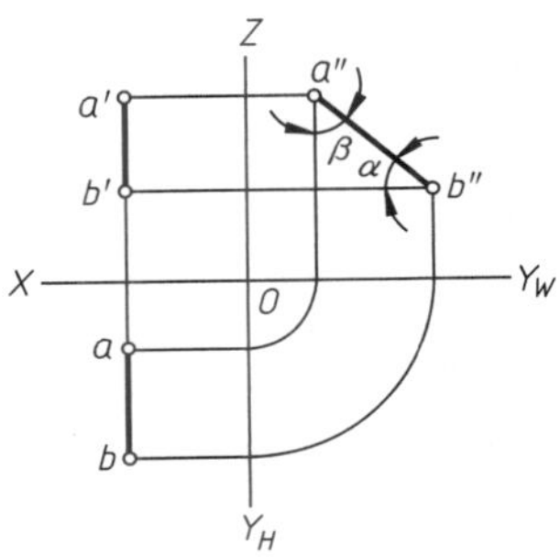

名称	水平线（//H 面，对 V、W 面倾斜）	正平线（//V 面，对 H、W 面倾斜）	侧平线（//W 面，对 H、V 面倾斜）
投影特性	1. 水平投影 $ab=AB$； 2. 正面投影 $a'b'$//OX，侧面投影 $a''b''$//OY_W，都不反映实长； 3. ab 与 OX 夹角反映 β 实际大小，ab 与 OY_H 夹角反映 γ 实际大小	1. 正面投影 $a'b'=AB$； 2. 水平投影 ab//OX，侧面投影 $a''b''$//OZ，都不反映实长； 3. $a'b'$ 与 OX 夹角反映 α 实际大小，$a'b'$ 与 OZ 夹角反映 γ 实际大小	1. 侧面投影 $a''b''=AB$； 2. 水平投影 ab//OY_H，正面投影 $a'b'$//OZ，都不反映实长； 3. $a''b''$ 与 OY_W 夹角反映 α 实际大小，$a''b''$ 与 OZ 夹角反映 β 实际大小

（2）投影面垂直线投影特性如表 2-2 所示。

表 2-2　投影面垂直线投影特性

名称	铅垂线（$\perp H$ 面，//V、W 面）	正垂线（$\perp V$ 面，//H、W 面）	侧垂线（$\perp W$ 面，//H、V 面）
投影图	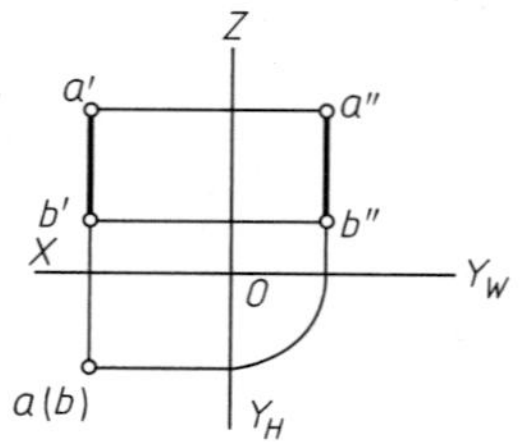	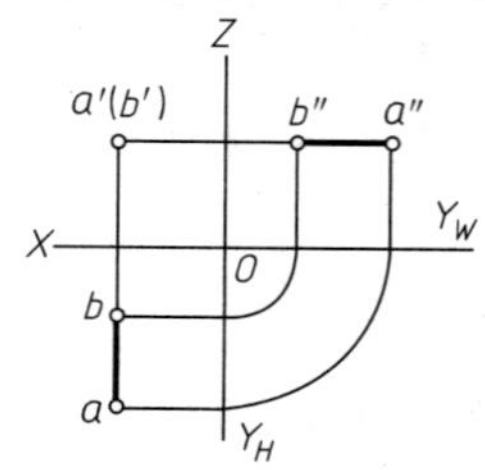	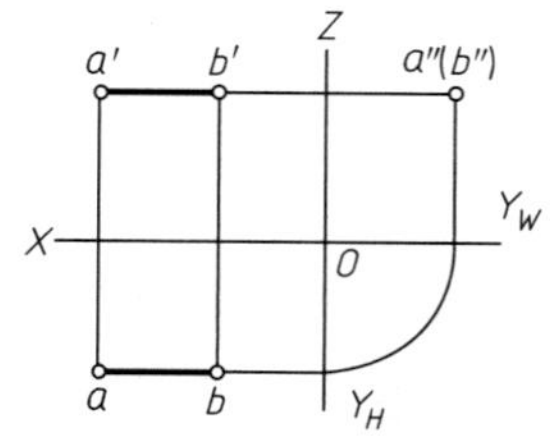
投影特性	1. 水平投影 $a(b)$ 积聚成一点； 2. 正面投影 $a'b'\perp OX$，侧面投影 $a''b''\perp OY_W$，$a'b'=a''b''=AB$	1. 正面投影 $a'(b')$ 积聚成一点； 2. 水平投影 $ab\perp OX$，侧面投影 $a''b''\perp OZ$，$ab=a''b''=AB$	1. 侧面投影 $a''(b'')$ 积聚成一点； 2. 水平投影 $ab\perp OY_H$，正面投影 $a'b'\perp OZ$，$ab=a'b'=AB$

（3）一般位置直线的实长及对投影面的倾角一般位置直线的三个投影长都小于直线的实长，也不能反映其与投影面的夹角，其实长要用直角三角形法来求取，如图 2-17 所示。

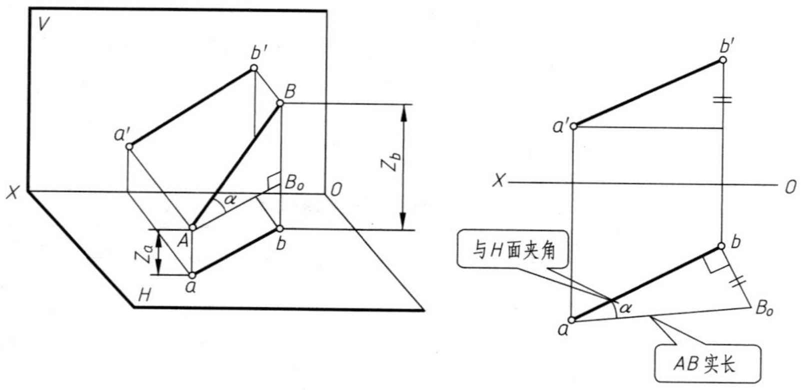

图 2-17　直角三角形法求一般位置直线实长

3. 点在直线上

（1）属于直线上的点　如图 2-18 所示，点在直线上，则点的投影必在直线的同面投影上。反之，若点的三个投影均在直线的同面投影上，则点必在直线上；根据点在直线上这一属性就可以判断点是否在直线上。

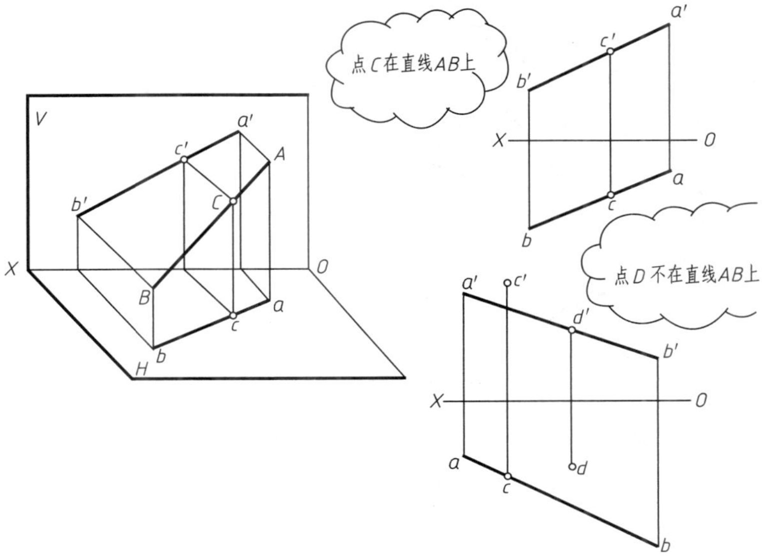

图 2-18　属于直线上的点

(2) 点分直线成定比　如图 2-19 所示，直线上的点分直线为定比，其点的投影分直线的投影为空间相同的比例。

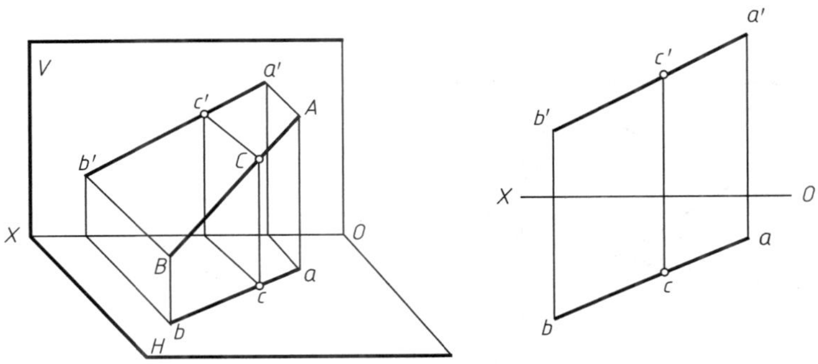

$BC:CA=b'c':c'a'=bc:ca$

图 2-19　点分直线成定比

例 2-3　判断点 K 是否在线段 AB 上。如图 2-20 所示。

方法一，因为 k''不在 $a''b''$上，所以 K 不在直线 AB 上；

方法二，因 $a'k':k'b'\neq ak:kb$，故点 K 不在 AB 上。

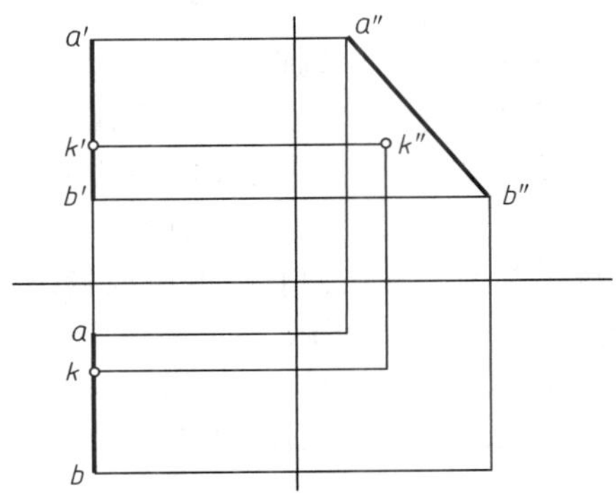

图 2-20　例 2-3 附图

4. 两直线的相对位置

两直线的相对位置有三种情况：平行、相交、交叉。

(1) 两直线平行　两直线平行则两直线同面投影均相互平行；反之，若两直线各同面投影平行，则该两直线平行。如图 2-21 所示。

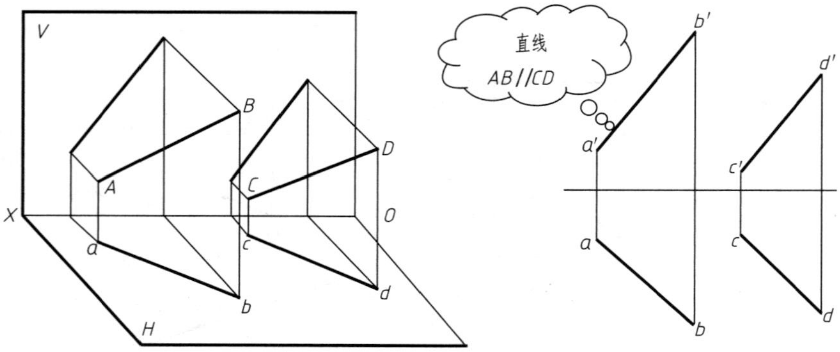

图 2-21　空间平行直线

空间直线平行的判据：

① 对于一般位置直线，只要两直线的任意两组同面投影相互平行，即可判定两直线在空间相互平行；

② 对于投影面平行线，根据两直线反映实长的一组同面投影是否平行，即可判定；

③ 对于投影面垂直线，只要两直线为同一投影面的垂直线，即可判定两直线在空间相互平行。

(2) 两直线相交　若两直线相交，两直线的同面投影也相交，且交点符合点的投影规律。如图 2-22 所示。

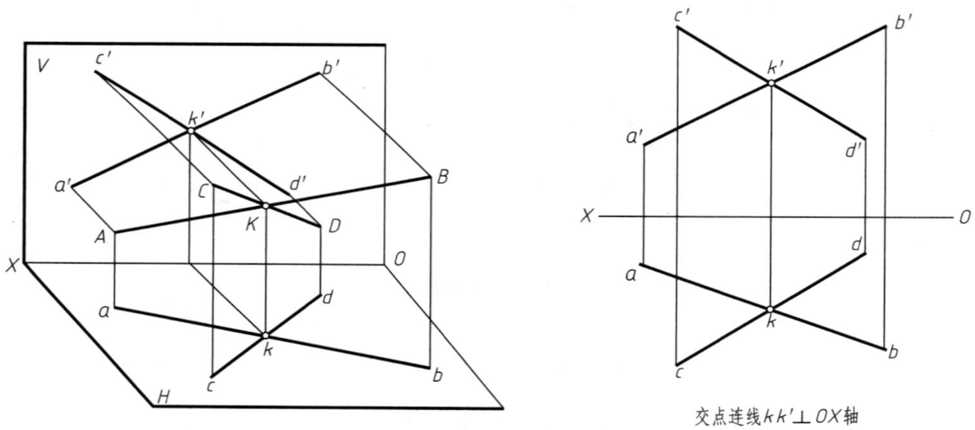

图 2-22　空间相交直线

空间直线相交判据：

① 当两直线均为一般位置直线时，根据其任意两组同面投影即可判定；

② 若两直线之一为投影面的平行线，要作出第三投影才能判定。

(3) 两直线交叉　空间两直线既不平行也不相交，称该两直线为交叉两直线，也就是两直线不共面。交叉两直线的同面投影可能相交，但其交点并不是空间同一点的投影，而是重影点。如图 2-23 所示。

例 2-4　判断空间直线 AB 与 CD 的关系。如图 2-24（a）所示。

解题思路：从 AB、CD 的正面和水平投影可判断两直线均为侧平线，所以首先排除两直线相交的情况。再通过直线投影规律作出它们的侧面投影［图 2-24（b）］，可以看出空间两直线是交叉的关系。

扫码看视频

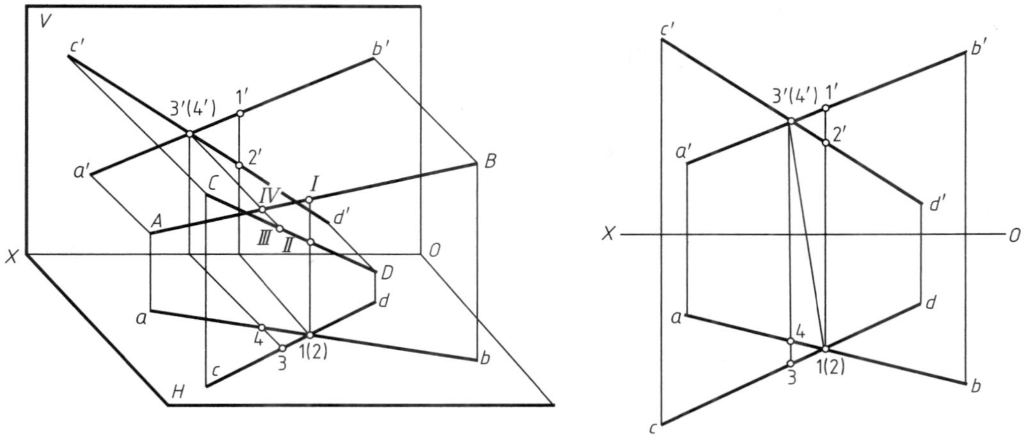

图 2-23 空间交叉直线

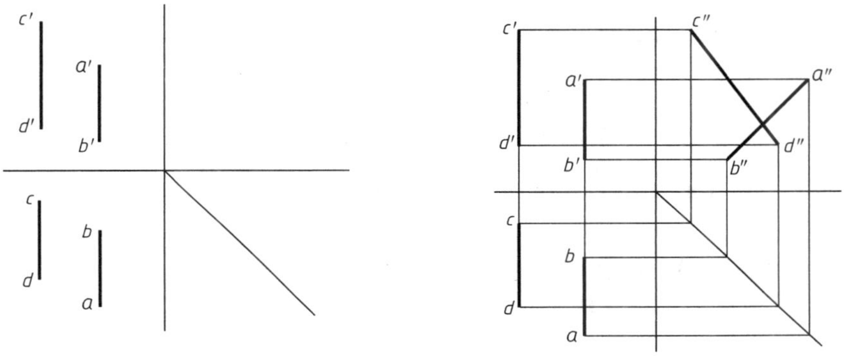

(a) (b)

图 2-24 例 2-4 附图

5. 直角投影定理

互相垂直的两直线，如果其中一条线平行于某一投影面时，两直线在该投影面上的投影也相互垂直。如图 2-25 所示。

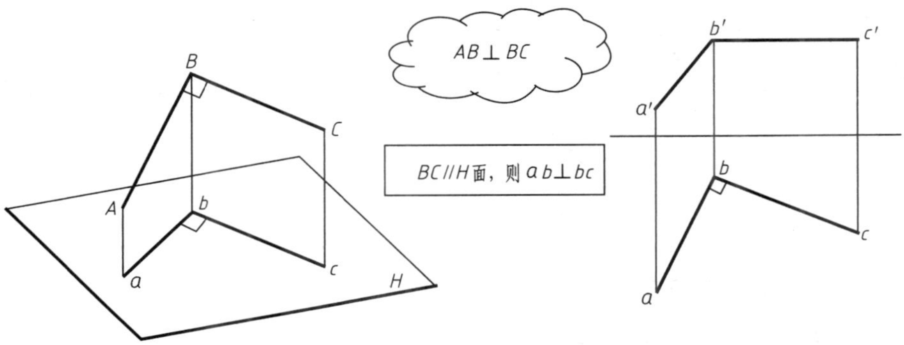

图 2-25 直角投影定理

空间直线垂直判据：

(1) 两直线呈直角并同时平行于某一投影面时，在该投影面上的投影反映直角；

(2) 两直线中有一条平行于某一投影面时，在该投影面上的投影反映直角；

(3) 两直线均为一般位置直线时，在三个投影面上的投影都不反映直角。

例 2-5 过 C 点作直线与 AB 垂直相交。如图 2-26 (a) 所示。

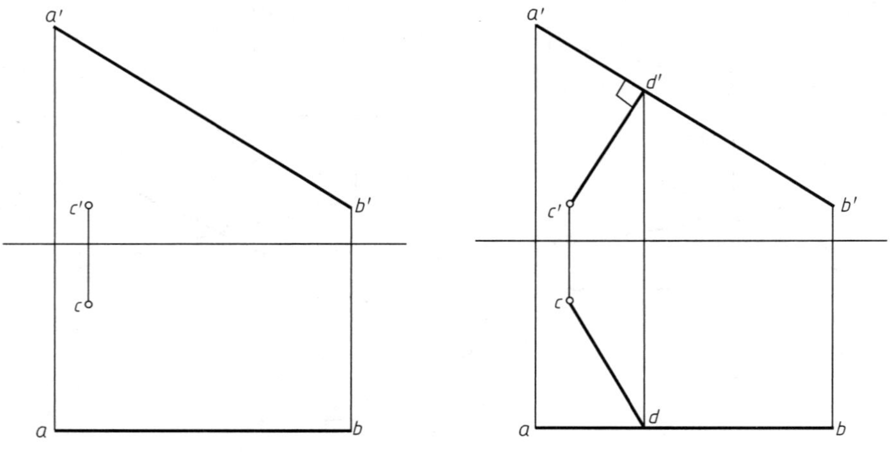

(a) (b)

图 2-26 例 2-5 附图

扫码看视频

解题思路：由 AB 的正面和水平面投影可判断 AB 为正平线，因此其垂线在正面反映直角。

解题步骤：①过 c' 作 cd' 垂直于 $a'b'$，垂足为 d'；

② 根据点 d' 的投影规律找到 d，即得到垂线 CD 的水平投影 cd [图 2-26 (b)]。

第四节 平面的投影

一、平面的表示法

如表 2-3 所示。空间平面可用表 2-3 中任意一组几何元素来表示。

表 2-3 平面的表示法

空间图	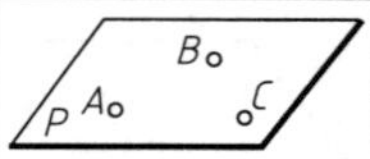	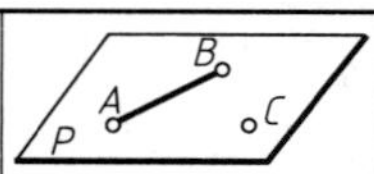	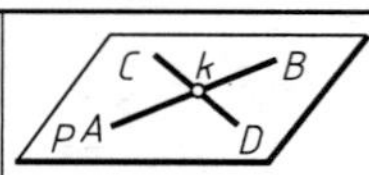	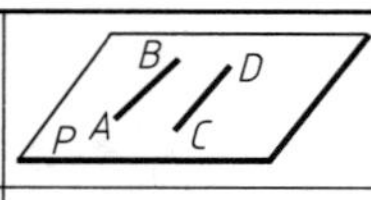	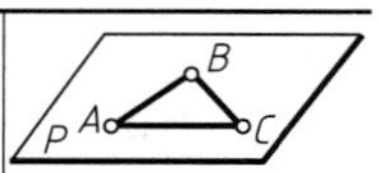
投影图	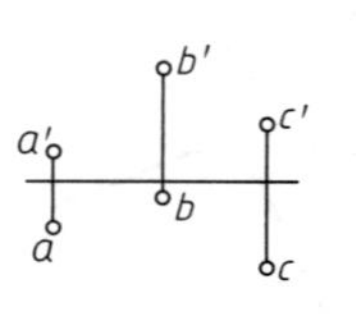	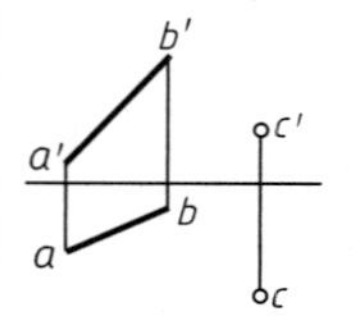	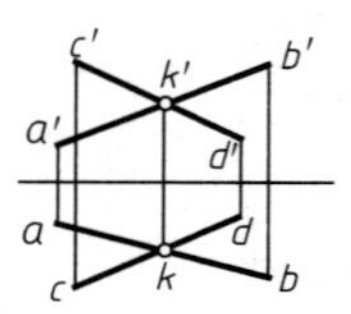	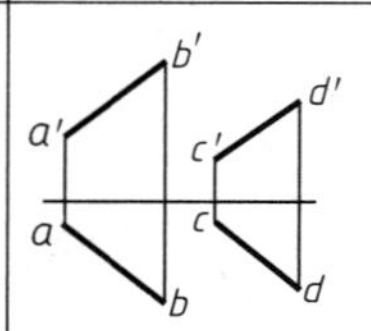	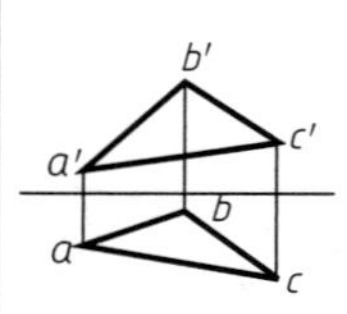
说明	不在同一直线上的三点	一直线和直线外一点	相交两直线	平行两直线	任意平面图形

二、平面在三个投影面中的投影特性

其投影特性取决于平面与三个投影面间的相对位置。

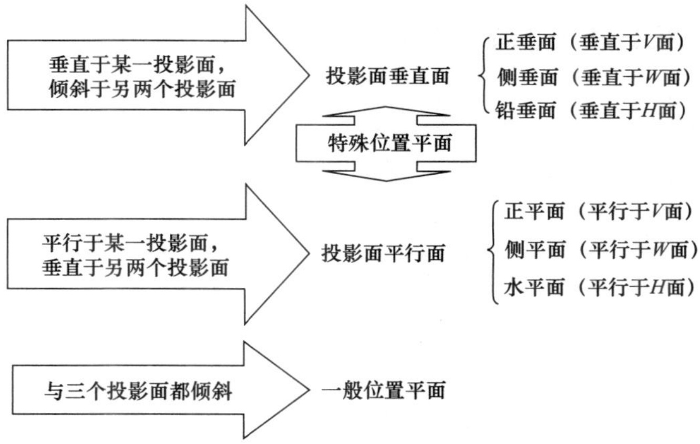

(1) 投影面垂直面投影特性如表 2-4 所示。

表 2-4　投影面垂直面投影特性

名称	铅垂面（⊥H 面）	正垂面（⊥V 面）	侧垂面（⊥W 面）
投影图	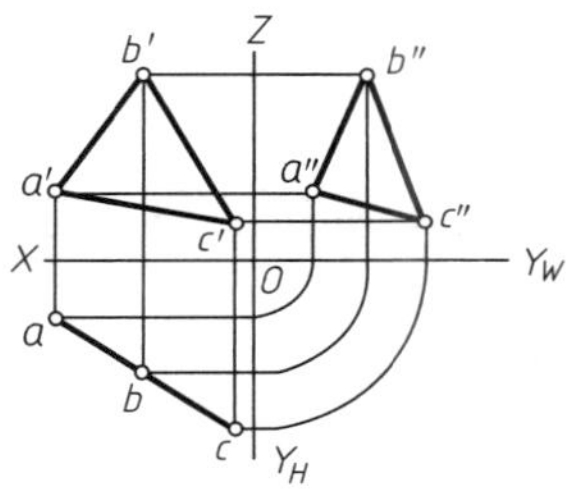	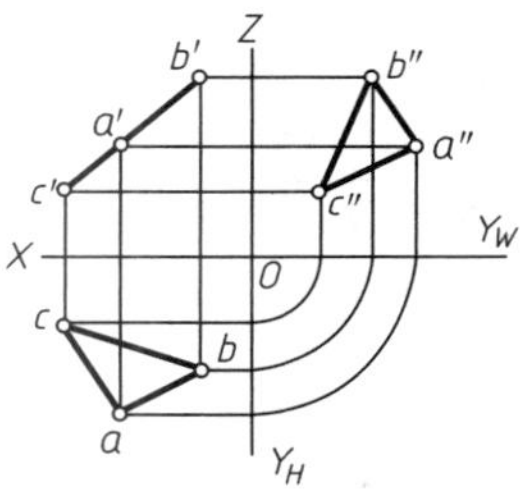	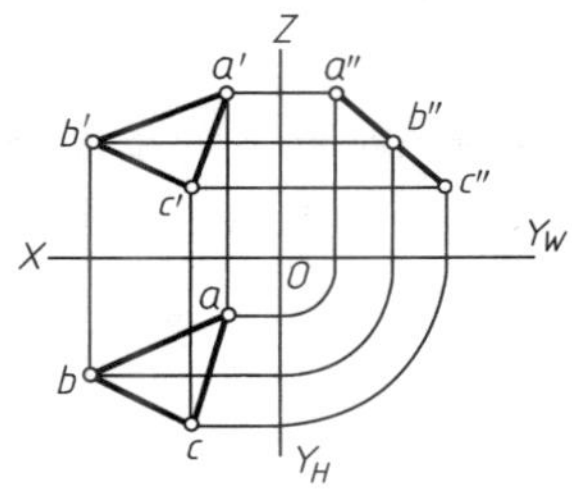
投影特性	1. 水平投影积聚成一直线； 2. 正面投影和侧面投影均为原形的类似形	1. 正面投影积聚成一直线； 2. 水平投影和侧面投影均为原形的类似形	1. 侧面投影积聚成一直线； 2. 水平投影和正面投影均为原形的类似形

(2) 投影面平行面投影特性如表 2-5 所示。

表 2-5　投影面平行面投影特性

名称	水平面（//H 面）	正平面（//V 面）	侧平面（//W 面）
投影图	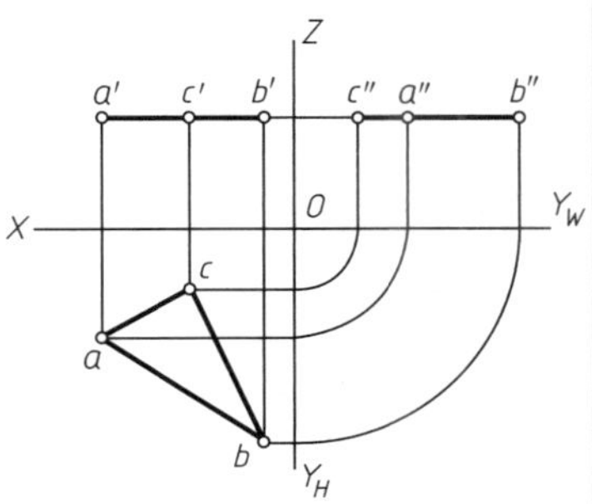	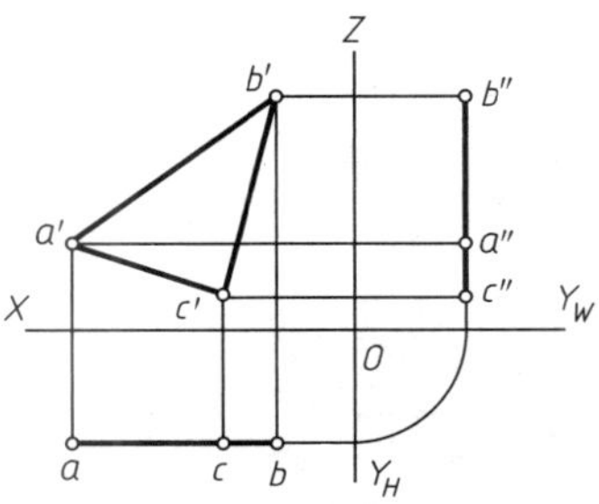	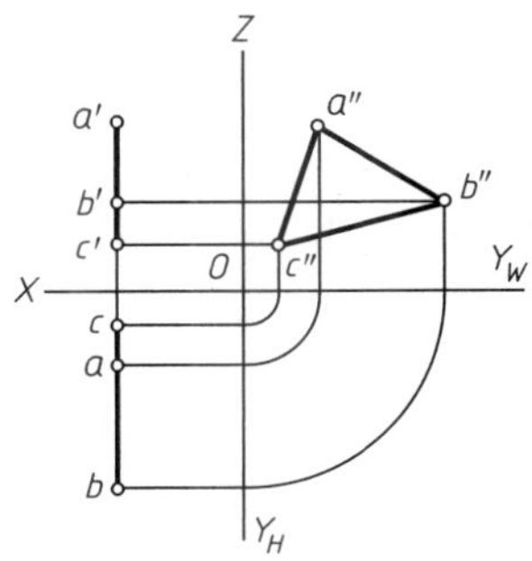
投影特性	1. 水平投影反映实形； 2. 正面投影和侧面投影积聚成一直线	1. 正面投影反映实形； 2. 水平投影和侧面投影积聚成一直线	1. 侧面投影反映实形； 2. 水平投影和正面投影积聚成一直线

三、平面上的点和线、属于平面内的投影面平行线

1. 平面上的点和线

点在平面上的条件是：若点在平面上的任一已知直线上，则点在该平面上。如图 2-27 所示。

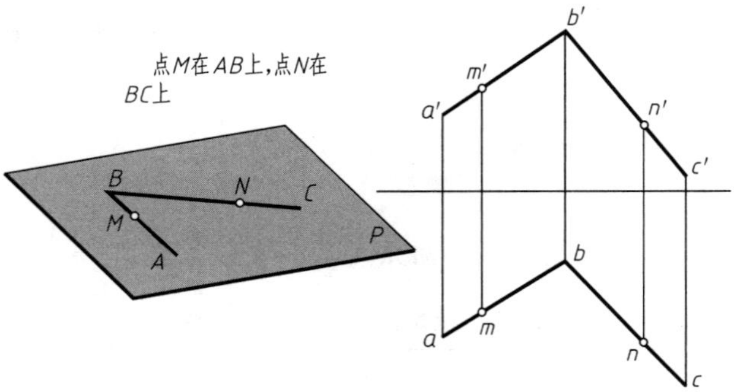

图 2-27　点在平面上

直线在平面上的条件是：

(1) 若一直线通过平面上任意两已知点，则直线在该平面上，如图 2-28 所示；

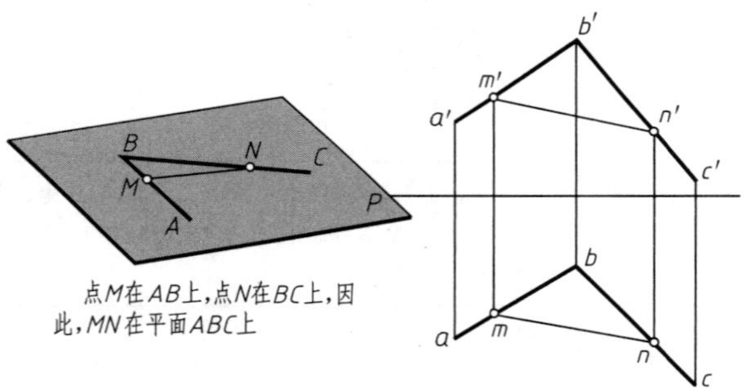

图 2-28　直线在平面上（一）

(2) 若一直线通过平面上任一已知点，且平行该平面内任一条不通过该点的已知直线，则直线在该平面上，如图 2-29 所示。

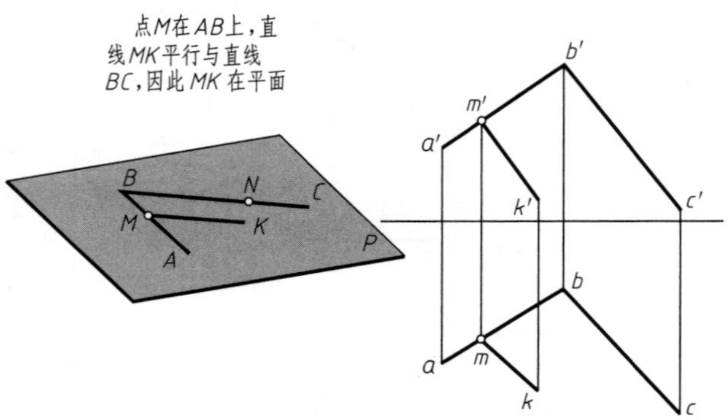

图 2-29　直线在平面上（二）

例 2-6 已知平面由直线 AB、AC 所确定，试在平面内任作一条直线。如图 2-30（a）所示。

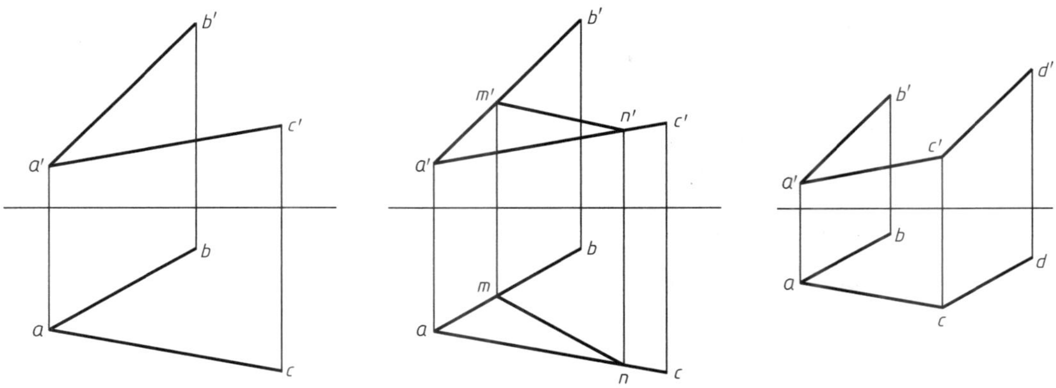

(a) 已知条件　(b) 方法一　(c) 方法二

图 2-30　例 2-6 附图

解题思路：

方法一是利用一直线过平面上的两点，则此直线必在该平面内［图 2-30（b）］。

方法二是利用一直线过平面上的一点，且平行于该平面上的另一直线，则此直线在该平面内［图 2-30（c）］。

此题有无数解。

2. 平面内的投影面平行线

属于平面且又平行于一个投影面的直线称为平面内的投影面平行线。如图 2-31 所示。

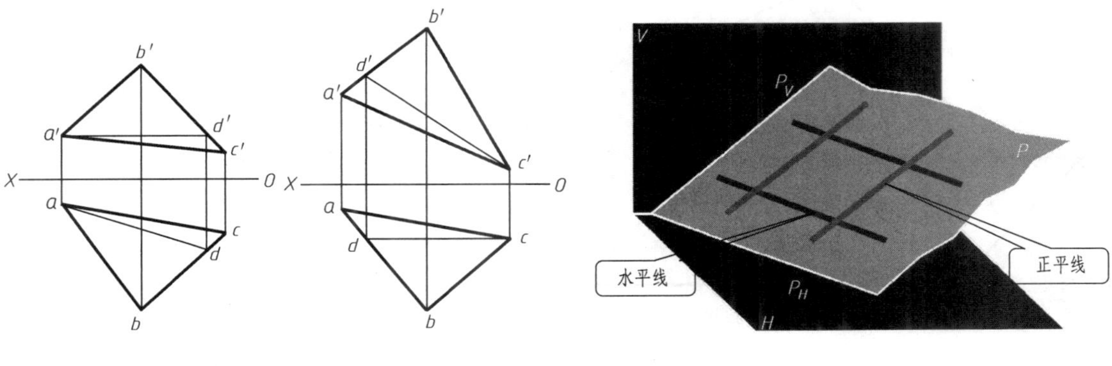

(a) 平面内的水平线　(b) 平面内的正平线　(c) 同一平面内的水平线及正平线

图 2-31　平面内的投影面平行线

例 2-7 已知点 E 在△ABC 平面上，且点 E 距离 H 面 15mm，距离 V 面 10mm，试求点 E 的投影。如图 2-32（a）所示。

解题思路：根据题目给定的条件，E 距离 H 面 15mm，距离 V 面 10mm，可以在△ABC 平面上作水平线与正平线，两条线交于 E。

扫码看视频

解题步骤：① 作 OX 平行线投影 sr，距离 OX 轴 10mm；

② 再根据点的投影特性作出 $s'r'$，此为正平线 SR 水平投影 sr 及正面投影 $s'r'$；

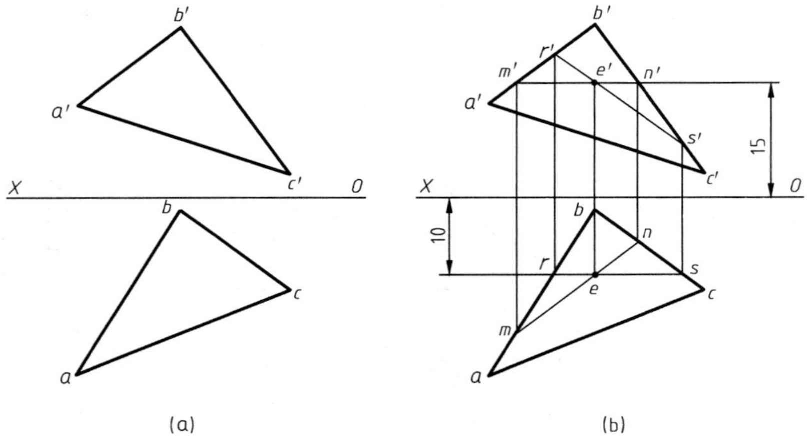

图 2-32　例 2-7 附图

③ 同理，在正面作 OX 平行线，距离 OX 轴 15mm，水平线 MN 的正面投影 $m'n'$；

④ 再根据点的投影特性作出 mn，正平线与水平线在正面及水平面的交点即为点 E 的正面投影 e' 和水平投影 e [图 2-32（b)]。

此题只有唯一解。

3. 平面内的最大斜度线

平面上相对投影面倾角最大的直线称为该平面内的最大斜度线，它是属于并垂直于该平面投影面平行线的直线。测定最大斜度线的几何意义是可以用它来测定平面对投影面的角度。最大斜度线给定，则可唯一确定平面。如图 2-33 所示。

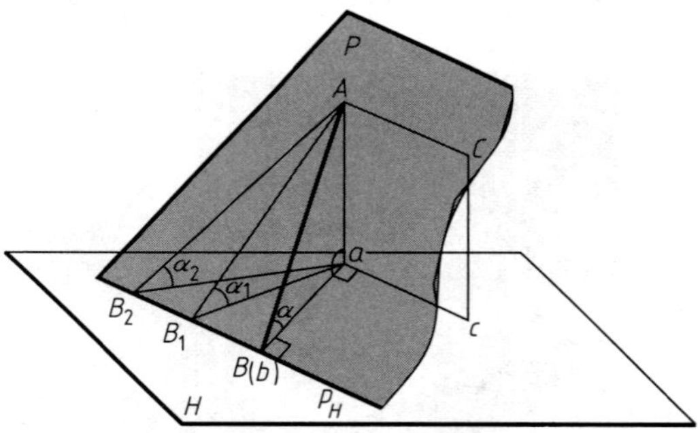

图 2-33　平面内的最大斜度线

图 2-33 中，AB 是平面 P 对 H 面的最大斜度线，AB 垂直于平面 P 内的水平线。平面对 H 面的最大斜度线的水平投影必垂直于该平面内的水平线的水平投影。α 即为平面 P 对 H 面的倾角。

平面内对投影面的最大斜度线有以下三种。

(1) 垂直于平面内水平线的直线，是平面内对水平面的最大斜度线。（可以求平面与水平面的夹角 α）

(2) 垂直于平面内正平线的直线，是平面内对正平面的最大斜度线。（可以求平面与水平面的夹角 β）

(3) 垂直于平面内侧平线的直线，是平面内对侧平面的最大斜度线。（可以求平面与水平面的夹角 γ）

例 2-8　求△ABC 平面与水平投影面的夹角 α，如图 2-34（a）所示。

解题思路：欲求平面△ABC 对 H 面的倾角 α，也就是求△ABC 平面内对 H 面的最大斜度线与 H 面的夹角 α。

解题步骤：① 在△ABC 平面内作一水平线 AM，先在正面过 a' 作 $a'm'/\!/OX$；

② 根据点的投影特性作 m，连接 am，作 am 的垂线 bd，bd 即△ABC 平面内对 H 面的最大斜度线的投影；

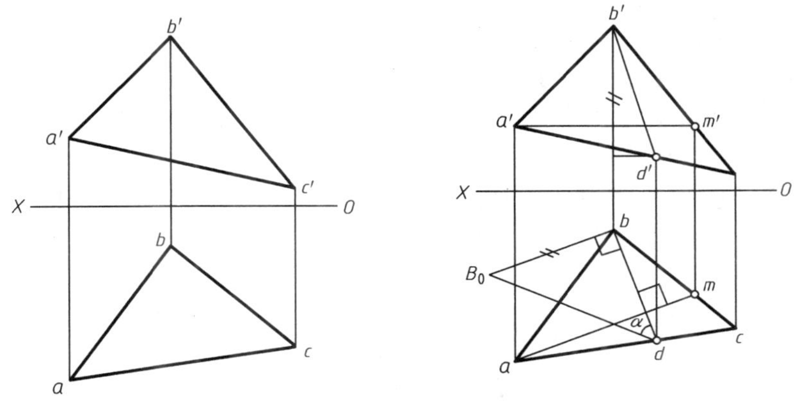

(a)　　(b)

扫码看视频

图 2-34　例 2-8 附图

③ 过 b 作垂线 bB_0，垂线长度为 b' 与 d' 的 Z 坐标差，连接 B_0d，则 $\angle B_0db$ 即 $\triangle ABC$ 平面与水平投影面的夹角 α [图 2-34（b)]。

4. 直线与平面平行、平面与平面平行

(1) 直线与平面平行　若空间一直线平行于属于平面的任一直线，则该直线与该平面平行。如图 2-35 所示。

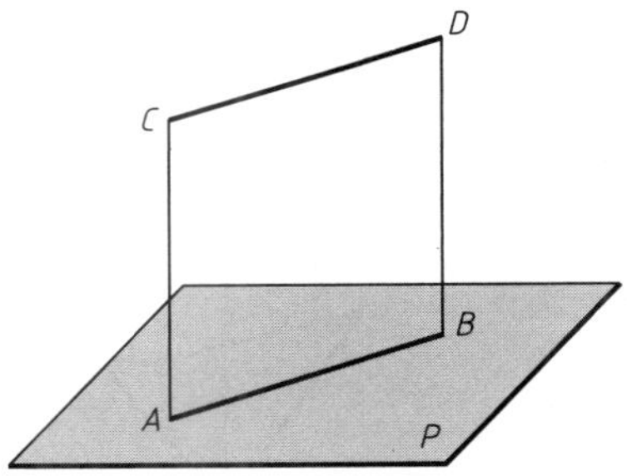

图 2-35　直线与平面平行

例 2-9　试判别直线 DE 是否平行于 $\triangle ABC$，如图 2-36（a）所示。

扫码看视频

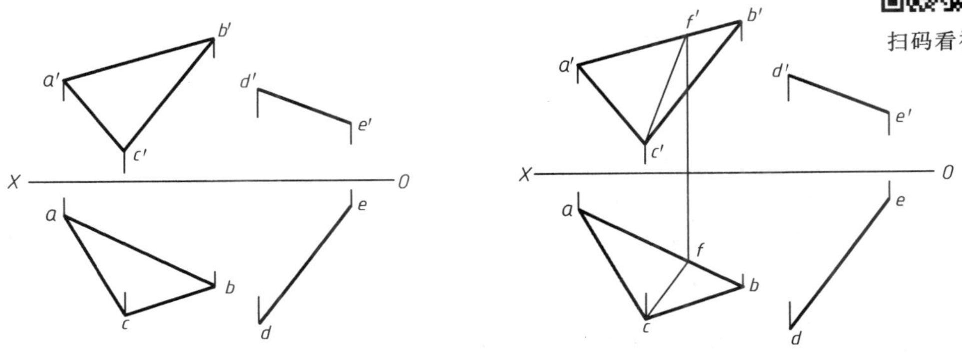

(a)　　(b)

图 2-36　例 2-9 附图

解题思路：如果在△ABC 所确定的平面内能找到平行于直线 DE 的直线，则直线 DE//△ABC，否则直线 DE 与△ABC 不平行。

解题步骤：① 在△ABC 水平投影作 cf//de；

② 根据点的投影特性作 f'，连接 $c'f'$，可以看出 $c'f'$不平行 $d'e'$，因此直线 DE 不平行于△ABC［图 2-36（b）］。

（2）平面与平面平行 若属于一平面的相交两直线与属于另一平面的相交两直线对应平行，则两平面平行。如图 2-37 所示。

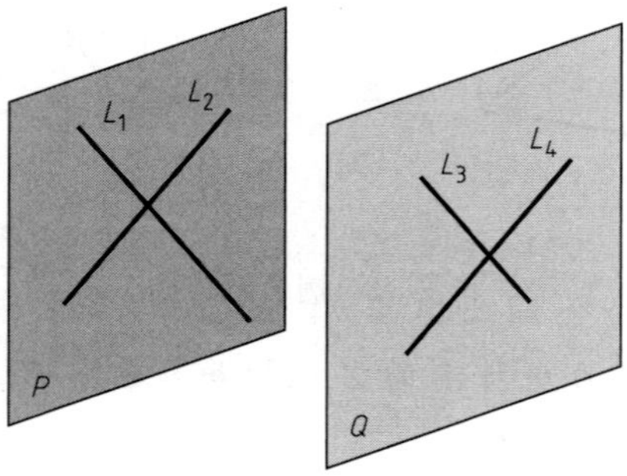

图 2-37 平面与平面平行

例 2-10 判断△ABC 与△DEF 是否平行，如图 2-38（a）所示。

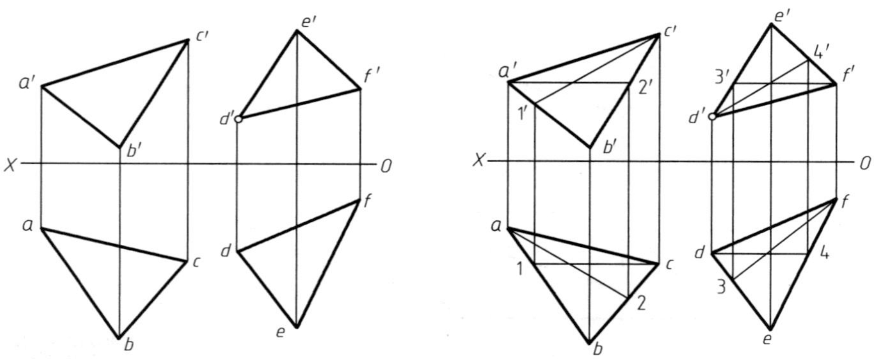

（a）（b）

扫码看视频

图 2-38 例 2-10 附图

解题思路：若在△ABC 上任作一对相交直线，在△DEF 上可以作出一对相交直线与其对应平行，则两三角形互相平行，否则不平行。

解题步骤：① 在△ABC 内作正平线 $A2$ 及水平线 $1C$，正面投影为 $a'2'$、$1'c'$，水平投影为 $a2$、$1c$；

② 在△DEF 的正面投影作 $3'f'$//$a'2'$、$d'4'$//$1'c'$，根据点的投影特性作出 $d4$ 及 $3f$；

③ $a2$ 不平行于 $3f$，说明两平面找不到相交直线相互平行，因此可判断△ABC 与△DEF 不平行［图 2-38（b）］。

5. 直线与平面相交、平面与平面相交

（1）直线与平面相交 直线与平面相交的交点是直线与平面的共有点，且交点又是直线投影可见与不可见的分界点。如图 2-39 所示。

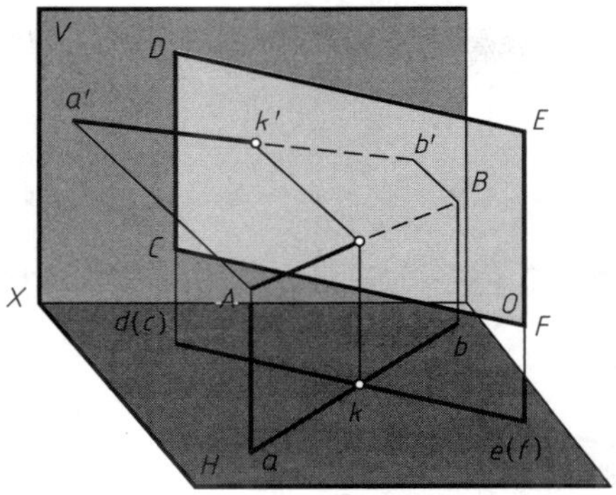

图 2-39　直线与平面相交

① 一般位置直线与特殊位置平面相交，可利用特殊平面的积聚性投影，找出其与一般位置直线的交点。

例 2-11　求直线 AB 与△CDE 的交点。并判别可见性，如图 2-40（a）所示。

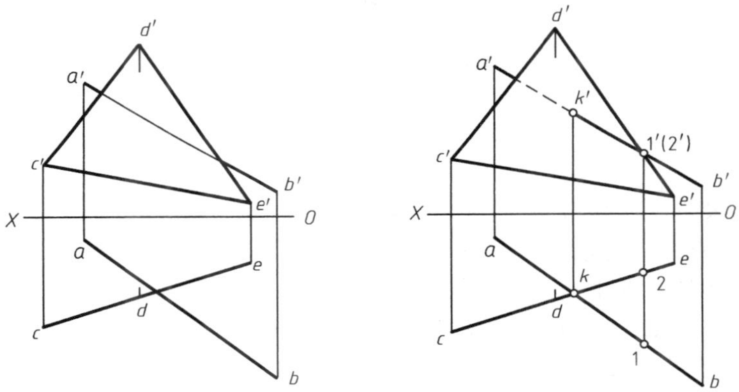

扫码看视频

(a)　(b)

图 2-40　例 2-11 附图

解题思路：△CDE 是铅垂面，其水平投影有积聚性，交点 K 的水平投影 k 重合在△cde 上，K 点同时又在直线 AB 上。

解题步骤：① 根据点的投影特性及条件 k' 在 $a'b'$ 上，把 k' 作出来；

② 点 1、2 在正面上是重影点，通过水平投影 1 和 2 的位置可判断空间 KB 在△CDE 前面，所以 $k'b'$ 是实线，$a'k'$ 是虚线［图 2-40（b）］。

② 一般位置直线与一般位置平面相交，由于一般位置直线和一般位置平面的投影都没有积聚性，因此，不能直接确定其交点的投影。要求出交点，则必须通过直线作一特殊位置的辅助平面来解决。如图 2-41 所示，要求一般位置直线 AB 与一般位置平面 CDE 的交点，过 AB 作铅垂面 P，铅垂面 P 与面 CDE 的交线 12 在水面上就是铅垂面 P 的积聚性投影，一般位置直线 AB 与交线 12 的交点为 K，K 就是一般位置直线 AB 与一般位置平面 CDE 的交点。

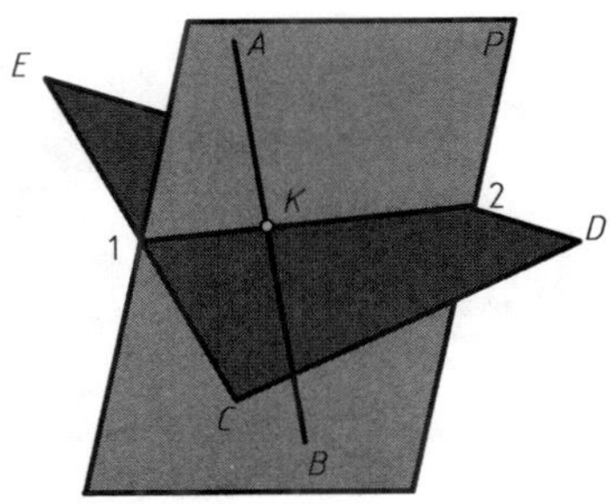

过AB作平面P垂直于H投影面

图 2-41　一般位置直线与一般位置平面相交

例 2-12 求直线 DE 与平面$\triangle ABC$ 的交点 K，如图 2-42（a）所示。

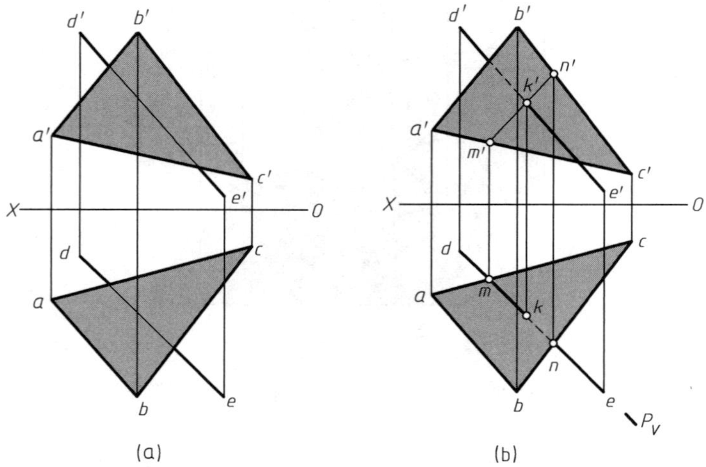

扫码看视频

图 2-42 例 2-12 附图

解题思路：该题是求一般位置直线与一般位置平面交点，需要过一般位置直线作辅助面。

解题步骤：① 过直线 DE 作铅垂面 P，辅助平面 P 与$\triangle ABC$ 的交线 MN 的水平投影为 mn；

② 根据点的投影规律作出 m' 与 n'，连接 $m'n'$，$d'e'$ 与 $m'n'$ 的交点 k' 即为直线 DE 与平面$\triangle ABC$ 交点 K 的正面投影；

③ 再根据点的投影规律作出交点 K 的水平投影 k'；

④ 判别可见性，AC 在 DK 下面，所以 dk 是实线，kn 是虚线，同理可判断出 $d'k'$ 是虚线，$k'e'$ 是实线［图 2-42（b）］。

（2）一般位置平面与特殊位置平面相交 一般位置平面与特殊位置平面相交：平面与平面相交的交线是两平面共有线，交线既在第一平面上又在第二平面上，且交线又是两平面可见与不可见的分界线。如图 2-43 所示。

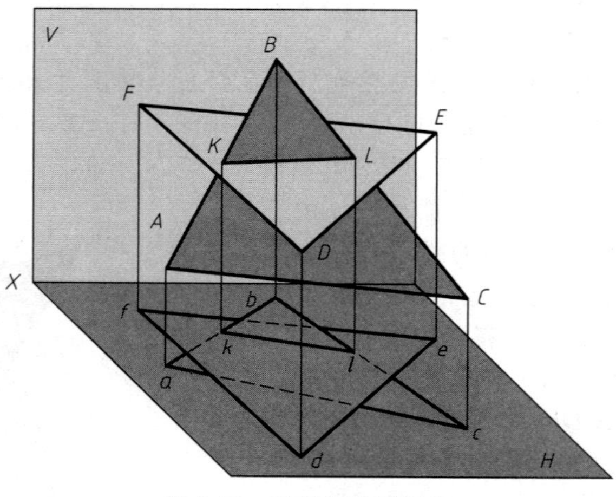

图 2-43 平面与平面相交

例 2-13 求$\triangle ABC$ 与$\triangle DEF$ 两个平面的交线，如图 2-44（a）所示。

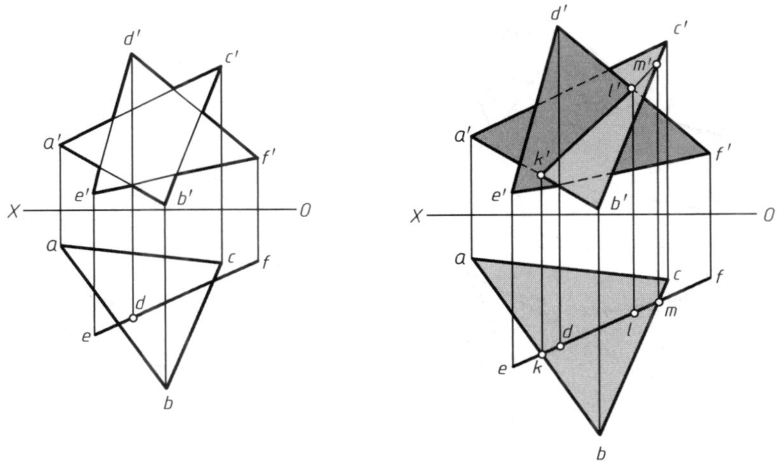

(a)　　　　(b)

图 2-44　例 2-13 附图

扫码看视频

解题思路：$\triangle DEF$ 是一个铅垂面，所以它的水平面投影具有积聚性。找到$\triangle DEF$ 水平积聚性投影与$\triangle abc$ 的交点，在根据交线判断可见性。

解题步骤：① ab 与$\triangle def$ 的交点为 k，bc 与$\triangle def$ 的交点为 m；

② 根据点的投影特性作出 k'、m'，由于 m'位于$\triangle d'e'f'$图形外，因此两平面实际的交线为 KL；

③ 以水平投影 k 来判断可见性，从 k 可看出，$\triangle DEF$ 在 AK 前面，所以对应的正面投影为虚线［图 2-44（b）］，其余依次为实线、虚线……

（3）一般位置平面与一般位置平面相交　求作两个一般位置平面的交线，只要求出这两个平面的两个共有点，再用直线连接这两个共有点，即所求两平面的交线。方法有以下两种。

① 利用求直线与平面的交点的方法（简称线面交点法）求两平面的交线。如图 2-45 所示。

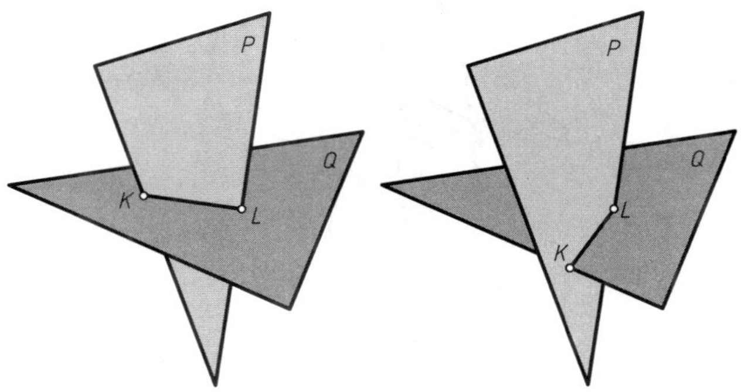

图 2-45　线面交点法

例 2-14　求$\triangle ABC$ 与$\triangle DEF$ 的交线，如图 2-46（a）所示。

解题思路：任选$\triangle DEF$ 的两条边 DE 和 DF，并作出 DE 和 DF 与$\triangle ABC$ 的两个交点，交点连线即为所求。

解题步骤：① 过 DE 作铅垂面，可得到 DE 与$\triangle ABC$ 交点 K 的正面投影 k'，根据点的投影规律找到 k；

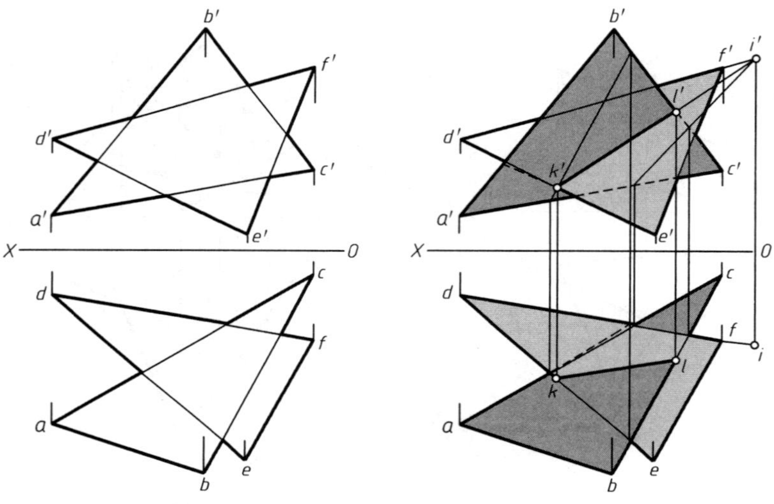

(a) (b)

扫码看视频

图 2-46　例 2-14 附图

② 同理过 DF 作铅垂面，得到 DF 与△ABC 交点 I 的正面投影 i' 在图形外（说明 I 不是 DF 与△ABC 的真实交点），连接 $k'i'$，$k'i'$ 与 $b'c'$ 的交点 l' 才是 DF 与△ABC 交点 L 的正面投影，根据点的投影规律找到 l；

③ 判断可见性，DK 在 AC 上方，所以 dk 是实线，根据交线两侧实线虚线交替的规律，可判断出水平投影的可见性，同理可作出正面投影的可见性［图 2-46 (b)］。

④ 利用三面共点的方法求两平面的交线。如图 2-47 所示。

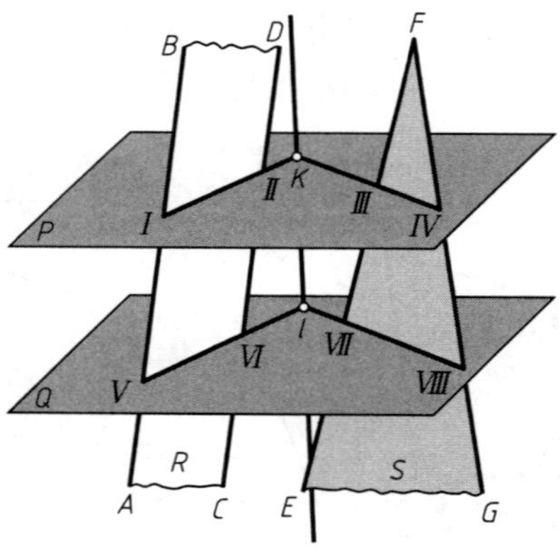

图 2-47　三面共点法

对于空间未实际相交的两平面，其交线需要通过作辅助平面求得。

例 2-15　求△ABC 与△EFG 的交线，如图 2-47 (a) 所示。

解题步骤：① 过两平面作水平面 P_V，与两平面交点的正面投影分别为 $1'$、$2'$、$3'$、$4'$，根据点的投影规律作出交点的水平投影 1、2、3、4，分别连接 12 与 34，两条线交于点 k，根据点的投影作出 k 的正面投影 k'；

② 同理过两平面作水平面 Q_V，可得到两平面交点的正面投影 $5'$、$6'$、$7'$、$8'$，根据点的投影规律作出 5、6、7、8，分别连接 56 与 78，得到交点 l，同理根据点的投影规律得到 l'，分别连接 kl 及 $k'l'$，即为两平面交线 KL 的水平投影及正面投影［图 2-48 (b)］。

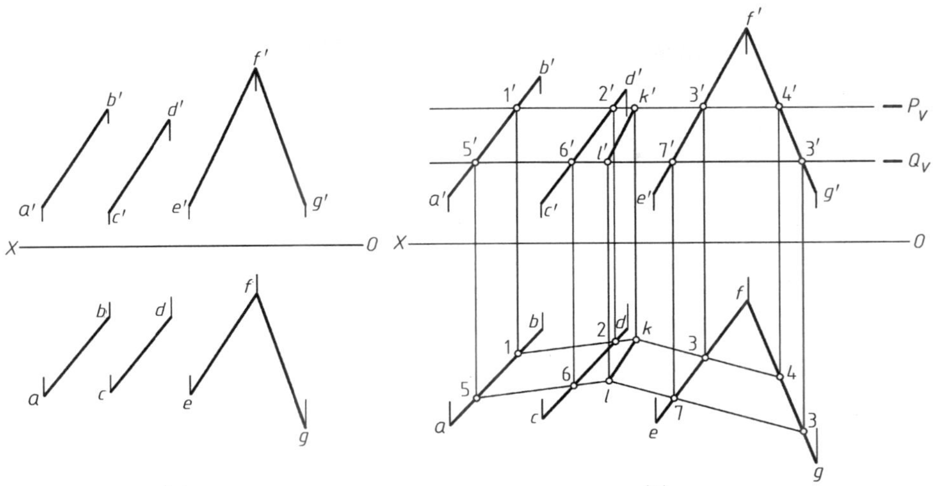

(a)　　　　(b)

图 2-48　例 2-15 附图

第五节　换面法

空间几何元素的位置保持不动，用一个新的投影面体系替换原来的投影体系使空间几何元素对新投影面体系处于有利于解题的特殊位置的方法称为变换投影面法，简称换面法。如图 2-49 所示。

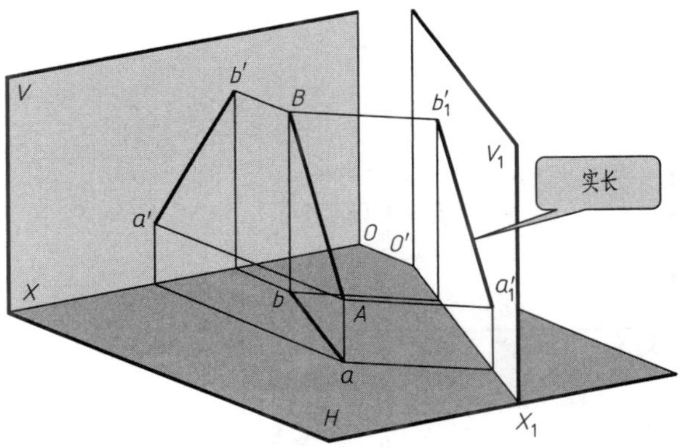

图 2-49　换面法

一、点的换面

1. 点的一次变换

点的一次变换见表 2-6。

表 2-6　点的一次变换

类别	变换 V 面	变换 H 面
立体图	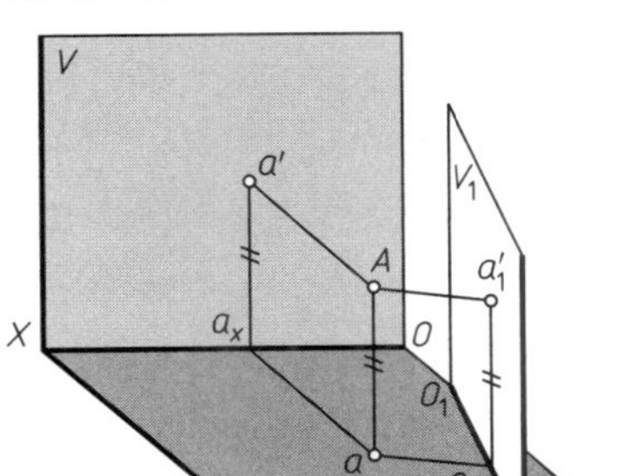	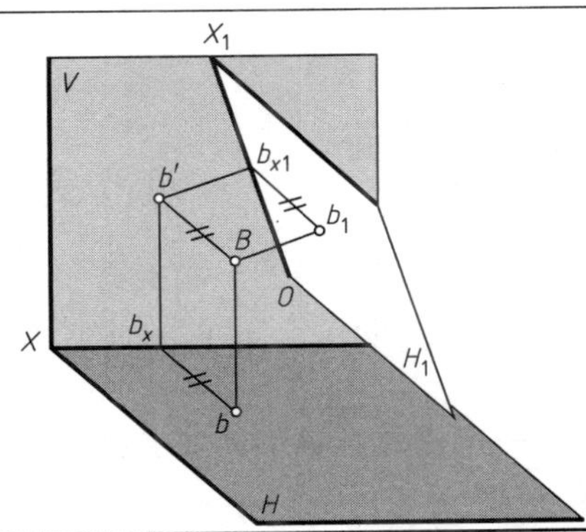

续表

类别	变换 V 面	变换 H 面
投影图	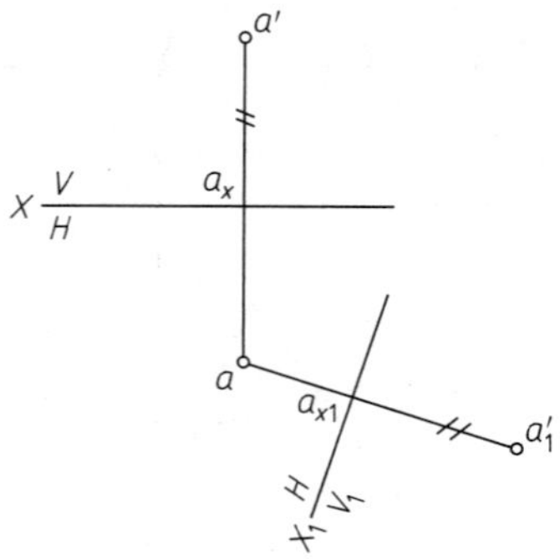	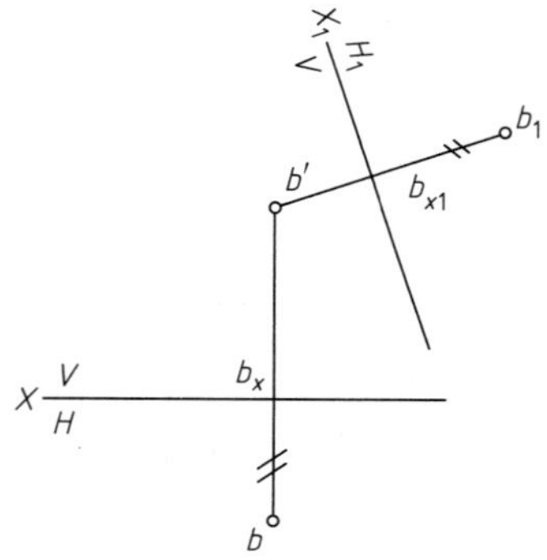

2. 点的两次变换

点的两次变换如图 2-50 所示。

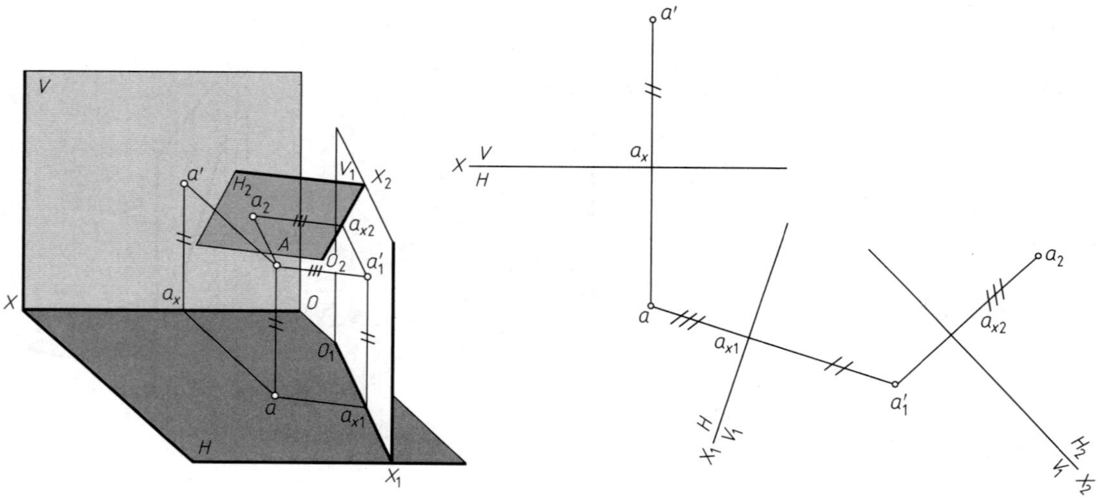

图 2-50　点的两次变换

二、直线的换面

1. 一般位置直线的一次换面

一般位置直线的一次换面见表 2-7。

2. 一般位置直线的两次变换

一般位置直线的两次变换，变换为投影面垂直线，如图 2-51 所示。

表 2-7　一般位置直线的一次换面

类别	一般位置直线变换为投影面平行线	投影面平行线变换为投影面垂直线
立体图	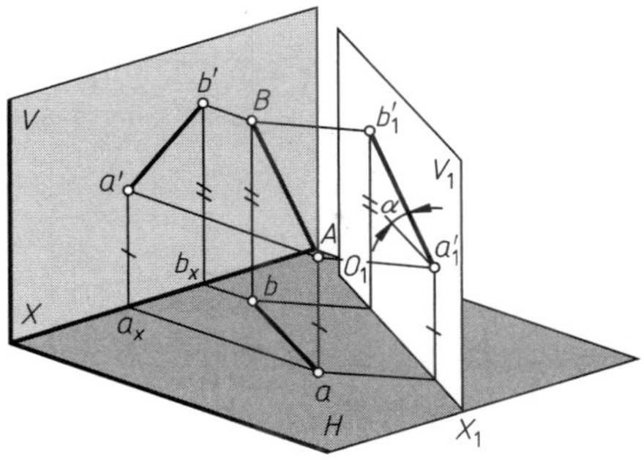	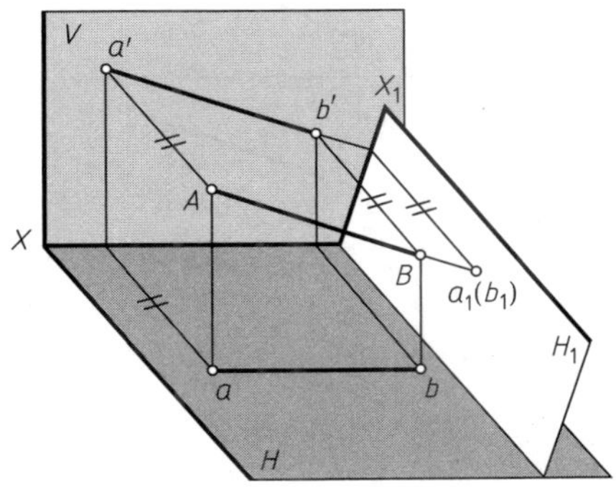
投影图	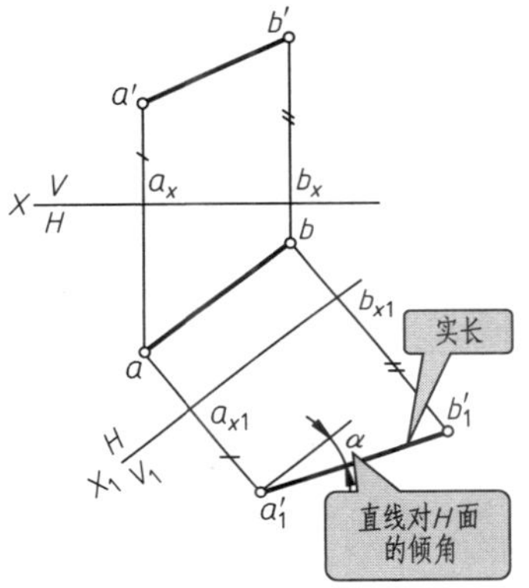	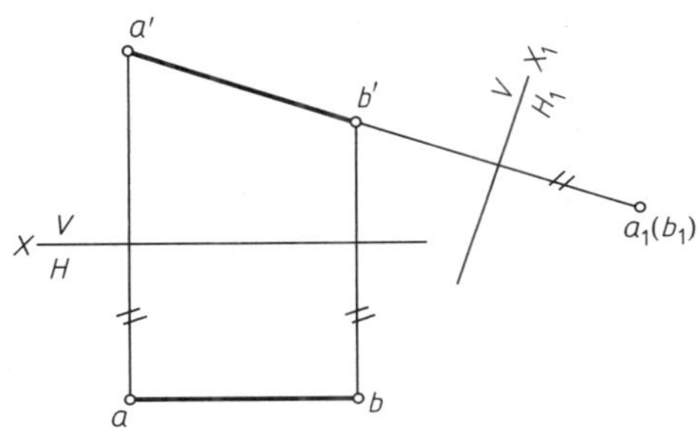

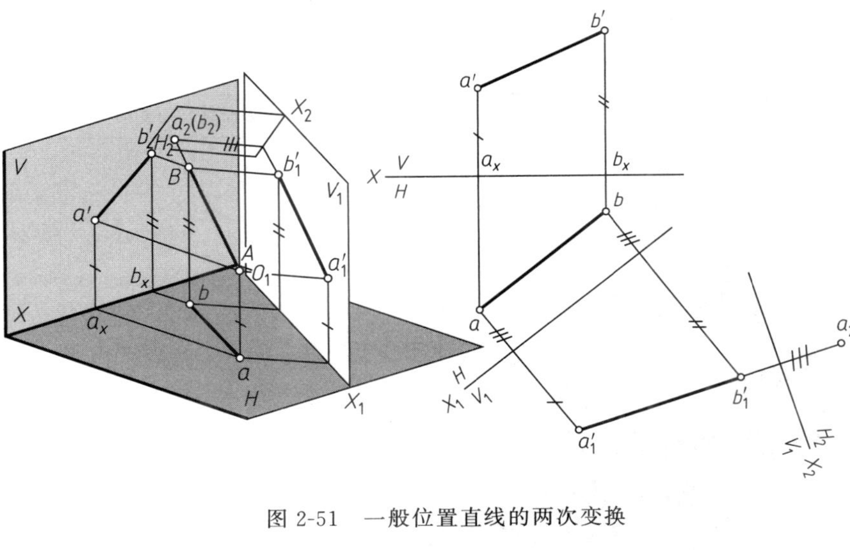

图 2-51　一般位置直线的两次变换

例 2-16　已知点 M 到直线 AB 的距离为 15 和点 M 的水平投影 m，求点 M 的正面投影。如图 2-52（a）所示。

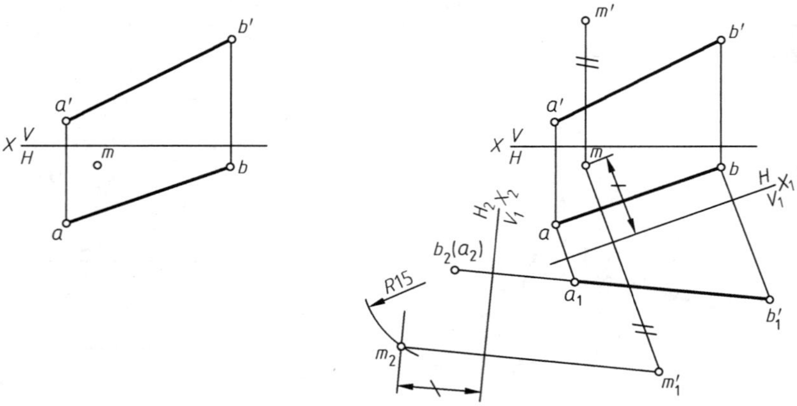

(a) (b)

图 2-52 例 2-16 附图

扫码看视频

解题思路：空间点与直线的距离是由点向直线作垂线，点与垂足的长度即为点到直线的距离，如果把空间直线变换成投影面垂直线，其积聚性投影与点的长度为距离。

解题步骤：

① 直线 AB 经一次换面变成投影面平行线 $a_1'b_1'$；

② 直线 AB 经第二次换面变成投影面垂直线（a_2）b_2；

③ 根据 m 与 X_1 的距离，作直线平行于 X_2；

④ 以（a_2）b_2 为圆心，半径 15 画圆，与平行于 X_2 的直线交点即 m_2；

⑤ 再根据点的投影规律作出 m_1'及 m'根据已知条件求出 m'［图 2-52（b)］。

三、平面的换面

1. 一般位置平面的一次换面

一般位置平面的一次换面见表 2-8。

表 2-8 一般位置平面的一次换面

类别	一般位置平面变换为投影面垂直面	投影面垂直面变换为投影面平行面
立体图	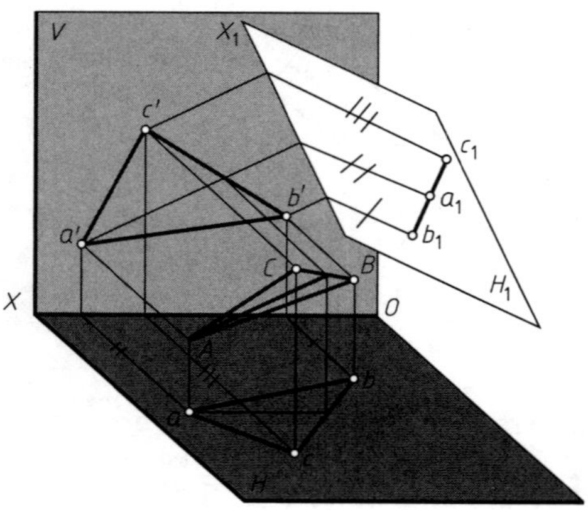	

类别	一般位置平面变换为投影面垂直面	投影面垂直面变换为投影面平行面
投影图	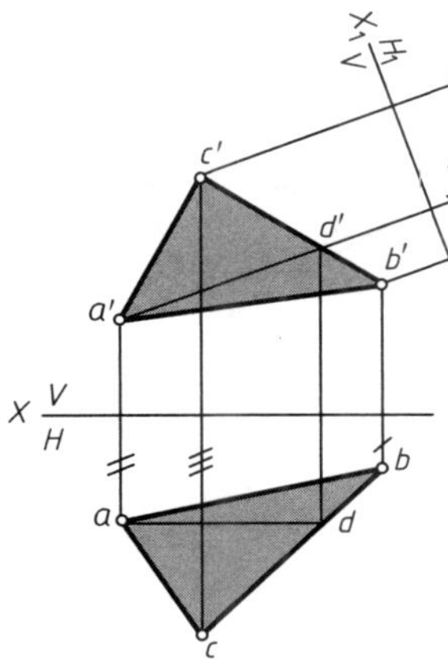	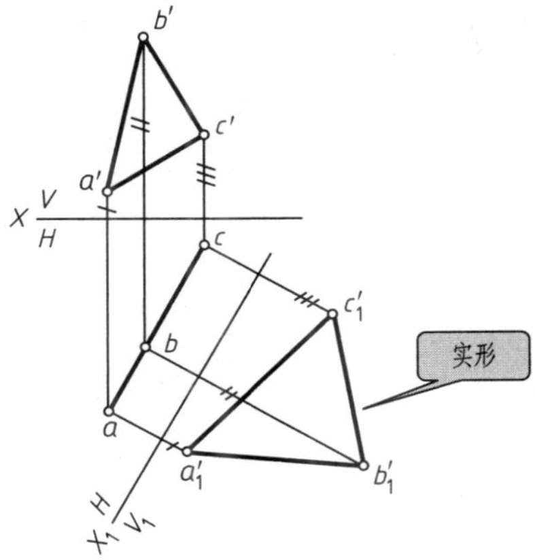

2. 一般位置平面的两次换面

一般位置平面的两次换面，变换为投影面平行面，如图 2-53 所示。

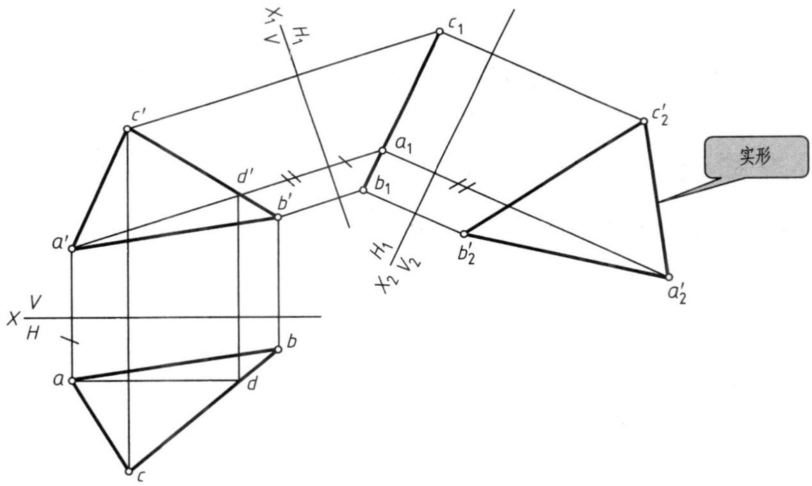

图 2-53　一般位置平面的两次换面

例 2-17　已知点 E 在平面 ABC 上，距离 A、B 为 15，求 E 点的投影。如图 2-54（a）所示。

解题思路：根据题目给定的条件，要作出符合距离要求的平面 ABC 上的 E 点，需要在平面 ABC 的实形上作出，所以考虑将平面 ABC 作两次换面，换成投影面平行面。

① 在平面 ABC 内作正平线 AD（过 a 作 ad 平行于 X 轴，在 $b'c'$上找到 d'，连接 $a'd'$）；

② 新投影轴 OX_1 垂直于 $a'd'$，根据水平投影与 OX 轴的距离及点的投影规律，找到点 a_1、b_1、c_1，此为新水平面上的垂直面，投影集聚为一条直线；

③ 再作新投影轴 OX_2 平行于 $a_1b_1c_1$，根据 a'、b'、c'与投影轴 OX_1 的距离及点的投影规律，作出 a'_2、b'_2、c'_2，连接三个点，即平面 ABC 的实形；

扫码看视频

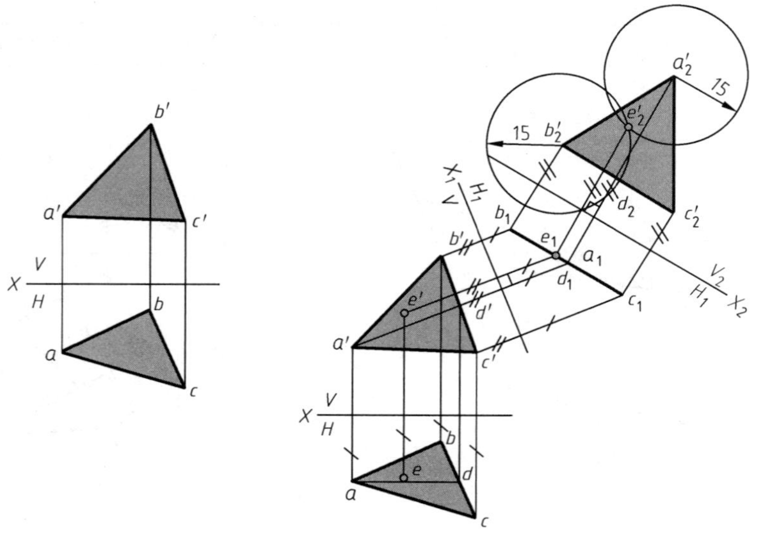

(a)　　　　　　　　　　　(b)

图 2-54　例 2-17 附图

④ 分别以点 a'_2、b'_2 为圆心，15 为半径画圆，两圆交于两点，题目要求 E 点在平面 ABC 上，所以平面内交点即 e'_2；

⑤ 根据点的投影规律作出 e_1；

⑥ 根据点的投影规律及 e'_2 与投影轴 OX_2 的距离作出 e'；

⑦ 根据点的投影规律及 e_1 与投影轴 OX_1 的距离作出 e［见图 2-54（b）］。

课后补充知识

港珠澳大桥通过点、线、面的协同设计，实现了“局部精准-全局协调”的工程目标。

系统稳定性：桥墩（点）与斜拉索（线）共同构成空间支撑体系，分散 55 公里跨海桥身的重力与风荷载。

环境适应性：S 形曲线（线）与人工岛曲面（面）的组合设计，兼顾洋流引导、生态保护和美学表达。

全寿命周期保障：从钢材防腐（点）到桥面铺装（面）的全要素创新，确保大桥在高温、高湿、高盐环境下长期安全运营。

港珠澳大桥的构件设计深刻体现了“点线面”基础元素对超级工程的重要性：点的精准定位保障了结构根基，线的科学布局平衡了力学与环境需求，面的功能优化实现了多目标协同。这一设计哲学不仅推动了中国桥梁技术的突破，更彰显了系统化工程思维在国家重大基建中的核心价值。

第三章

立体的投影及表面交线

本章介绍截交线和相贯线的性质和作图方法。

立体表面是由若干面所组成。表面均为平面的立体称为平面立体；表面为曲面或平面与曲面的立体称为曲面立体。平面立体上相邻两表面的交线称为棱线。常见的平面立体有棱柱、棱锥和棱台等。常见的曲面立体有圆柱面、圆锥面、球面等。如图 3-1 所示。

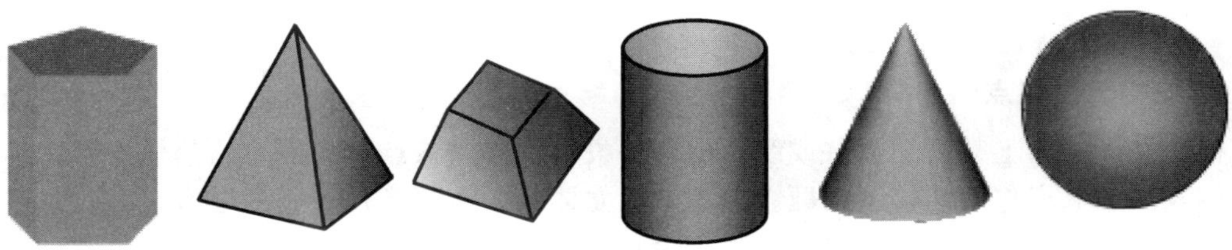

(a) 平面立体　　(b) 曲面立体

图 3-1　立体种类

第一节　基本几何体的投影

一、平面立体的投影

平面立体的投影见表 3-1。

表 3-1　平面立体的投影

三棱柱	四棱柱	四棱锥	四棱台
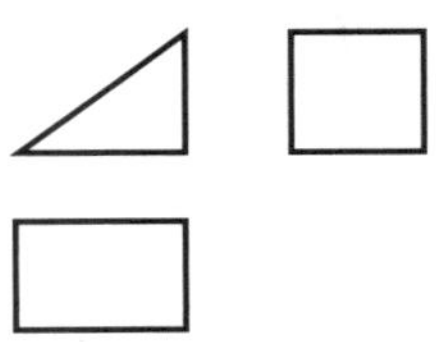	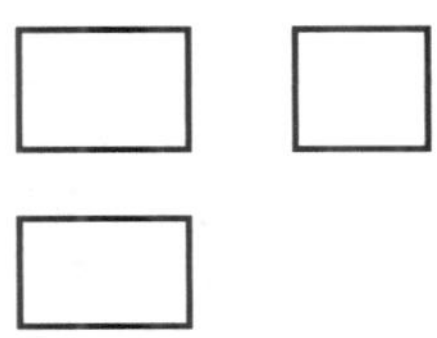	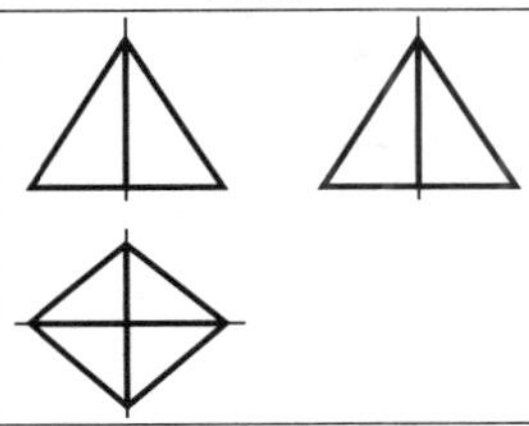	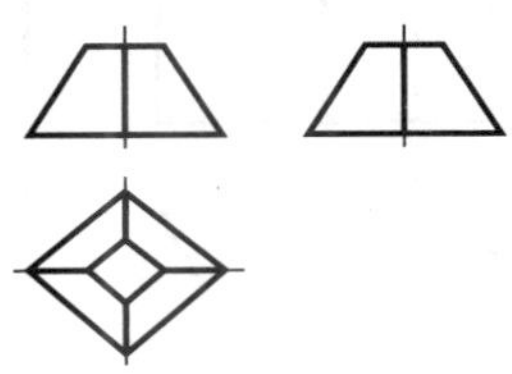
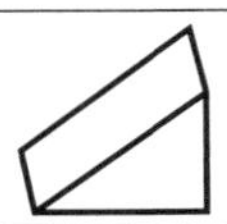	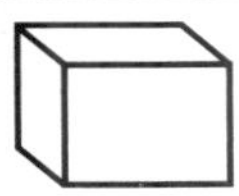	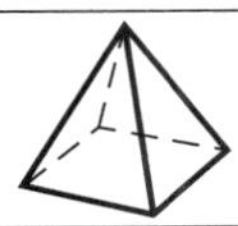	

二、曲面立体的投影

曲面立体的投影见表 3-2。

表 3-2　曲面立体的投影

圆柱	圆锥	球
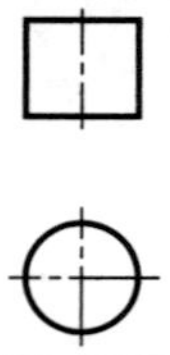	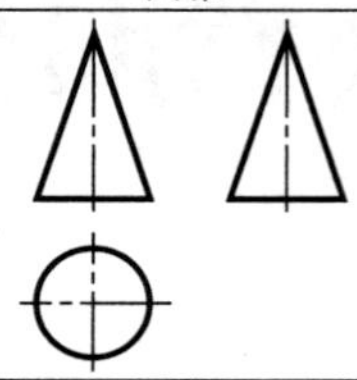	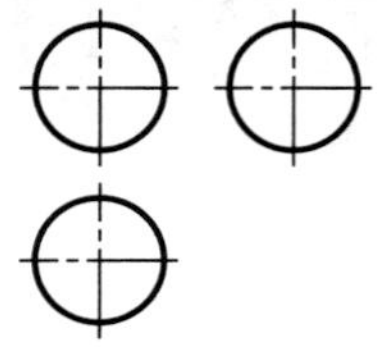
	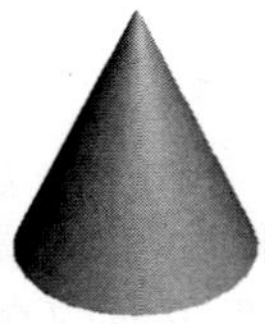	

三、平面立体表面上的点

1. 棱柱表面取点

根据立体表面上某已知点（或线）的任一投影要作出该点（或线）的其他投影，实质就是立体表面上取点作线的作图问题。由于平面立体的各表面皆是平面多边形，因此，在具体作图时，只要把立体上各表面都看成是一个独立的平面，但由于平面立体的各表面存在着相对位置的差异，必然会出现表面投影的相互重叠，而产生各表面投影的可见与不可见的问题，因此，对处于不同表面上点（或线）的投影，就要进行可见性的判别。规定：凡是点的某一投影为不可见时，就要在该不可见投影旁加一括号。如图 3-2 所示。M 点在右边棱面上，右棱面是铅垂面，铅垂面在水平面积聚为一条直线，m 一定在此直线上。在侧面上 M 为看不见的点，所以 m''要加括号。N 在后面棱面上，后棱面为正平面，正平面在水平投影积聚为直线，n 定在该直线上，正平面正面投影反映实形，N 的正面投影看不见，所以 n' 加括号，正平面侧面投影为直线，n''定在该直线上。

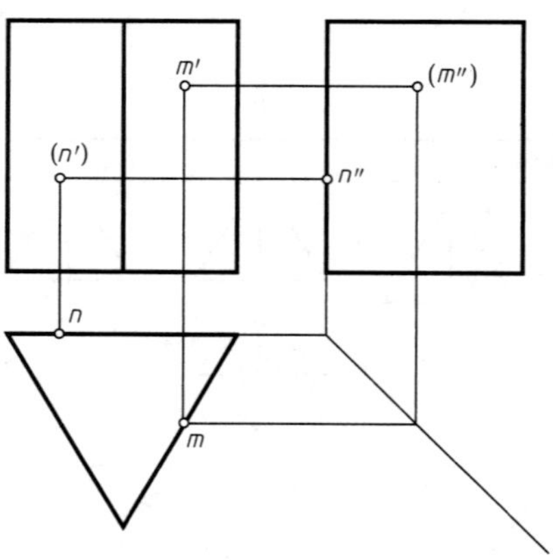

图 3-2　棱柱表面取点

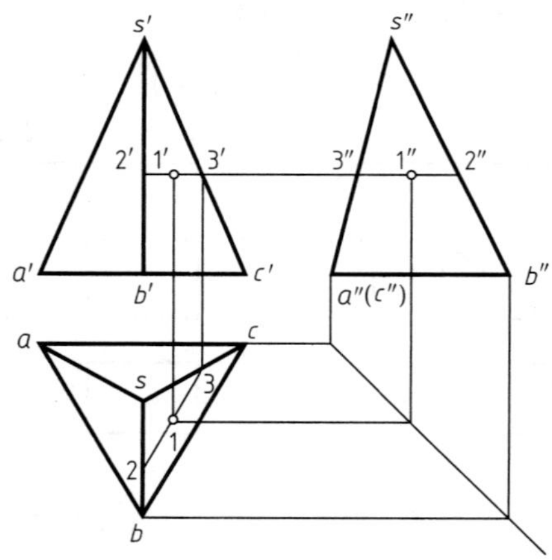

图 3-3　棱锥表面取点

2. **棱锥表面取点**

如果点在一般位置的棱面上，由于一般位置的棱面没有积聚性，因此不可能利用积聚性解题，此时需要在棱锥的棱面上作出过已知点的辅助线，然后再作出辅助线上该点的各投影。如图 3-3 所示。空间点 1 在棱锥 SBC 面上，过 1 做辅助线平行于 BC，与直线 SB、SC 交于点 2、3，连接 23 直线，根据点的投影规律及平面内两直线平行的投影特性作出 $2'$ 和 $2''$ 及 $3'$ 和 $3''$，即可找到 $1'$ 和 $1''$。

四、曲面立体表面上的点

1. **圆柱表面取点**

可利用积聚性，直接求出圆柱面上点的投影。如图 3-4 所示。空间点 A 在前半个圆柱面上，其水平投影落在积聚性投影的圆周上；空间点 B 在圆柱上端面上，其正面和侧面投影落在上端面的积聚性投影直线上，C 在圆柱最前面的素线上，因此其正面投影落在中心轴线上。

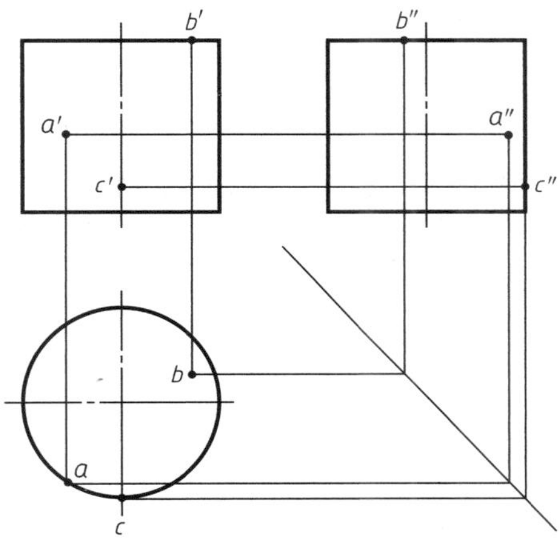

图 3-4　圆柱表面取点

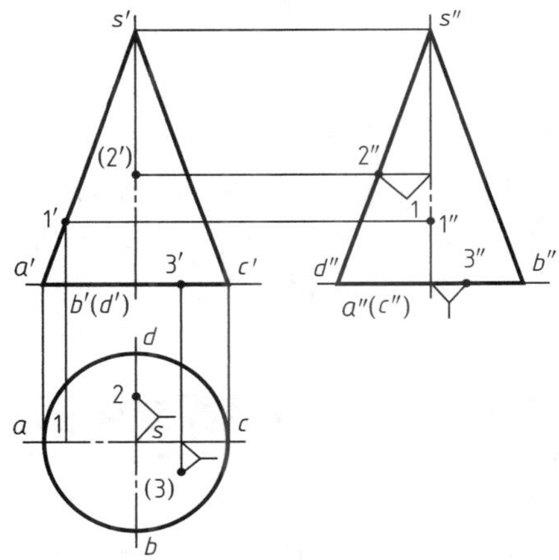

图 3-5　圆锥表面特殊位置取点

2. **圆锥表面取点**

(1) 特殊位置取点　如图 3-5 所示。空间点 1 在圆锥最左边的素线 SA 上，其水平投影定在 sa 上，由此可作出 1 和 $1''$；空间点 2 在圆锥最后面的素线 SD 上，其水平投影定在 sd 上，再根据其 Z 坐标可作出 $2'$ 和 $2''$；空间点 3 在圆锥底面上，可先作出其正面投影 $3'$ 和侧面投影 $3''$，再根据点的投影规律作出水平投影 3。

(2) 一般位置取点　有两种方法。

① 辅助素线法，如图 3-6 所示。连接 $s'1'$，延长线交于底面积聚性直线投影于 m'，根据底面投影特性及点的投影规律，可作出 m，连接 sm，可作出 1，再根据点的投影规律可求出侧面投影 $1''$。

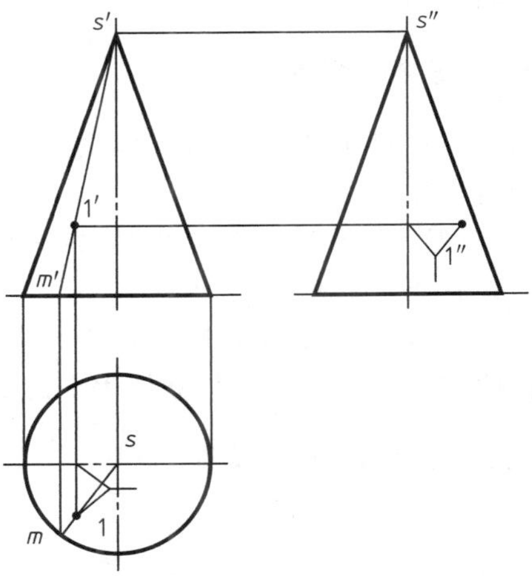

图 3-6　辅助素线法

② 辅助圆法，如图 3-7 所示。过 $1'$ 作水平直线，该直线为纬圆的正面投影，以该直线为直径在水平面

作圆，及可求出水平投影 1，再根据点的投影规律求出侧面投影 1″。

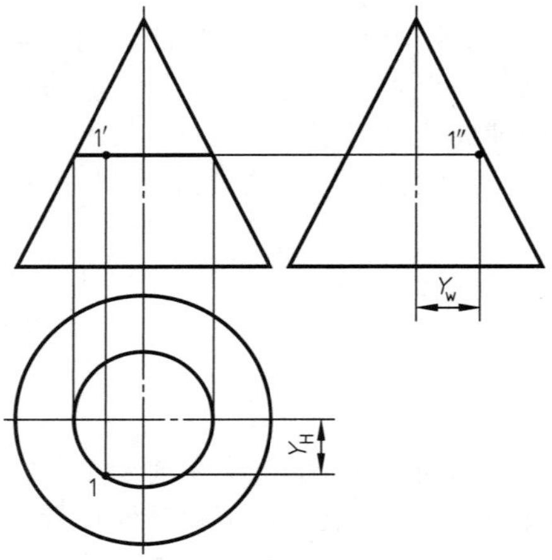

图 3-7　辅助圆法

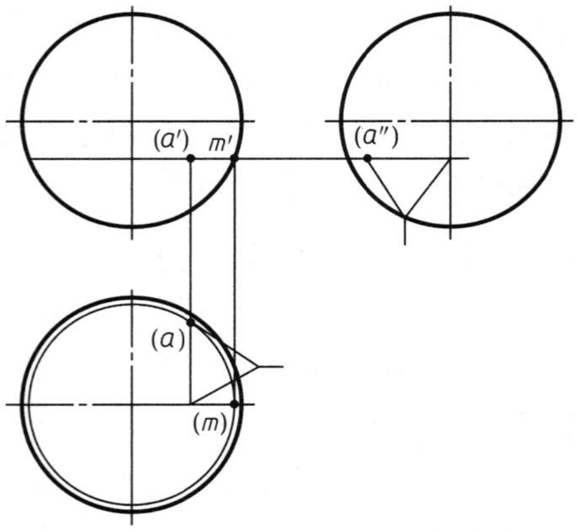

图 3-8　球表面取点

3. 球表面取点

球面在任何投影面上的投影都是圆。球面上的点用辅助圆法求取，如图 3-8 所示。过点 A 的正面投影 a' 作平行于 OX 轴的直线，交圆周于点 m'，以此点弦长的一半为半径在水平面上画纬圆，a 必在纬圆上，进而根据点的投影规律可找到 a''。

第二节　平面与平面立体截交

零件上常有开槽、穿孔等结构，可以看作是立体被一个或几个平面切割后形成的。用以截切物体的平面称作**截平面**。截切后的物体称为**截切体**。截平面与立体表面的交线称为**截交线**。在立体上由截交线围合形成的平面称为**截断面**。如图 3-9 所示。

图 3-9　平面截切立体

一、截交线性质

(1) 封闭性　平面立体的截断面一定是一个封闭的平面多边形。

(2) 共有性　截交线是截平面与立体表面的共有线。

求截交线实质就是求截平面与立体上被截各棱的交点或截平面与立体表面的交线，然后依次连接而得。

二、求截交线的步骤

求出截平面与棱线的交点 ⇨ 连接相邻两交点即为截平面与棱面的交线 ⇨ 所有交线构成一个封闭的多边形

三、截切举例

例 3-1 求三棱锥被完全截切后的截交线。如图 3-10（a）所示。

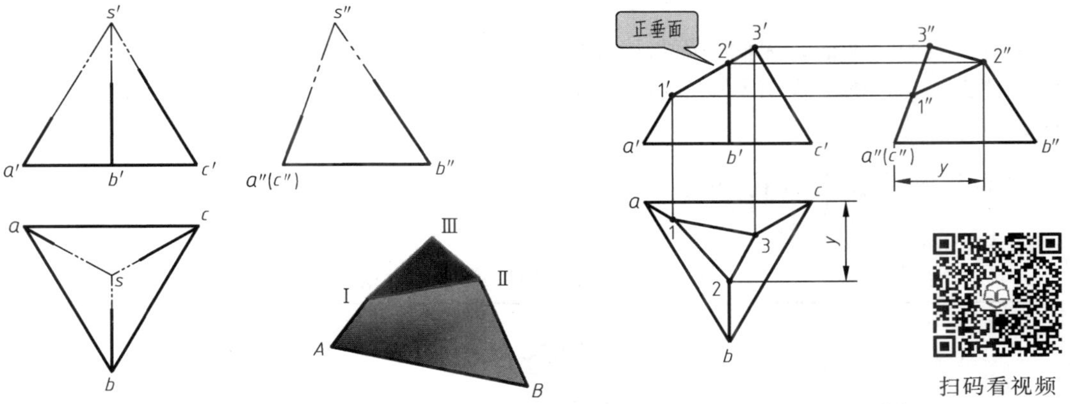

(a)　　　　(b)

图 3-10　例 3-1 附图

解题步骤：三棱锥被完全截切后，与三条棱线有三个交点，将这三个交点的同面投影找到后依次连接起来即为要求的截交线。1、1′、1″及 3、3′、3″ 可根据点的投影规律及点在直线上投影特性获得；2 需要 2′和 2″求得［见图 3-10（b)］。

例 3-2 求带切口三棱锥的投影。如图 3-11（a）所示。

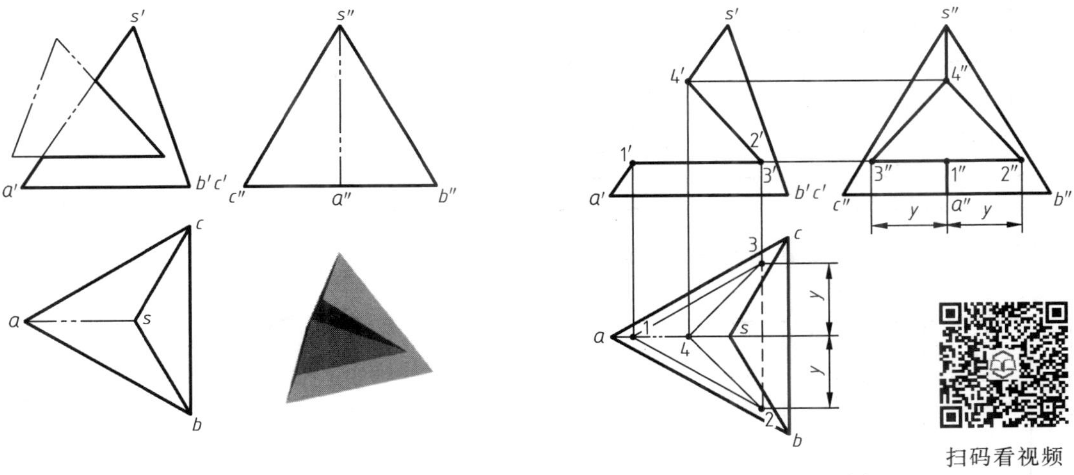

(a)　　　　(b)

图 3-11　例 3-2 附图

解题步骤：从图 3-11（a）可知三棱锥被两个相交的截平面不完全截切后的投影图。截交线的正面投影已知，水平投影和侧面投影未知；点Ⅰ在 SA 棱线上，1′、1 及 1″可以直接在棱 SA 的三个投影上找到；同理点Ⅳ也在棱 SA 上，可以同样作出各个投影面上的位置；点Ⅱ、Ⅲ在棱面上，因为ⅠⅡ平行于 AB，ⅠⅢ平行于 AC，可以作出 2、3，再根据 2、3 与 s 的距离，可以作出两点的侧面投影 2″、3″；顺次地连接各点，作出截交线；通过判别可见性可知 23 为虚线［见图 3-11（b)］。

第三节　平面与曲面立体截交

回转体表面是曲面，因此平面与回转体表面的交线一般为平面曲线；特殊情况下也可能是曲线和直线构成的平面图形或多边形。截交线的形状取决于曲面立体的几何性质及其与截平面的相对位置。

一、平面与圆柱表面的截交线

如表 3-3 所示。

表 3-3　平面与圆柱表面的截交线

	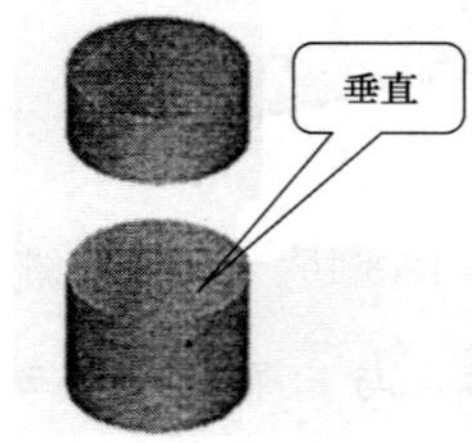	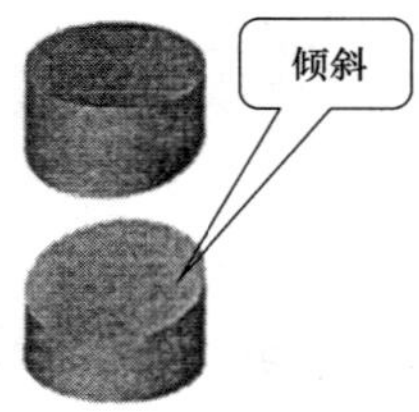
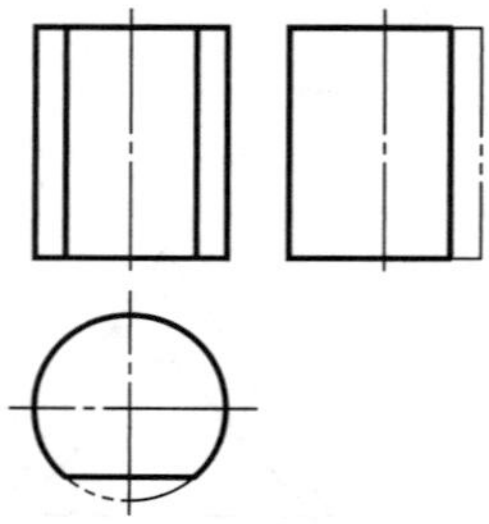	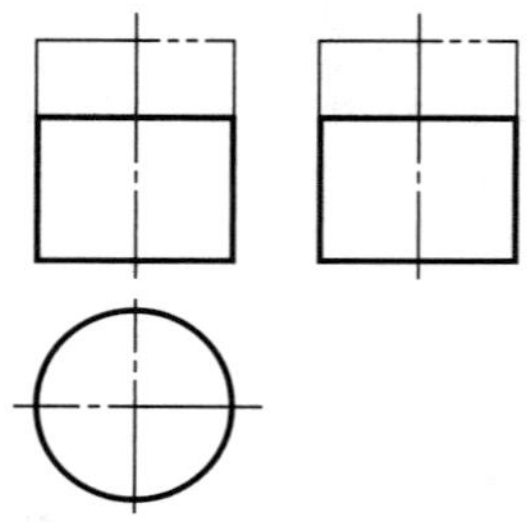	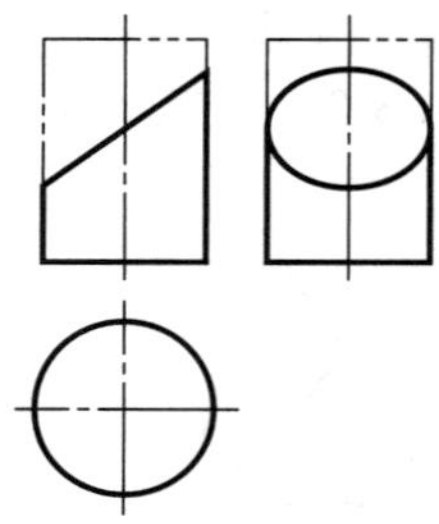
直线	圆	椭圆

例 3-3　以截交线为椭圆情况为例，截交线的求法。如图 3-12 所示。

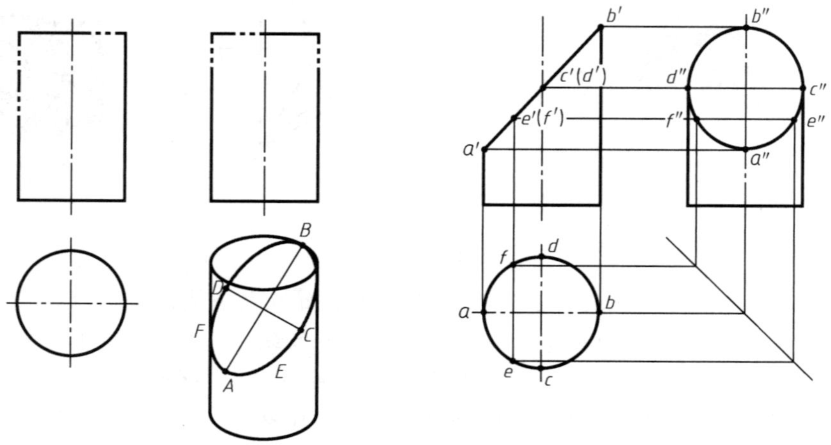

(a)　　　　(b)

扫码看视频

图 3-12　例 3-3 附图

解题步骤：

① 椭圆长轴的端点 A、B 正面投影在圆柱最左和最右的素线上，侧面投影在中心轴线上；

② 椭圆短轴的端点 C、D 正面投影在中心轴线上，水平投影在圆柱的最前和最后的素线上；

③ 找一般点 e'、f'，根据点及圆柱投影规律和特性可作出两个两个投影面的投影，用同样的方法可以多找几个一般点，然后顺次连接起来［见图 3-12（b）］。

二、平面与圆锥表面的截交线

如表 3-4 所示。

表 3-4　平面与圆锥表面的截交线

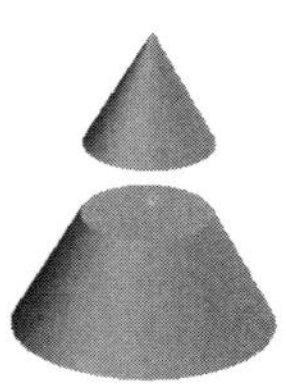	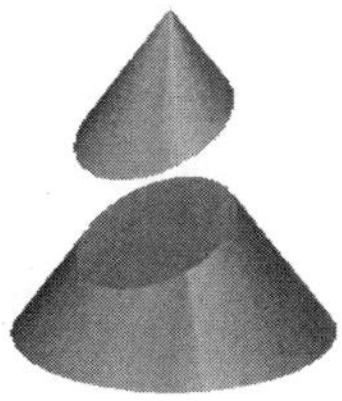	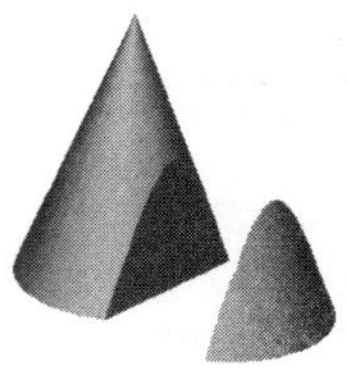	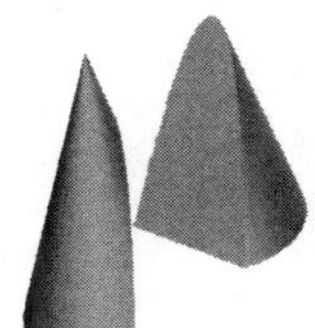	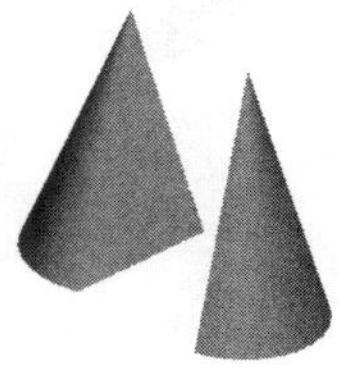
截平面垂直于轴线 $\theta=90°$	截平面倾斜于轴线 $\theta>\alpha$	截平面平行于轴线 $\theta=0°$	截平面平行于一条素线 $\theta=\alpha$	截平面过锥顶 直线(三角形)
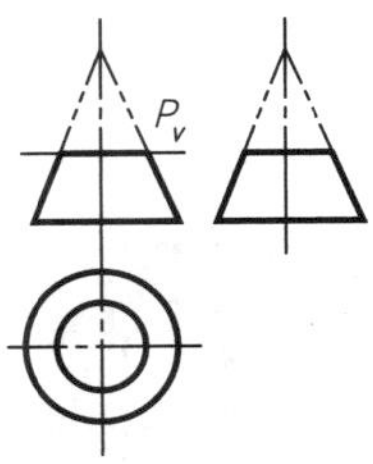	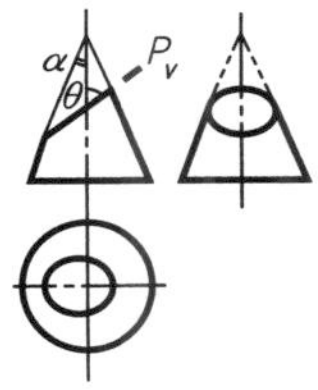	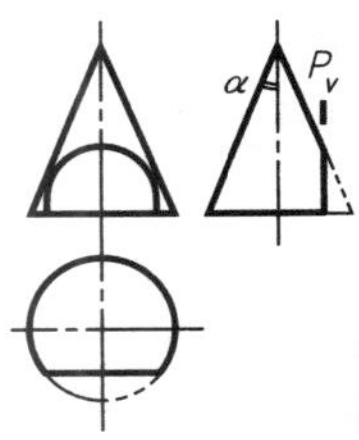	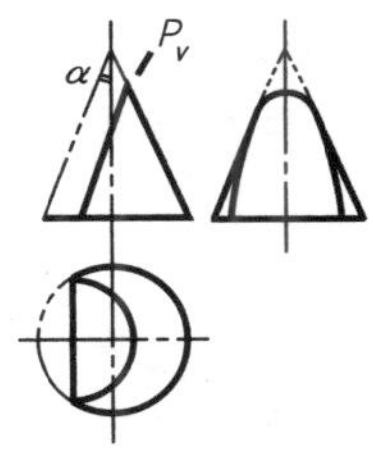	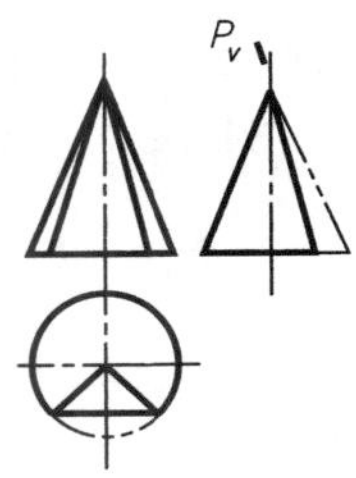
圆	椭圆	双曲线	抛物线	直线

对于平面曲线，其作图步骤如下。

(1) 先找特殊点。

特殊点：是指绘制曲线时有影响的各种点。

① 极限位置点　曲线的最高、最低、最前、最后、最左和最右点。

② 转向轮廓点　曲线上处于曲面投影转向轮廓线上的点，它们是区分曲线可见与不可见部分的分界点。

③ 特征点　曲线本身具有特征的点，如椭圆长短轴上四个端点。

④ 结合点　截交线由几部分不同线段组成时结合处的点。

(2) 再找一般点。

(3) 顺次连接各点。

(4) 由转向轮廓点判断可见和不可见。

例 3-4　圆锥被正平面截切，补全正面及水平面投影图。如图 3-13（a）所示。

解题步骤：圆锥被正平面截切，截平面与中心轴线平行，因此截交线为双曲线。

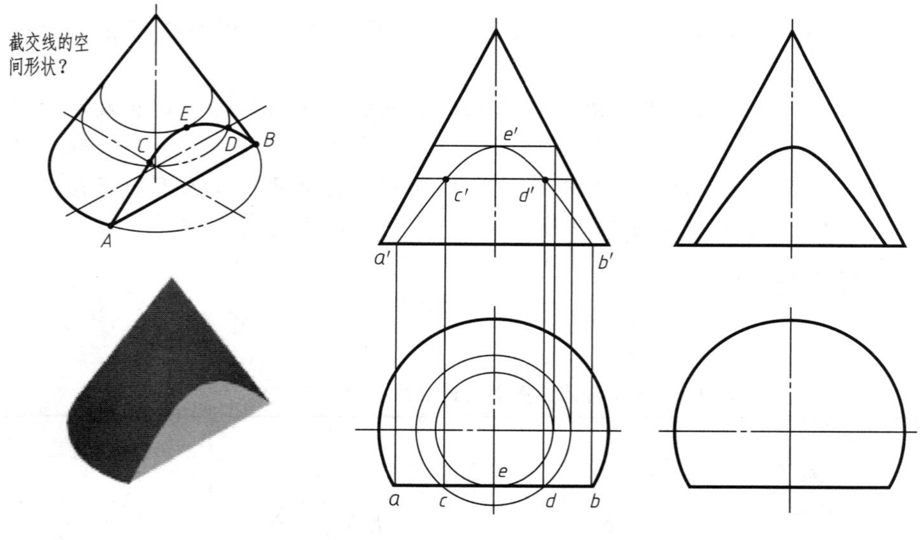

(a)　　　　(b)

图 3-13　例 3-4 附图

扫码看视频

① 先找正平面与圆锥的三个特殊交点 A、B 和 E，与端面的交点 A、B，与最前面素线的交点 E，其正面和水平面的投影可作出；

② 然后根据辅助圆法找一般点 C、D 的正面投影和水平面投影，顺次光滑连接各点，得到所求的截交线，如图 3-13（b）所示。

例 3-5　求作复合回转体截交线的水平投影。如图 3-14 所示。

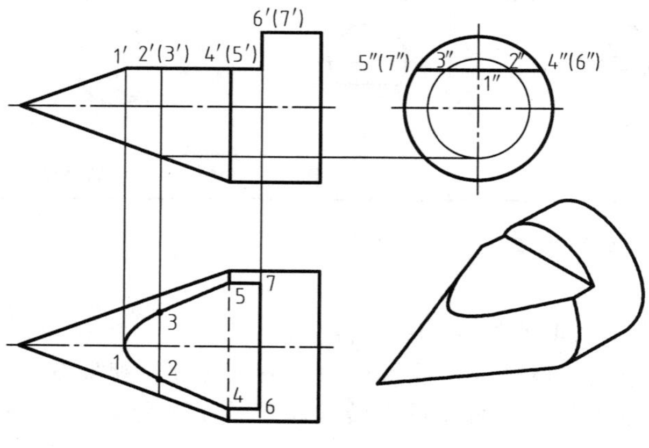

图 3-14　例 3-5 附图

扫码看视频

解题思路：该复合回转体由同轴圆锥与圆柱叠加，圆锥被水平面截切，截交线为双曲线，圆柱被水平面与侧平面不完全截切，水平面不完全截切得部分矩形，侧平面不完全截切得部分圆面。

① 首先在侧面上找特殊点，1″、4″、5″、6″、7″，根据投影特性可在正面和水平面上作出特殊点的相应投影；

② 找一般点，在正面圆锥截交线上任意找点 2″、3″，由圆锥的辅助圆法在侧面定位 2″、

3″，再根据两点与中心轴线的距离找到 2、3；

③ 顺次连接各点，判断可见性，水平投影 45 为圆锥与圆柱交线，截切后应为虚线。

三、平面与球面的截交线

当截平面处于投影面平行位置时，交线圆在所平行的投影面上的投影反映实形。另两投影积聚为长度等于直径的直线段，如图 3-15（a）所示。

当截平面倾斜于任何基本投影面时，交线圆在投影面上的投影为椭圆，如图 3-15（b）所示。

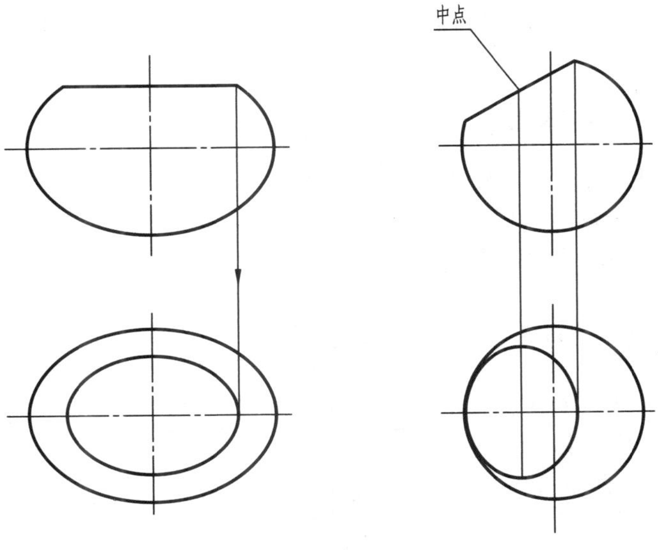

(a)　　(b)

图 3-15　平面与球面的截交线

例 3-6　求半球体截切后的水平投影和侧面投影。如图 3-16（a）所示。

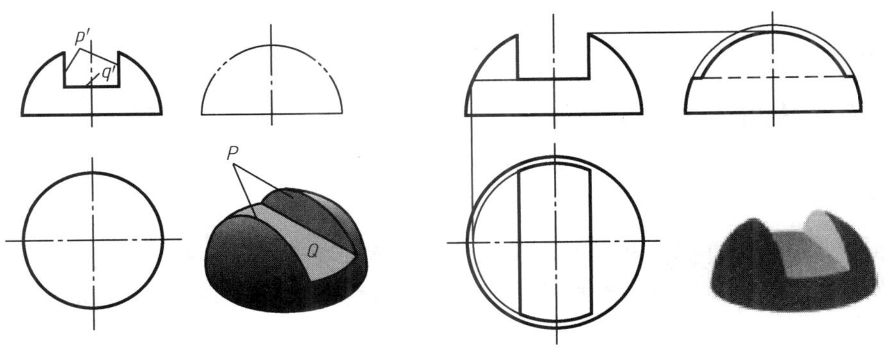

扫码看视频

(a)　　(b)

图 3-16　例 3-6 附图

解题思路：半球由水平面和两个侧平面截切。水平面与圆球面的交线，水平投影为部分圆弧，侧面投影积聚为直线；两个侧平面与圆球面的交线，侧面投影为部分圆弧，水平投影积聚为直线，如图 3-16（b）所示。

第四节　两立体相贯

立体与立体相交称为相贯，相贯线是两立体表面的共有线，相贯线上的点是两立体表面的共有点；不同的立体以及不同的相贯位置，相贯线的形状也不同。两立体相贯分为平面立体与平面立体相贯，平面立体与曲面立体相贯以及曲面立体与曲面立体相贯。相贯线具有表面性（相贯线位于两立体的表面上）、共有性（相贯线为两立体表面所共有）、封闭性（一般情况下，相贯线是空间曲线。但在特殊情况下，相贯线也可能是直线或平面曲线）的特点。

一、平面立体与平面立体相贯

两平面立体的相贯线由折线组成。折线的每一段都是甲形体的一个侧面与乙形体的一个侧面的交线，折线的转折点就是一个形体的侧棱与另一形体的侧面的交点。

求两平面立体相贯线的方法如下。

(1) 求各侧棱对另一形体表面的交点，然后把位于甲形体同一侧面又位于乙形体同一侧面上的两点，依次连接起来；或者求一形体各侧面与另一形体各侧面的交线。

(2) 判别相贯线可见性的原则：只有位于两形体都可见的侧面上的交线，是可见的。只要有一个侧面不可见，面上的交线就不可见。

示例如图 3-17 所示。

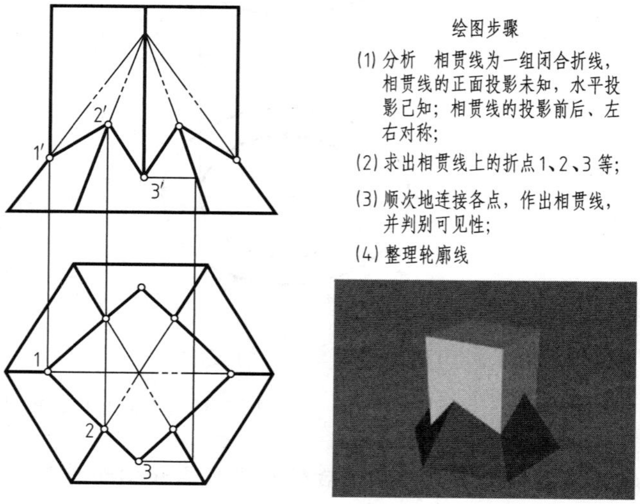

图 3-17　平面立体与平面立体相贯示例

二、平面立体与曲面立体相贯

1. 相贯线的形状

是由若干段平面曲线或平面曲线和直线所组成。各段平面曲线或直线，就是平面立体上各侧面截割曲面立体所得的截交线。每一段平面曲线或直线的转折点，就是平面立体的侧棱与曲面立体表面的交点。

2. 求相贯线的方法

按求平面与曲面立体的截交线和直线与曲面立体表面立的交点的方法求解。作图时，先求出这些转折点，再根据求曲面立体上截交线的方法，求出每段曲线或直线。

判别相贯线可见性的原则：只有位于两形体都可见的表面上的交线才是可见的。示例如图 3-18 所示。

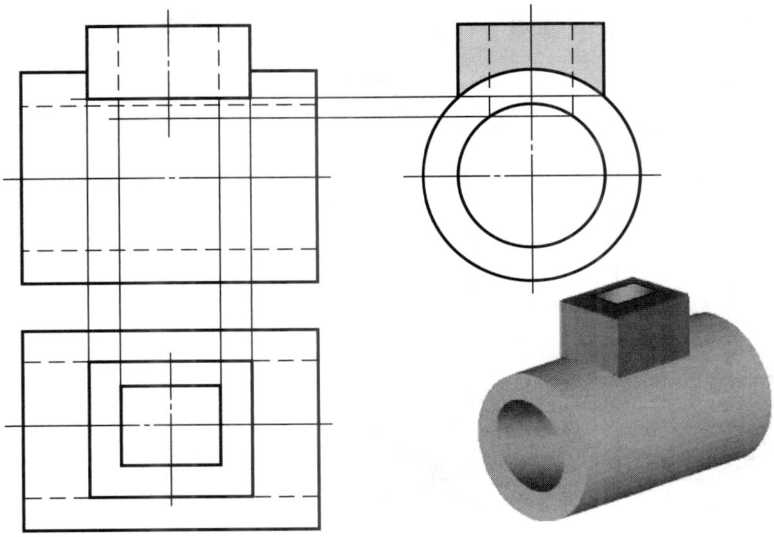

图 3-18　平面立体与曲面立体相贯示例

三、曲面立体与曲面立体相贯

1. 相贯线的形状

一般是空间曲线，特殊情况下可以是平面曲线或直线。

2. 求相贯线的方法

① 积聚性投影表面取点法（多用于柱柱相贯），如图 3-19 所示；②辅助平面法——假

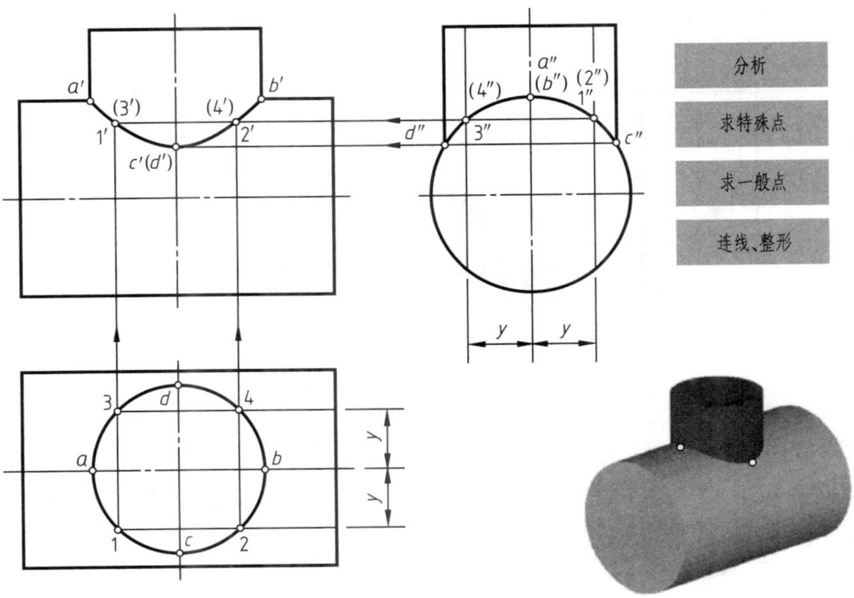

图 3-19　积聚性投影表面取点法求相贯线示例

想用一个平面同时截切相贯的两立体，使辅助平面与两回转体表面的截交线的投影简单易画，例如直线或圆，一般选择投影面平行面，如图 3-20 所示；③辅助球面法(略)。

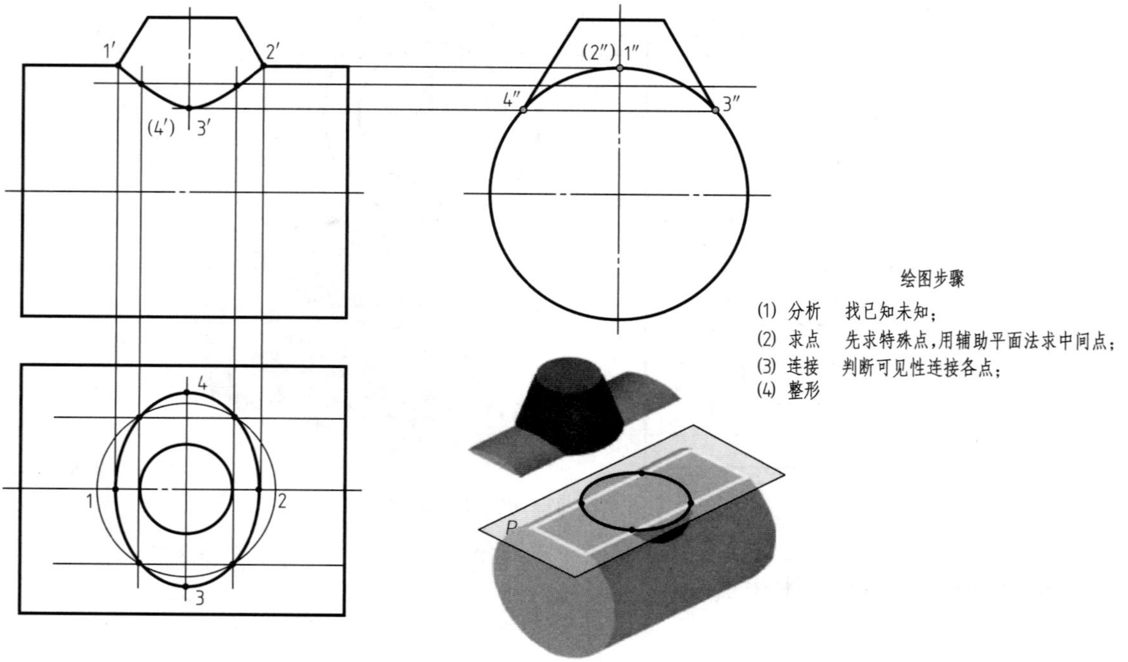

图 3-20　辅助平面法求相贯线示例

3. 相贯线的特殊情况

(1) 相贯线为平面曲线　两回转体公切于一圆球如表 3-5 所示。

(2) 两回转体有公共轴线　如表 3-6 所示。

(3) 相贯线为直线　当两回转体沿素线相交时，相贯线为直线。如图 3-21 所示。

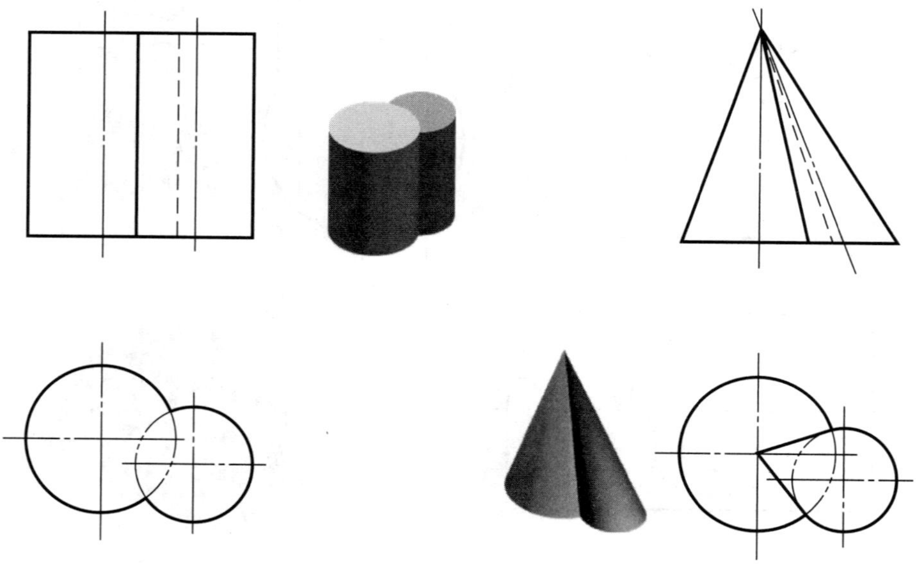

图 3-21　相贯线为直线

表 3-5　两回转体公切于一圆球

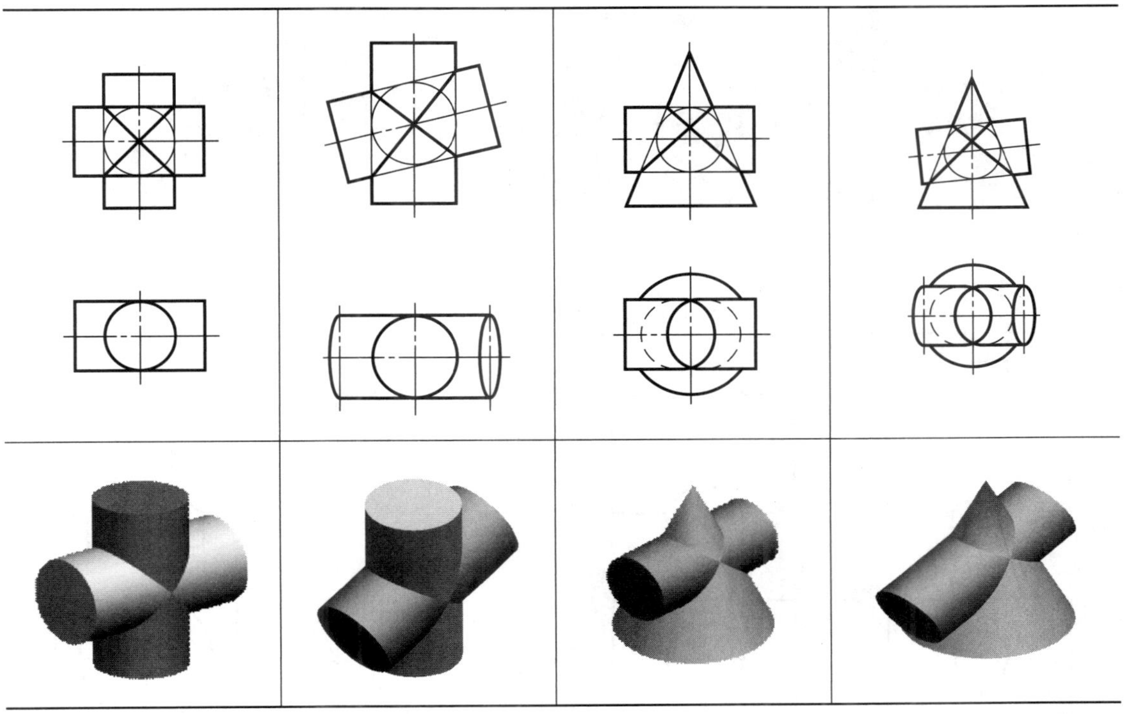

表 3-6　两回转体有公共轴线

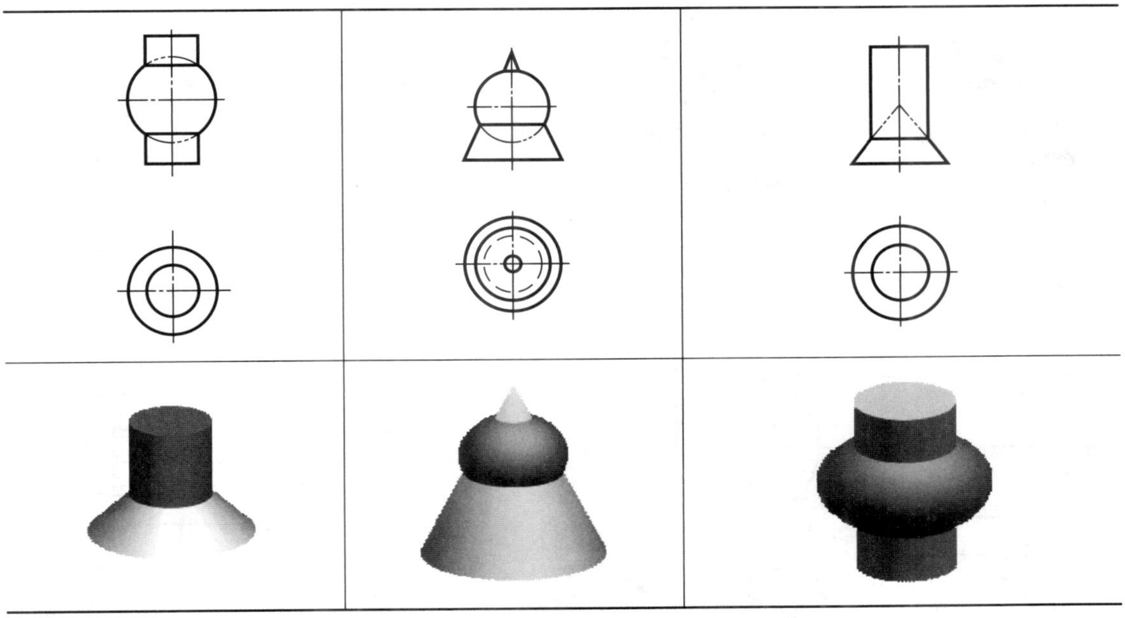

4. **影响相贯线的各种因素**

曲面立体表面的几何性质、尺寸大小及它们的相对位置关系都是影响相贯线的因素。如图 3-22 所示。

对于柱柱相贯，当圆柱直径变化时，相贯线的变化趋势如表 3-7 所示。

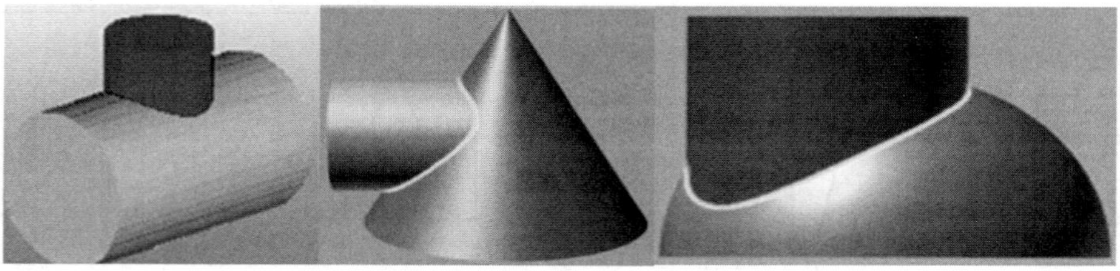

图 3-22　不同的立体相贯线不同

表 3-7　柱柱相贯线的变化趋势

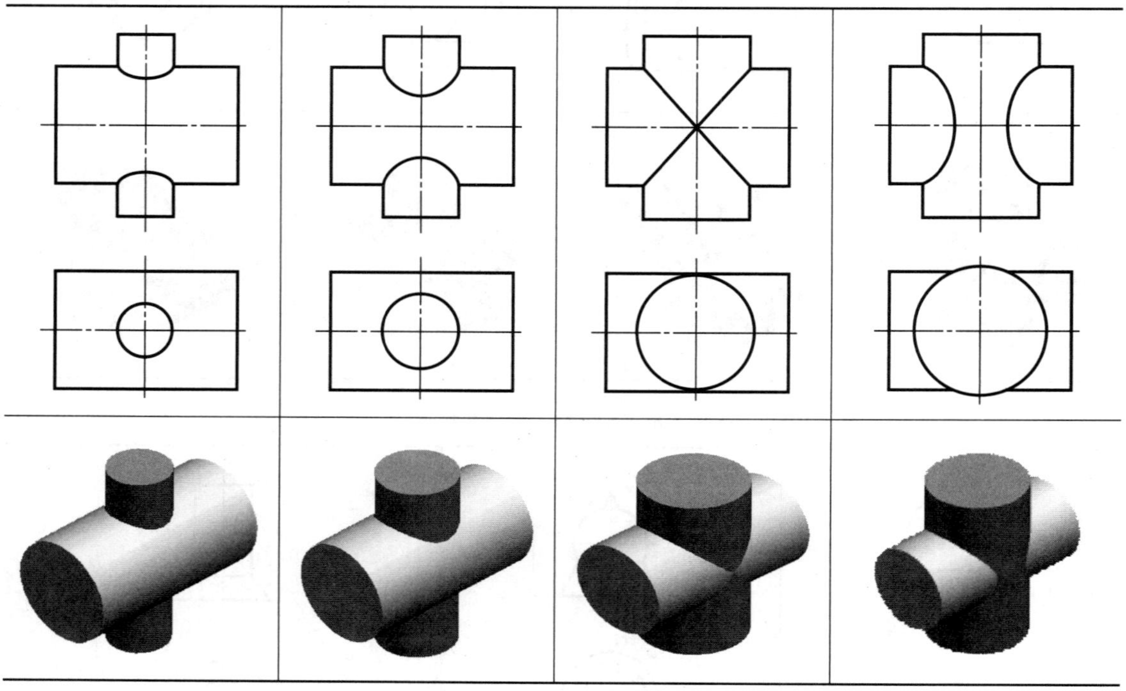

例 3-7　补全两圆筒相贯的正面投影。如图 3-23（a）所示。

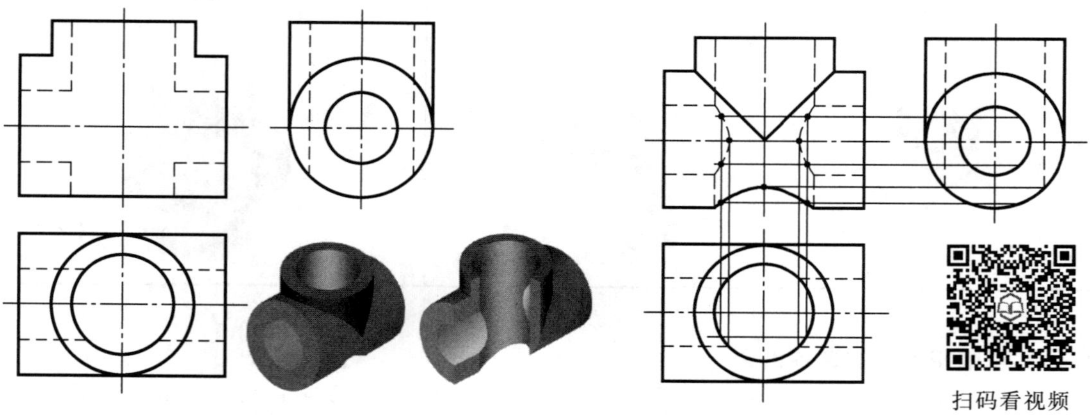

扫码看视频

(a)　　(b)

图 3-23　例 3-7 附图

解题思路：从图 3-23（a）看出，两圆筒外筒直径相同，并且是正交相贯，所以外外相贯线是椭圆，其正面投影集聚为直线；垂直圆筒下部挖孔，存在内外相贯线；水平圆筒内筒直径小于垂直圆筒内筒直径，在水平圆筒两侧存在内内相贯线，如图 3-23（b）所示。

例 3-8 求圆柱体和圆锥的相贯线。如图 3-24（a）所示。

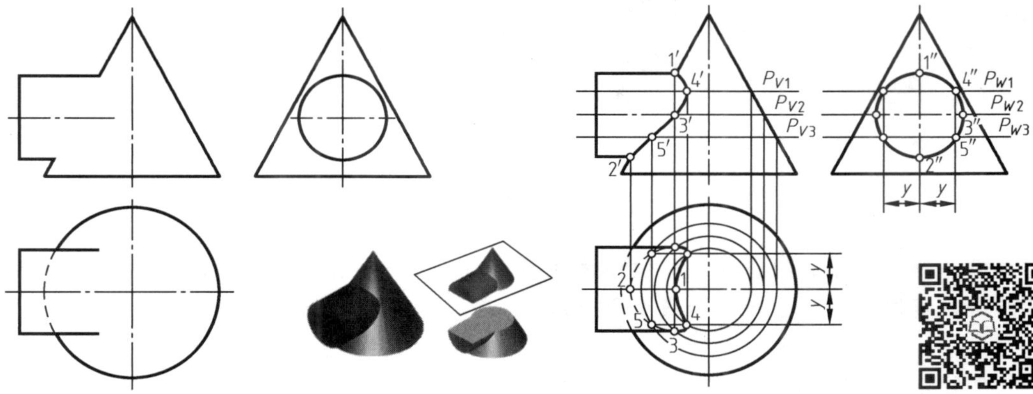

(a) (b)

扫码看视频

图 3-24　例 3-8 附图

解题思路：相贯线的侧面投影已知，可利用辅助平面法求共有点；求出相贯线上的特殊点Ⅰ、Ⅱ、Ⅲ；求出若干个一般点Ⅳ、Ⅴ；光滑且顺次地连接各点，作出相贯线，并且判别可见性；整理轮廓线，如图 3-24（b）所示。

课后补充知识

我国某型卫星燃料储箱设计中，由于卫星燃料储箱在太空中的特殊环境，任何微小的尺寸误差都可能导致燃料泄漏，进而影响卫星的正常运行。圆柱形储箱与圆锥形连接段的相贯线投影误差需控制在 0.05mm 以内，否则会导致燃料泄漏风险。如何在复杂的空间结构中，确保相贯线的精确绘制，成为设计师面临的一大挑战。航天工程师们需要反复校验三维模型与二维图纸，确保相贯线的精确性。这一过程体现了航天人对工作的高度负责和精益求精的态度，是“执着专注、精益求精”的航天精神的生动体现。也与《中国制造 2025》对高端装备精度的要求不谋而合，展示了我国在航天领域追求卓越、勇攀高峰的决心和实力。

第四章

组 合 体

本章介绍组合体的组合方式、组合体视图的画法、组合体尺寸标注的基本方法和规则以及读组合体视图的形体分析法和线面分析法。

任何复杂的形体都可以看成是由一些简单形体按照一定的组合方式构成的。组合体分为叠加、挖切和综合三种形式，如图 4-1 所示。

(a) 叠加式　(b) 挖切式　(c) 综合式

图 4-1　组合体的分类

第一节　组合体的形体分析

一、组合体的组合方式

(1) 叠加：若干基本体的表面重叠或相切、相交而构成一整体的组合方式。叠加形式包括表面平齐和不平齐两种，如图 4-2 所示。

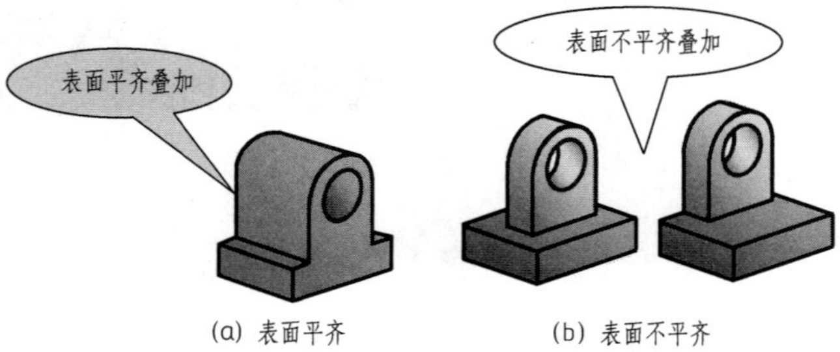

(a) 表面平齐　(b) 表面不平齐

图 4-2　叠加组合体

(2) 切割：在基本体上切去若干小块后形成的立体，如图 4-3 所示。

(3) 常见的组合体是叠加、切割两种类型的综合，如图 4-4 所示。

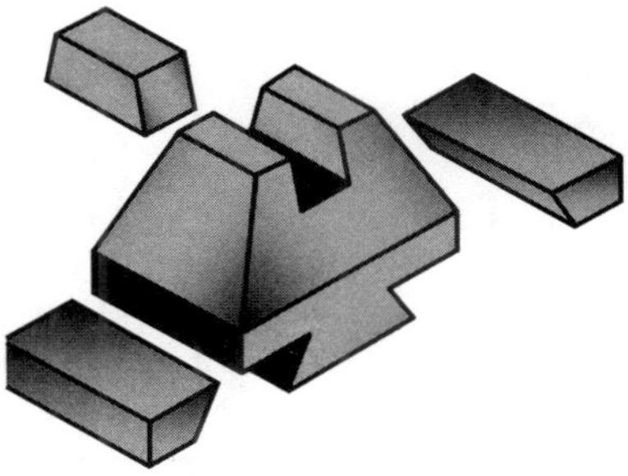

图 4-3 切割体

二、形体之间的表面过渡关系

(1) 两形体叠加时的表面过渡关系，如图 4-5 所示。

(2) 两形体表面相切时，相切处无线，如图 4-6 所示。

(3) 两形体相交时，在相交处应画出交线，如图 4-7 所示。

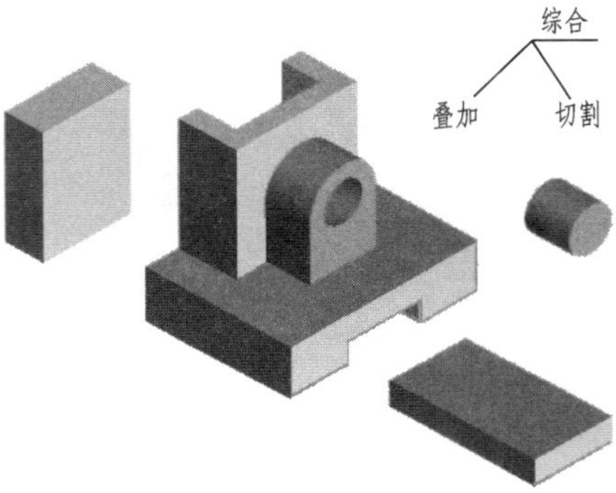

图 4-4 综合体

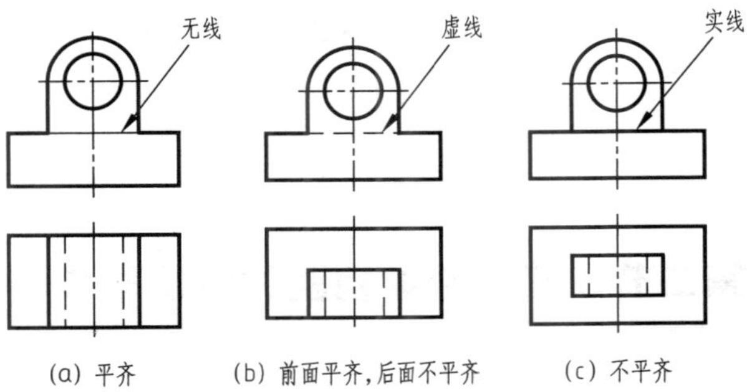

图 4-5 叠加体表面过渡关系

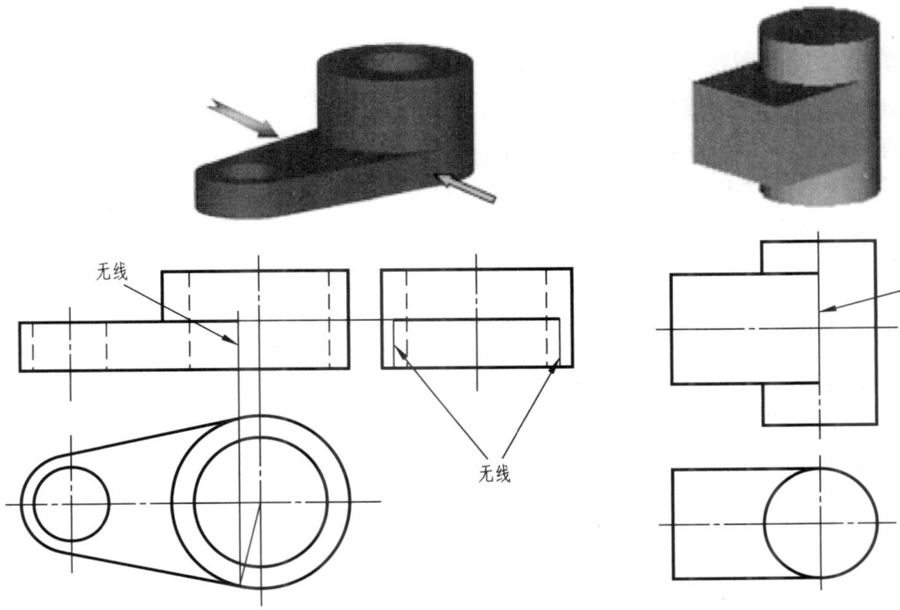

图 4-6 表面相切

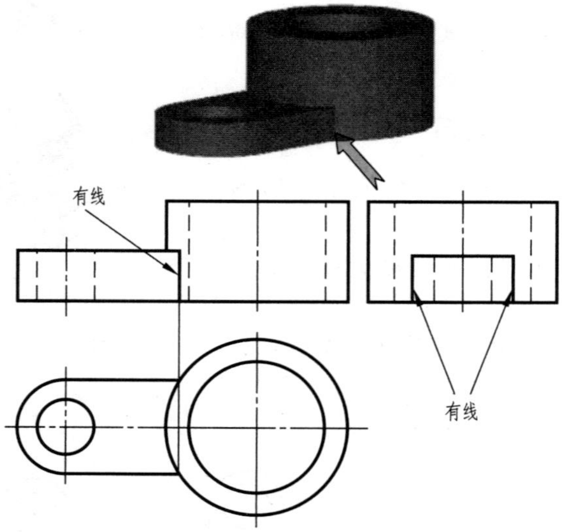

图 4-7　两形体相交

第二节　画组合体视图的方法与步骤

一、形体分析法

对于叠加式组合体采用形体分析法。即根据组合体的形状，将其分解成若干部分，弄清各部分的形状和它们的相对位置及组合方式，分别画出各部分的投影。

1. 叠加式组合体画图步骤

(1) 对组合体进行形体分解——分块；
(2) 弄清各部分的形状及相对位置关系；
(3) 按照各块的主次和相对位置关系，逐个画出它们的投影；
(4) 分析及正确表示各部分形体之间的表面过渡关系；
(5) 检查、加深。

2. 主视图的选取原则

(1) 尽量多地反映物体的形状特征和各形体间的相对位置和连接方式；
(2) 自然安放，尽量少出现细虚线。
配置其他视图的原则：在明确表示物体的前提下，视图尽量少。
以轴承座为例，画图过程如图 4-8 所示。

二、线面分析法

视图上的一个封闭线框，一般情况下代表一个面的投影，不同线框之间的关系，反映了物体表面的变化。

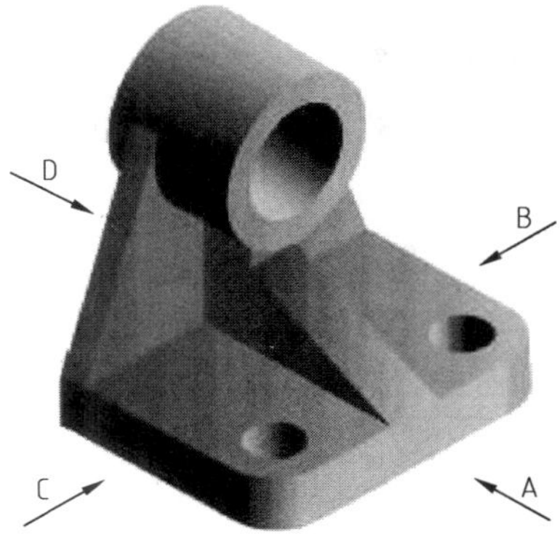

(a) 选择主视图方向

扫码看视频

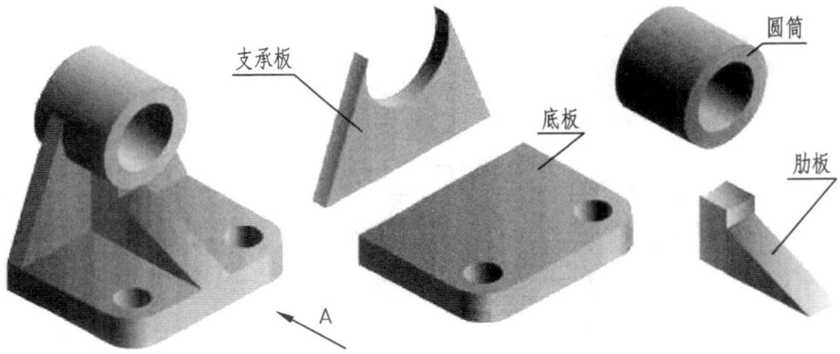

(b) 形体分析(分解为四个基本体)

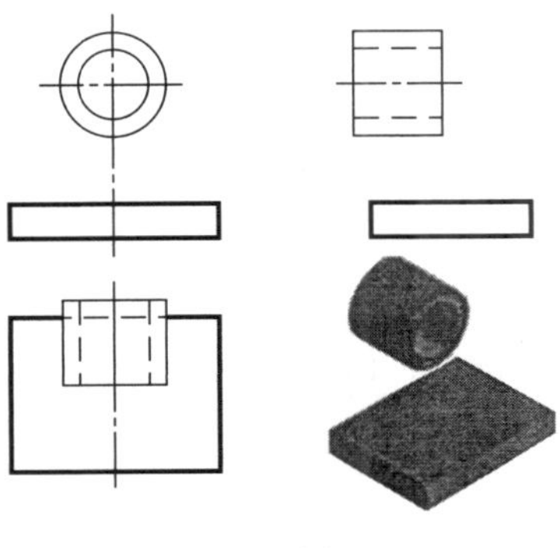

(c) 画筒圆、底板

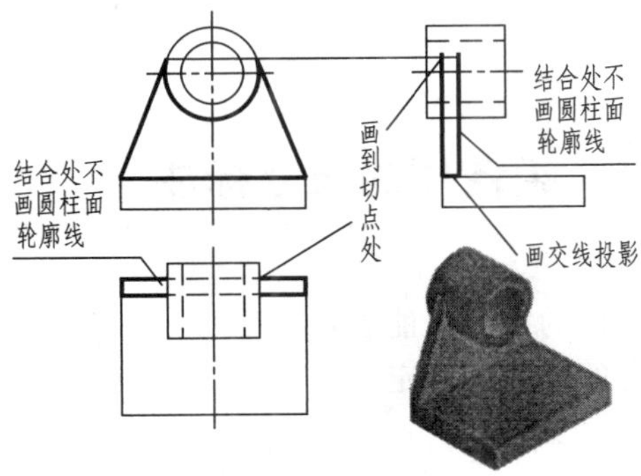

(d) 画支承板

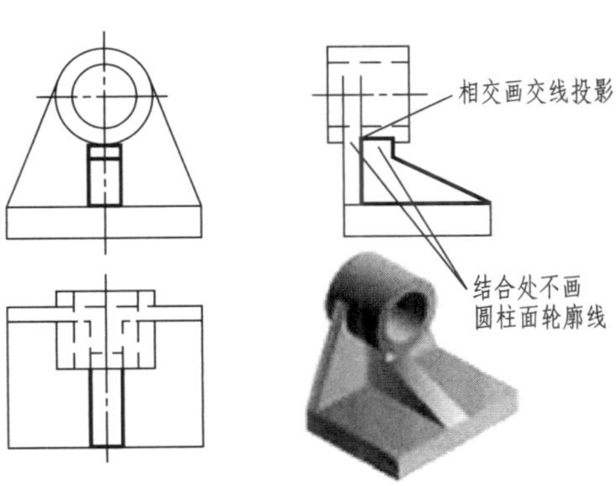

(e) 画肋板

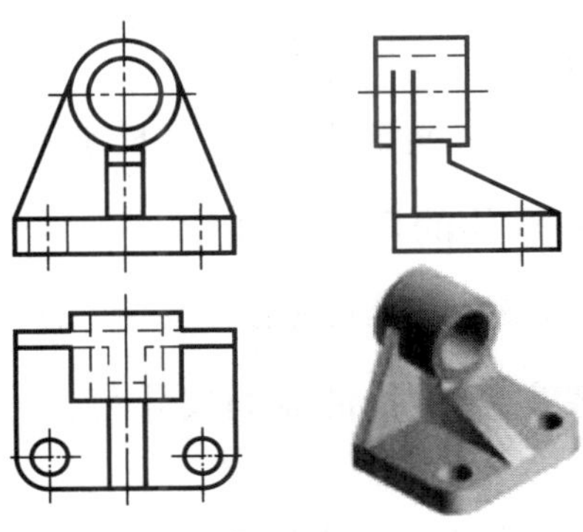

(f) 画细节检查加深

图 4-8 形体分析法画图步骤

切割类组合体的画图步骤：按组合体立体图画出完整的投影图，然后根据切去部分的位置和形状依次画出切割后的视图。

以立体图为例介绍切割类组合体的画图方法，如图 4-9 所示。

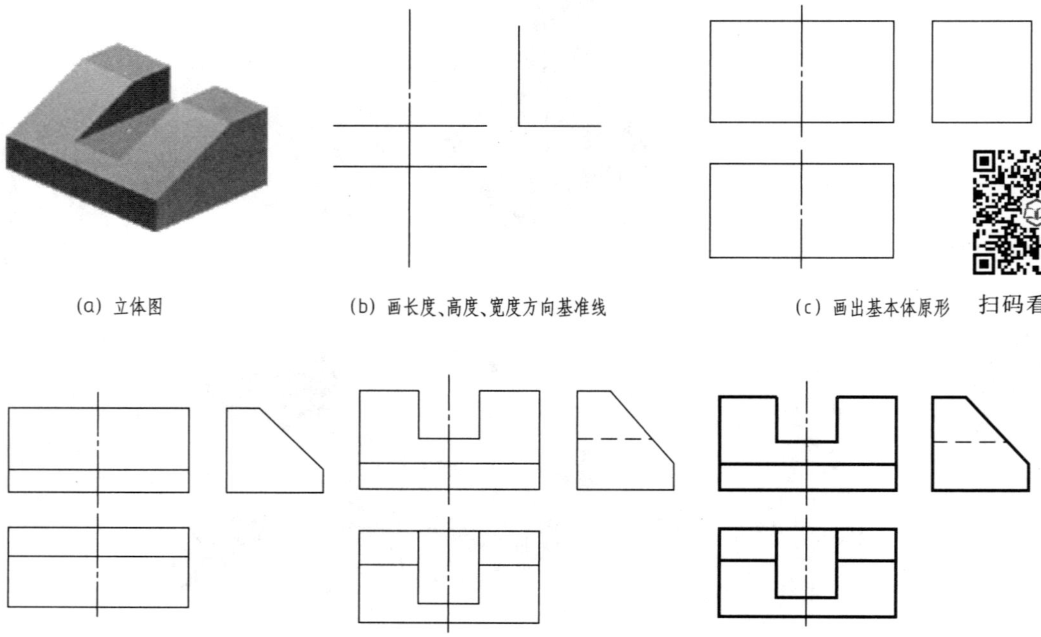

(a) 立体图　(b) 画长度、高度、宽度方向基准线　(c) 画出基本体原形　扫码看视频

(d) 切去右上角　(e) 中间挖直槽　(f) 检查、加深

图 4-9　线面分析法画图步骤

第三节　组合体的尺寸标注

组合体的视图只能表达其形状，而组合体的大小以及组合体上各部分的相对位置，则要由视图上的尺寸来确定。

一、标注组合体尺寸的一般要求

(1) 应符合国家标准的规定；

(2) 尺寸要完整；

(3) 尺寸数字注写清晰，尺寸排列整齐。

二、基本体的尺寸标注

以平面立体的尺寸标注为例，方法如图 4-10 所示。

三、切割体和相贯体的尺寸标注

1. 切割体的尺寸标注

除应标注基本体的定形尺寸外，还要标注截切平面的定位尺寸和开槽或穿孔的定形尺

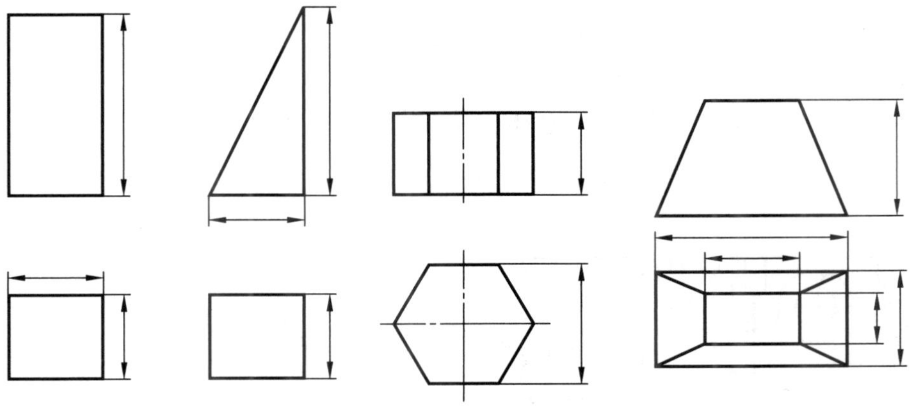

图 4-10　平面立体尺寸标注

寸。注意：截交线为截平面截断立体后自然形成的交线，因此不标注截交线的尺寸。如图 4-11 所示。

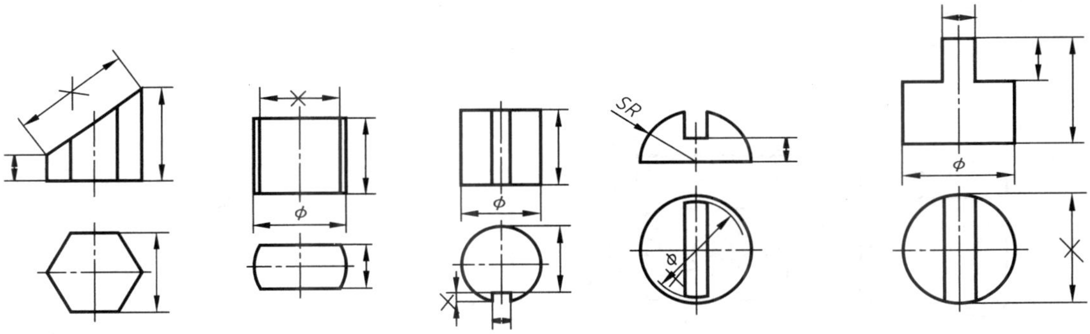

图 4-11　切割体尺寸标注

2. 相贯体的尺寸标注

除标注两相交基本体的定形尺寸外，还要注出确定两相交基本体相对位置的定位尺寸。注意：由于相贯线为自然形成的交线，因此不需标注相贯线的尺寸。如图 4-12 所示。

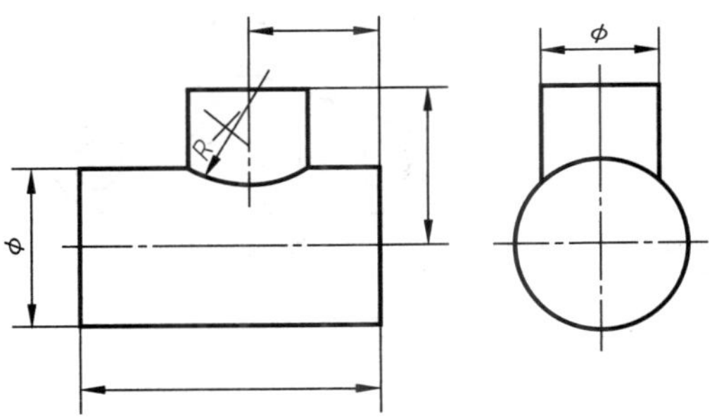

图 4-12　相贯体尺寸标注

四、组合体的尺寸标注示例

(1) 标注尺寸要完整　下面以支架为例说明组合体尺寸标注的基本方法。如图 4-13 (a)、(b) 所示。

(2) 标注尺寸要清晰

① 尺寸应尽量标注在反映形体特征最明显的视图上；

② 同一基本形体的定形尺寸和定位尺寸尽量集中标注；

③ 尺寸应尽量注在视图外面，同方向的连续尺寸应尽量放置在一条线上；

④ 同心圆柱的直径尺寸尽量注在非圆视图上，圆弧的半径尺寸则必须注在投影为圆弧的视图上；

⑤ 尽量避免在虚线上标注尺寸；

⑥ 应避免尺寸线与尺寸界线，尺寸线、尺寸界线与轮廓线相交，相互平行的尺寸应按“小尺寸在内，大尺寸在外”的原则排列；

⑦ 内形尺寸与外形尺寸最好分别标注在视图的两侧。

如图 4-13（c）、（d）、（e）所示。

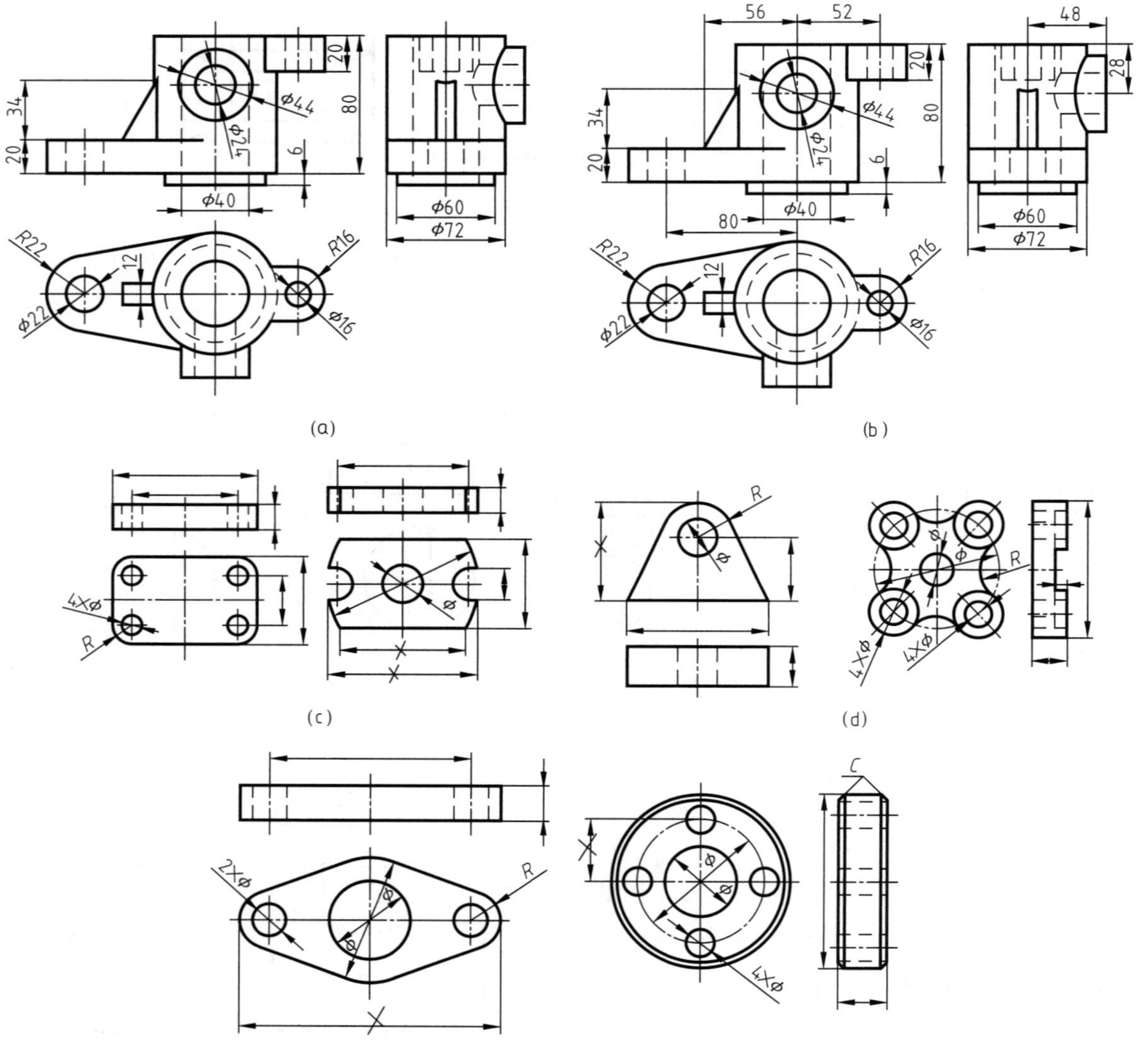

图 4-13　组合体尺寸标注

第四节　组合体视图的识读方法

读图也是机械专业技术人员经常要做的一项工作。

一、读图的基本知识

1. 了解视图中的图线和线框的含义

(1) 视图中图线的含义　视图中的图线可能由以下三种情况形成：两表面交线的投影；面的积聚性投影；回转体轮廓素线的投影。如图 4-14 所示。

(2) 视图中线框的含义　形体上平面的投影；曲面的投影；复合表面的投影。

① 视图中一个封闭线框一般情况下表示一个面的投影，线框套线框，通常是两个面凹凸不平或是打通的孔，如图 4-15（a）所示；

② 两个线框相邻，表示两个面高低不平或相交，如图 4-15（b）所示。

2. 读图要点

(1) 将几个视图联系起来看图　一般情况下，一个视图不能完全确定物体的形状。如图 4-16 所示，虽然它们的主、俯视图都相同，但要从左视图判别其形状。

(2) 寻找特征视图　一般来讲，总有一个视图能够将物体某一部分的形状特征较好地反映出来。如图 4-17 所示，该形体是由 A、B、C 和 D 四个部分叠加而成。主视图较好地反映出 A、B 的形状特征；左视图较好地反映出 C 部分的形状特征；俯视图较好地反映出 D 的形状特征。

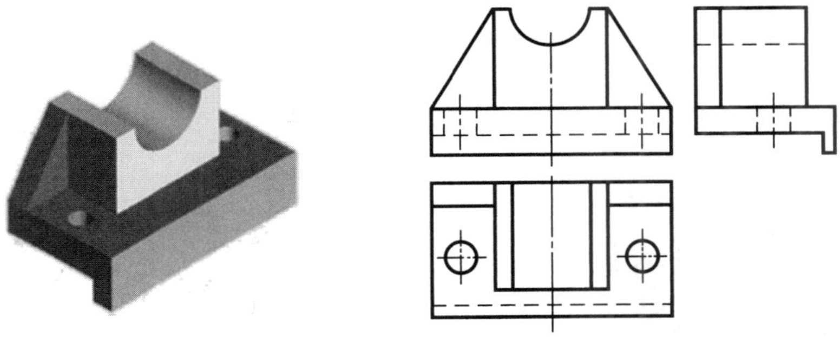

图 4-14　视图中图线的含义

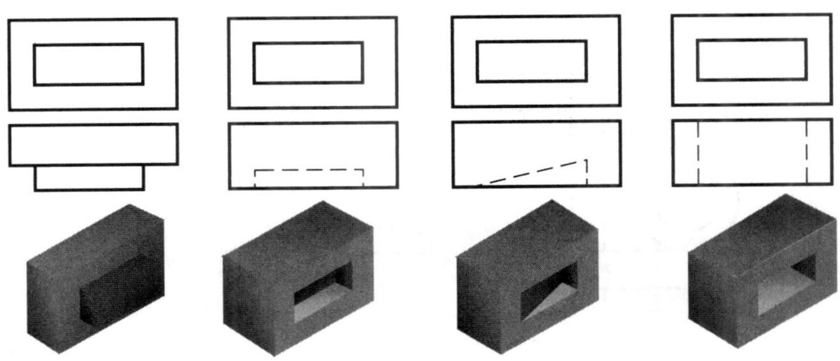

(a)

图 4-15

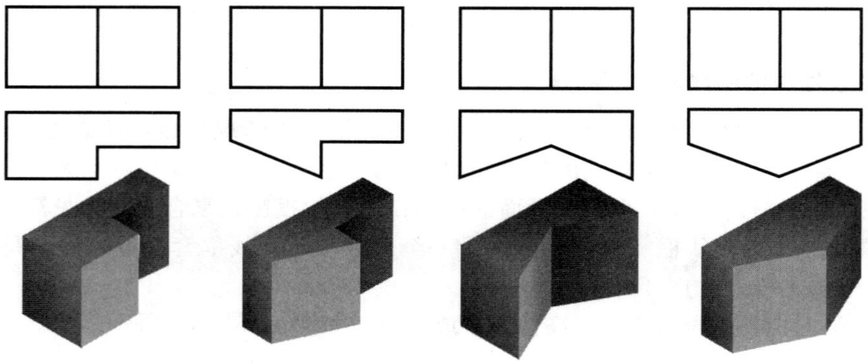

(b)

图 4-15　视图中线框的含义

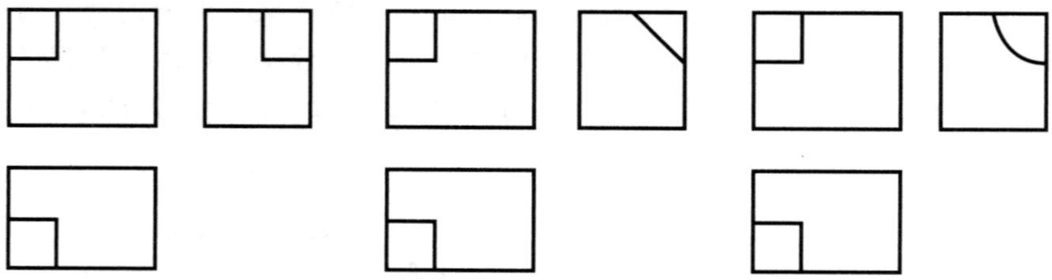

图 4-16　将几个视图联系起来

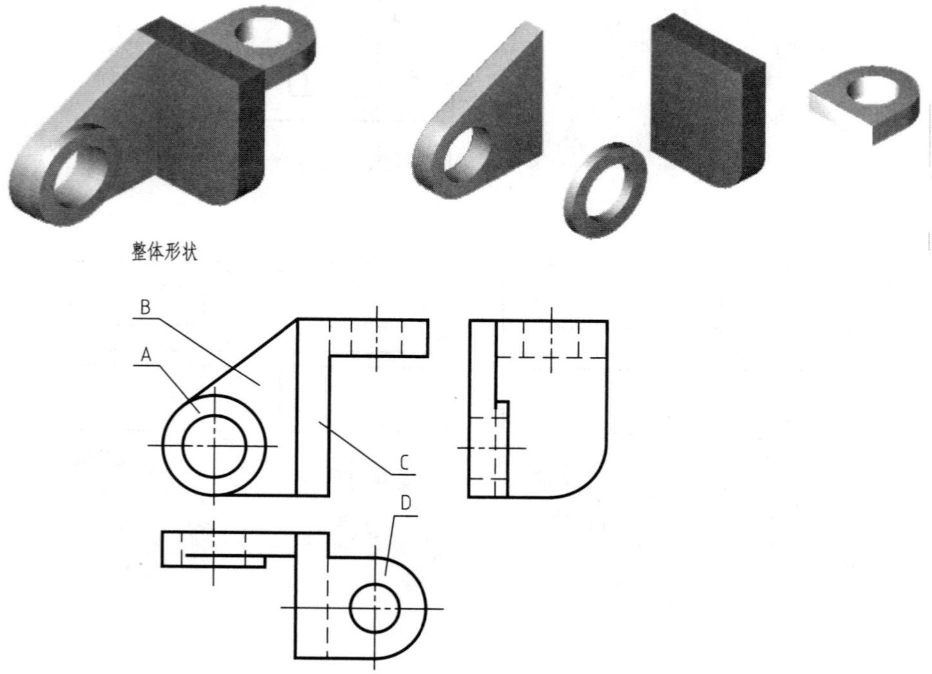

图 4-17　寻找特征视图

二、读图的基本方法

（1）形体分析法　形体分析法是读图的基本方法，主要用于识读叠加类组合体视图。如图 4-18 所示。从 4-18（a）可以判断此组合体以叠加为主，可以分解为 A、B、C、D 四部分，如图 4-18（b）所示；A 是 L 形底板，底板左右各开了一个通孔，如图 4-18（c）所示；C、D 是左右两侧的三角形支撑板，如图 4-18（d）所示；B 是中间开弧形槽的立方块，如图 4-18（e）所示。综合三个视图，可以构想出立体图，如图 4-18（f）所示。

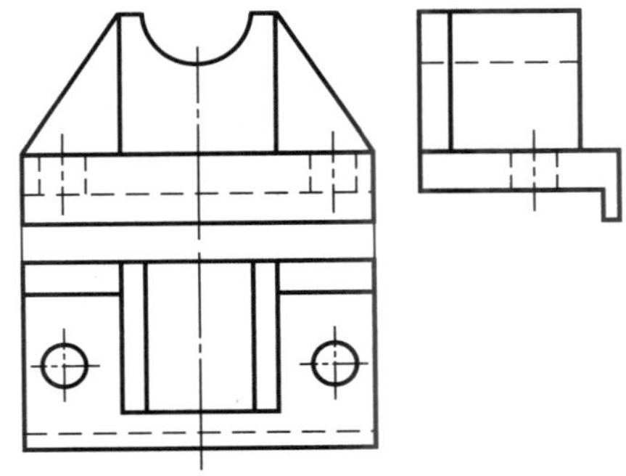

(a) 组合体三视图

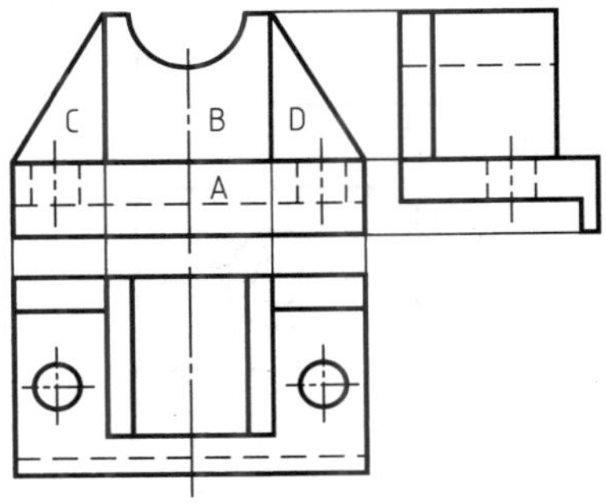

(b) 组合体由四个基本体组成

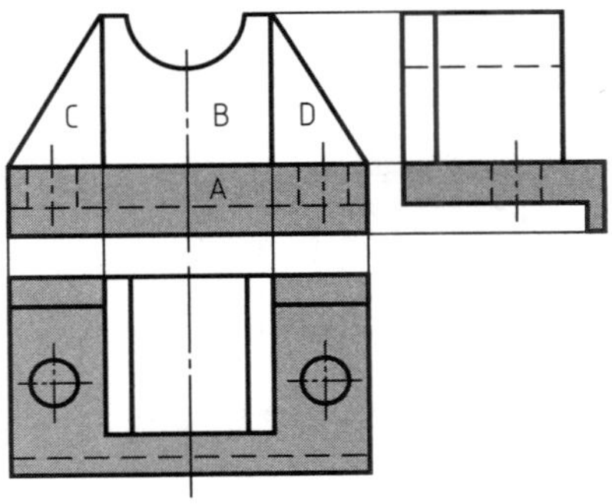

(c) 底板

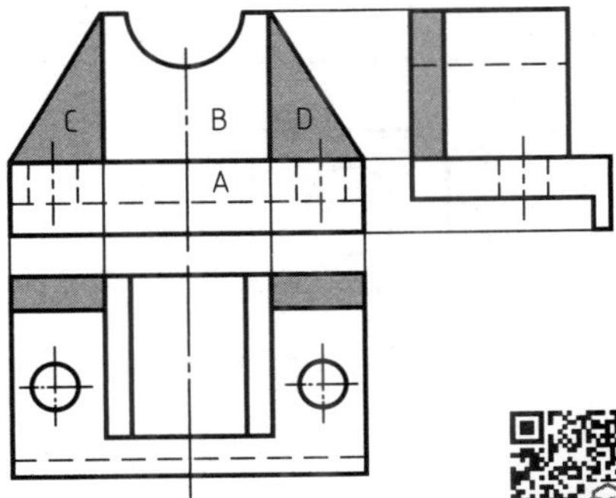

(d) 左右两侧三角形立方块

扫码看视频

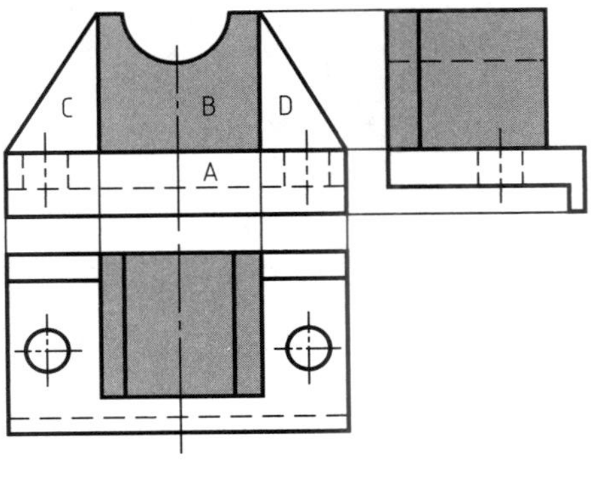

(e) 中间立方块

(f) 组合体立体图

图 4-18　形体分析法读图

(2) 线面分析法　运用线、面的投影理论来分析物体各表面的形状和相对位置，并在此基础上想象出物体的形状，即线面分析法。

下面以压块为例说明线面分析方法。如图 4-19 所示。从图 4-19（a）三视图可以判断确定物体的原形，该立体为被切割的长方体；从图 4-19（b）可以确定长方体被五次截切；由图 4-19（c）可以看出，长方体左上端被正垂面截切；由图 4-19（d）可以看出，长方体左边前后被铅垂面截切，五处截切如图 4-19（e）所示。综合想象其整体形状，如图 4-19（f）所示。

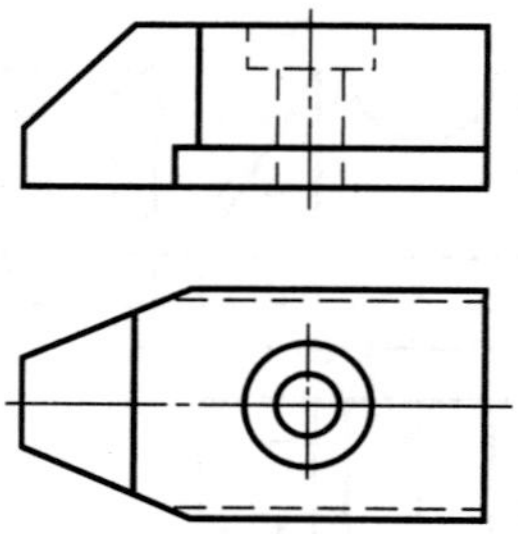
(a) 压块三视图

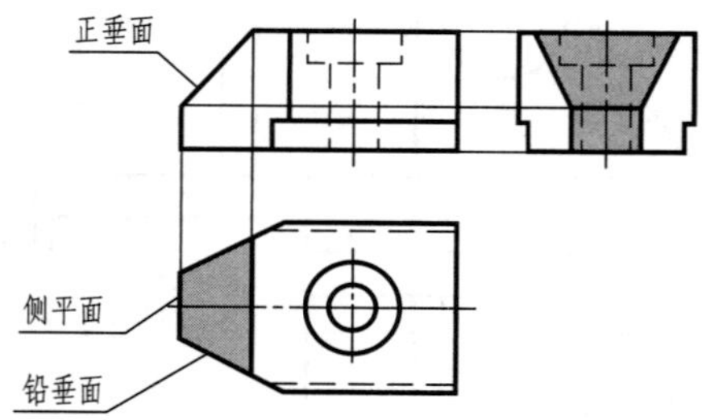

(b) 压块被五次截切

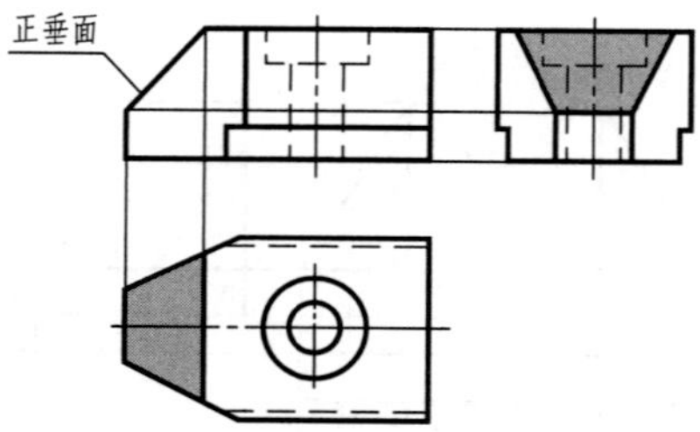

(c) 压块被正垂面截切

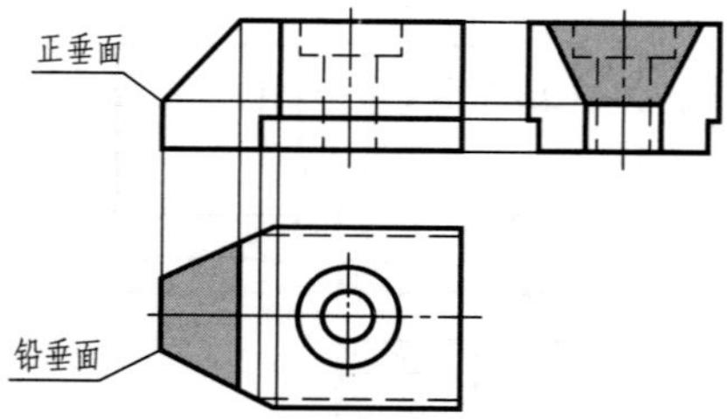

(d) 压块被铅垂面截切

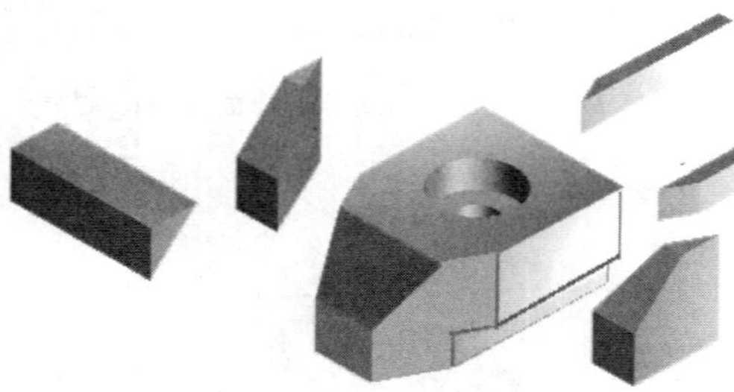
(e) 压块被截示意图

(f) 压块立体图

图 4-19　线面分析法读图

例 4-1　识读下面的组合体。如图 4-20 所示。

解题思路：由图可知，该机件左右对称；上端较薄、下端较厚；有众多的圆柱面；有孤立线段出现，说明必有切平面。从几个视图可知道基形基本由一圆柱和上端为弧形的板相切形成；然后搞清细部，上部有一小孔；筒形上部有一方槽，槽上有一平面；筒形下部还有一半圆槽；筒形后壁也有一小圆。最后综合成形。

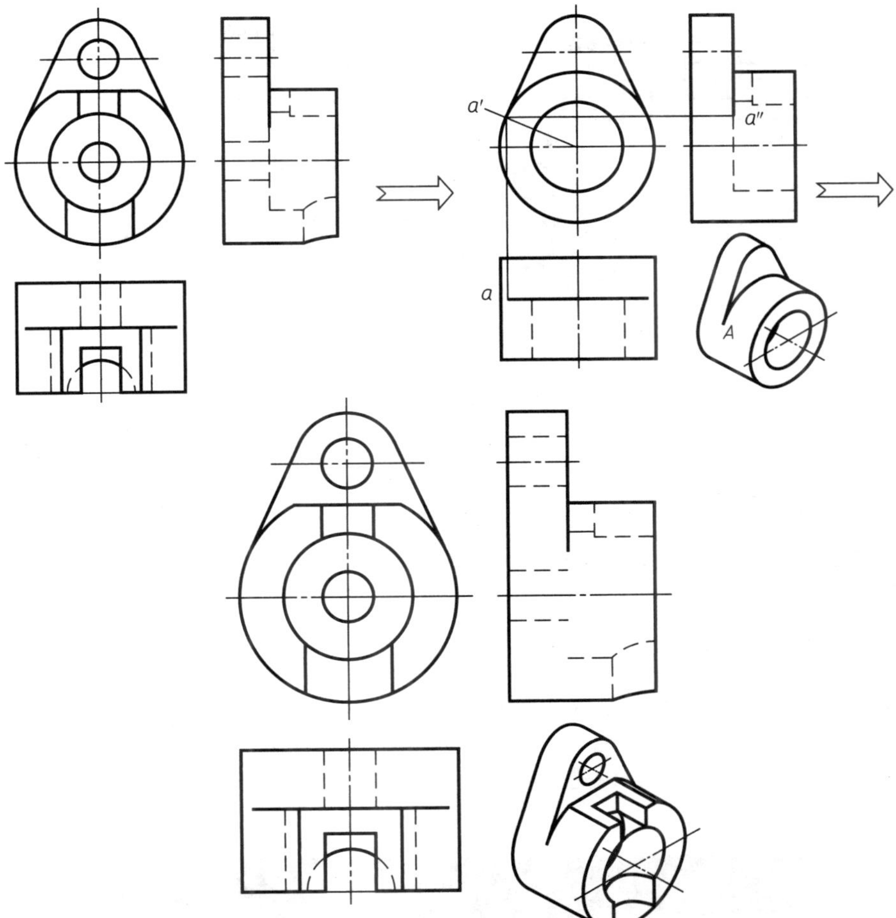

图 4-20　例 4-1 附图

例 4-2　组合体读图示例如图 4-21 所示。

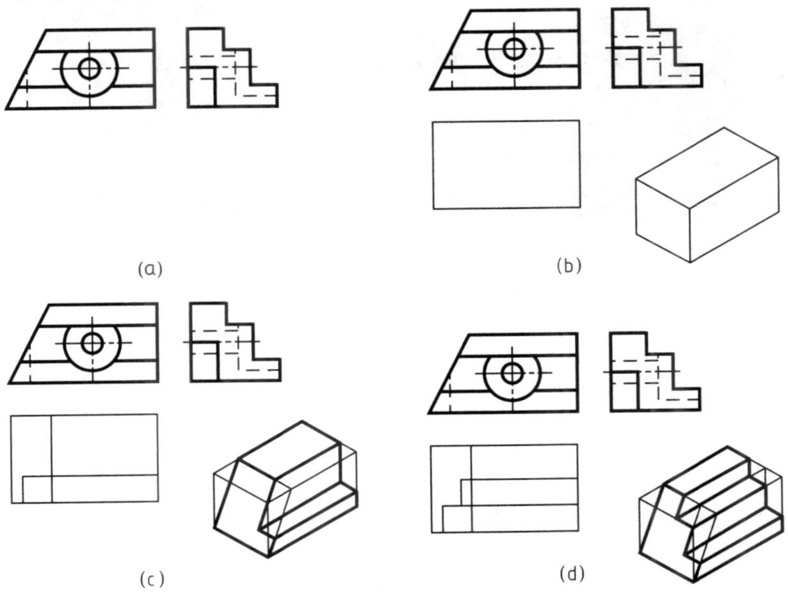

图 4-21

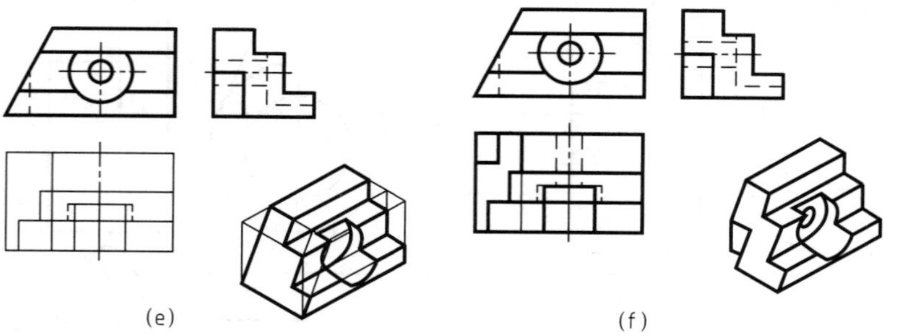

图 4-21　例 4-2 附图

解题思路：由图 4-21（a）可知该立体是由长方体经过一定的切割挖孔形成；因此先画出长方体完整形状的俯视图，如图 4-21（b）所示；分析主、左视图，可以看出长方体由一个正垂面截切左侧、两个正平面和两个水平面切割长方体前面形成阶梯，如图 4-21（c）、（d）所示；观察主视图，在二、三阶梯间从前到后挖孔，小孔从前贯穿到后，俯视图如图 4-21（e）所示；在观察左视图左下侧有一封闭线圈，应该是在长方体后侧下端切掉一个角，俯视图如图 4-21（f）所示。

课后补充知识

中国空间站由天和核心舱、问天实验舱、梦天实验舱等 11 个航天器组成，涉及复杂组合体结构设计与精密装配技术。其研制过程运用了组合体分解、三视图绘制及尺寸标注等核心技能。空间站“积木式”组合体建造模式，展现我国航天工程“自主创新、系统集成”的技术突破。

第五章

轴 测 图

轴测投影图作为工程中的一种辅助图样，可以帮助工程技术人员表达物体的立体形象，进行空间分析。

轴测图即人们常说的立体图。具有立体感的轴测图主要用于：工程上的辅助图样；学习制图的有效工具。

第一节 轴测图的基本知识

一、轴测图的形成

将物体连同确定其空间位置的直角坐标系，沿不平行于任一坐标面的方向，用平行投影法将其投射在单一投影面上所得的具有立体感的图形叫作轴测图。

根据轴测图的形成方法分为正轴测图和斜轴测图。

1. 正轴测图

投影方向与投影面垂直，可以获得不同的正轴测图。如图 5-1 所示。

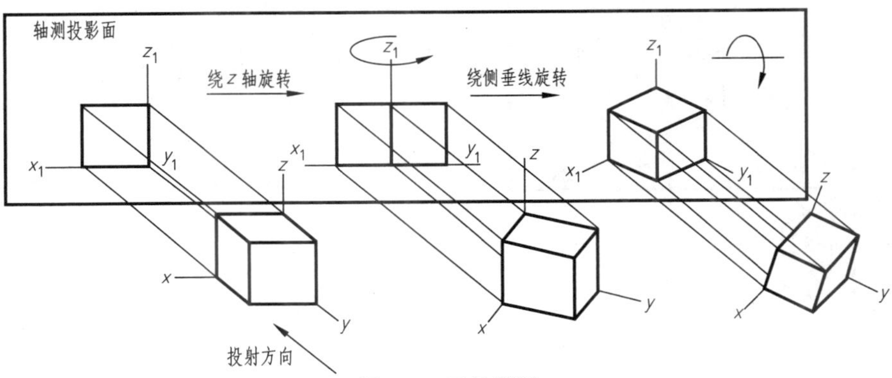

图 5-1 正轴测图

2. 斜轴测图

投影方向与投影面倾斜，可以获得不同的斜轴测图。如图 5-2 所示。

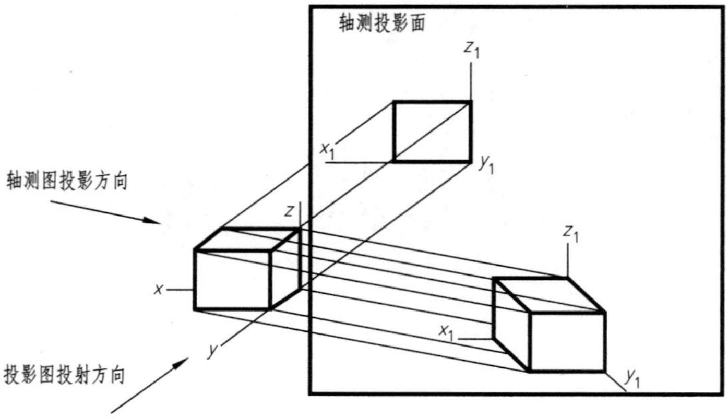

图 5-2　斜轴测图

二、轴测图基本术语

1. 轴测轴

物体上的三个直角坐标轴 OX、OY 和 OZ 在轴测投影面上的投影，记做 o_1x_1、o_1y_1 和 o_1z_1。

2. 轴间角

轴测轴之间的夹角。如图 5-3 所示。

3. 轴向伸缩系数

物体上平行于坐标轴的线段在轴测图上的长度与实际长度之比叫作轴向伸缩系数。如图

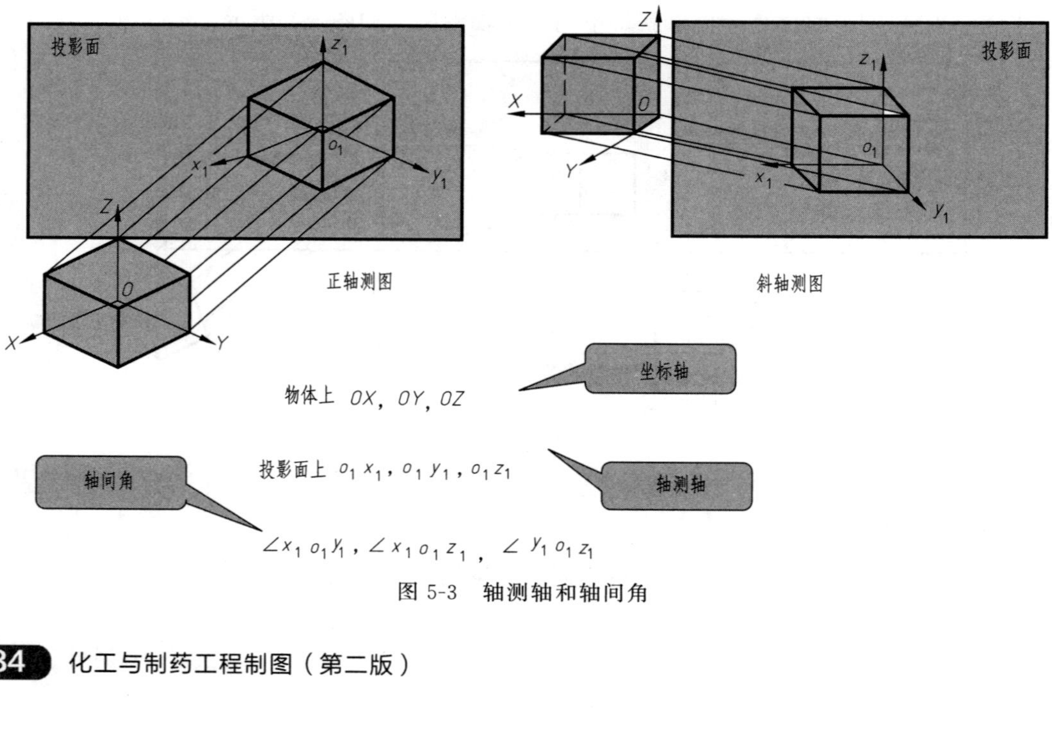

图 5-3　轴测轴和轴间角

5-4 所示。轴测图种类不同，轴向伸缩系数也就不同。

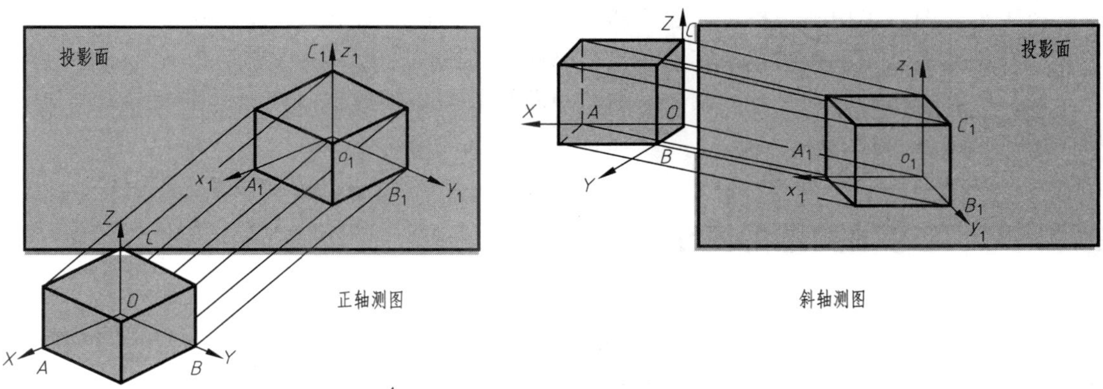

正轴测图　　　　斜轴测图

$$\frac{o_1A_1}{OA}=p\ X\text{轴轴向伸缩系数}$$

$$\frac{o_1B_1}{OB}=q\ Y\text{轴轴向伸缩系数}$$

$$\frac{o_1C_1}{OC}=r\ Z\text{轴轴向伸缩系数}$$

图 5-4　**轴向伸缩系数**

三、轴测图的种类和性质

1. 轴测图种类

(1) 按照轴测图的形成方法不同，可分为：

① 正轴测图——采用正投影方法绘制的轴测图；

② 斜轴测图——采用平行斜投影方法绘制的轴测图。

(2) 按照轴测图的轴向伸缩系数不同，可分为：

① $p=q=r$ 称为等测，有正等测、斜等测；

② $p=r\neq q$ 称为二测，有正二测、斜二测；

③ $p\neq q\neq r$ 称为三测，有正三测、斜三测。

常用的轴测图：正等轴测图和斜二轴测图，如图 5-5 所示。

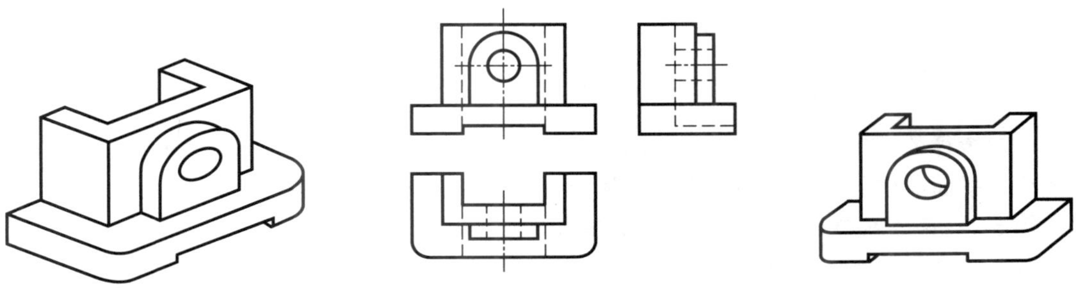

(a) 正等轴测图　　(b) 三视图　　(c) 斜二轴测图

图 5-5　三视图及正等轴测图和斜二轴测图

2. 轴测图的性质

由于轴测图是采用平行投影方法绘制的，因此各种轴测图都具有以下两点性质：

(1) 物体上互相平行的线段其轴测投影仍保持平行；

(2) 物体上与坐标轴平行的线段其轴向伸缩系数与该轴的轴向伸缩系数相同，如图 5-5 所示。

第二节　正等轴测图的画法

使直角坐标系的三坐标轴 OX、OY 和 OZ 对轴测投影面的倾角相等，并用正投影法将物体向轴测投影面投射，所得到的图形称为正等轴测图，简称正等测。由于正等轴测图中各个方向的椭圆画法相对比较简单，所以当物体各个方向都有圆时，一般都采用正等轴测图。如图 5-6 所示。

正——采用正投影方法。

等——三轴测轴的轴向伸缩系数相同，即 $p=q=r$。

步骤：

(1) 在视图上建立坐标系；

(2) 画出正等测轴测轴；

(3) 按坐标关系画出物体的轴测图。

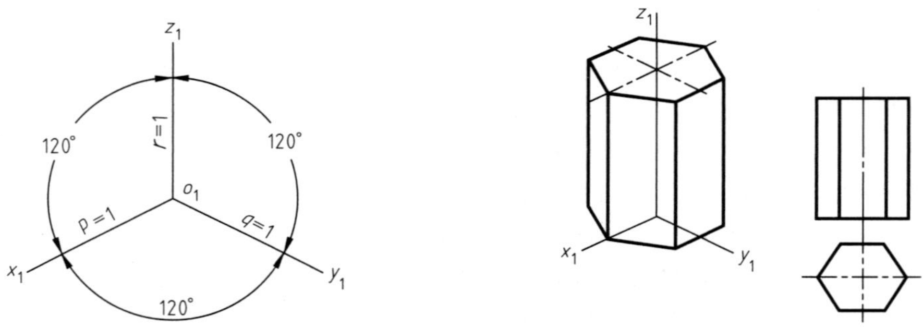

图 5-6　正等轴测图

一、平面立体的画法

以六棱柱的正等轴测图为例，作图步骤如图 5-7 所示。为使图形清晰一般省去轴测图中的虚线。平面立体的正等轴测图根据立体的构造，有坐标法、切割法及叠加法三种。

例 5-1　画三棱锥的正等轴测图。如图 5-8（a）所示。

解题思路：首先在视图上建立坐标系，然后从投影图上截取各端点的坐标，在坐标图上找出各端点的位置，连接各端点并擦去坐标轴即所求的正等轴测图［图 5-8（b）］。

该题用的是坐标法。

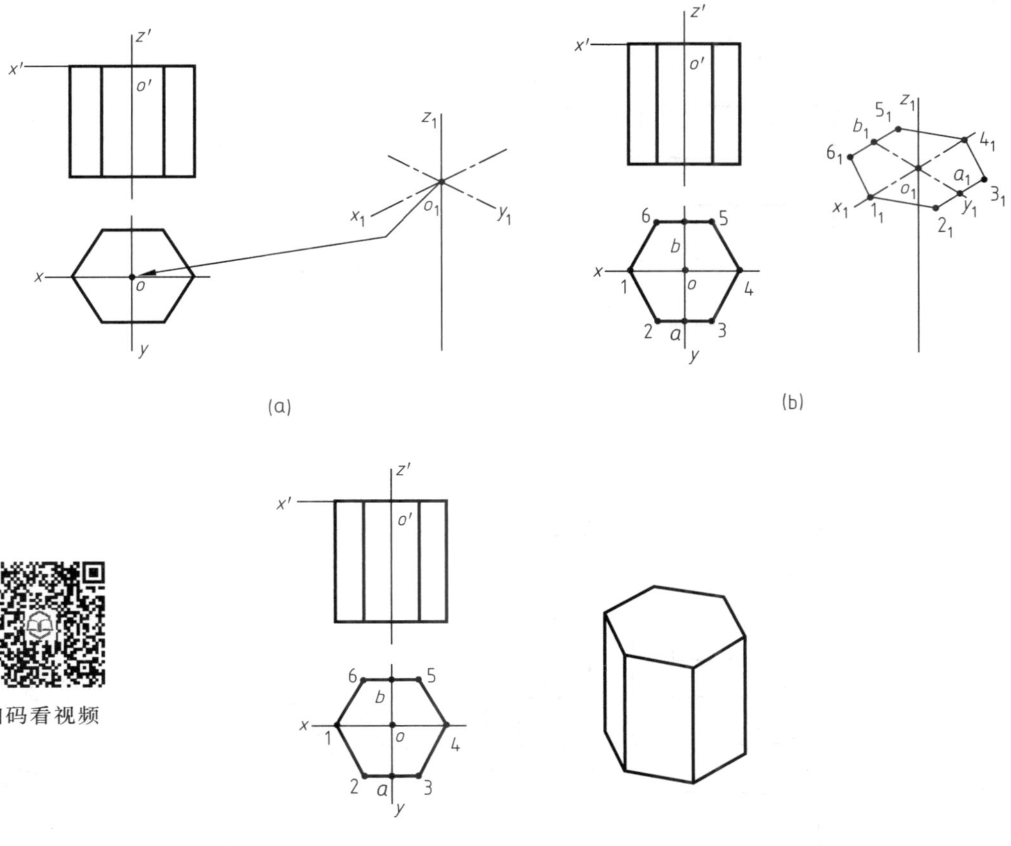

扫码看视频

图 5-7　六棱柱的正等轴测图作图步骤

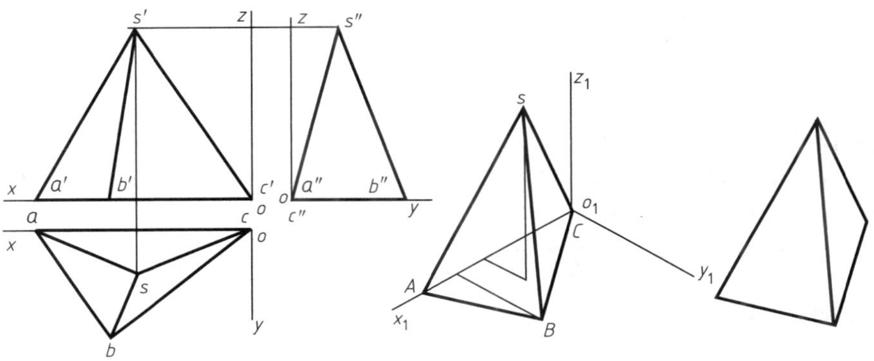

扫码看视频

图 5-8　例 5-1 附图

例 5-2　已知截切体三视图，画正等轴测图。如图 5-9（a）所示。

解题思路：首先在视图上建立坐标系，然后从投影图上截取各端点的坐标，在坐标图上找出各端点的位置，连接各端点作出长方体。找出截平面与长方体四个面的交点，并根据坐标在轴测图中作出截平面，擦去多余线后得到截切后的长方体正等轴测图［图 5-9（b）］。

该题用的是坐标法和截切法。

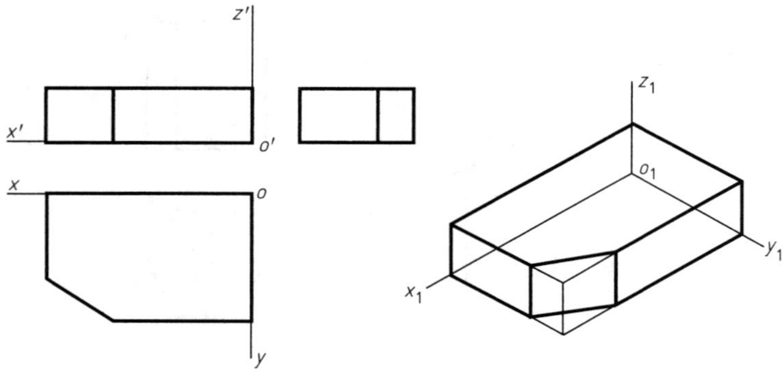

(a)　　　　(b)

扫码看视频

图 5-9　例 5-2 附图

例 5-3　已知叠加组合体三视图，画正等轴测图。如图 5-10（a）所示。

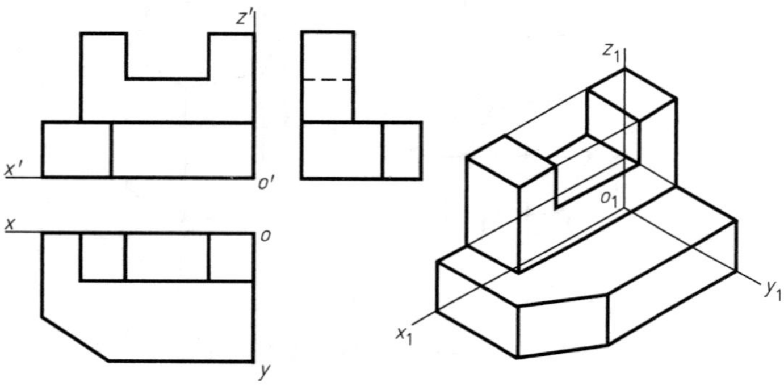

(a)　　　　(b)

扫码看视频

图 5-10　例 5-3 附图

解题思路：首先在视图上建立坐标系，然后将该组合体分解为两个部分，底板是长方体截切体，上面的立体由三个面截切长方体形成。参照例 5-2 分别画出两个立体后叠加在一起，然后擦去多余的线叠加得到组合体的正等轴测图［图 5-10（b）］。

该题是坐标法、截切法和叠加法的综合运用。

二、回转体的正等轴测图

1. 平行于投影面的圆的正等轴测图的画法

立方体各面的正方形在轴测图中成了菱形。如果作与正方形内切的圆，则该圆的正等轴测图为椭圆。从立方体的轴测图可看出，三个不同位置的椭圆的方向是不相同的。一般采用近似的四心圆弧法绘制正等轴测图中的椭圆。如图 5-11 所示。以水平圆为例，先画圆的外切菱形，与圆的两条中心轴线有四个切点，如图 5-11（a）所示，然后作轴测轴，作出切点轴测图 x_1、y_1，过此四点作出圆外切正方形图（菱形）；以四心圆弧法画出椭圆。如图 5-11（b）所示。

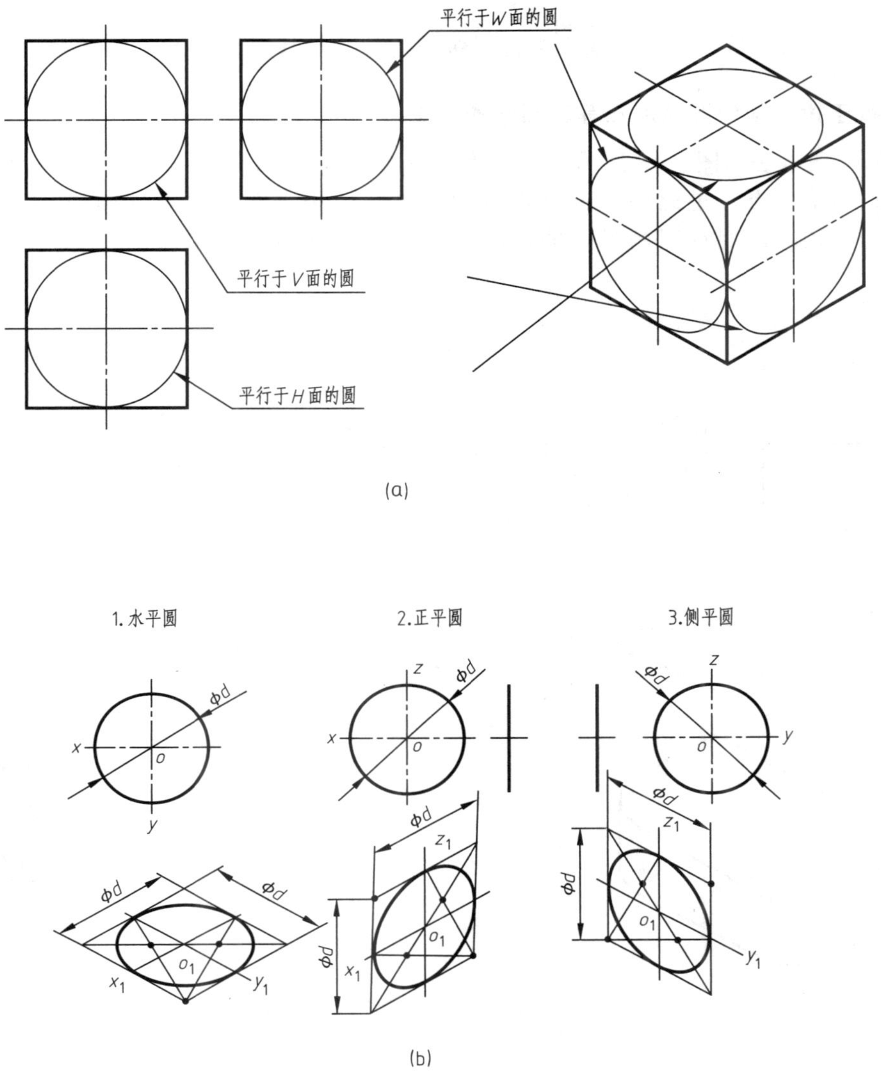

图 5-11　平行于投影面的圆的正等轴测图

例 5-4　画圆台的正等轴测图。如图 5-12（a）所示。

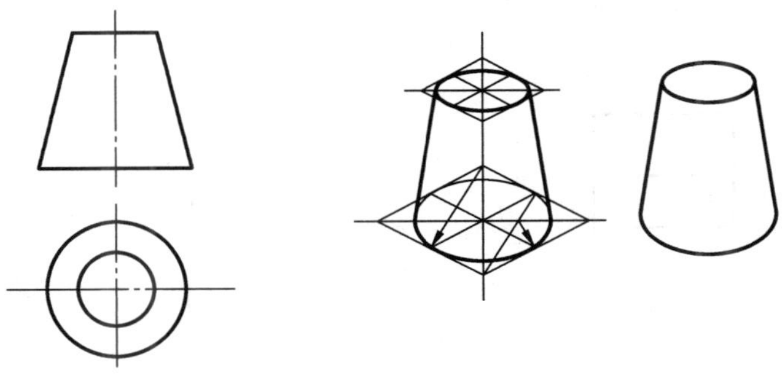

扫码看视频

图 5-12　**例 5-4 附图**

解题思路：首先在视图上建立坐标系，然后用四心圆弧法画出上下两个椭圆，用线连接上下两个椭圆，然后擦去多余的线叠加得到组合体的正等轴测图［图 5-12（b)］。

2. 平行于投影面的圆角的正等轴测图的画法

圆角的作图方法如图 5-13 所示。先作板上顶面圆角的轴测图。从各相应顶点沿两边量取 R，得到两个切点，过此切点分别作各边垂线，两条垂线的交点即圆心，以此点作为圆心，R 为半径，两切点间画弧，即得圆角。下底面圆角由上顶面圆角下移板高的距离获得。

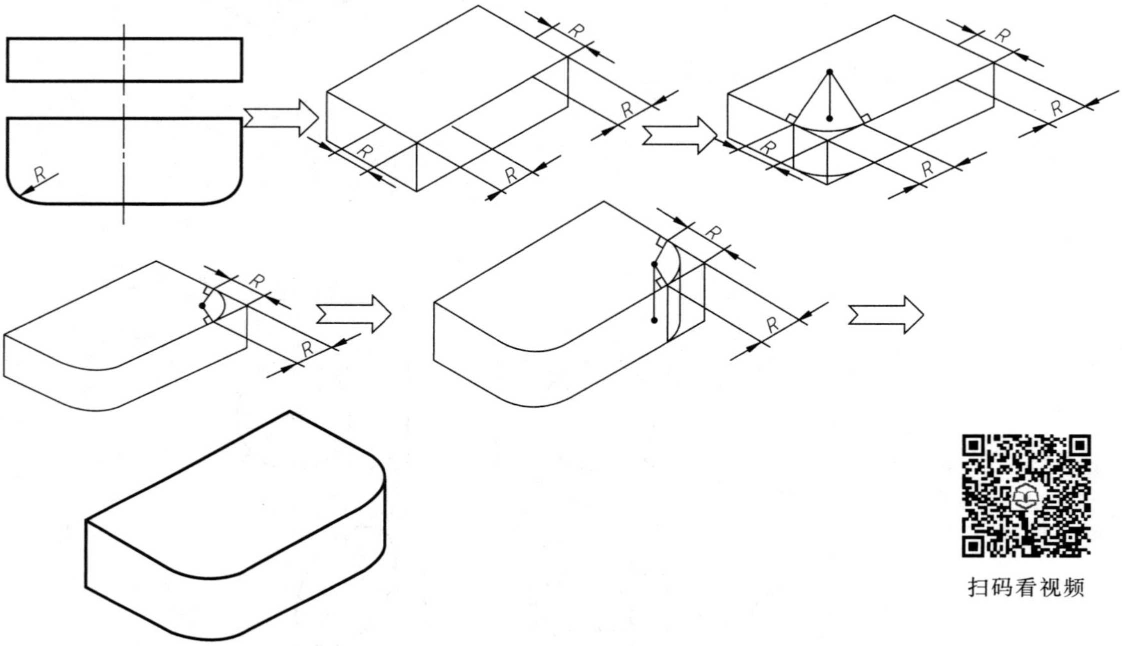

扫码看视频

图 5-13　圆角的正等轴测图作图步骤

三、组合体的正等轴测图

作组合体的正等轴测图除应掌握轴测图的画法外，还要注意确定组合体各部分之间的相对位置，如是切割类的则要在轴测图中确定各点间的位置。如图 5-14 所示。

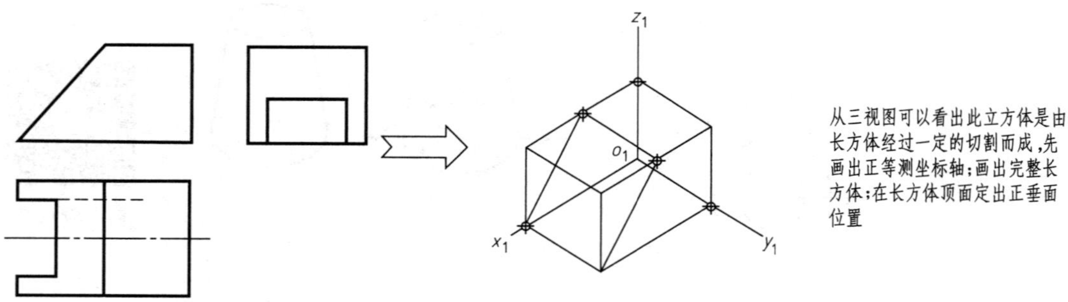

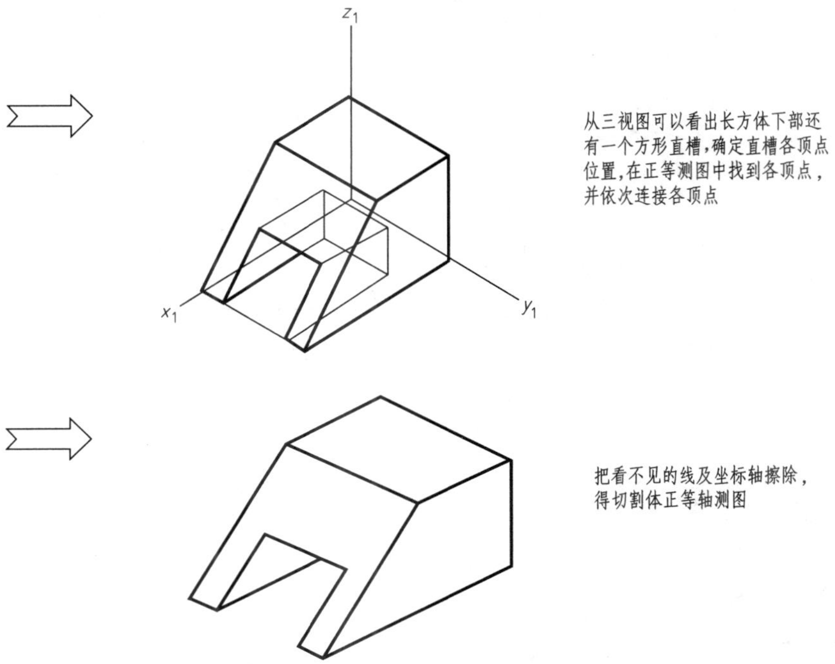

图 5-14　切割体的正等轴测图作图步骤

例 5-5　画以下组合体的正等轴测图。如图 5-15（a）所示。

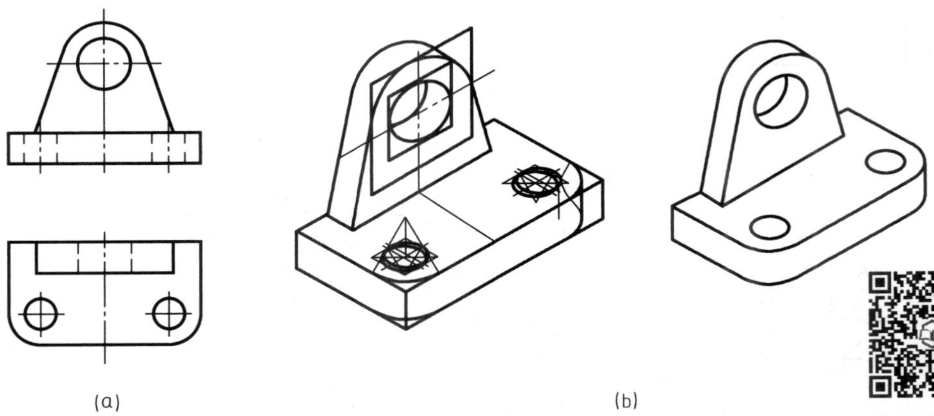

扫码看视频

图 5-15　例 5-5 附图

解题思路：将底板下底面垂直两条边作为轴测轴，画底板；根据圆角画法在底板前侧倒圆角；竖板上端和圆孔均用四心圆弧法画椭圆，画完后擦除看不见的线，如图 5-15（b）所示。

第三节　斜二轴测图的画法

将物体与轴测投影面放置成特殊位置，采用平行斜投影方法得到的轴测图为斜轴测图。斜轴测图的优点是物体上凡是平行于投影面的平面在图上都反映实形，因此，当物体只有一个方向的形状比较复杂，特别是只有一个方向有圆时，常采用斜轴测图。其中，斜二轴测图简称斜二测，如图 5-16 所示。

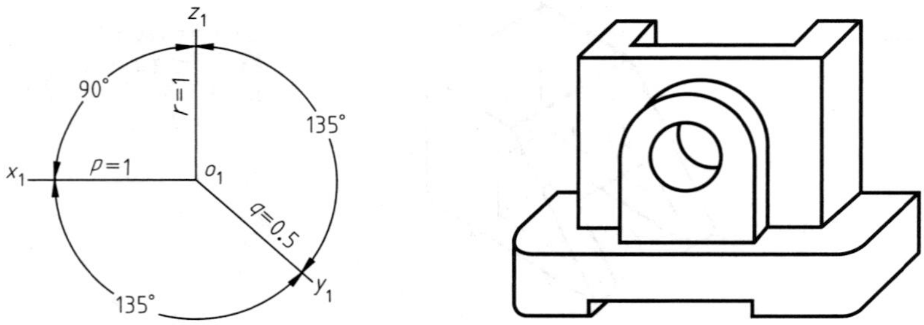

图 5-16　斜二轴测图

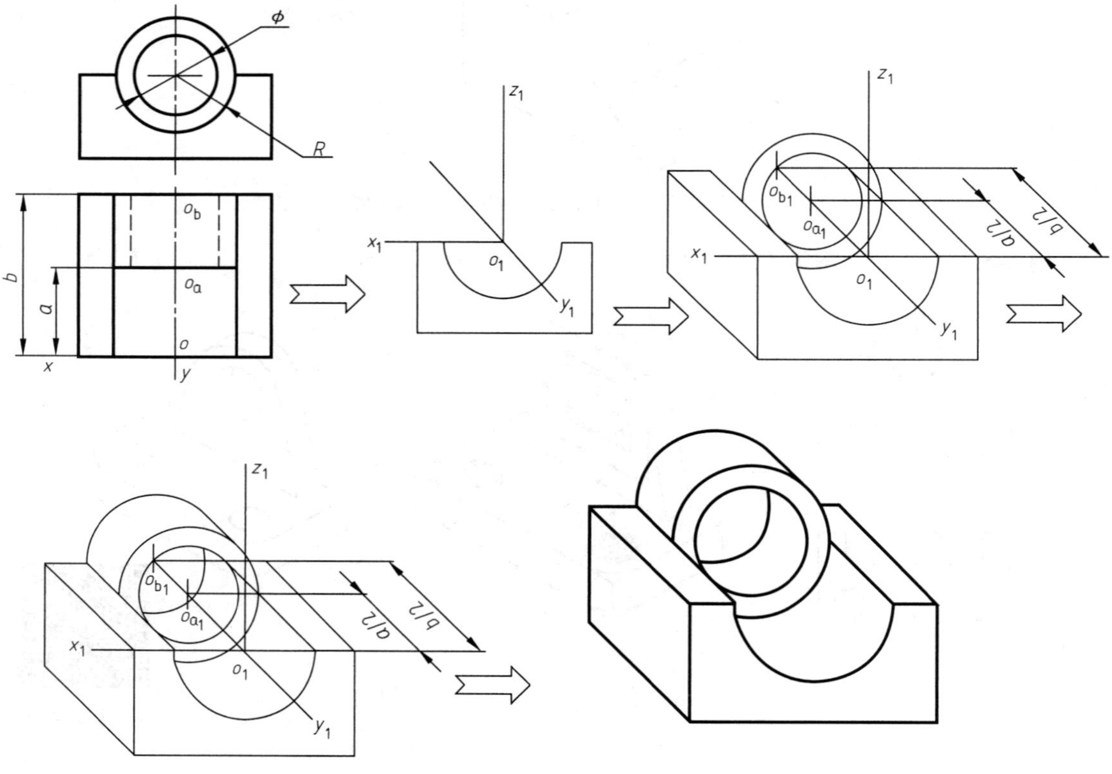

图 5-17　斜二轴测图作图步骤

斜——采用平行斜投影方法。

二测——三轴测轴的轴向伸缩系数中有两个相等即 $p=r\neq q$。

斜二轴测图画法如下。

(1) 画斜二轴测图通常从最前的面开始，沿 Y_1 轴方向分层定位。需要注意的是 Y_1 轴的轴向伸缩系数为 0.5。

(2) 斜二轴测图的最大优点：物体上凡平行于 V 面的平面都反映实形。画图步骤如图 5-17 所示。

画图步骤：首先在视图上建立斜二测轴测坐标系，然后将该组合体分解为两个部分，底板是有半圆槽的方块，半圆槽后部有以圆筒。先在斜二测轴测坐标系确定方块前端面位置和形状（与主视图外轮廓一致）；然后沿 y_1 轴方向取实际长度的一半，可以画出整个有半圆槽的方块；再对齐半圆槽后端面作与主视图相同的圆环，并沿 y_1 轴方向画出圆筒长度（为实际长度的一半）；擦除看不见的线条，得到组合体的斜二轴测图。

第四节　轴测剖视图

为了表示零件的内部结构和形状，常用两个剖切平面沿两个坐标面方向切掉零件的 1/4。如图 5-18 所示。

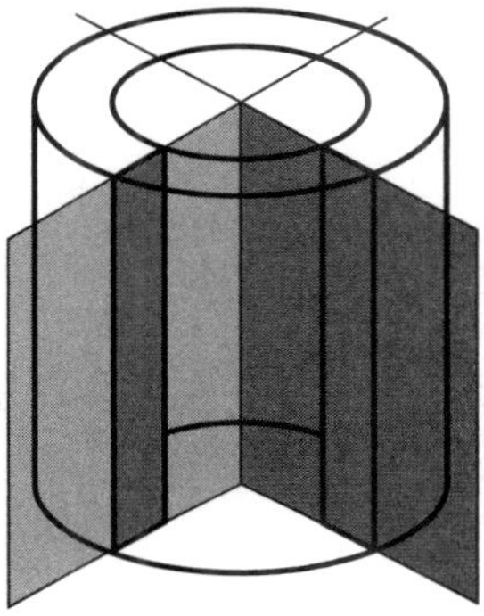

图 5-18　轴测剖视图

一、作图步骤

先画外形再剖切；然后添加剖切后可以看到的底圆的一部分；擦除被剖切的前半部圆周线，最后得到轴测剖视图。如图 5-19 所示。

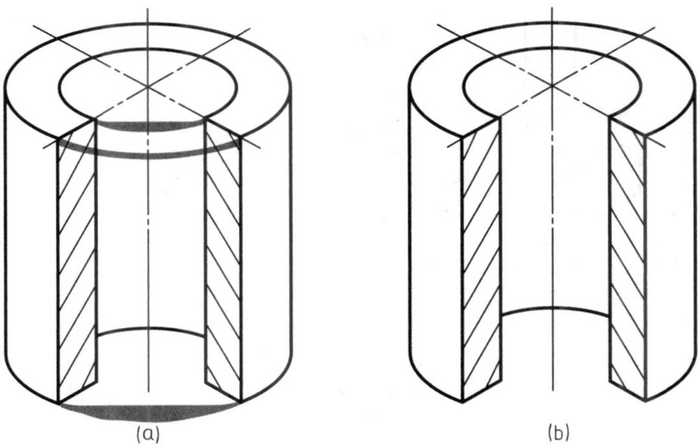

图 5-19　轴测剖视图作图步骤

二、剖面符号的画法

正等轴测图剖面符号如图 5-20（a）所示。

斜二轴测图剖面符号如图 5-20（b）所示。

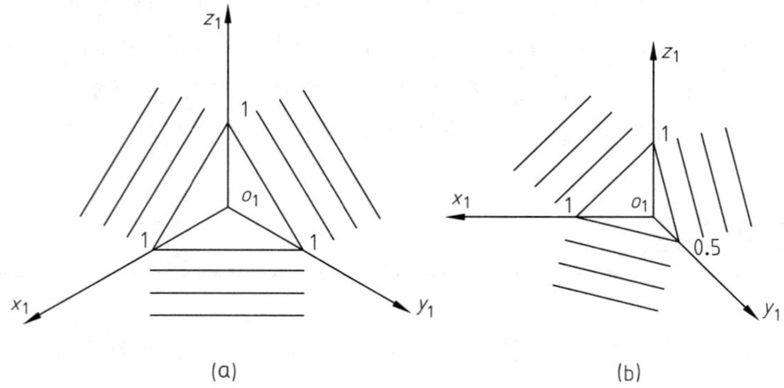

图 5-20　轴测图剖面符号画法

第五节　轴测图尺寸标注

组合体轴测图的尺寸标注与组合体投影图尺寸标注的基本要求和方法是一致的。应该注意尺寸线和尺寸界线应分别平行于轴测轴，同时还要注意尺寸数字的书写方向。如图 5-21 所示。

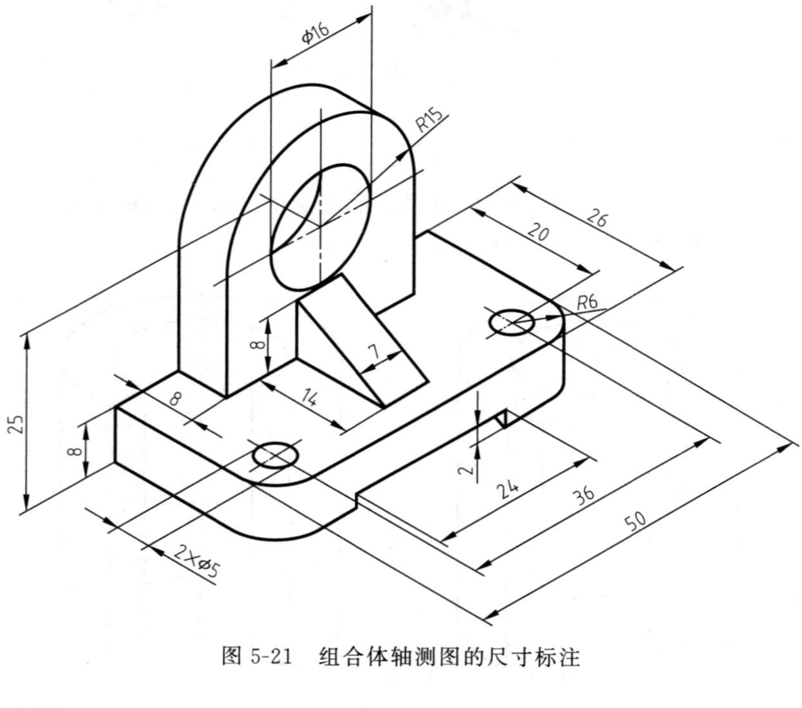

图 5-21　组合体轴测图的尺寸标注

课后补充知识

中国空间站舱段采用轴测图进行平转式转位方案设计与验证。空间站组装建造过程可概述为：2 个实验舱先后与核心舱轴向交会对接，再通过舱段转位方式分别将其转移至节点舱的左右两侧，与节点舱刚性连接，组成空间站三舱 T 字基本构型。

(a)问天实验舱与核心舱轴向交会对接

(b)问天实验舱转位至核心舱Ⅳ象限

(c)梦天实验舱与核心舱轴向交会对接

(d)梦天实验舱转位至核心舱Ⅱ象限

我国空间站组装建造过程

第六章

机件的常用表达方法

本章重点介绍国家标准中规定的视图、剖视图、断面图及简化画法等多种机件表达方法。

当机件的形状和结构比较复杂时，只用三视图很难把立体的内外结构准确、完整、清晰地表达出来。因此，GB/T 4458.1—2002《机械制图　图样画法　视图》、GB/T 4458.6—2002《机械制图　图样画法　剖视图和断面图》、GB/T 17453—2005《技术制图　图样画法　剖面区域的表示法》以及 GB/T 16675.1—2012《技术制图　简化画法　第 1 部分：图样画法》等国家标准规定了机件常用的各种表达方法——视图、剖视图、断面图、局部放大图、简化画法和其他规定画法。

第一节　视图

一、基本视图

(1) 基本视图的形成。机件向基本投影面投影所得的视图，称为基本视图。国家标准中规定正六面体的六个面为基本投影面，将机件放在六面体中，然后向各基本投影面进行投影，即得到六个基本视图，如图 6-1 所示。

(2) 基本投影面的展开，如图 6-2 所示。

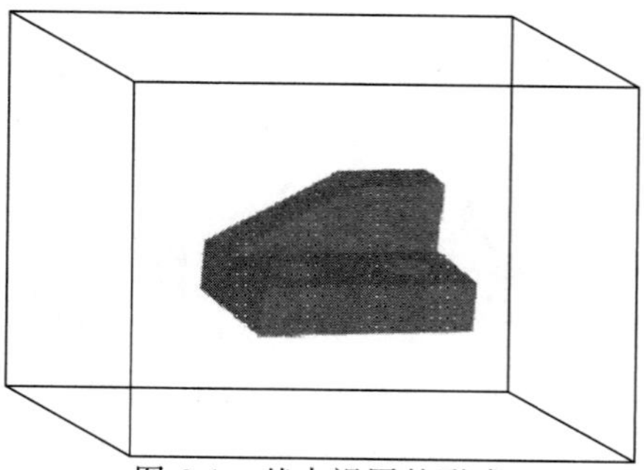

图 6-1　基本视图的形成

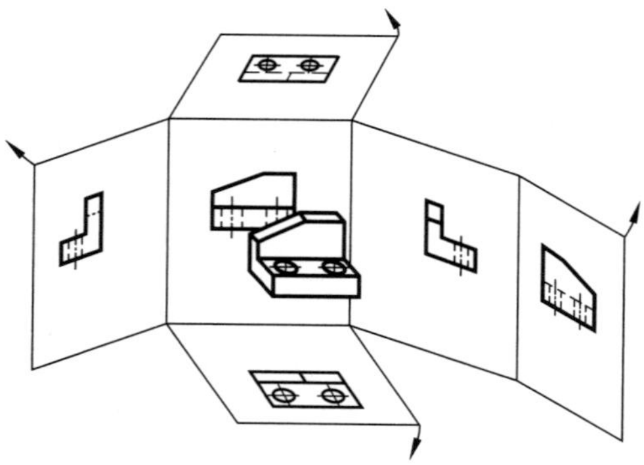

图 6-2　基本投影面的展开

(3) 六个基本视图的投影规律，如图 6-3 所示。

(4) 按投影关系配置的视图如图 6-4 (a) 所示，不按投影关系配置的视图如图 6-4 (b) 所示。

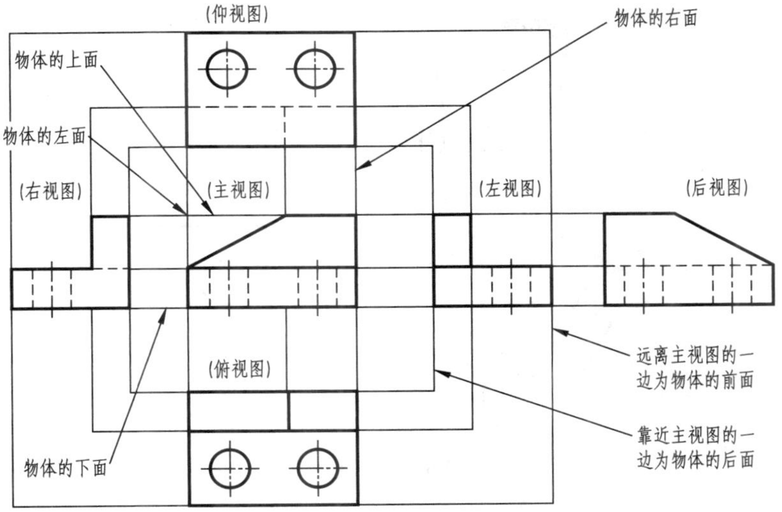

图 6-3　六个基本视图的投影规律

扫码看视频

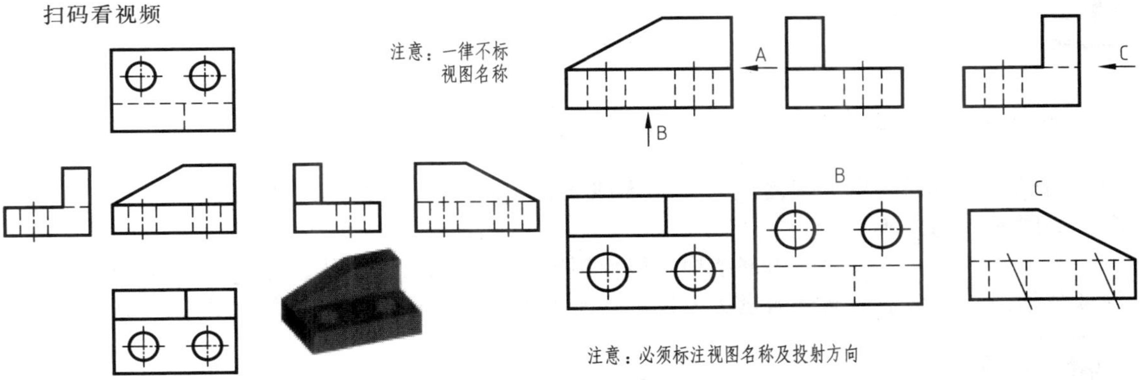

(a) 六个基本视图按投影关系配置　　(b) 六个基本视图不按投影关系配置

图 6-4　基本视图配置

扫码看视频

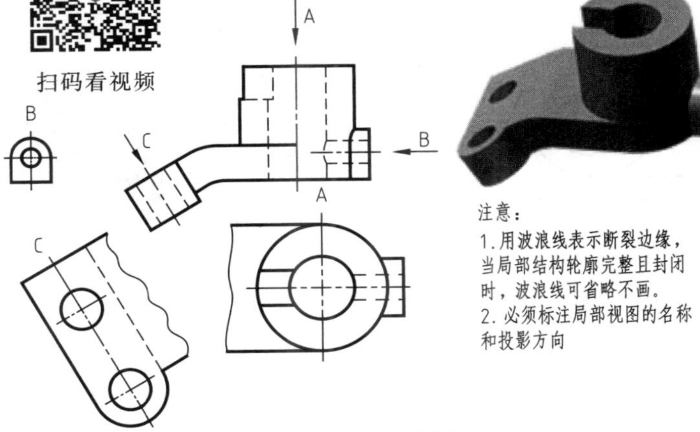

图 6-5　局部视图

二、局部视图

将机件的某一部分向选定的基本投影面投影得到的视图，称为局部视图。如图 6-5 所示。A、B 为局部视图。

三、斜视图

将机件的某一部分向不平行于基本投影面的平面进行投影，所得到的视图称为斜视图。如图 6-6 所示。图 6-5 中 C 也是斜视图。

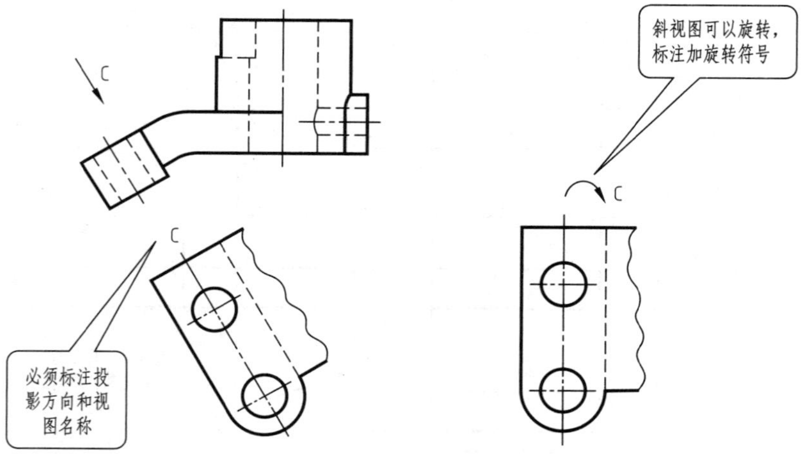

图 6-6　斜视图

第二节　剖视图

一、剖视图的概念

当机件的内部结构比较复杂时，用虚线表达内部结构，则图上的虚线较多，不便于看图。如图 6-7（a）所示。

为了看清楚复杂机件的内部结构，假想用剖切平面把机件剖开、将观察者和剖切面之间的部分移去，将余下的部分向投影面投影，所画出的图形称为剖视图。如图 6-7（b）所示。

扫码看视频

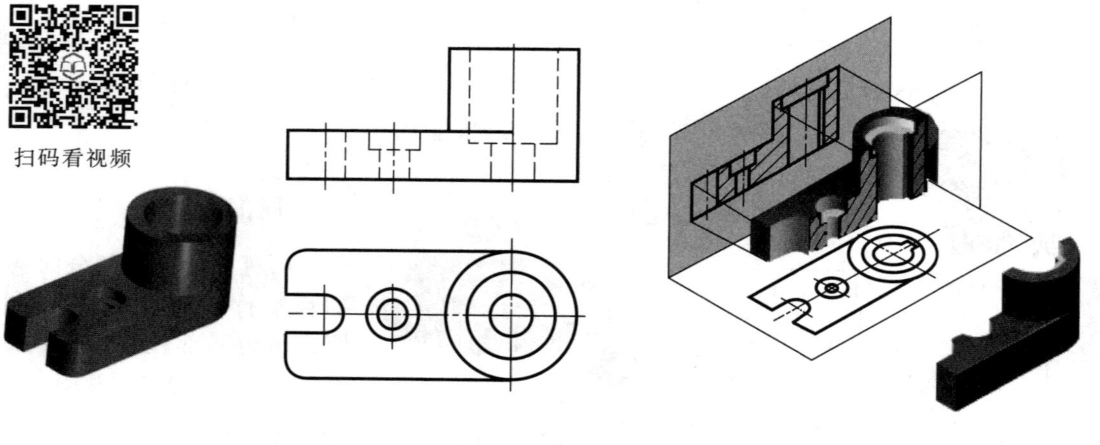

(a) 机件视图　　(b) 机件剖视图

图 6-7　剖视图的概念

二、剖视图的画法

（1）确定剖切平面的位置；

（2）画剖切后的可见轮廓；

扫码看视频

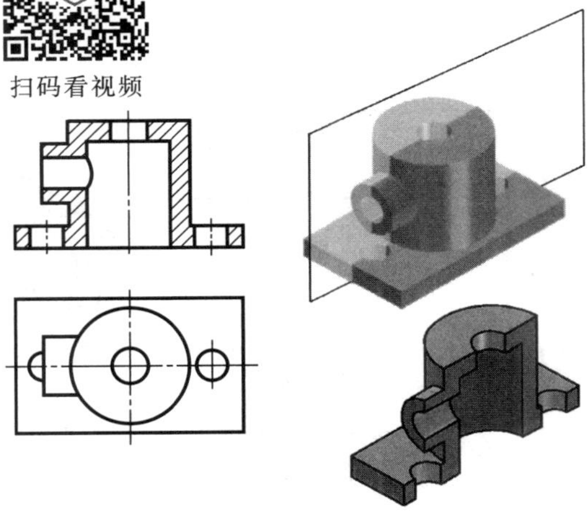

图 6-8　剖视图的画法

(3) 在断面上画出剖面符号。

如图 6-8 所示。

三、画剖视图应注意的问题

(1) 剖切平面应尽量通过多个孔槽的中心轴线；

(2) 一个视图取了剖视，其他视图应完整画出；

(3) 余下部分的可见轮廓必须全部画出；

(4) 对已表达清楚的内外结构，虚线省略不画；

(5) 同一零件的各个剖视图，其剖面线应相同。

如图 6-9 所示。

扫码看视频

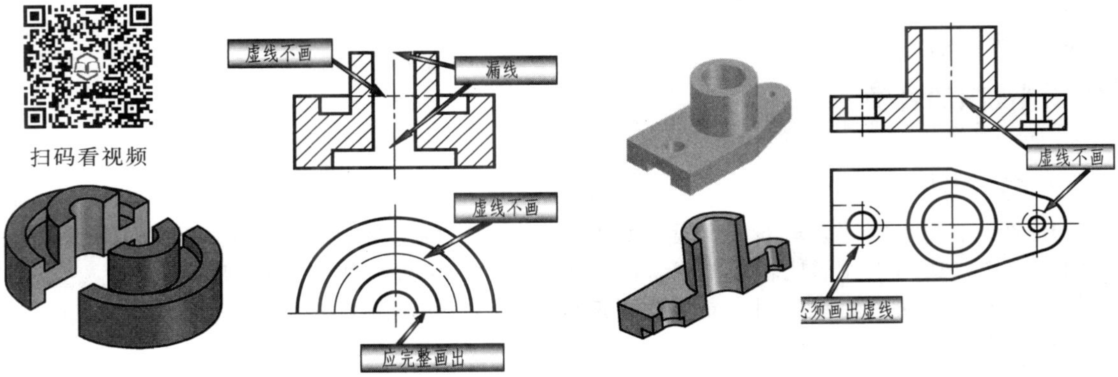

图 6-9　画剖视图应注意的问题

四、剖面符号

常见的剖面符号如表 6-1 所示。

表 6-1　常见的剖面符号

材料		符号	材料	符号	材料	符号
金属材料(已有规定剖面符号除外)		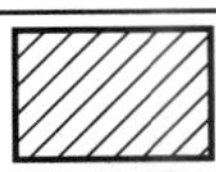	线圈绕组元件	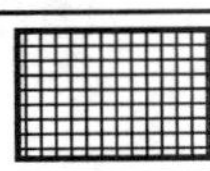	砖	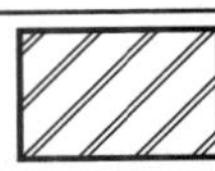
非金属材料(已有规定剖面符号除外)		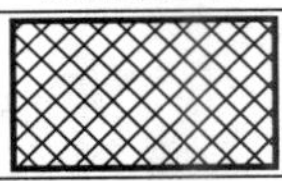	转子、变压器和电抗器等的叠钢片	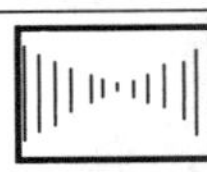	混凝土	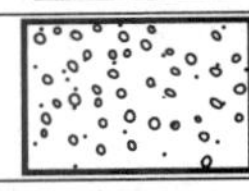
木材	纵剖面	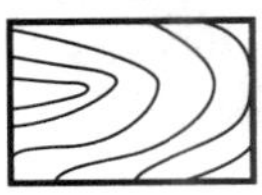	型砂、填砂、砂轮、陶瓷及硬质合金刀片、粉末冶金等	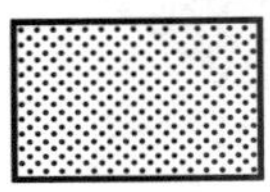	钢筋混凝土	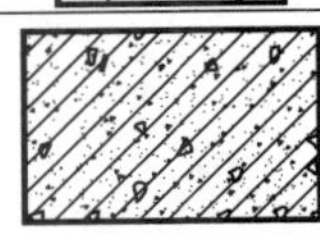
	横剖面	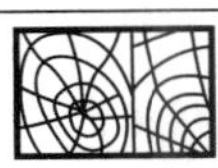	液体	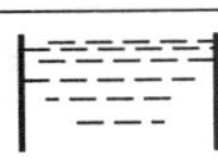	基础周围的泥土	
玻璃及供观察用的其他透明材料		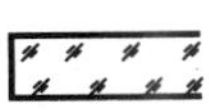	木质胶合板(不分层数)	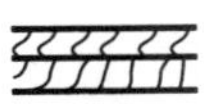	格网(筛网、过滤网等)	

五、剖视图的标注

1. 标注内容（如图 6-10 所示）

(1) 剖切平面位置：-　-。

(2) 剖视图的名称：×—×。

(3) 投影方向：→。

2. 省略情况

(1) 当剖切面通过图形的对称面，剖视图按投影关系配置，中间无其他图形隔开时，可省略标注。如图 6-8 所示。

(2) 当剖视图按投影关系配置，中间无其他图形隔开时，可省略投影方向。如图 6-8 所示。

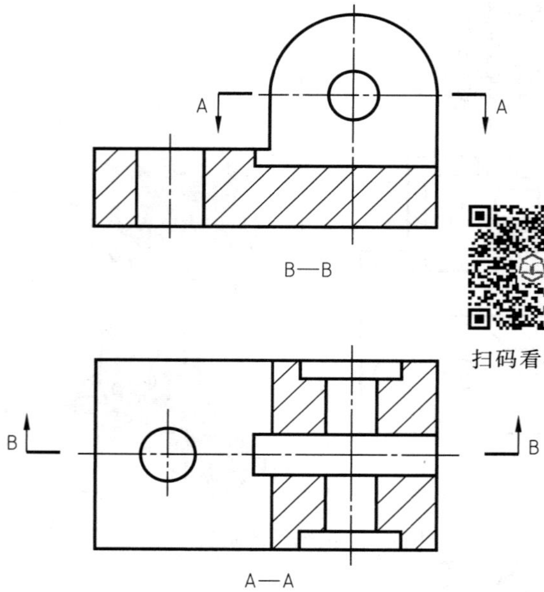

图 6-10　剖视图的标注

扫码看视频

六、剖视图的种类

1. 全剖视图

用剖切平面将机件完全剖开，投影所得到的剖视图称为全剖视图。全剖视图主要用于表达内部结构，适用于外形比较简单或者已经表达清楚的情况。如图 6-11 所示。

(1) 单一剖切平面——剖切面平行或垂直投影面。如图 6-12 所示。

(2) 多个剖切平面。

① 阶梯剖：几个平行的剖切平面。如图 6-13 所示。

图 6-14 表示了画阶梯剖应注意的问题。

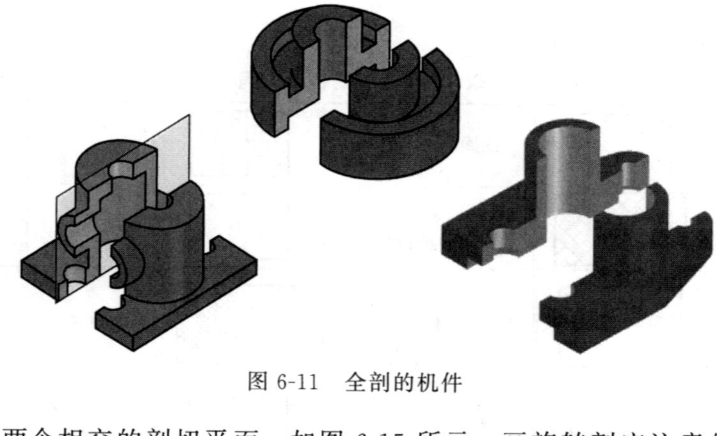

图 6-11　全剖的机件

② 旋转剖：两个相交的剖切平面。如图 6-15 所示。画旋转剖应注意的问题如图 6-16 所示。

③ 组合剖：组合的剖切平面。如图 6-17 所示。

扫码看视频

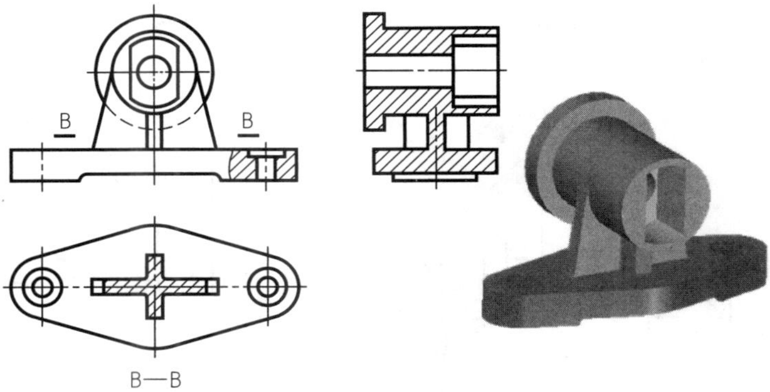

(a) 剖切面平行投影面

扫码看视频

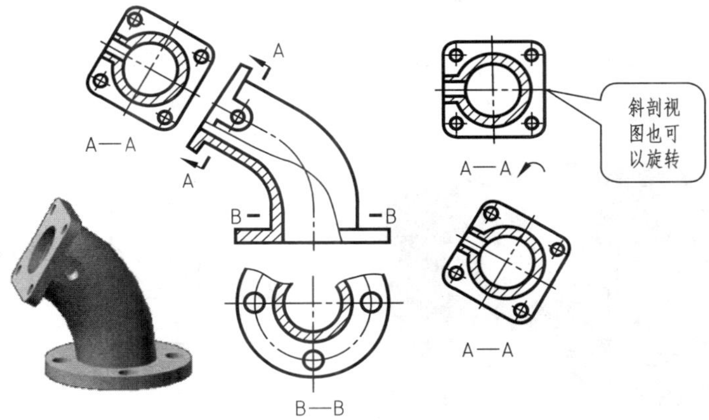

(b) 剖切面垂直投影面

图 6-12　单一剖切平面

扫码看视频

扫码看视频

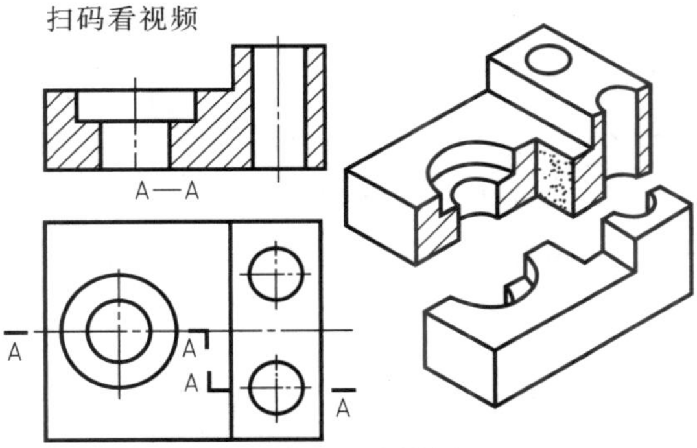

图 6-13　阶梯剖

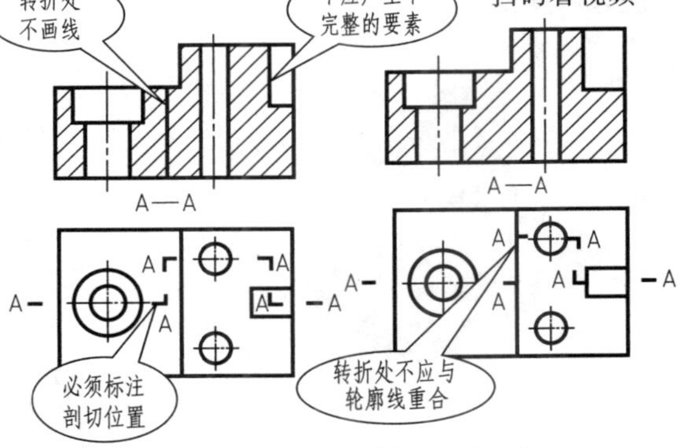

图 6-14　画阶梯剖应注意的问题

2. **半剖视图**

以对称线为界，一半画成视图，另一半画成剖视。半剖视图适用于内外均需表达，而又对称的机件。如图 6-18 所示。

扫码看视频

扫码看视频

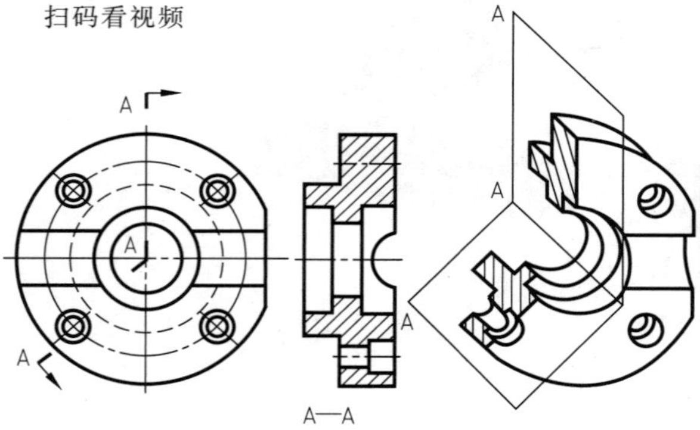

图 6-15　旋转剖

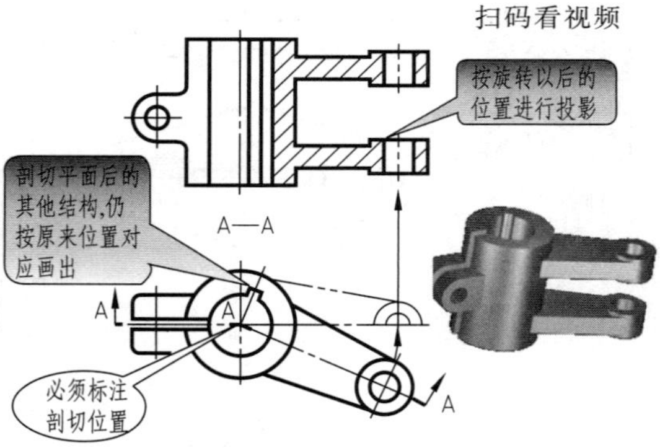

图 6-16　画旋转剖应注意的问题

扫码看视频

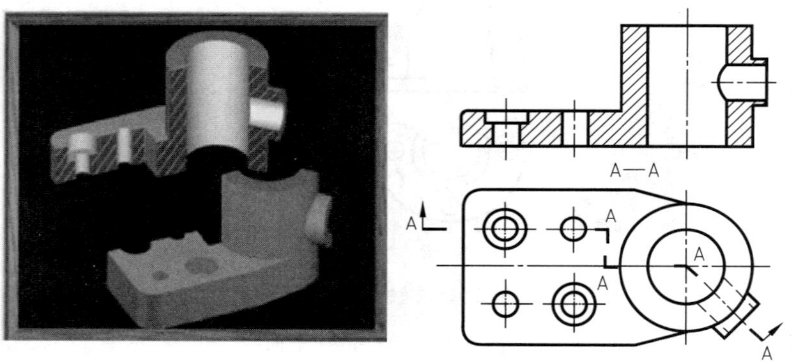

扫码看视频

图 6-17　组合剖

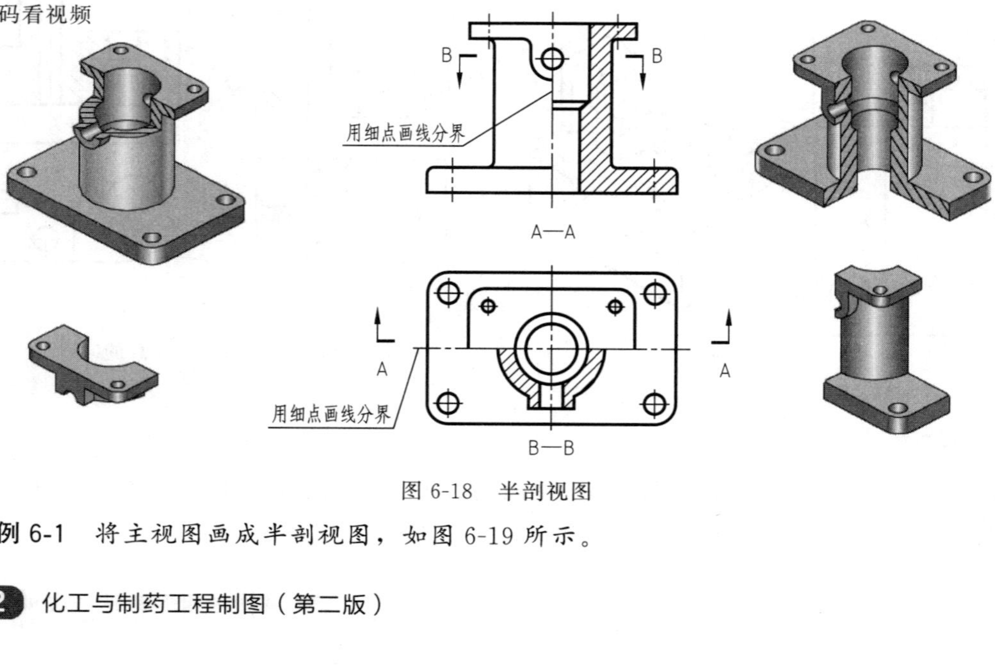

图 6-18　半剖视图

例 6-1　将主视图画成半剖视图，如图 6-19 所示。

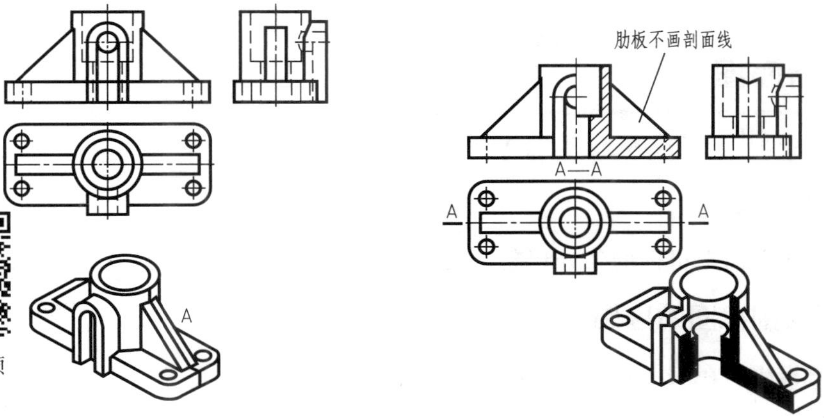

扫码看视频

图 6-19　例 6-1 附图

3. 局部剖视图

用剖切平面局部地剖开机件所得的剖视图，称为局部剖视图。局部剖视图主要适用于：内外均需要表达，且又不对称的机件。如图 6-20 所示。

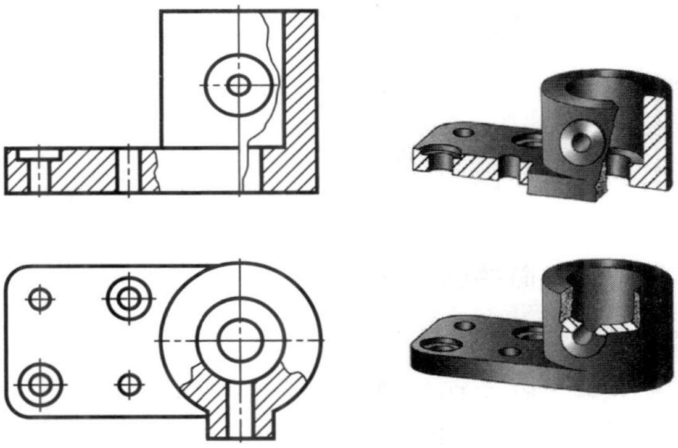

扫码看视频

(a)　　(b)

图 6-20　局部剖视图

画局部剖视图应注意的问题：

(1) 波浪线不能与图上的其他图线重合，如图 6-21（a）所示；

(2) 波浪线不能穿空而过，也不能超出视图的轮廓线，如图 6-21（b）所示。

扫码看视频

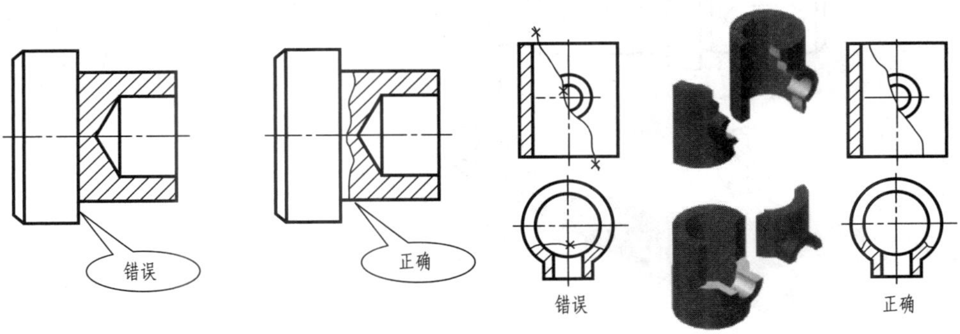

(a)　　(b)

图 6-21　画局部剖视图应注意的问题

第三节　断面图

一、断面图的概念

假想用剖切平面把机件的某处切断，仅画出断面的图形称为断面图。如图 6-22 所示。

二、断面图与剖视图的区别

与剖视图相比，在表示轴类杆件时断面图显得一目了然、重点突出，也便于标注尺寸；而剖视图在表达断面时显得比较复杂。如图 6-23 所示。

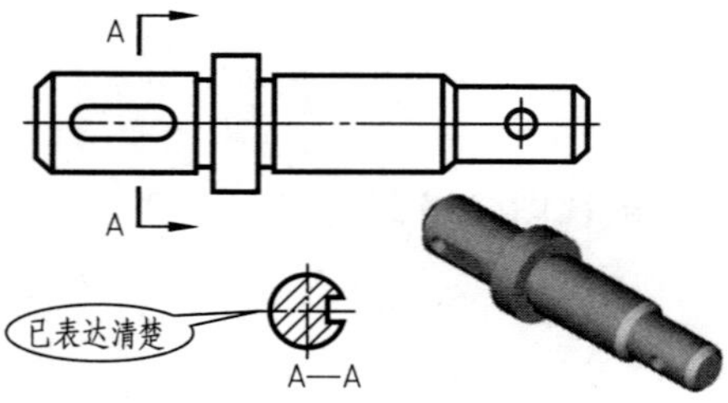

图 6-22　断面图

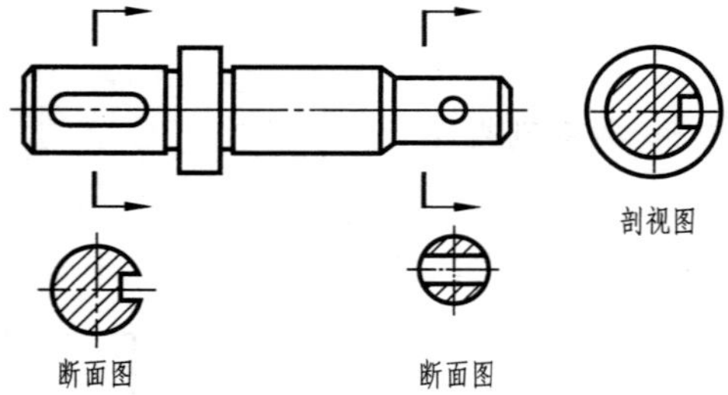

图 6-23　断面图与剖视图的区别

三、断面图的种类

1. 移出断面——画在视图外面的断面图

(1) 移出断面的画法

① 移出断面图轮廓线用粗实线绘制，如图 6-24 (a) 所示；

② 当剖切面通过回转面形成的孔、凹坑的轴线时，这些结构按剖视绘制，如图 6-24 (b) 所示；

③ 当剖切非回转体结构，断面区域出现分离时，应按剖视图绘制，如图 6-24 (c) 所示；

④ 用两相交剖切平面作断面图，相交处要断开，如图 6-24 (d) 所示。

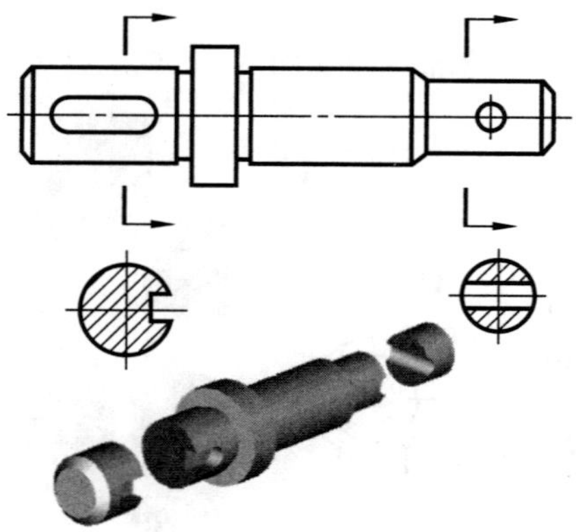

(a)

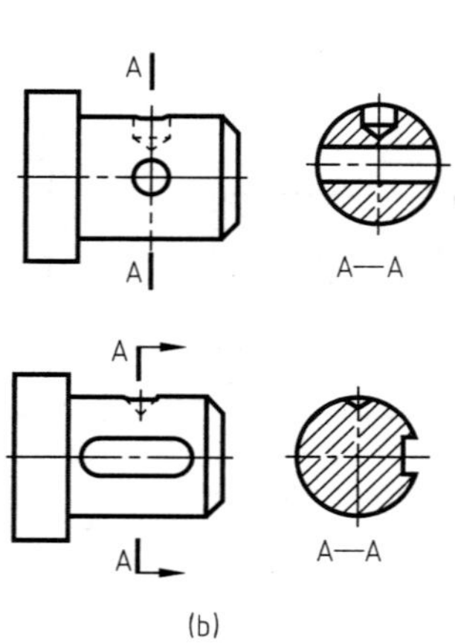

(b)

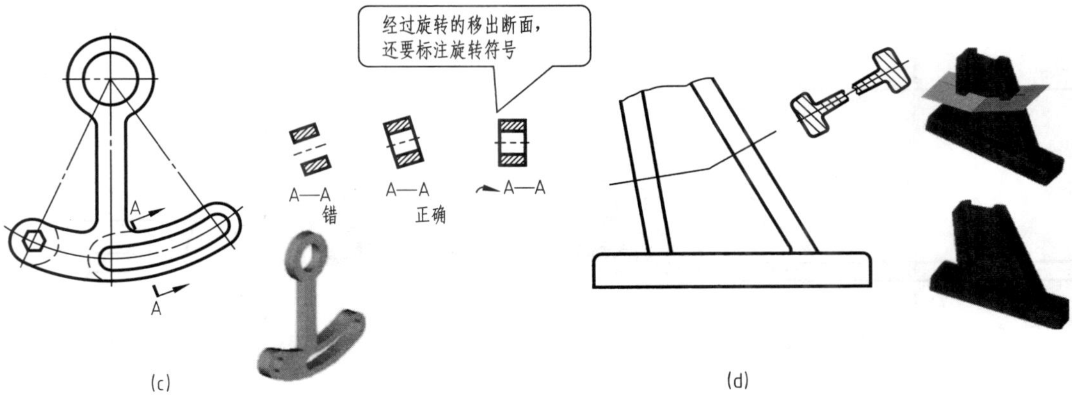

(c) (d)

图 6-24 移出断面图

(2) 移出断面的配置和标注

① 标注内容：图形名称；剖切位置；投影方向。如图 6-24（c）所示。

② 省略情况：

- 断面图形不对称且配置在剖切符号延长线上——省略名称；
- 断面图形对称且配置在剖切符号的延长线上——省略标注，如图 6-25 所示；
- 配置在适当位置且又对称的断面图形——省略箭头；
- 按投影关系配置且不对称的断面图形——省略箭头，如图 6-26 所示。

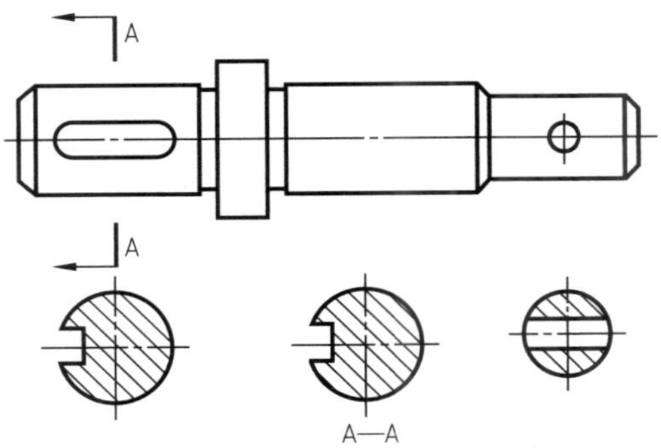

图 6-25 移出断面图的配置和标注

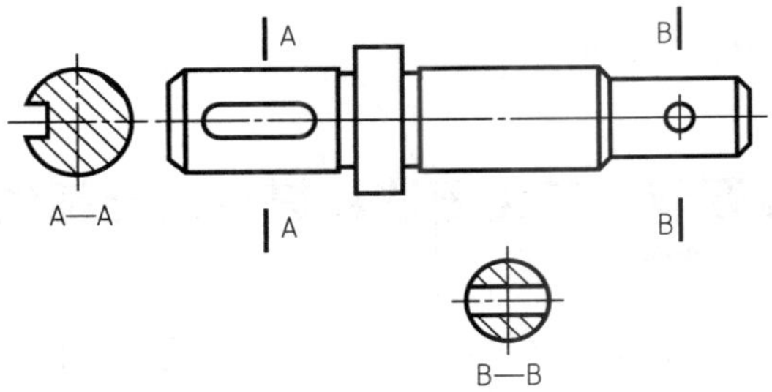

图 6-26 移出断面图标注省略箭头

2. 重合断面——画在视图里面的断面图

(1) 重合断面的画法

① 重合断面轮廓线用细实线画在图形之内；

② 不对称的重合断面图应标注出投影方向，如图 6-27 所示。

(2) 重合断面图的标注

对称的重合断面不必标注，如图 6-28 所示。

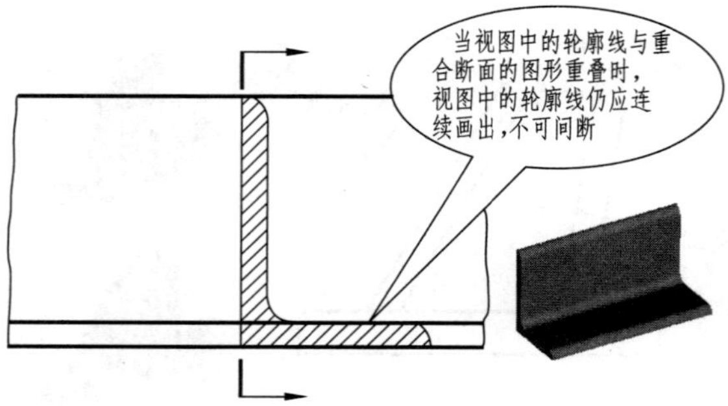

图 6-27　不对称的重合断面图

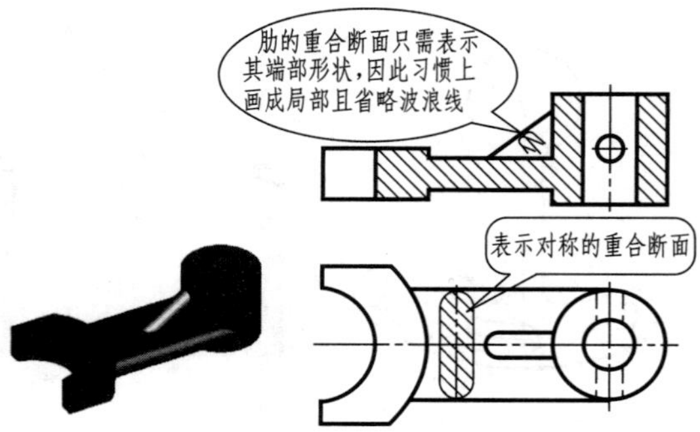

图 6-28　对称的重合断面图

第四节　局部放大图

当机件上细小结构在视图中表达不清楚或者不便于标注尺寸和技术要求时，将图样中所表示的细小结构，用比原图大的比例所绘出的图形称为局部放大图。如图 6-29 所示。

画局部放大图应注意：

(1) 局部放大图可画成视图、剖视图、断面图，一般用细实线圈出被放大的部位；

(2) 当被放大的结构仅有一处时，在局部放大图的上方只需注明所采用的比例；

(3) 当零件上有几个被放大部分时，须用罗马数字编号，并在局部放大图上方标注相应的罗马数字和所采用的比例。

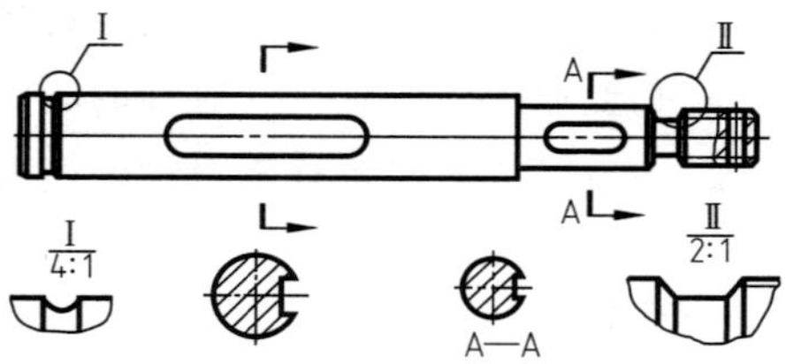

图 6-29　局部放大图

第五节　简化画法和其他规定画法

在能够准确表达机件形状和结构的条件下，为使画图简便，可采用包括规定画法、省略画法等在内的图示表达方法。

(1) 在不引起误解时，零件图中的移出断面图允许省略剖面线，但剖切位置和断面图的标注仍按规定标注。如图 6-30 (a) 所示。

(2) 纵剖肋板或薄壁结构，其剖视图按不剖来画。如图 6-30 (b) 所示。

(3) 若干直径相同且呈规律分布的孔，可以只画出一个或几个，其余用点画线表示其中心位置，在零件图中注明孔的总数。如图 6-30 (c)、(d) 所示。

(4) 网状物、纺织物或机件上的滚花部分，可在轮廓线附近用细实线画出示意，并在零件图的视图部分或技术要求中注明其具体要求。如图 6-30 (e) 所示。

(5) 较长的机件沿长度方向的形状一致或按一定规律变化时，可断开后缩短绘制，但长度要标注实际长度。如图 6-30 (f)、(g) 所示。

(6) 圆柱形法兰盘和类似机件上均匀分布的孔，可按图 6-30 (h) 来表示。

(7) 在剖视图的剖面区域中，可再做一次局部剖视。采用这种方法表达时，两个剖面区域的剖面线应同方向、同间隔、但要互相错开，并用指引线标注其名称。如图 6-30（i）所示。

(8) 当图形不能充分表达平面时，标准规定可用平面符号，即相交的两细实线表示，如图 6-30（j）表示。

(9) 在剖视图中，如果用很少的线就能减少一个视图，则被剖掉看不见的部位可以用假想画法采用双点画线在剖视图中表达。如图 6-30（k）所示。

(10) 在不引起误解时，过渡线、相贯线可以简化成圆弧或直线代替。如图 6-30（l）所示。

(11) 斜度不大的结构，如在一个视图中已表达清楚，其他视图可按小端画出。如图 6-30（m）所示。

(12) 斜度小于或等于 30°的圆或圆弧，其投影可以用圆或圆弧来代替真实投影的椭圆，各圆的中心按投影决定。如图 6-30（n）所示。

(13) 在不引起误解时，零件图中的小圆角、锐边的倒圆或 45°小倒角允许省略不画，但必须在视图中注明尺寸或在技术要求中加以说明。如图 6-30（o）、(p)、(q) 所示。

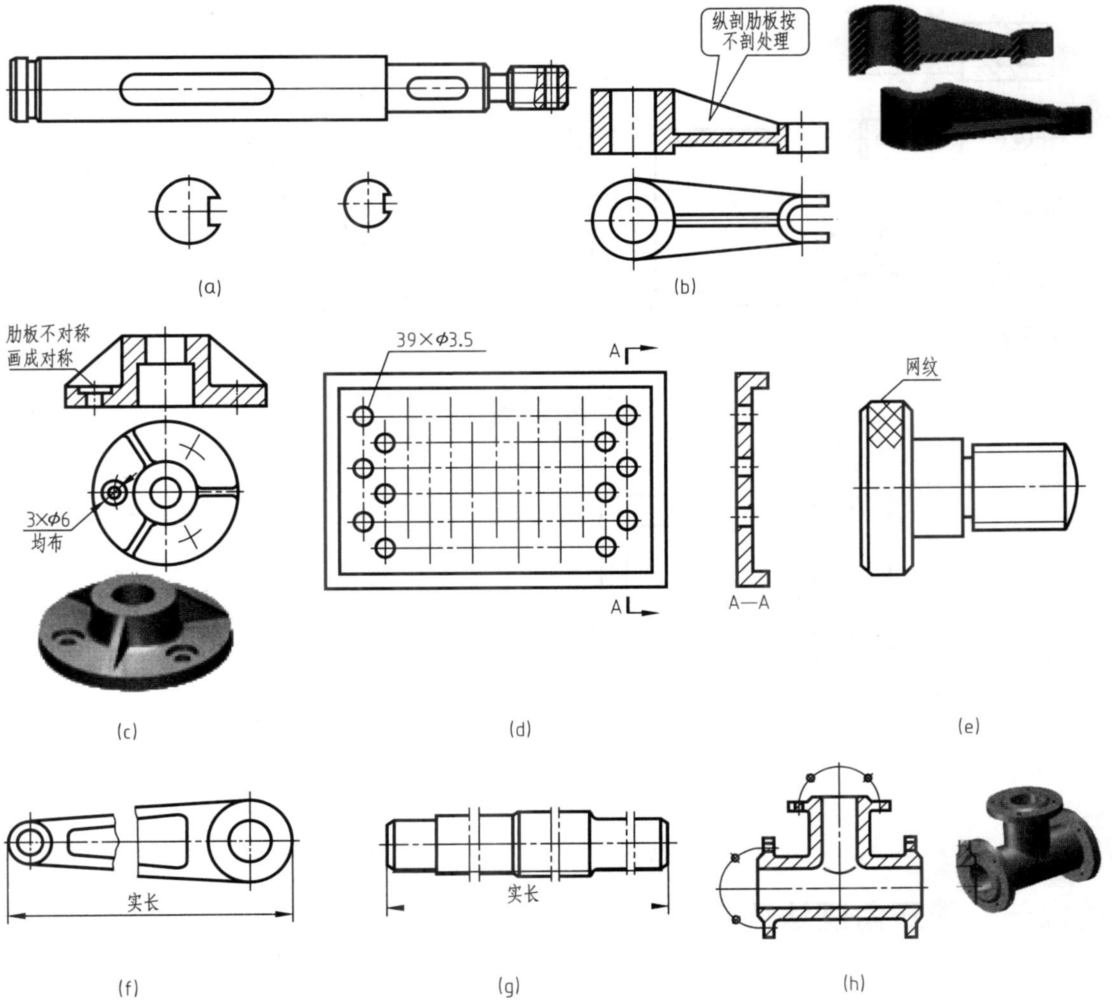

图 6-30

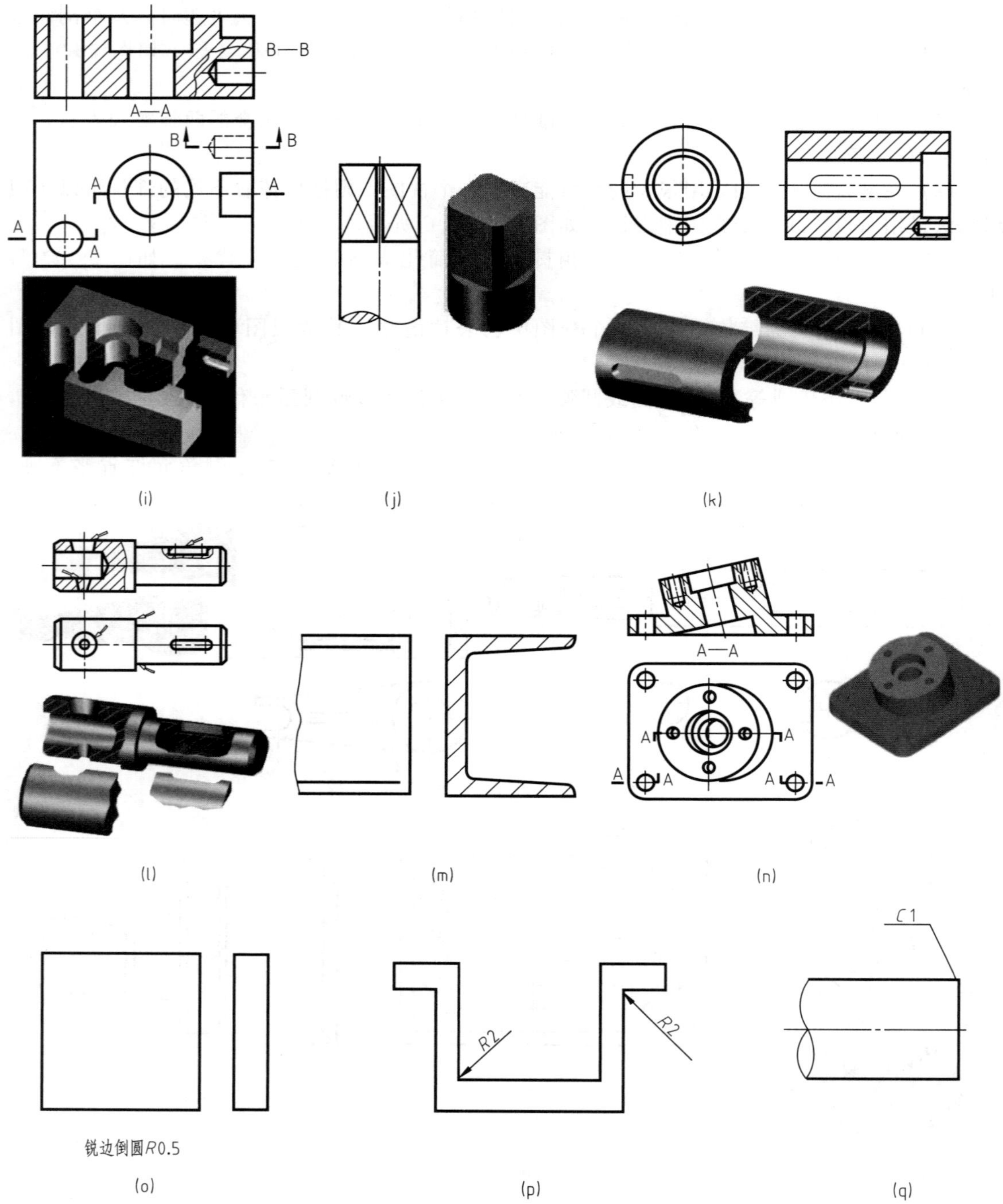

图 6-30　部分简化画法和规定画法

第六节　第三角画法简介

目前，在国际上使用的有两种投影制，即第一角投影（又称“第一角画法”）和第三角投影（又称“第三角画法”）。中国大陆、英国、德国和俄罗斯等采用第一角投影，美国、日本、新加坡及中国港资、台资企业等采用第三角投影。ISO 国际标准规定：在表达机件结构中，第一角和第三角投影法同等有效。

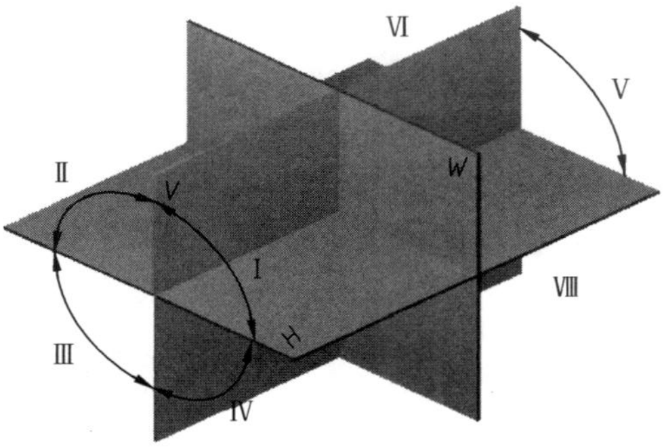

图 6-31　三投影面体系

一、第三角画法定义

在三投影面体系中，若将物体放在第三分角内，并使投影面处于观察者和物体之间，这样获得的投影称为第三角投影。如图 6-31 所示。

二、第一角画法和第三角画法的区别

(1) 第一角投影：将物体放在观察者与投影面之间，即人→物→面的相对关系。第三角投影：将投影面放在观察者与物体之间，即人→面→物的相对关系，假定投影面为透明的平面。

(2) 第一角投影各投影面展开的方法：*H* 面向下旋转，*W* 面向右后方旋转。第三角投影投影面展开的方法：*H* 面上向旋转，*P* 面向右前方旋转。

图 6-32 所示为对同一物体分别进行第一角投影和第三角投影的轴测图。图 6-33 所示为第一角画法和第三角画法的投影图。

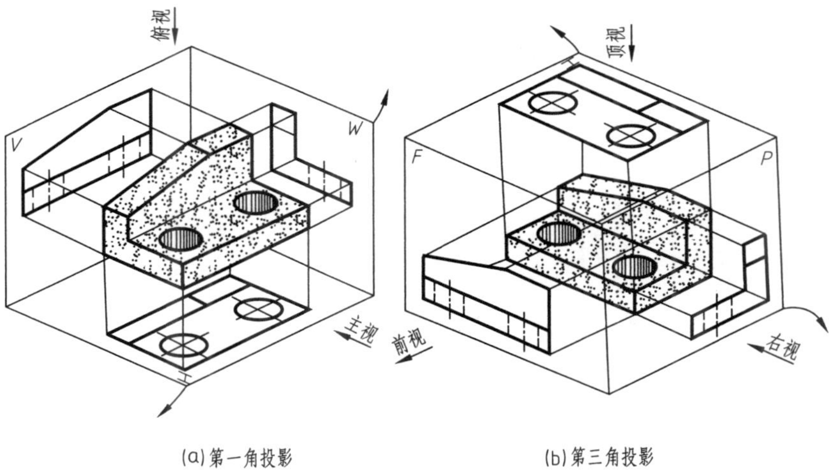

图 6-32　第一角投影和第三角投影的轴测图

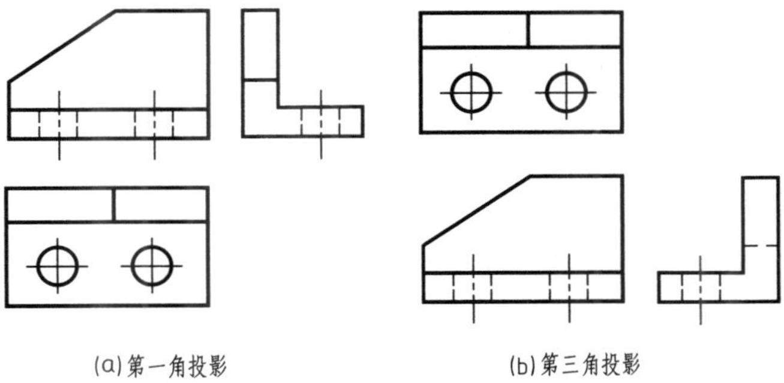

图 6-33　第一角画法和第三角画法的投影图

三、第三角投影图和第一角投影图之间的快速转换方法

第三角投影图和第一角投影图之间的快速转换如图 6-34 所示。

第三角投影图		第一角投影图
前视图	对应	主视图
右视图	移到V面投影左方	右视图
顶视图	移到V面投影下方	俯视图
左视图	移到V面投影右方	左视图
底视图	移到V面投影上方	仰视图
后视图	对应	后视图

图 6-34　第三角投影图和第一角投影图之间的快速转换

课后补充知识

都江堰作为世界文化遗产，历经两千余年仍泽被川蜀，其精妙设计背后蕴含着古代工匠对工程表达的深刻理解：分水鱼嘴的几何构造、飞沙堰的流体力学布局、宝瓶口的断面形态，均通过简易的图示符号和比例标注传递设计意图。尽管当时缺乏现代制图标准，但古人以“道法自然”的哲学思维，用虚实相生的线条和简洁的注释，将复杂的水利系统转化为可实施的技术方案。

第七章

标准件及常用件

本章介绍螺纹及其紧固件连接的规定画法标记方法；键、销、直齿圆柱齿轮的基本知识；直齿圆柱齿轮及其啮合的规定画法；普通平键的标记及其连接的规定画法。

在各种设备和机件中，除一般零件外，经常会用到一些结构和尺寸都已经标准化和系列化的零件，如螺栓、螺母、垫片、滚动轴承等，在机械上称这类零件为标准件。另有一类零件，如齿轮、弹簧等，因其结构典型、应用广泛，国家标准只对其部分的结构形状和尺寸标准化、系列化，这类零件称为常用件。如图 7-1 所示。

在绘图时，对这些零件的形状和结构，不需要按真实投影画出，只要根据国家标准规定的画法、代号或标记进行绘图和标注，至于它们的详细的结构和尺寸可以根据标准的代号和标记，查阅相应的国家标准或机械零件手册得出。

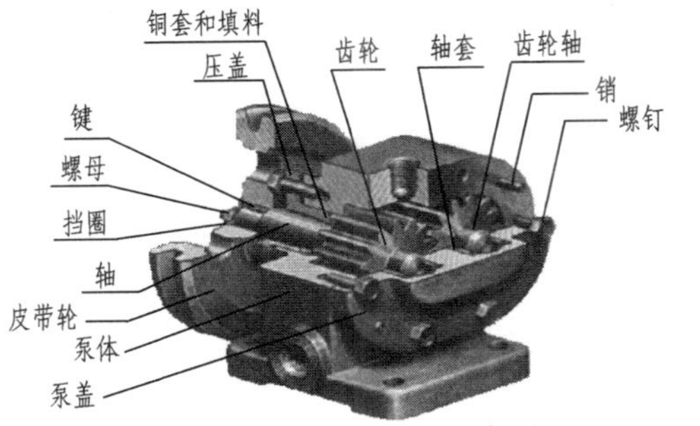

图 7-1　标准件、常用件示意图

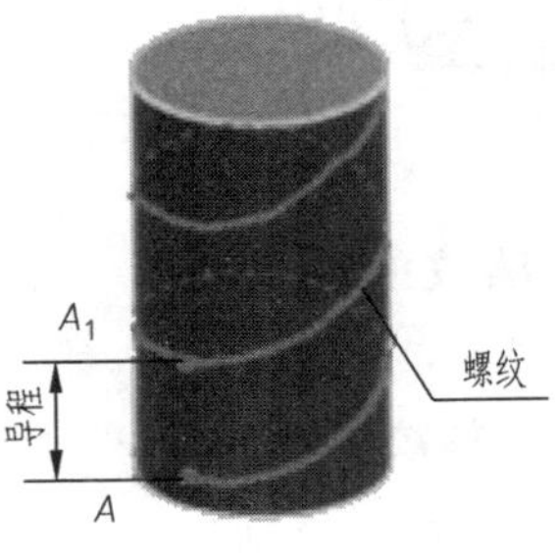

图 7-2　螺纹的形成

第一节　螺纹

一、螺纹的形成

螺纹是指在圆柱（锥）表面上，沿着螺旋线所形成的、具有相同剖面的连续凸起和沟槽。一个与轴线共面的平面图形（三角形、梯形等），绕圆柱面作螺旋运动，则得到一圆柱螺旋体（螺纹），如图 7-2 所示。圆柱体外表面上的螺纹叫外螺纹，如图 7-3（a）所示。圆柱体内表面上的螺纹叫内螺纹，如图 7-3（b）所示。

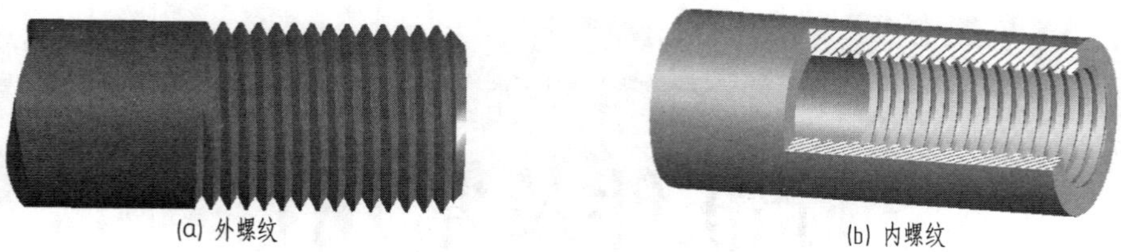

图 7-3　内外螺纹示意图

二、螺纹的结构

(1) 螺纹末端　为了便于装配和防止螺纹起始圈损坏，常在螺纹的起始处加工成一定的形式，如倒角、倒圆等。如图 7-4 所示。

(2) 螺纹收尾和退刀槽　车削螺纹时，因加工的刀具要退刀或其他原因，螺纹的末尾部分产生不完整的牙型，称为螺尾。为了避免产生螺尾，可以在螺纹末尾处加工出一槽，称为退刀槽。然后再车削螺纹。如图 7-5 所示。

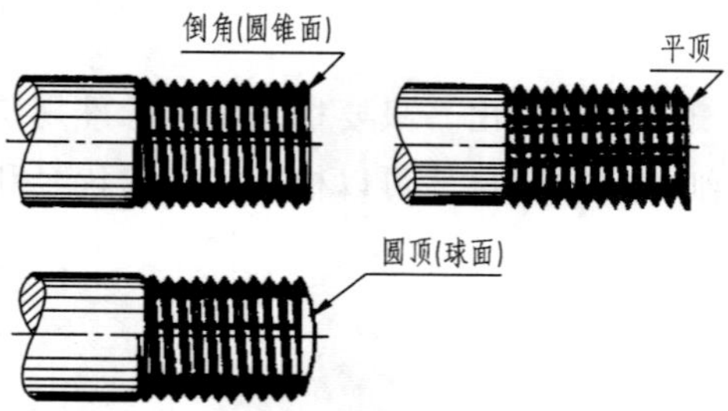

图 7-4　螺纹末端

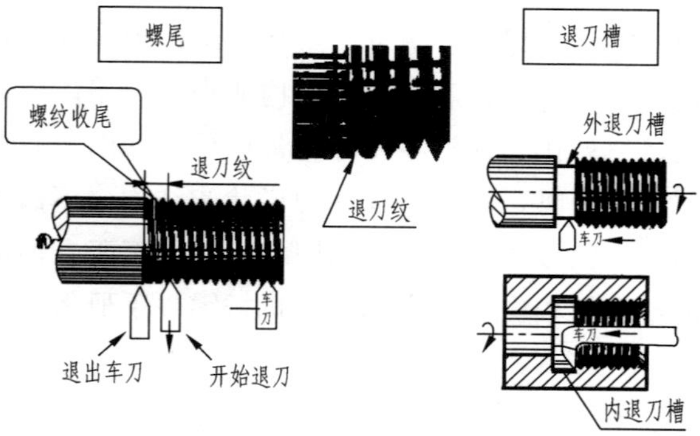

图 7-5　螺纹收尾和退刀槽

三、螺纹的要素

1. 螺纹的牙型

在通过螺纹轴线的剖面上，螺纹的轮廓形状，如图 7-6 所示。常用的有三角形，如图 7-7（a）所示；梯形，如图 7-7（b）所示；锯齿形，如图 7-7（c）所示。

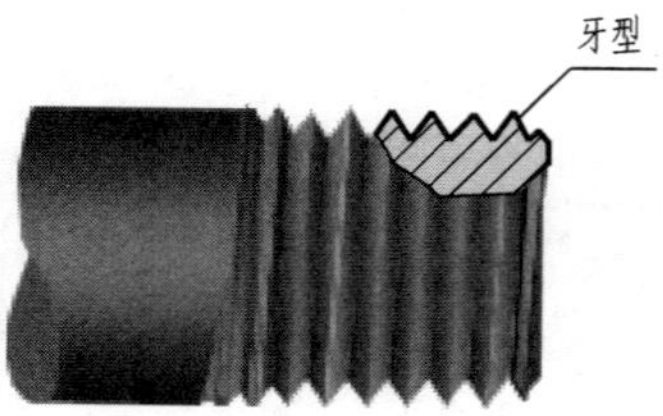

图 7-6　牙型示意图

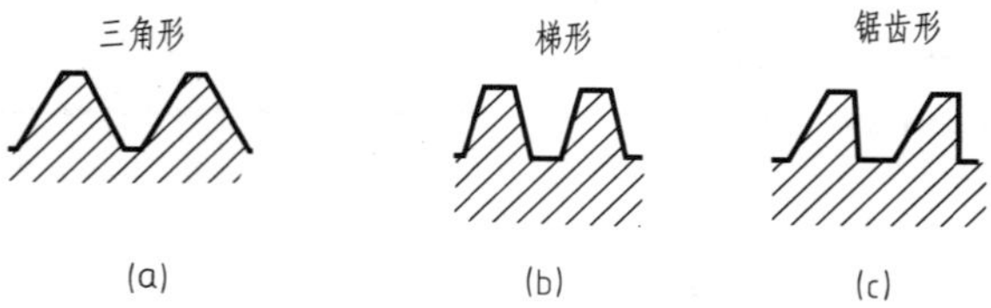

图 7-7　螺纹的牙型

2. 螺纹的大径和小径

如图 7-8 所示。

扫码看视频

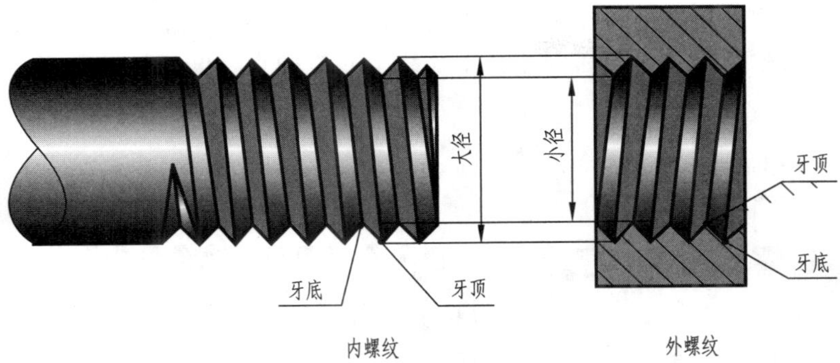

图 7-8　螺纹的大径和小径

(1) 大径　与外螺纹牙顶或内螺纹牙底相切的假想圆柱面的直径。内、外螺纹的大径分别用 D、d 表示。

(2) 小径　与外螺纹牙底或内螺纹牙顶相切的假想圆柱面的直径。内、外螺纹的小径分别用 D_1、d_1 表示。

(3) 公称直径　公称直径是代表螺纹尺寸的直径，指螺纹大径的基本尺寸。

(4) 螺纹的中径　一个假想圆柱的直径，即该圆柱的母线通过牙型上与沟槽和凸起宽度相等的地方的直径，如图 7-9 所示。

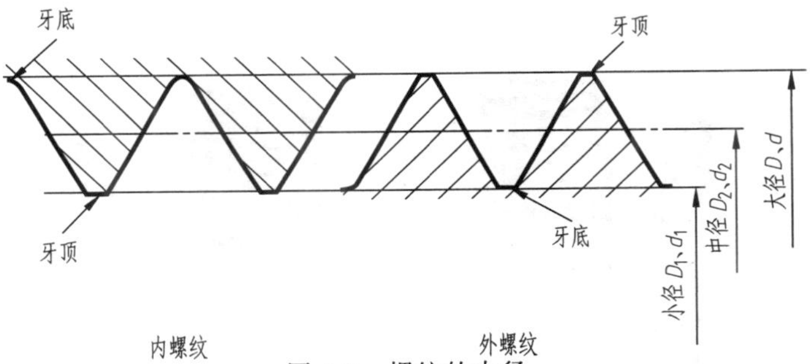

图 7-9　螺纹的中径

3. **螺纹的线数 n**

沿一条螺旋线形成的螺纹叫作单线螺纹，如图 7-10（a）所示。沿两条或两条以上在轴向等距分布的螺旋线所形成的螺纹叫作多线螺纹，如图 7-10（b）所示。

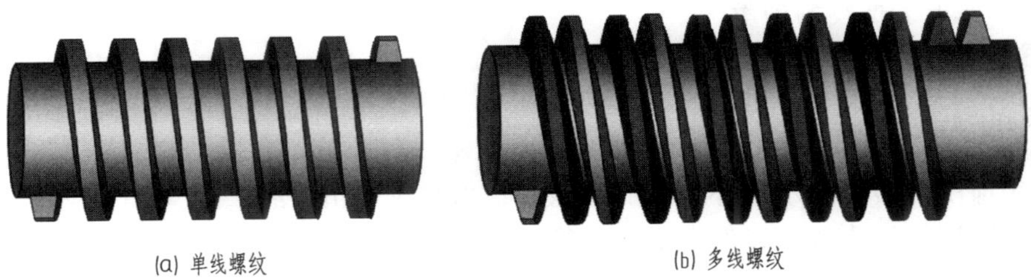

(a) 单线螺纹　(b) 多线螺纹

图 7-10　螺纹的线数

4. **螺纹的螺距和导程**

如图 7-11 所示。

(1) 螺距　螺纹上相邻两牙在中径线上对应两点之间的轴向距离 p 称为螺距。

(2) 导程　同一条螺纹上相邻两牙在中径线上对应两点之间的轴向距离 s 称为导程。

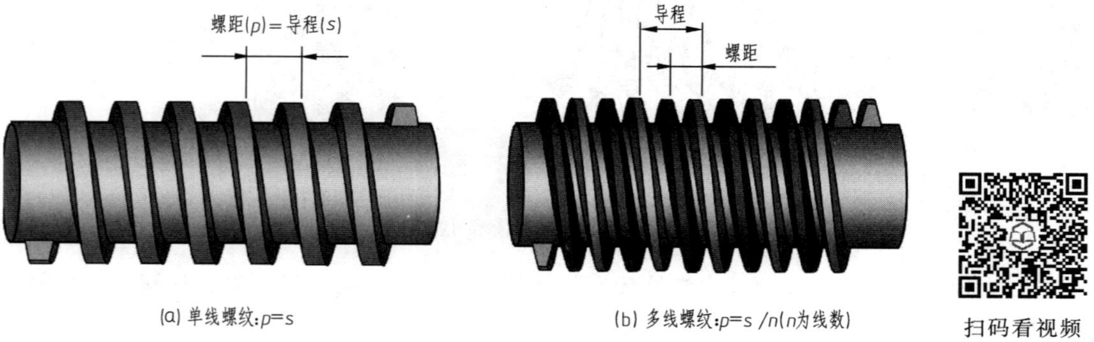

图 7-11　螺纹的螺距和导程

5. **螺纹的旋向**

顺时针旋入的螺纹，称为右旋螺纹；逆时针旋入的螺纹，称为左旋螺纹。如图 7-12 所示。只有牙型、直径、螺距、线数和旋向均相同的内外螺纹，才能相互旋合。

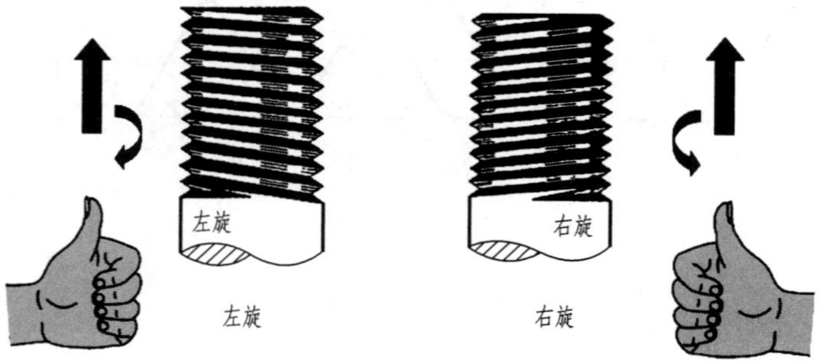

图 7-12　螺纹的旋向

四、螺纹的种类

图 7-13 列出了螺纹的种类。

常用螺纹的特征代号及用途见表 7-1。

五、螺纹的规定画法

(1) 牙顶用粗实线表示（外螺纹的大径线、内螺纹的小径线）。

(2) 牙底用细实线表示（外螺纹的小径线、内螺纹的大径线）。

(3) 在投影为圆的视图上，表示牙底的细实线圆只画约 3/4 圈。

(4) 螺纹终止线用粗实线表示。

(5) 不管是内螺纹还是外螺纹，其剖视图或断面图上的剖面线都必须画到粗实线。

(6) 当需要表示螺纹收尾时，螺尾部分的牙底线与轴线成 30°。

螺纹的规定画法见表 7-2。

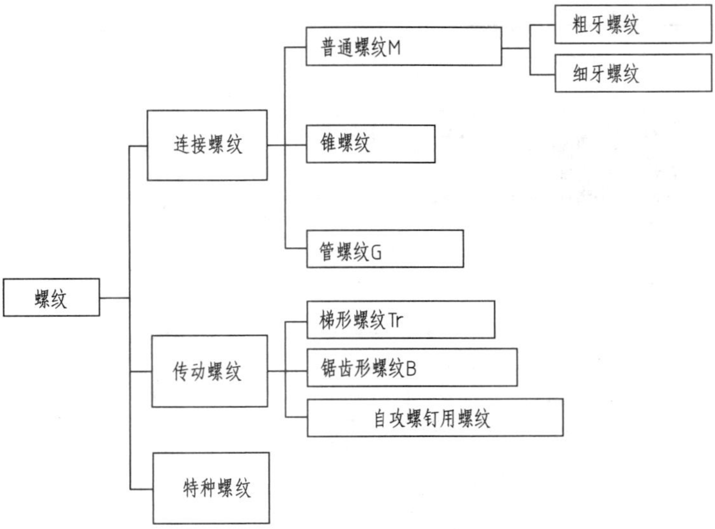

图 7-13　螺纹的种类

表 7-1　常用螺纹的特征代号及用途

螺纹种类			特征代号	外形图	用　　途
连接螺纹	普通螺纹	粗牙	M		是最常用的连接螺纹
		细牙			用于细小的精密或薄壁零件
	管螺纹		G	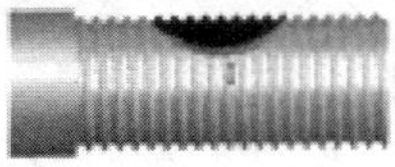	于水管、油管、气管等薄壁管子上，用于管路的连接
传动螺纹	梯形螺纹		Tr		用于各种机床的丝杠，作传动用
	锯齿形螺纹		B		只能传递单方向的动力

表 7-2　螺纹的规定画法

<table>
<tr><th>类别</th><th>规定画法</th></tr>
<tr><td>外螺纹</td><td>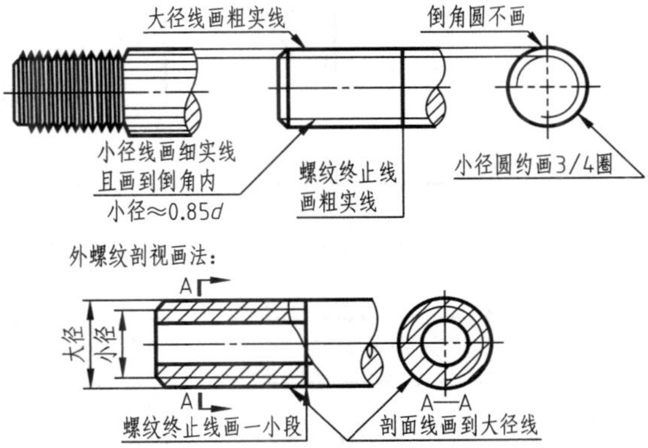

扫码看视频</td></tr>
</table>

类别	规定画法
内螺纹	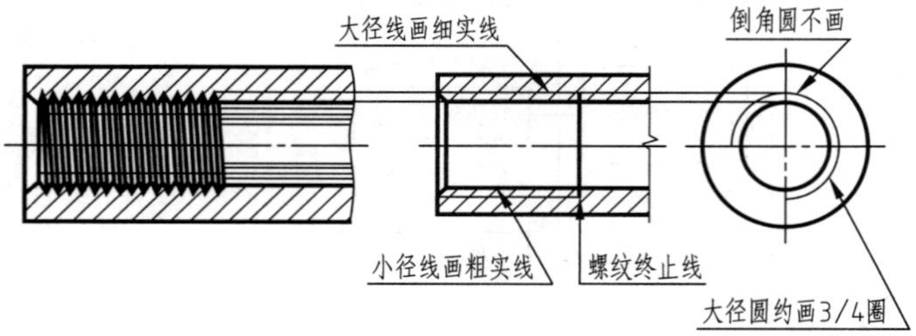 扫码看视频 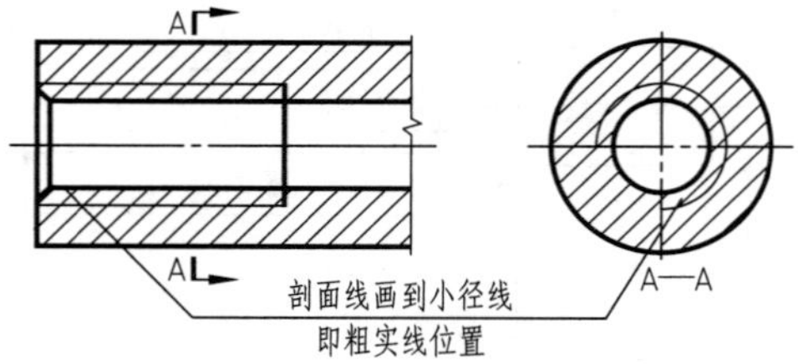
不穿通螺纹孔	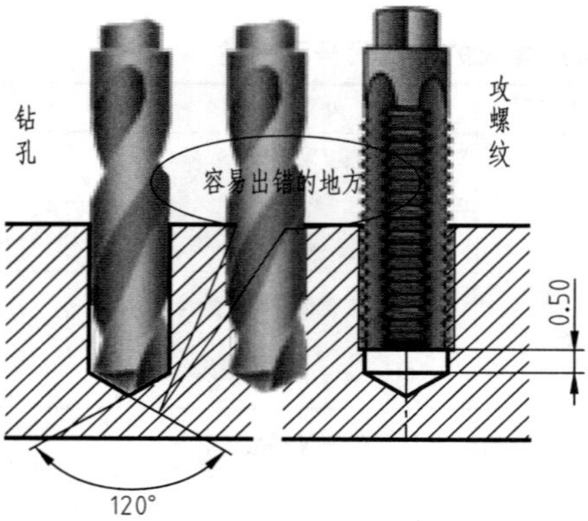 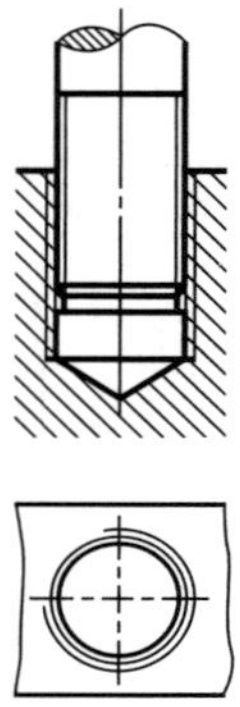 扫码看视频
螺尾	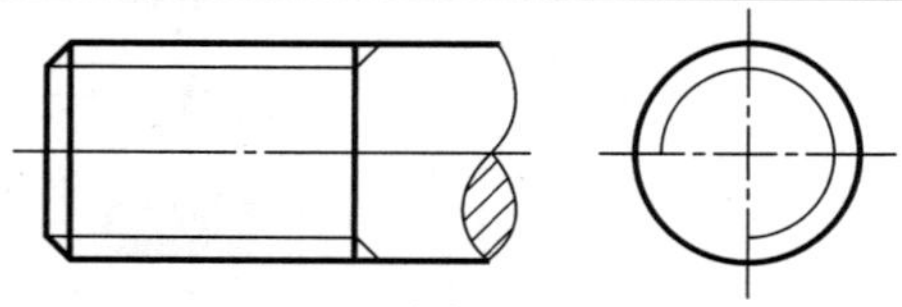 (a) 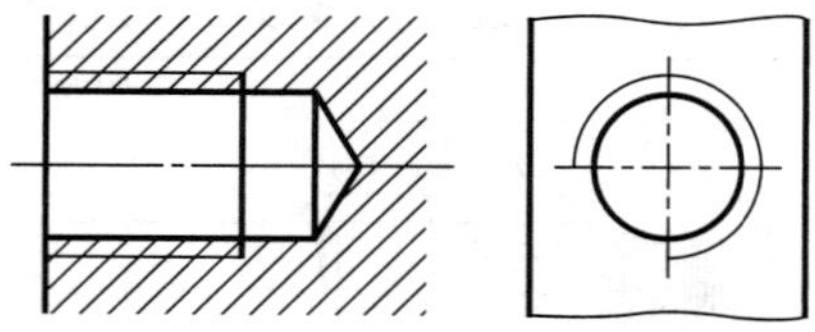 (b)
螺纹相贯线	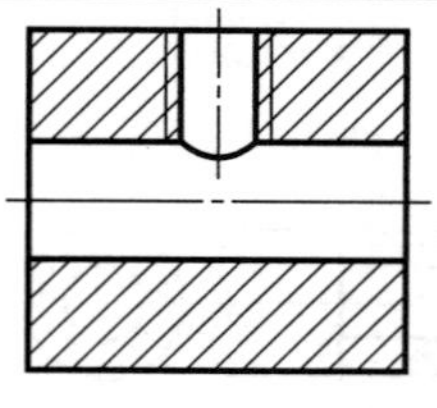 (a) 螺纹孔与通孔相交 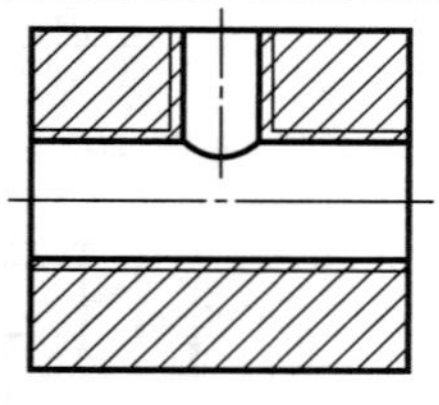 (b) 螺纹孔与螺纹孔相交

续表

类别	规定画法
内外螺纹旋合	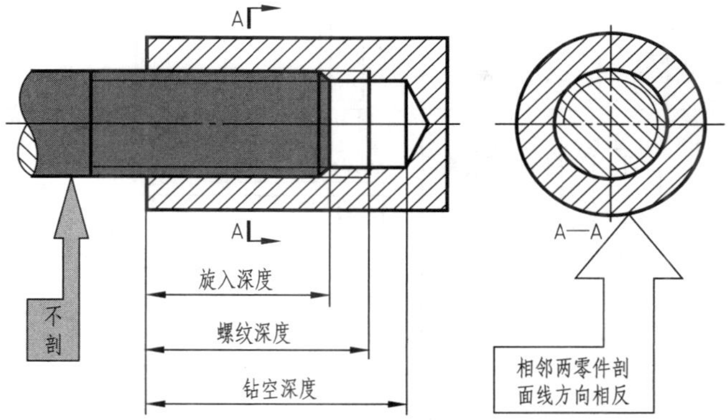 扫码看视频

六、螺纹的标注

1. 标注的基本模式

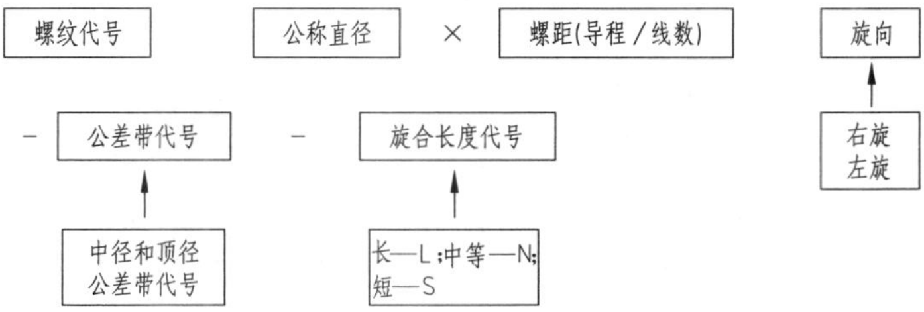

2. 标注的注意事项

(1) 粗牙螺纹不标注螺距；细牙螺纹的螺距必须标注；

(2) 单线螺纹不标注导程，多线螺纹应标注导程；

(3) 右旋螺纹省略“右”字，左旋时则标注 LH；

(4) 旋合长度为中等时，“N”可省略；

(5) 普通螺纹必须标注螺纹的公差带代号，当中径和顶径的公差带代号不同时，先注中径公差带代号，后注顶径公差带代号，相同时只注一个；

(6) 梯形螺纹只注中径的公差带代号。

如表 7-3 所示。

表 7-3 常用螺纹的规定标注

螺纹种类		标注方式	图例	说明
普通螺纹	粗牙	M24-5g6g-S 大径公差代号 中径公差代号	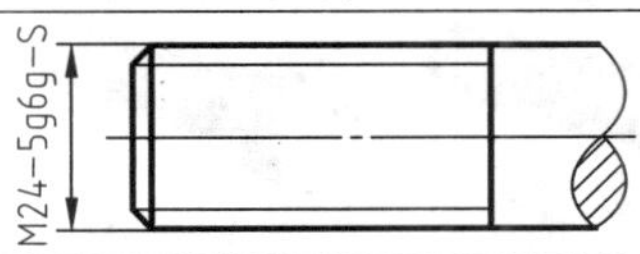	螺纹的旋合长度用字母S(短)、N(中)、L(长)表示，当为中等旋合长度时，此代号可省略不注。粗牙螺纹标注时不注螺距。细牙螺纹要标注螺距
	细牙	M16×1.5LH-6G 中径和大径的公差代号 左旋 螺距	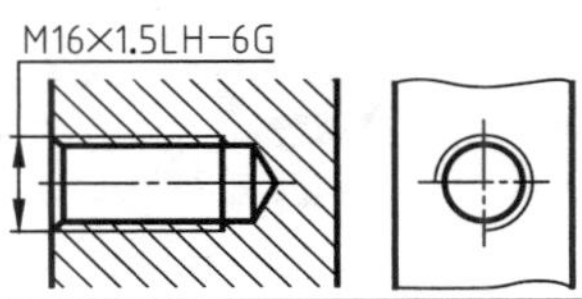	

续表

螺纹种类		标注方式	图例	说明
梯形螺纹	单线右旋	Tr40×7-7g 中径公差代号	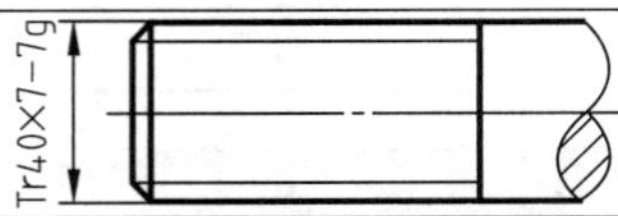	单线螺纹只注螺距，多线螺纹注导程、螺距；旋合长度分为 N（中等）和 L（长）两组，中等旋合长度可以不标注
	多线左旋	Tr40×14(p7)LH-7g 中径公差代号 左旋 螺距 导程 公称直径	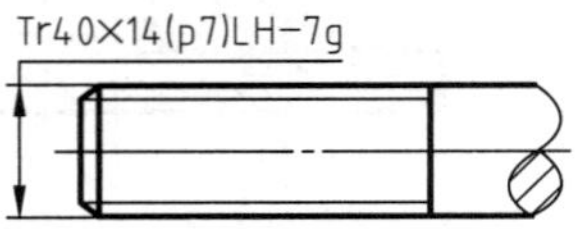	
管螺纹	非螺纹密封管		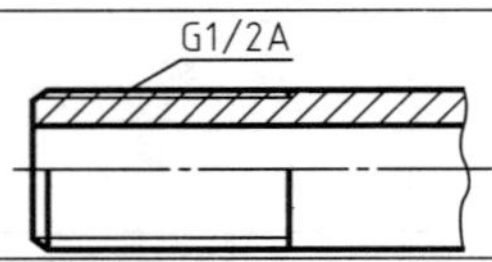	非螺纹密封的管螺纹公差等级对外螺纹分 A、B 两级，内螺纹只有一种等级
	螺纹密封管		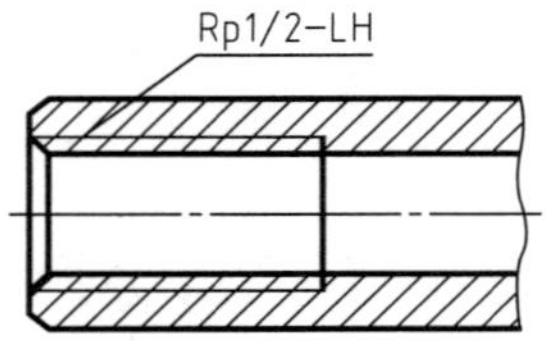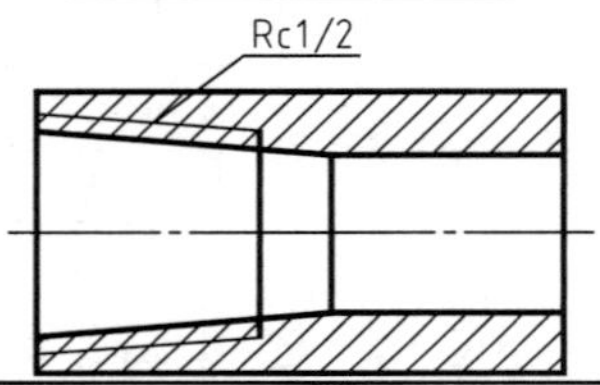	螺纹密封的管螺纹：圆柱内螺纹代号为 Rp，圆锥内螺纹代号为 Rc，圆锥外螺纹代号为 R

第二节　螺纹紧固件

螺纹紧固件是运用一对内外螺纹的连接作用来连接和紧固零部件。常用的螺纹紧固件有螺栓、双头螺柱、螺钉、螺母和垫圈等，它们都属于标准件，由专门的工厂成批生产，在一般情况下，都不需要单独画零件图，只需按规定进行标记，根据标记就可以从相应的国家标准中查到它们的结构形式和尺寸数据。常用螺纹紧固件如图 7-14 所示。

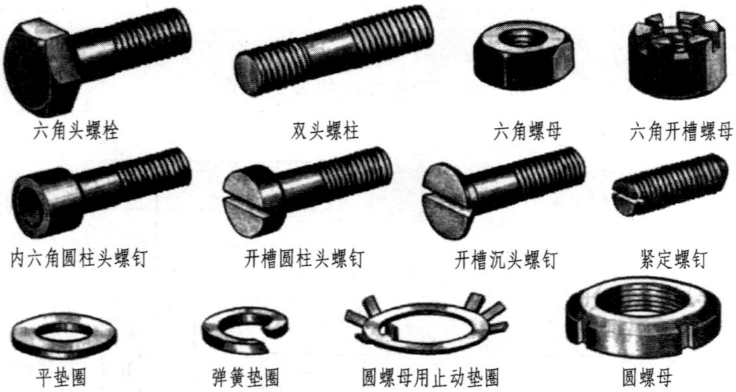

图 7-14　常用螺纹紧固件

一、常用的螺纹紧固件的比例画法

螺纹连接件可根据标记从相应的国家标准中查到它们的结构形式和尺寸数据，标记示例如表 7-4 所示。但为了简便画图，通常采用比例画法，如表 7-5 所示。

表 7-4　常用螺纹紧固件的标记示例

名称及标准编号	图例	标记示例
1 型六角螺母 GB/T 6170—2015	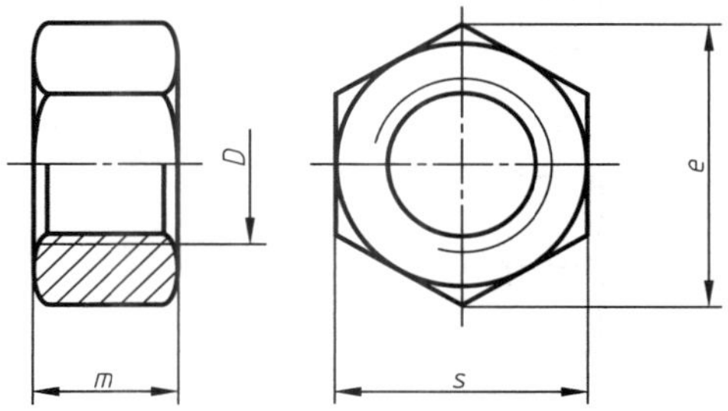	螺纹规格 D＝M16、性能等级为常用的 8 级、不经表面处理、产品等级为 A 级的 1 型六角螺母 完整标记：螺母 GB/T 6170—2015-M16-8-A 简化标记：螺母 GB/T 6170 M16
六角头螺栓 GB/T 5782—2016	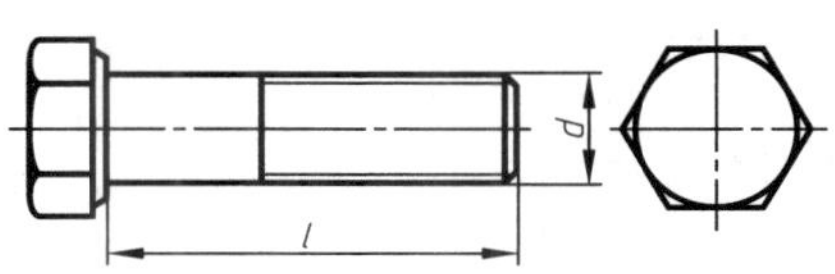	螺纹规格 d＝M12、公称长度 l＝80mm、性能等级为常用的 8.8 级、表面氧化、产品等级为 A 级的六角头螺栓 完整标记：螺栓 GB/T 5782—2016-M12×80-8.8-A-O 简化标记： 螺栓 GB/T 5782 M12×80 （常用的性能等级在简化标记中省略，以下同）
双头螺柱 GB/T 898—1988 （b_m＝1.25d）	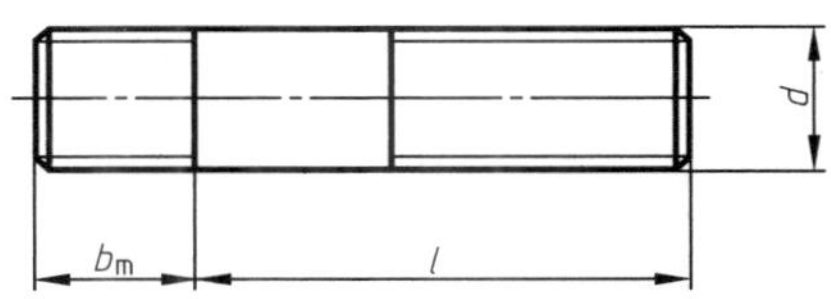	螺纹规格 d＝M12、公称长度 l＝60mm、性能等级为常用的 4.8 级、不经表面处理、b_m＝1.25d、两端均为粗牙普通螺纹的 B 型双头螺柱 完整标记：螺柱 GB/T 898—1988-M12×60-B-4.8 简化标记：螺柱 GB/T 898 M12×60 当螺柱为 A 型时，应将螺柱规格大小写成“AM12×60”
开槽圆柱头螺钉 GB/T 65—2016	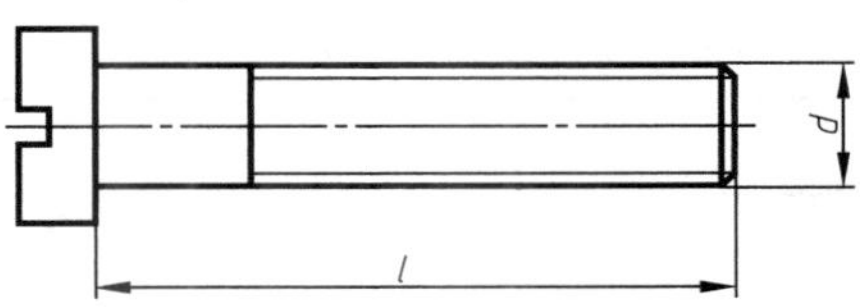	螺纹规格 d＝M10、公称长度 l＝60mm、性能等级为常用的 4.8 级、不经表面处理、产品等级为 A 级的开槽圆柱头螺钉： 完整标记：螺钉 GB/T 65—2016-M10×60-4.8-A 简化标记：螺钉 GB/T 65 M10×60
开槽长圆柱端紧定螺钉 GB/T 75—2018	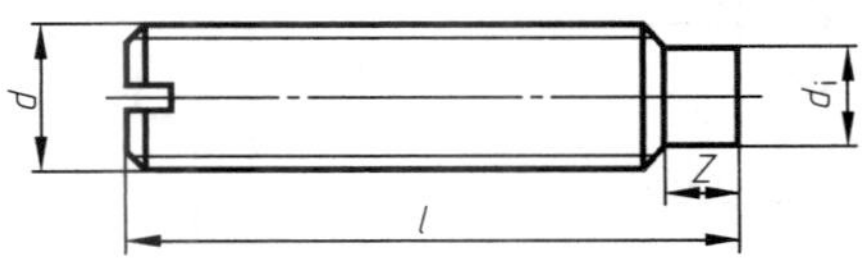	螺纹规格 d＝M5、公称长度 l＝12mm、性能等级为常用的 14H 级、表面氧化的开槽长圆柱端紧定螺钉 完整标记：螺钉 GB/T 75—2018-M5×12-14H-O 简化标记： 螺钉 GB/T 75 M5×12

表 7-5　常用螺纹紧固件的比例画法

名称	比例画法
螺母	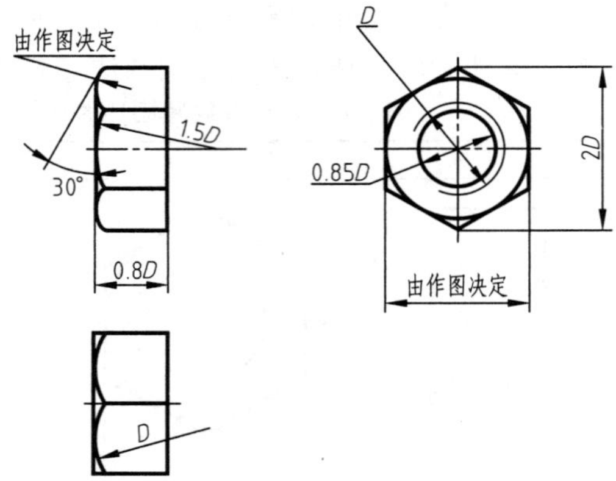
螺栓	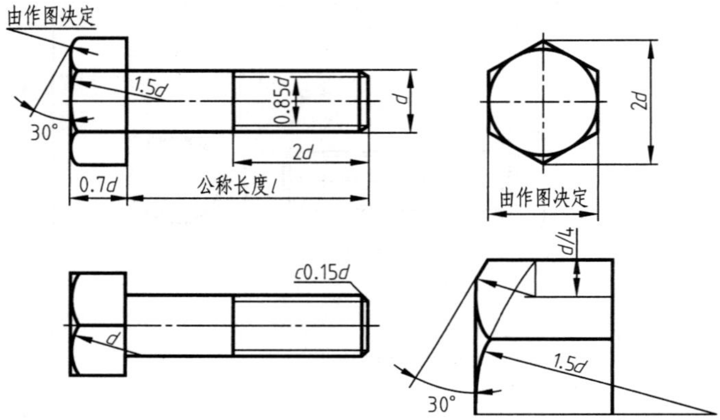
双头螺柱	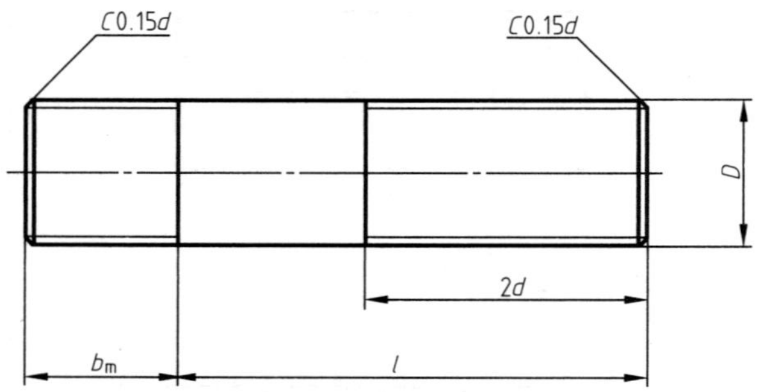
开槽圆柱头 螺钉、沉头螺钉	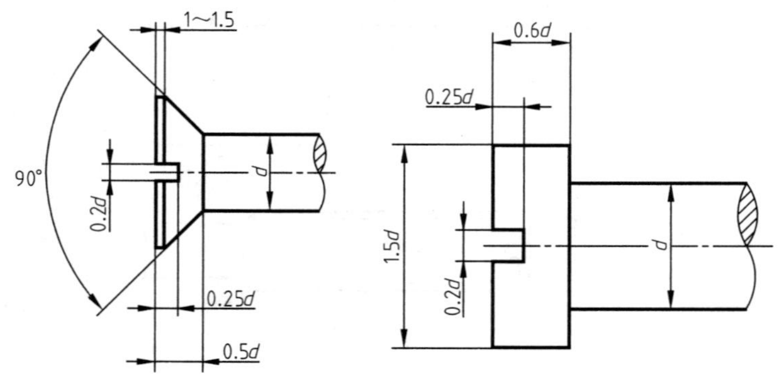

二、螺纹紧固件的连接画法

(1) 两个零件接触面处只画一条线，不接触面画两条线；

(2) 在剖视图中，相邻两零件的剖面线方向应该相反，而同一个零件在各剖视图中，剖面线的方向和间隔应该相同；

(3) 在剖视图中，当剖切平面通过实心件或标准件（螺栓、双头螺柱、螺钉、螺母、垫圈等）时，则这些零件均按不剖绘制，即只画外形。

常见螺纹紧固件连接如表 7-6 所示。

表 7-6　常见螺纹紧固件连接

类别	图例	立体图
螺栓连接	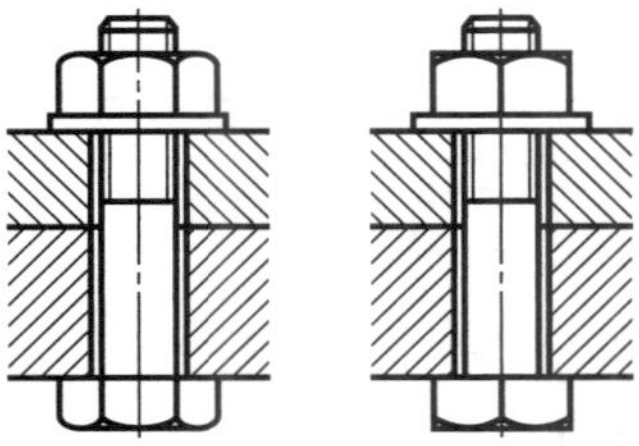 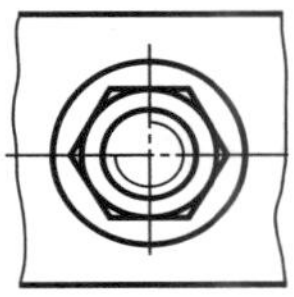 扫码看视频	
双头螺柱连接	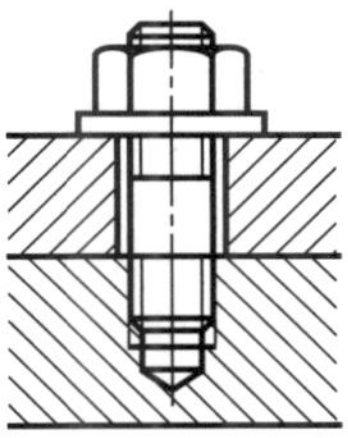 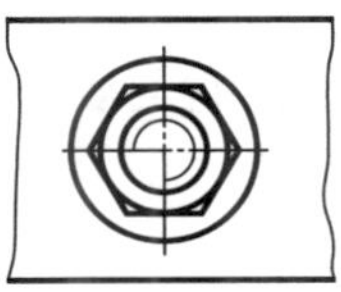 扫码看视频	
螺钉连接	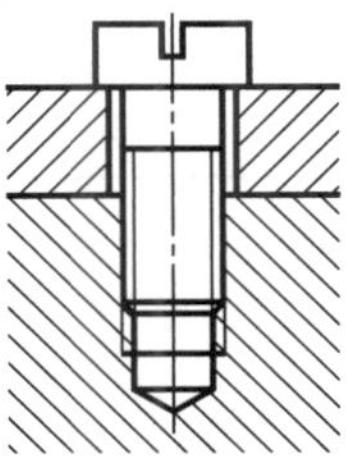 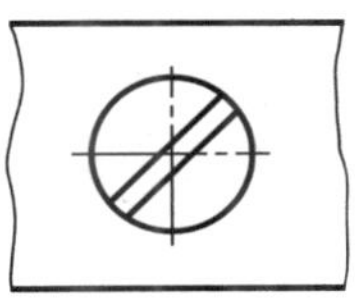 扫码看视频	

第三节 键和销

一、键的功用

用键将轴与轴上的传动件（如齿轮、皮带轮等）连接在一起，以传递扭矩。

二、键的种类及标记

键的种类及标记如表 7-7 所示。

表 7-7 键的种类及标记

名称	图例	标记示例
普通平键 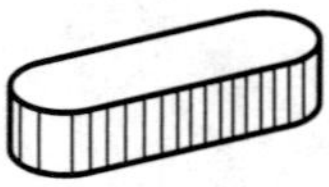	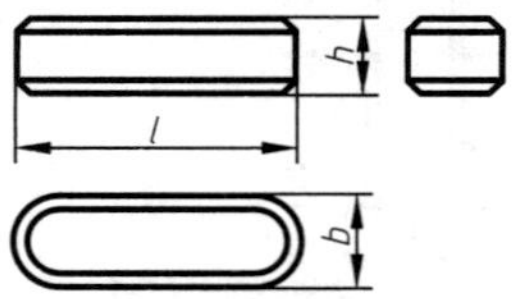	键 $b\times l$ GB/T 1096—2003
半圆键 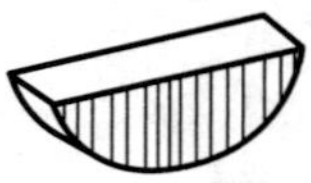	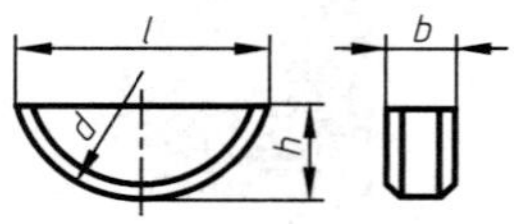	键 $b\times d$ GB/T 1099.1—2003
钩头楔键 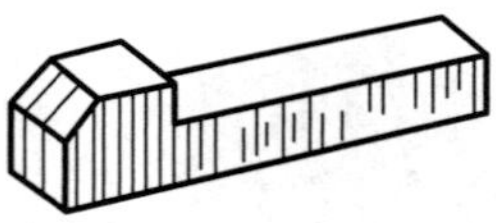	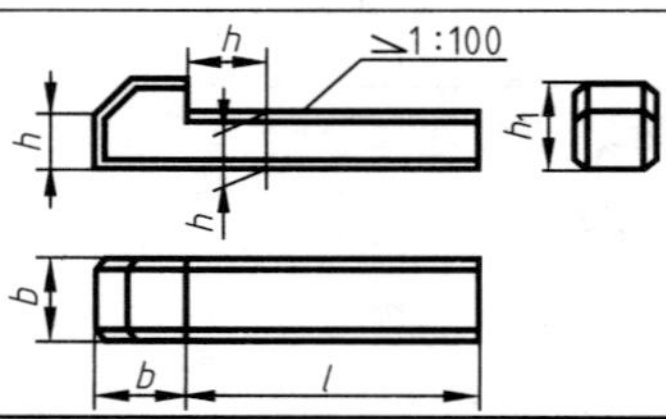	键 $b\times l$ GB/T 1565—2003

三、键连接

(1) 连接时，普通平键和半圆键的两侧面是工作面，它与轴、轮毂的键槽两侧面相接触，分别只画一条线；

(2) 键的上、下底面为非工作面，上底面与轮毂槽顶面之间留有一定的间隙，画两条线；

(3) 在反映键长方向的剖视图中，轴采用局部剖视，键按不剖处理，如表 7-8 所示。

表 7-8 键连接

种类	图例
普通平键	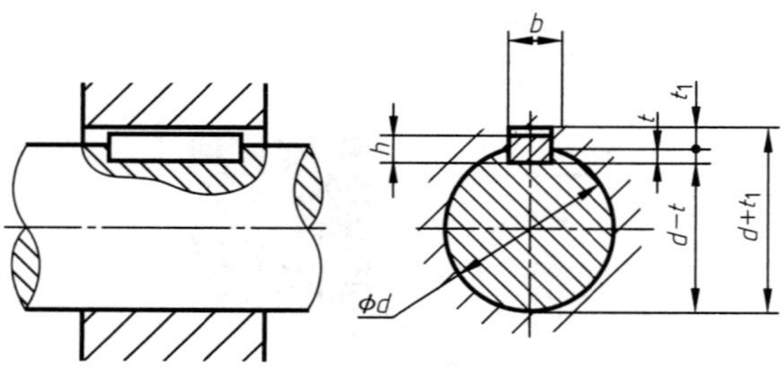

续表

种类	图例
半圆键	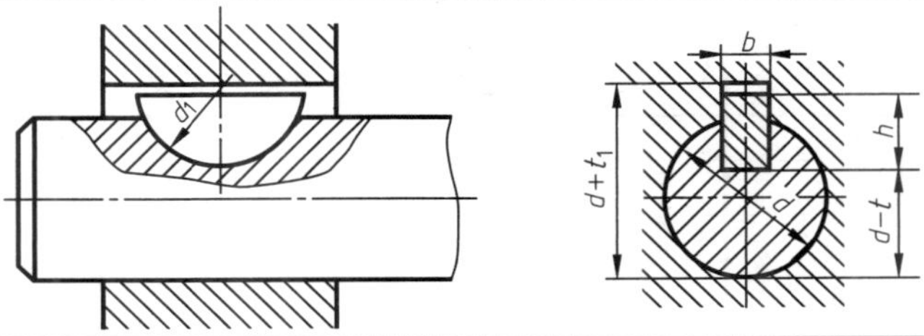
楔键	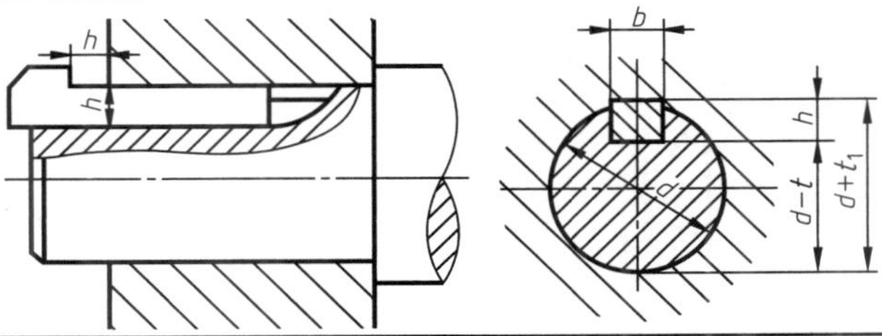

四、键槽画法及尺寸标注

键槽画法及尺寸标注如表 7-9 所示。

表 7-9　键槽画法及尺寸标注

种类	图例	说明
轴上轴槽	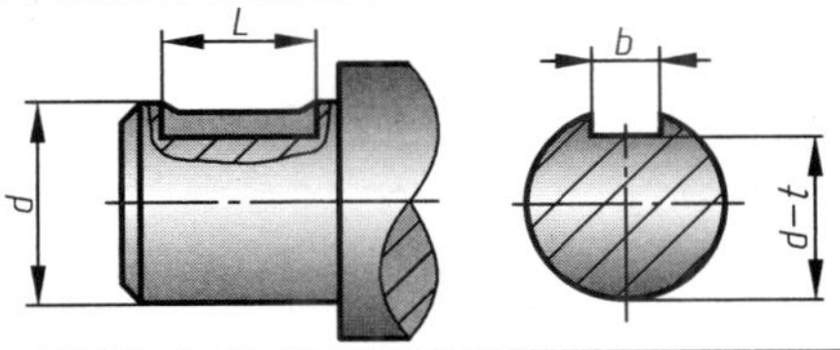	t 为轴上键槽深度；b、t、L 可按轴径 d 从标准中查出
轮毂上键槽	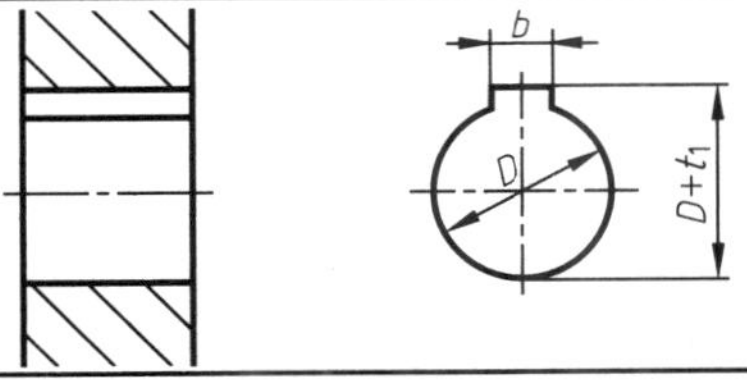	t_1 为轮毂上键槽深度；b 为键槽宽度；t_1b 可按孔径 D 从标准中查出

五、销的功用

销主要用于零件之间的定位，也可用于零件之间的连接，但只能传递不大的扭矩。

六、销的种类

销是标准件，它的尺寸和结构可以从有关标准中查出，常用销的形式如下所示。

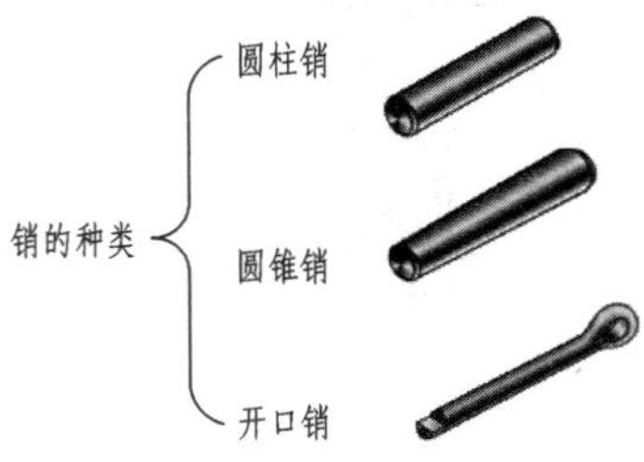

七、销连接

销连接如表 7-10 所示。

表 7-10　常用销连接

种类	图例
圆柱销连接	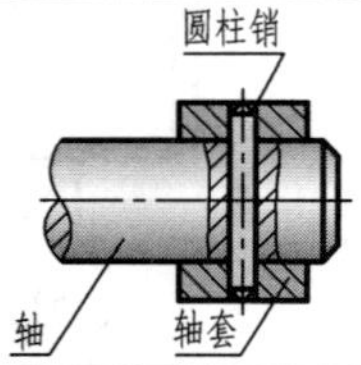
圆锥销连接	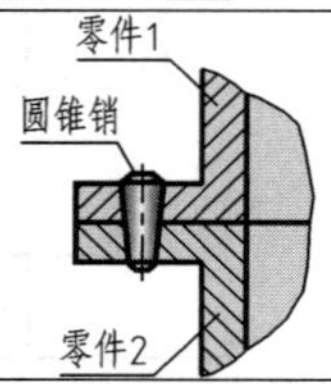
开口销连接	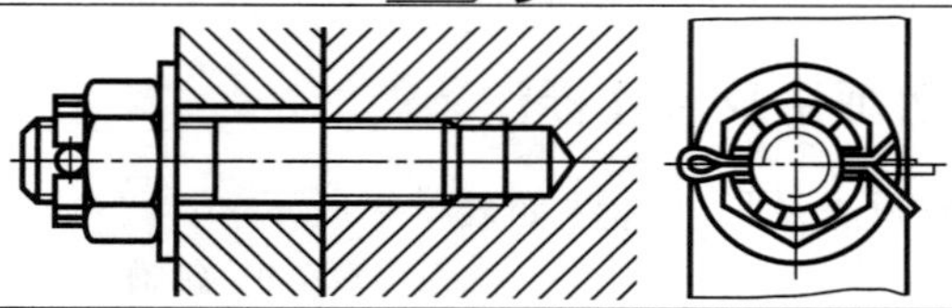

第四节　滚动轴承

滚动轴承是支持轴旋转的组件，由于滚动轴承摩擦阻力小，机械效率高，是生产中广泛应用的一种标准件。

一、滚动轴承的结构

滚动轴承由内圈、外圈、滚动体和保持架组成。滚动体可以是滚珠、圆柱滚子、圆锥滚子等。使用时，内圈套在轴颈上随轴一起转动，外圈安装在固定的轴承座孔上。如图 7-15 所示。

二、滚动轴承的分类、画法和代号

按滚动轴承承受的载荷方向分为：向心轴承——主要承受径向力；推力轴承——主要承受轴向力；向心推力轴承——同时承受轴向力和径向力。如图 7-16 所示。

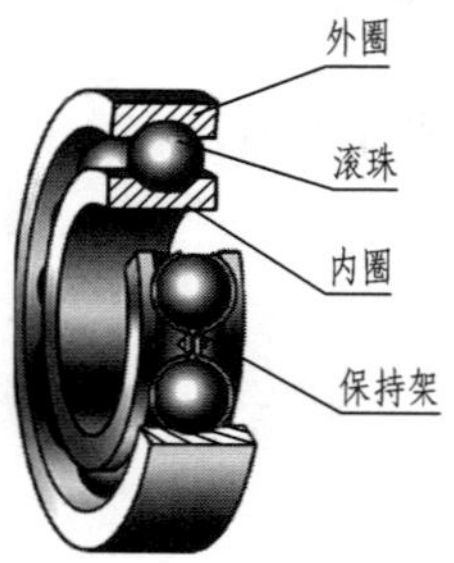

图 7-15　滚动轴承结构

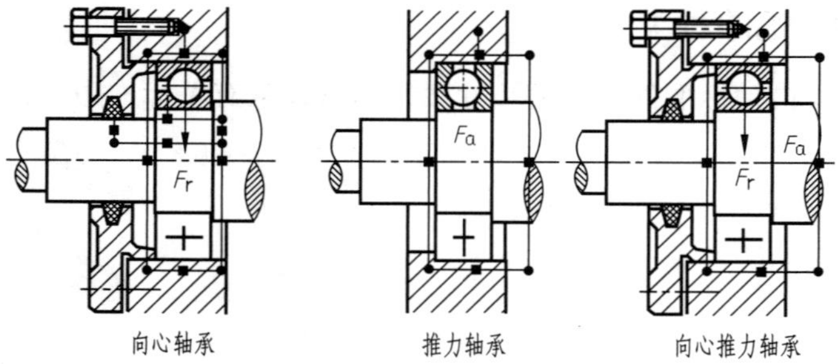

图 7-16　滚动轴承种类

几种常用轴承的代号及简图如表 7-11 所示。

表 7-11　常用轴承的代号及简图

名称	类型代号	简图	承载方向	立体图
调心球轴承	1	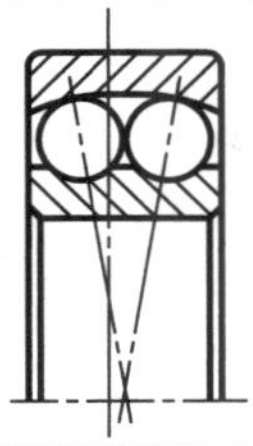		
调心滚子轴承	2	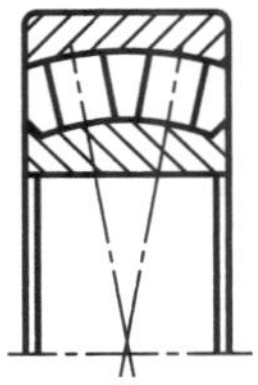		
圆锥滚子轴承	3	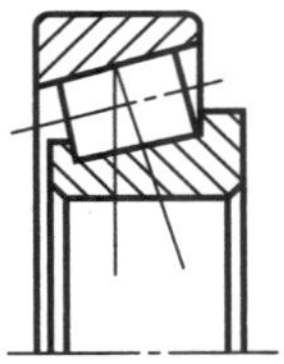		
推力球轴承	5	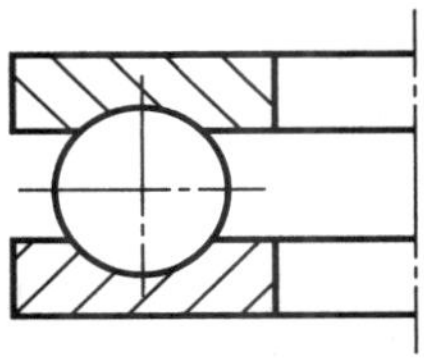		

第五节　齿轮

齿轮在机械中用于传递运动和动力、改变转速及转动方向，是应用最广泛的常用件。

一、齿轮的种类

种类：
- 圆柱齿轮——用于两平行轴的传动
- 圆锥齿轮——用于两相交轴的传动
- 蜗轮蜗杆——用于两交叉轴的传动

常见的齿轮种类如图 7-17 所示。

二、圆柱齿轮各部分的名称

图 7-18 表示了圆柱齿轮各部分的名称。

(1) 齿顶圆：通过轮齿顶部的圆称为齿顶圆，其直径以 d_a 来表示。

(2) 齿根圆：通过轮齿根部的圆称为齿根圆，其直径以 d_f 来表示。

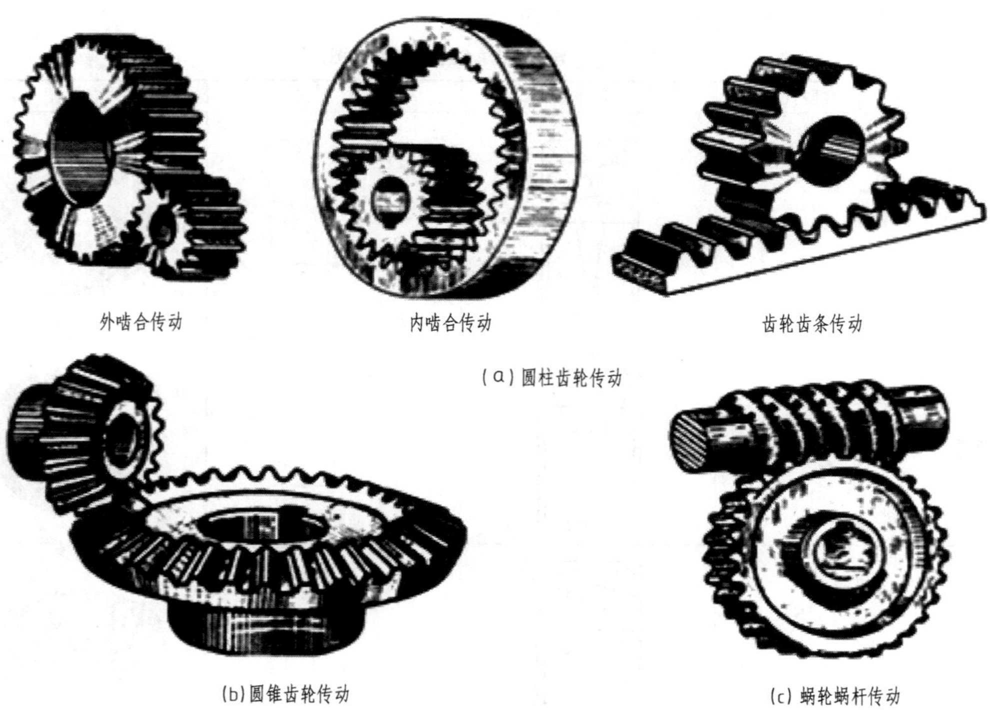

图 7-17　齿轮的种类

(3) 分度圆：标准齿轮的齿厚（某圆上齿部的弧长）与齿间（某圆上空槽的弧长）相等的圆称为分度圆，其直径以 d 表示。

(4) 齿高：齿顶圆与齿根圆之间的径向距离称为齿高，以 h 表示。分度圆将齿高分为两个不等的部分。齿顶圆与分度圆之间径向距离称为齿顶高，以 h_a 表示。分度圆与齿根圆之间径向距离称为齿根高，以 h_f 表示。齿高是齿顶高与齿根高之和，即 $h=h_a+h_f$。

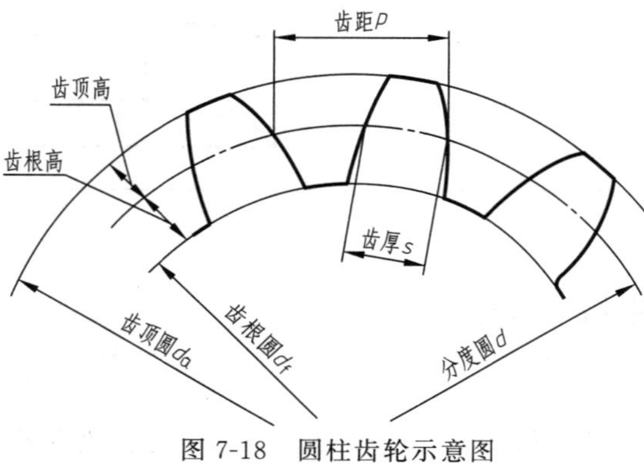

图 7-18　圆柱齿轮示意图

(5) 齿距：分度圆上相邻两齿的对应点之间的弧长称为齿距，以 p 表示。

(6) 模数：设齿轮的齿数为 z，则分度圆的周长$=zp=\pi d$，即 $d=p\times z/\pi$，为了便于计算和测量，取 $m=p/\pi$ 为参数，则 $d=mz$，m 称为模数。为了设计制造方便，已经将模数标准化。

(7) 压力角：两个相啮合的轮齿齿廓在接触点 P 处的受力方向与运动方向的夹角。若点 P 在分度圆上则为两齿廓公法线与两分度圆的公切线的夹角。我国标准齿轮的分度圆压力角为 20°。通常所称压力角指分度圆压力角。

(8) 传动比 i：传动比 i 为主动齿轮的转速 n_1 (r/min) 与从动齿轮的转速 n_2 (r/min) 之比，或从动齿轮的齿数与主动齿轮的齿数之比。即 $i=n_1/n_2=z_2/z_1$

(9) 中心距 a：两圆柱齿轮轴线之间的最短距离称为中心距，即 $a=(d_1+d_2)/2=m(z_1+z_2)/2$

三、圆柱齿轮及齿轮啮合的画法

表 7-12 表示了圆柱齿轮及齿轮啮合的画法。

表 7-12　圆柱齿轮及齿轮啮合的画法

<table>
<tr><th>种类</th><th>图例</th><th>说明</th></tr>
<tr><td>单个直齿圆柱齿轮</td><td>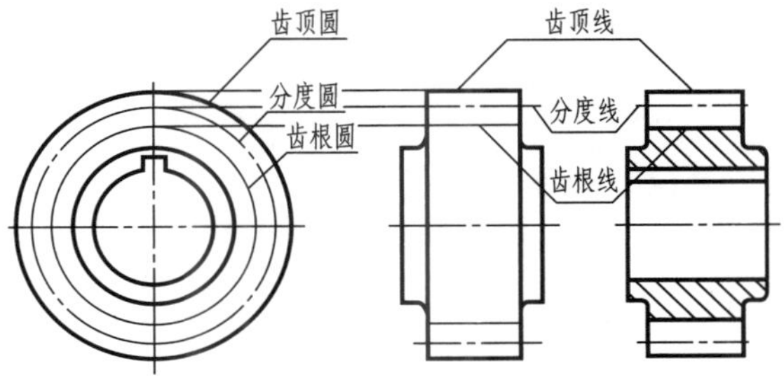
</td><td rowspan="3">齿顶圆画粗实线。
分度圆画点画线。
齿根圆在剖视图中画粗实线，在端视图中画细实线或省略不画。
在非圆投影的剖视图中轮齿部分不画剖面线</td></tr>
<tr><td>单个人字齿轮</td><td>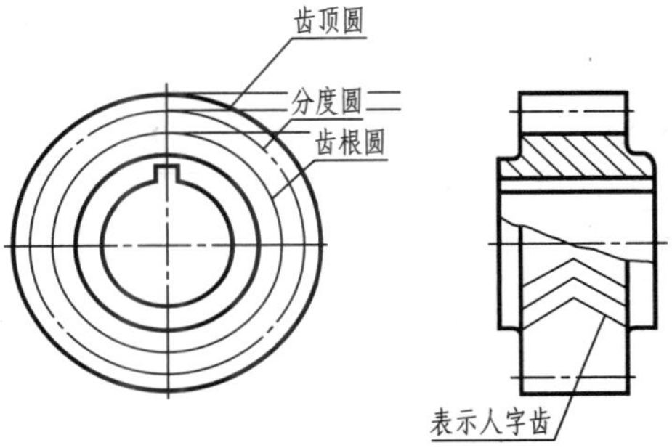
</td></tr>
<tr><td>单个斜齿齿轮</td><td>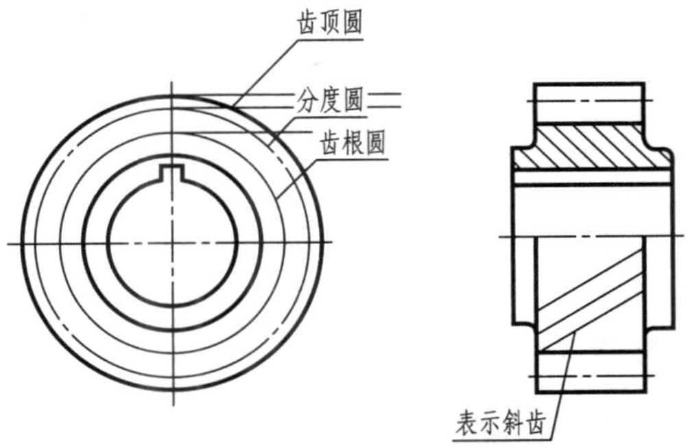
</td></tr>
<tr><td>圆柱齿轮啮合</td><td>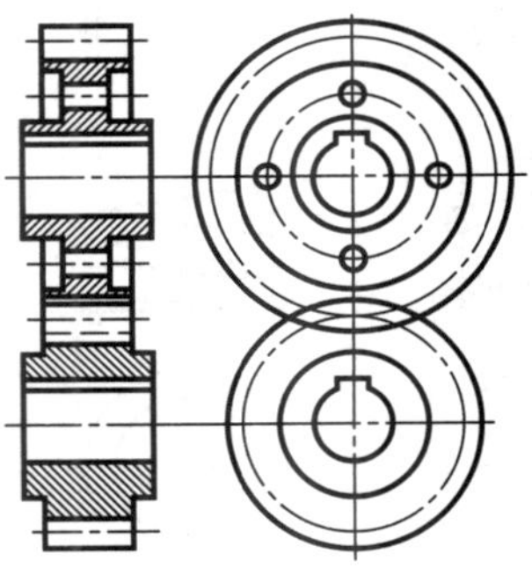</td><td>在非圆投影的剖视图中，两轮节线重合，画点画线。齿根线画粗实线。齿顶线画法为一个轮齿为可见，画粗实线，一个轮齿被遮住，画虚线</td></tr>
</table>

第六节 弹簧

一、弹簧的作用和种类

1. 作用

弹簧在部件中的作用是减震、复位、夹紧、测力和储能。

2. 种类

图 7-19 表示了弹簧的种类。

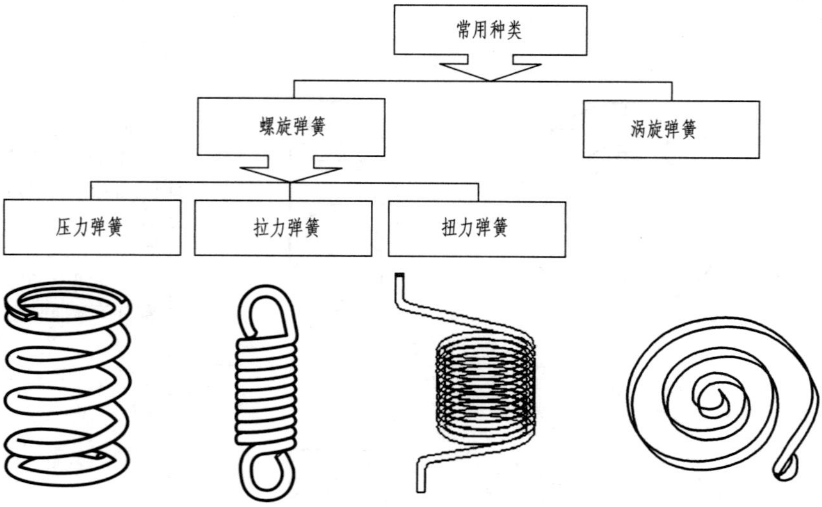

(a) 压力弹簧　(b) 拉力弹簧　(c) 扭力弹簧　(d) 涡旋弹簧

图 7-19 弹簧的种类

二、弹簧各部分的名称及尺寸关系

图 7-20 表示了弹簧各部分的名称及尺寸关系。

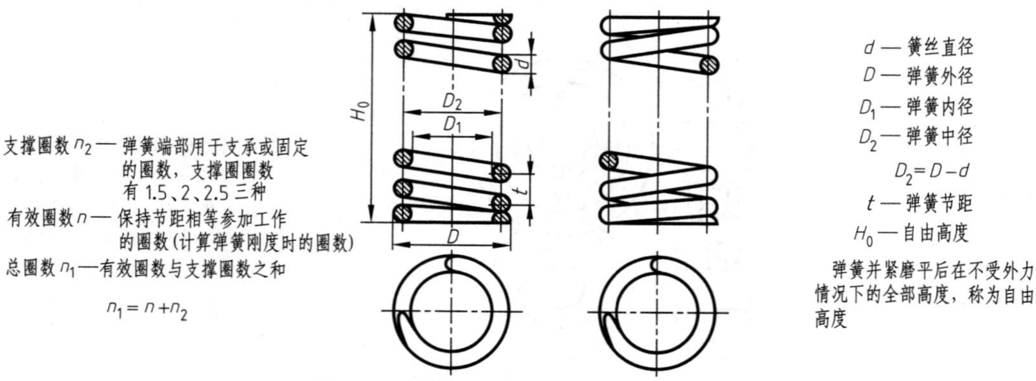

图 7-20 弹簧各部分的名称及尺寸关系

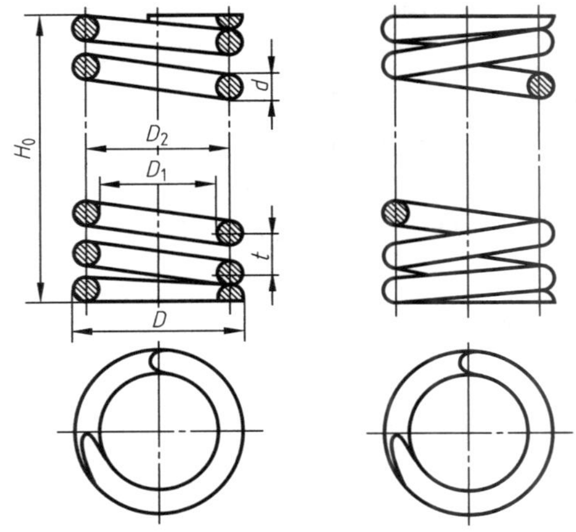

图 7-21　弹簧的画法

三、弹簧的画法

1. 单个弹簧的画法

(1) 在平行于轴线的投影面上，弹簧各圈的轮廓线画成直线；

(2) 左旋弹簧允许画成右旋，但要加注"左"字；

(3) 四圈以上的弹簧，中间各圈可省略不画，而用通过中径线的点画线连接起来；

(4) 弹簧两端的支撑圈，不论多少，都按图中形式画出。

图 7-21 表示了弹簧的画法。

2. 在装配图中弹簧的画法

(1) 弹簧各圈取省略画法后，其后面结构按不可见处理；

(2) 可见轮廓线只画到弹簧钢丝的断面轮廓或中心线上，如图 7-22（a）所示；

(3) 簧丝直径≤2mm 的断面可用涂黑表示，如图 7-22（b）所示；

(4) 簧丝直径＜1mm 时，可采用示意画法，如图 7-22（c）所示。

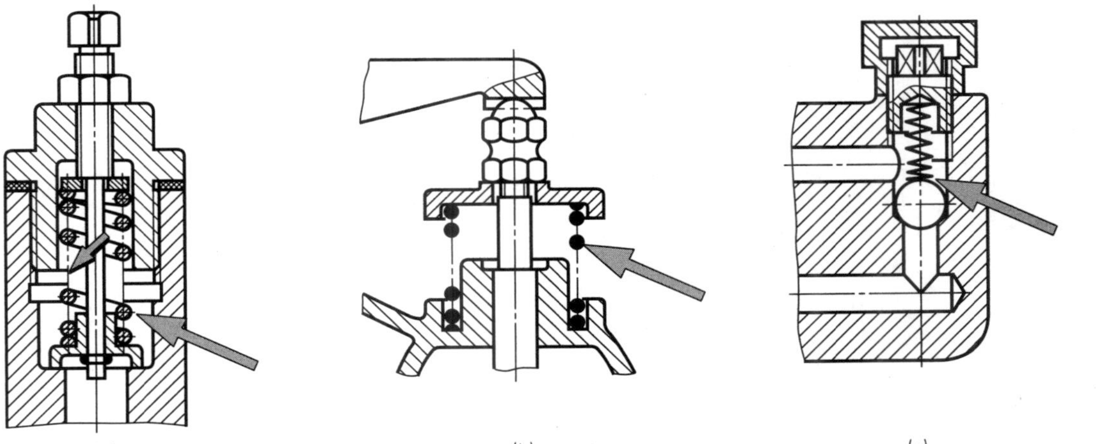

(a)　(b)　(c)

图 7-22　装配图中弹簧的画法

课后补充知识

随着经济全球化的深入发展和国际贸易的日益繁荣，国际标准制定权已经成为国家之间争夺市场、提高自身竞争力的重要手段。标准的领先是以技术的领先为前提的，谁技术领先，谁在标准制定场合的话语权就大。标准反映了主导制定者的优势和创新，跟随者也能获取相应的经验和参与意见。因此，各国都在积极参与国际标准化组织（ISO）的活动，加强与国际标准化组织的合作，提高自身的标准化水平和技术实力，以争取更多的国际标准制定权。这对于一个国家的经济发展和国家安全都具有极其重要的意义。GB/T 1804 作为中国国家标准，其技术内容等效采用 ISO 2768-1 公差标准，既体现了我国对国际先进技术成果的开放态度，又通过本土化实践将国际标准转化为符合国内产业需求的具体规范。这种“等效采用”模式既保障了全球产业链的互认互通，又通过标准制定权的掌握强化了技术自主性，在螺纹标准领域，我国通过持续承担国际标准化组织（ISO）技术委员会的工作，逐步推动 GB 标准与国际接轨的同时，也在部分领域形成具有中国特色的技术规范。在机械连接件领域，中国工程师通过技术创新推动 GB 螺纹标准在国际贸易中的应用，GB 螺纹标准已通过技术创新实现从“适配进口设备”到“反向输出技术规范”的跨越，完成了从“标准跟随者”向“标准引领者”的角色转变。

第八章

零 件 图

本章介绍零件图的作用与内容，零件的视图选择、尺寸注法、极限配合的基本知识和标注方法，以及读零件图的方法和步骤等内容。

组成机器的最小单元称为零件。一台机器或一个部件，都是由若干个零件按一定的装配关系和技术要求装配起来的。表达单个零件的图样称为零件图。根据零件的作用及其结构，通常分为以下几类。

一、标准件及常用件

如螺栓、螺母、垫圈、销、弹簧、齿轮、轴等（见本书第七章）。

二、非标准件

(1) 轴套类零件（如齿轮轴）；
(2) 轮盘类零件（如齿轮）；
(3) 板盖类零件（如端盖）；
(4) 叉架类零件；
(5) 箱壳类零件（如泵体）。
例如，齿轮泵零件组成如图 8-1 所示。

三、零件图的作用和内容

1. 零件图的作用

零件图是用来表示零件的结构形状、大小及技术要求的图样，是直接指导制造和检验零件的重要技术文件。

齿轮轴零件图示例如图 8-2 所示。

2. 零件图的内容

从图 8-2 可以看出，一张完整的零件图必须包含以下内容：

(1) 一组视图——完整、清晰地表达零件的结构和形状；
(2) 完整尺寸——表达零件各部分的大小和各部分之间的相对位置关系；
(3) 技术要求——表示或说明零件在加工、检验过程中所需的要求；
(4) 标题栏——填写零件名称、材料、比例、图号、单位名称及设计、审核、批准等有关人员的签字，每张图纸都应有标题栏，标题栏的方向一般为看图的方向。

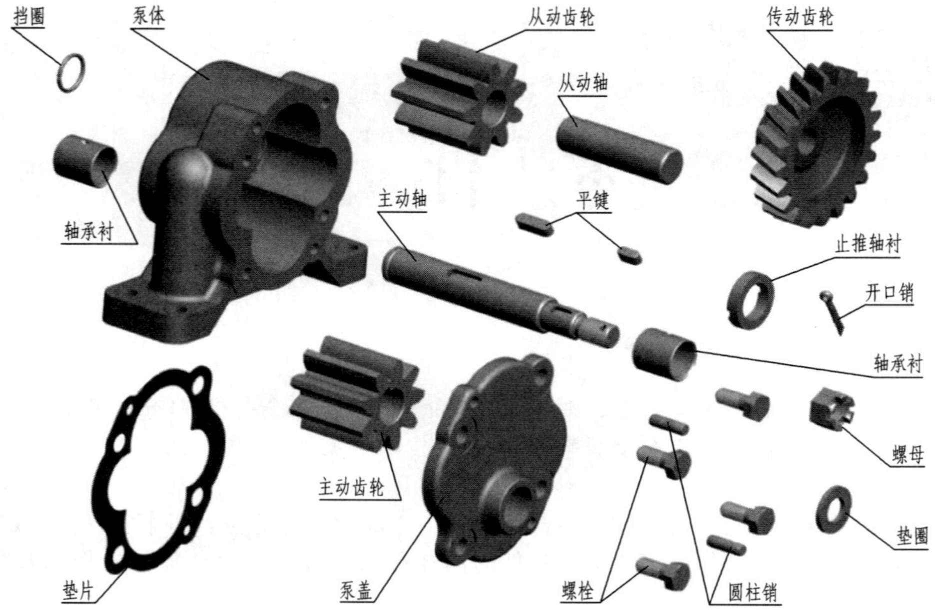

图 8-1　齿轮泵零件组成示意图

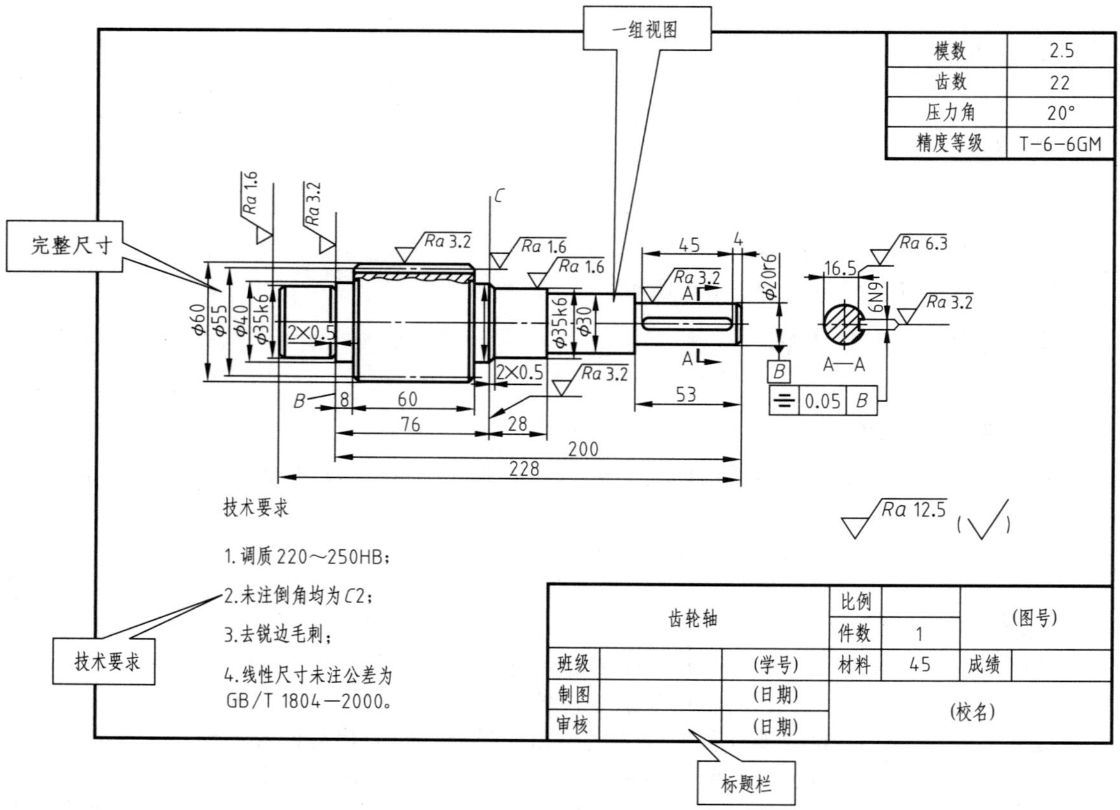

图 8-2　齿轮轴零件图

第一节　零件图的视图选择

一、主视图的选择

1. 主视图的投影方向——形体特征原则

如图 8-3 所示。

2. 主视图的摆放位置

(1) 加工位置原则——主视图所表示的零件位置与零件在机床上加工时所处的位置一致，方便工人加工时看图。如图 8-4（a）所示。

(2) 工作位置原则——主视图的位置应尽可能与零件在机器或部件中的工作位置一致；如图 8-4（b）所示。

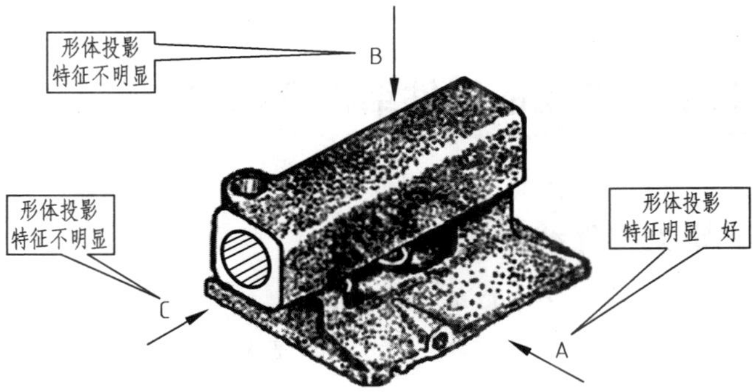

图 8-3　形体特征原则

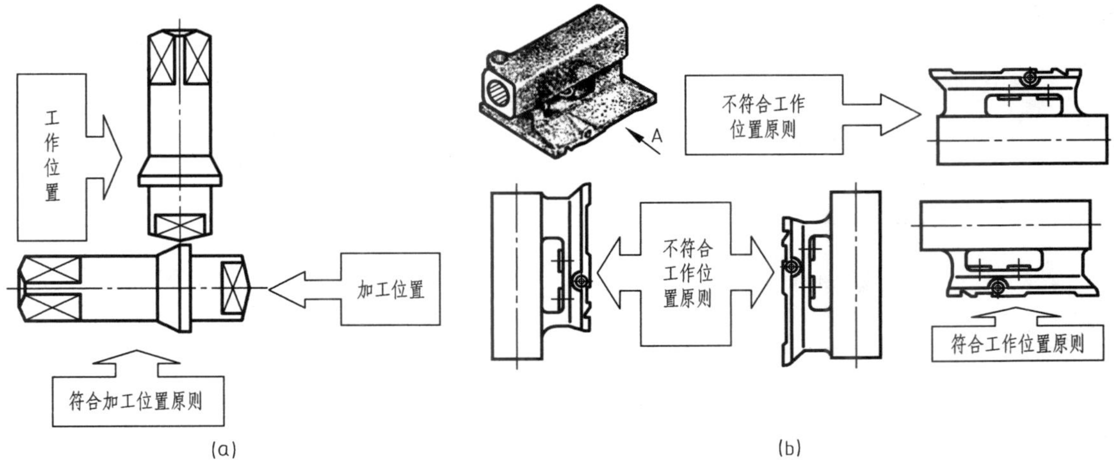

图 8-4　主视图的摆放位置

(3) 自然摆放稳定原则——如果零件为运动件，工作位置不固定，或零件的加工工序较多，其加工位置多变，则可按其自然摆放平稳的位置为画主视图的位置。主视图的选择，应根据具体情况进行分析，从有利于看图出发，在满足形体特征原则的前提下，充分考虑零件的工作位置和加工位置。

二、其他视图的选择

在保证充分表达零件结构形状的前提下，尽可能使零件的视图数目为最少。应使每一个视图都有其表达的重点内容，具有独立存在的意义。

其他视图选择举例如图 8-5 所示。

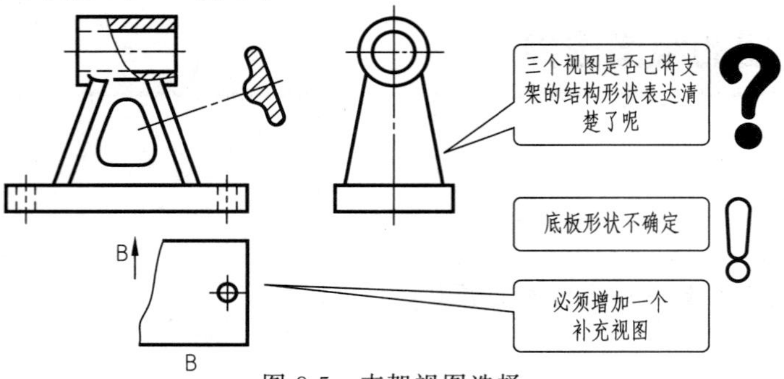

图 8-5　支架视图选择

第二节　常见的零件结构及视图

一、常见零件结构

表 8-1 展示了常见的零件结构。

表 8-1　常见的零件结构

种类	图例
轴套类零件	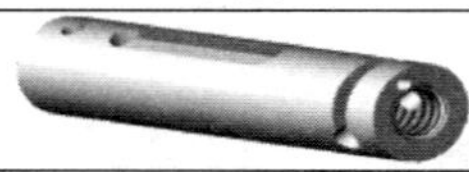
轮盘类零件	
板盖类零件	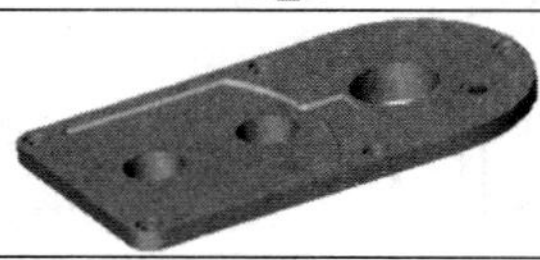
叉架类零件	
箱壳类零件	

二、几类典型零件的视图

表 8-2 展示了典型零件的视图选择。

表 8-2 典型零件的视图选择

种类	常见零件	结构特点	表达方法	示例
轴套类零件	各种轴、丝杠、套筒、衬套等	大多数由位于同一轴线上数段直径不同的回转体组成，轴向尺寸一般比径向尺寸大。常有键槽、销孔、螺纹、退刀槽、越程槽、中心孔、油槽、倒角、圆角、锥度等结构	1. 非圆视图水平摆放作为主视图。 2. 用局部视图、局部剖视图、断面图、局部放大图等作为补充。 3. 对于形状简单而轴向尺寸较长的部分常断开后缩短绘制。 4. 空心套类零件中由于多存在于内部结构，一般采用全剖、半剖或局部剖绘制	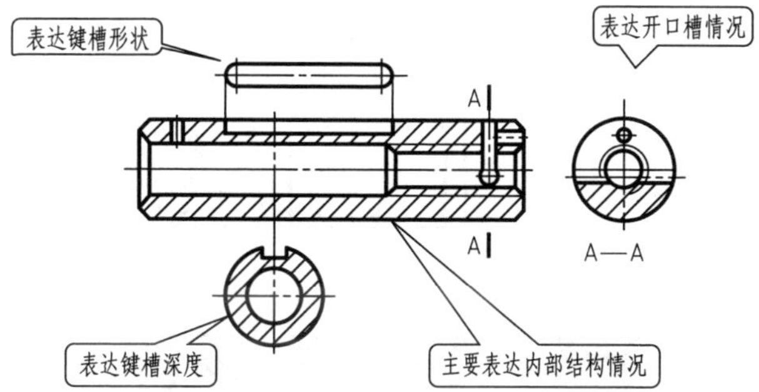
轮盘类零件	包括齿轮、手轮、皮带轮、飞轮、法兰盘、端盖等	其主体一般也由直径不同的回转体组成，径向尺寸比轴向尺寸大。常有退刀槽、凸台、凹坑、倒角、圆角、轮齿、轮辐、筋板、螺孔、键槽和定位或连接用孔等结构	1. 非圆视图水平摆放作为主视图（常剖开绘制）。 2. 用左视图或右视图来表达轮盘上连接孔或轮辐、筋板等的数目和分布情况。 3. 用局部视图、局部剖视图、断面图、局部放大图等作为补充	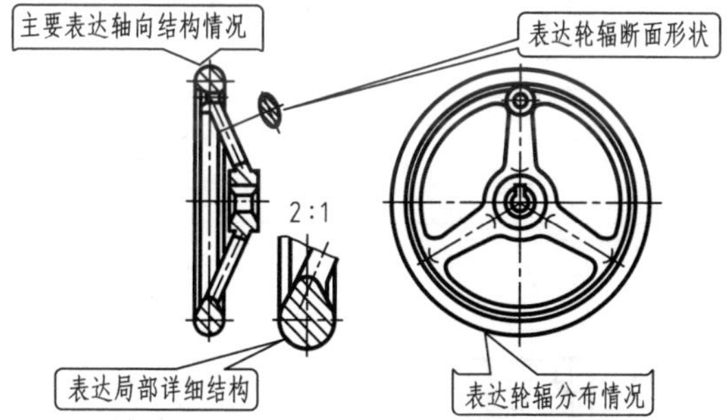
板盖类零件	包括各种垫板、固定板、滑板、连接板、工作台、箱盖等	其主体为高度方向尺寸较小的棱柱体，其上常有凸台、凹坑、销孔、螺纹孔、螺栓过孔和成型孔等结构。此类零件常由铸造后，经过必要的切削加工而成	1. 零件一般水平放置，选择长度较大的一个侧面作为主视图的投影方向（常剖开绘制）。 2. 常用一个俯视图或仰视图表示其上的结构分布情况。 3. 未表达清楚的部分，用局部视图、局部剖视图等补充表达	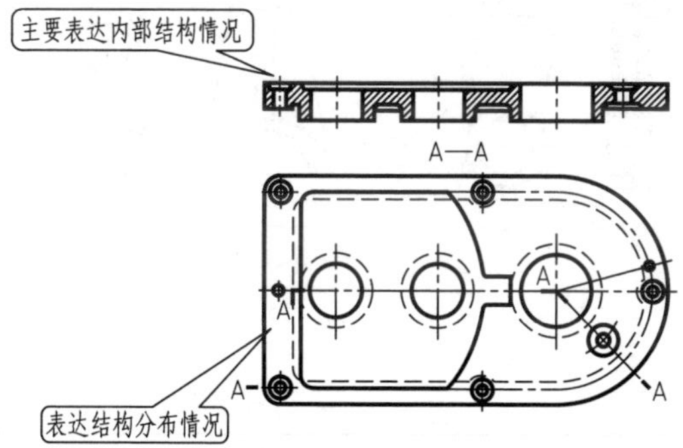

续表

种类	常见零件	结构特点	表达方法	示例
叉架类零件	各种拨叉、连杆、摇杆、支架、支座等	此类零件多数由铸造或模锻制成毛坯，经机械加工而成。结构大都比较复杂，一般分为工作部分（与其他零配合或连接的套筒、叉口、支承板等）和联系部分（高度方向尺寸较小的棱柱体，其上常有凸台、凹坑、销孔、螺纹孔、螺栓过孔和成型孔等结构）	1. 零件一般水平放置，选择零件形状特征明显的方向作为主视图的投影方向。 2. 除主视图外，一般还需1～2个基本视图才能将零件的主要结构表达清楚。 3. 常用局部视图、局部剖视图表达零件上的凹坑、凸台等。筋板、杆体常用断面图表示其断面形状。用斜视图表示零件上的倾斜结构	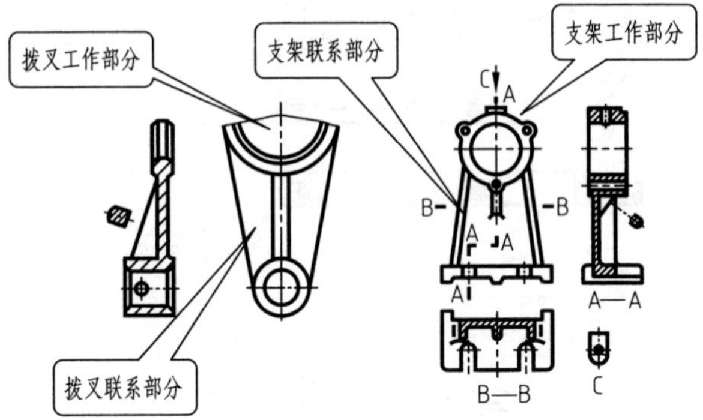
箱壳类零件	各种箱体、外壳、座体等	箱壳类零件大致由以下几个部分构成：容纳运动零件和储存润滑液的内腔，由厚薄较均匀的壁部组成；其上有支承和安装运动零件的孔及安装端盖的凸台（或凹坑）、螺孔等；将箱体固定在机座上的安装底板及安装孔；加强筋、润滑油孔、油槽、放油螺孔等	1. 通常以最能反映其形状特征的一面作为主视图的投影方向。以自然安放位置或工作位置作为主视图的摆放位置。 2. 一般需要两个或两个以上的基本视图才能将其主要结构形状表示清楚。 3. 常用局部视图、局部剖视图和局部放大图等来表达尚未表达清楚的局部结构	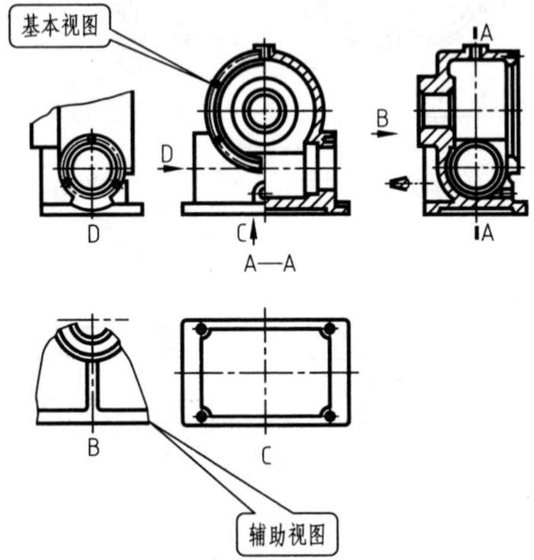

第三节　零件图上典型结构的尺寸注法

零件图上的尺寸是加工和检验零件的重要依据，是零件图的重要内容之一，是图样中指令性最强的部分。在零件图上标注尺寸，必须做到：正确、完整、清晰、合理。

一、合理标注尺寸

标注尺寸的合理性，就是要求图样上所标注的尺寸既要符合零件的设计要求，又要符合生产实际，便于加工和测量，并有利于装配。

(1) 尺寸基准分类

① 设计基准：从设计角度考虑，为满足零件在机器或部件中对其结构、性能要求而选定的一些基准。示例如图 8-6 (a) 所示。

② 工艺基准：从加工工艺的角度考虑，为便于零件的加工、测量而选定的一些基准，称为工艺基准。如图 8-6 (b) 所示。

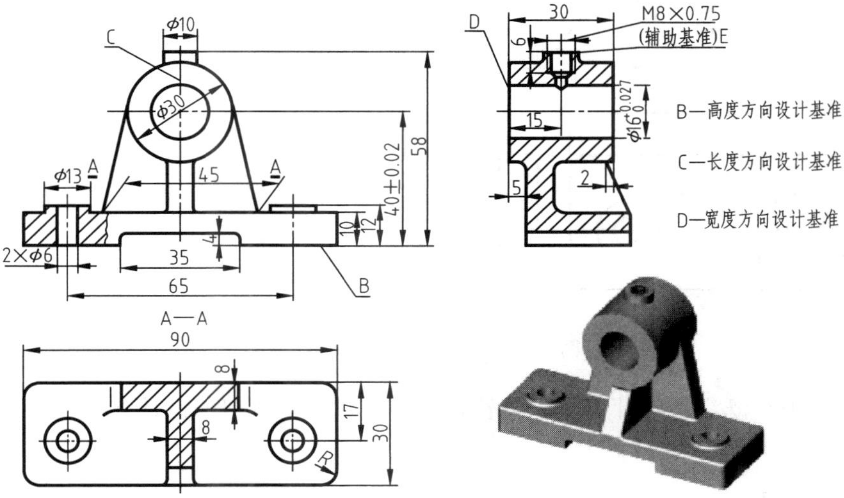

(a)设计基准

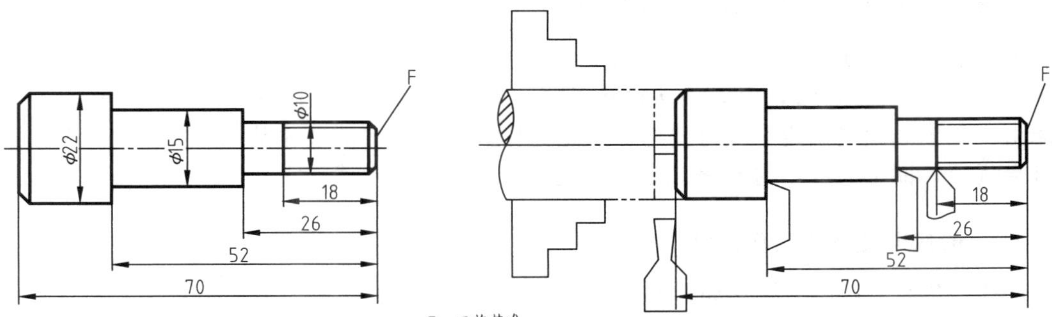

F—工艺基准

(b)工艺基准

图 8-6　尺寸基准分类

(2) 选择原则　应尽量使设计基准与工艺基准重合，以减少尺寸误差，保证产品质量。

(3) 三方向原则　任何一个零件都有长、宽、高三个方向的尺寸。因此，每一个零件也应有三个方向的尺寸基准。

(4) 主辅基准　零件的某个方向可能会有两个或两个以上的基准。一般只有一个是主要基准，其他次要基准，或称辅助基准。应选择零件上重要几何要素作为主要基准，如零件重要底面、端面、对称平面、装配接合面、主要孔或轴的轴线等。

尺寸基准选择示例如图 8-7 所示。

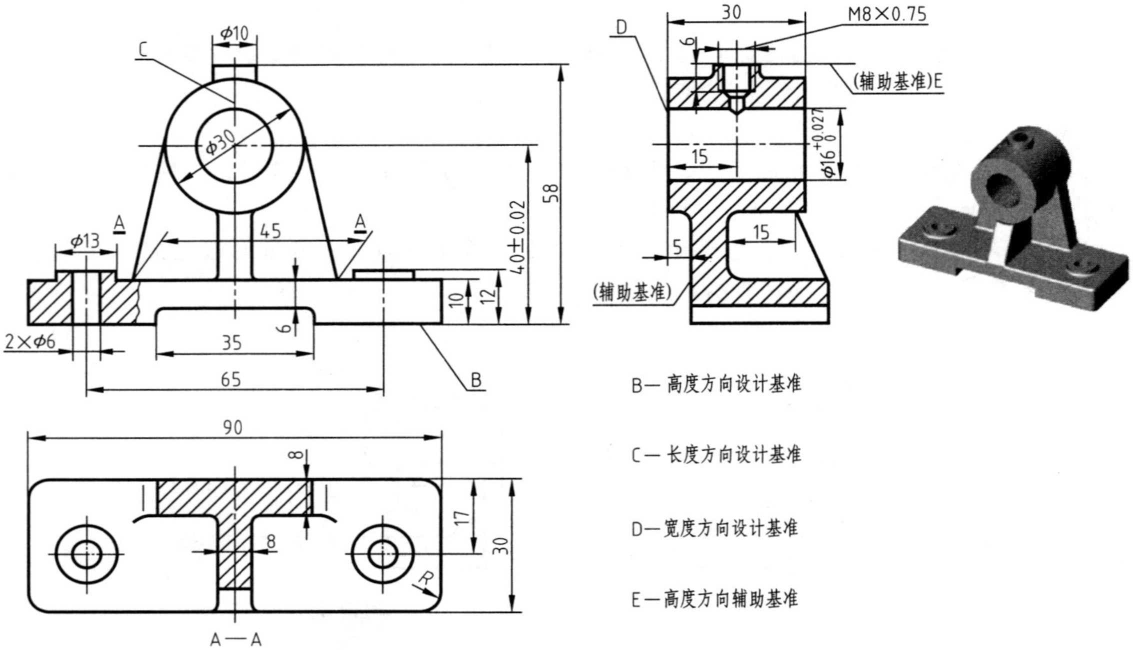

图 8-7　尺寸基准选择示例

本例中的基准，既满足设计要求，又符合工艺要求。是典型的设计基准与工艺基准重合的例子。

二、尺寸标注要求

1. 重要尺寸必须从设计基准直接注出

零件上凡是影响产品性能、工作精度和互换性的重要尺寸（规格性能尺寸、配合尺寸、安装尺寸、定位的尺寸），都必须从设计基准直接注出。示例如图 8-8 所示。圆孔间的定位只能由中心轴线距离确定，并且要以非加工面作为高度方向的尺寸基准。图 8-8 中 L、A 标注符合规定，而 E、C 不符合该规定，因此是错误的标注形式。

2. 一般应避免注成封闭尺寸链

如图 8-9 所示，该零件是加工两端所得，因此中间段尺寸最不重要。

3. 标注时考虑测量的方便与可能

如图 8-10 所示。

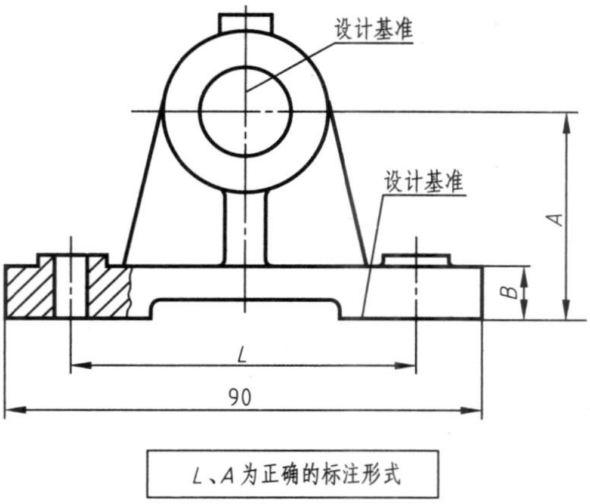

图 8-8　重要尺寸从设计基准直接注出示例

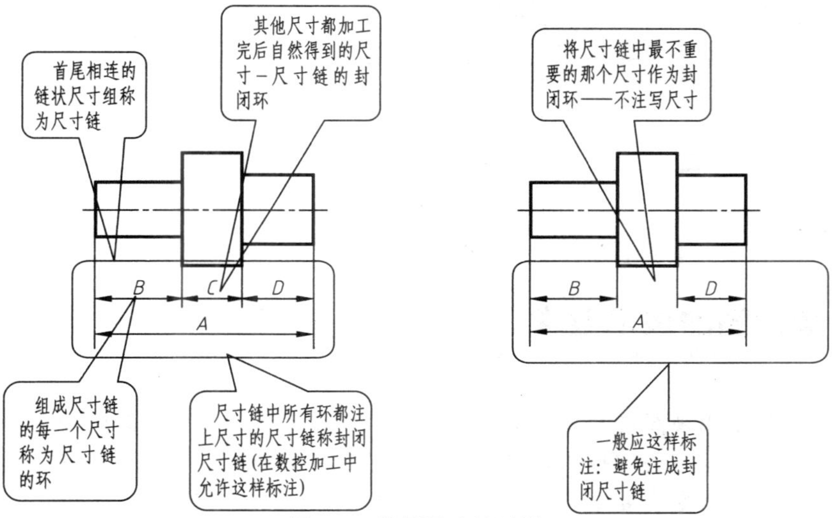

图 8-9　封闭尺寸链示例

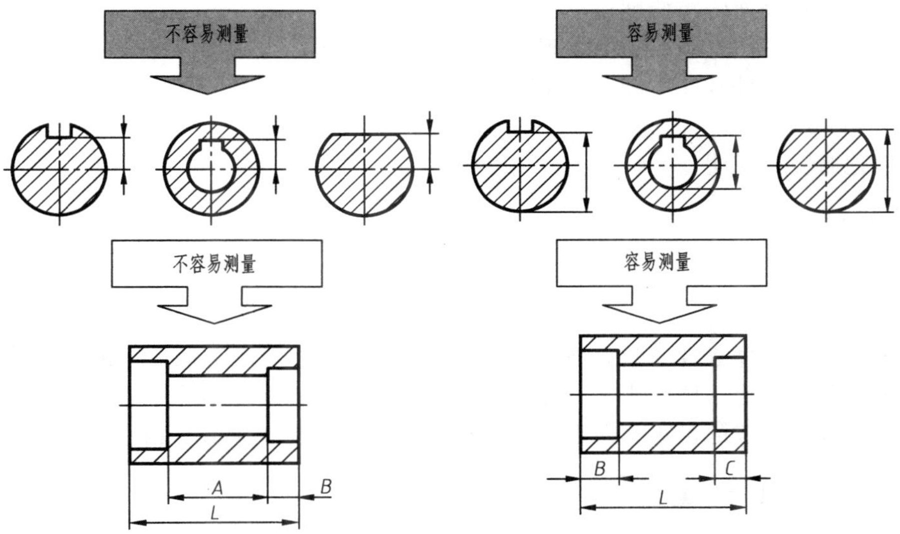

图 8-10　标注时考虑测量的方便与可能示例

4. 适当考虑按加工顺序标注尺寸

零件上主要尺寸应从设计基准直接注出，其他尺寸应考虑按加工顺序从工艺基准标注尺寸，便于工人看图、加工和测量。如图 8-11 所示。

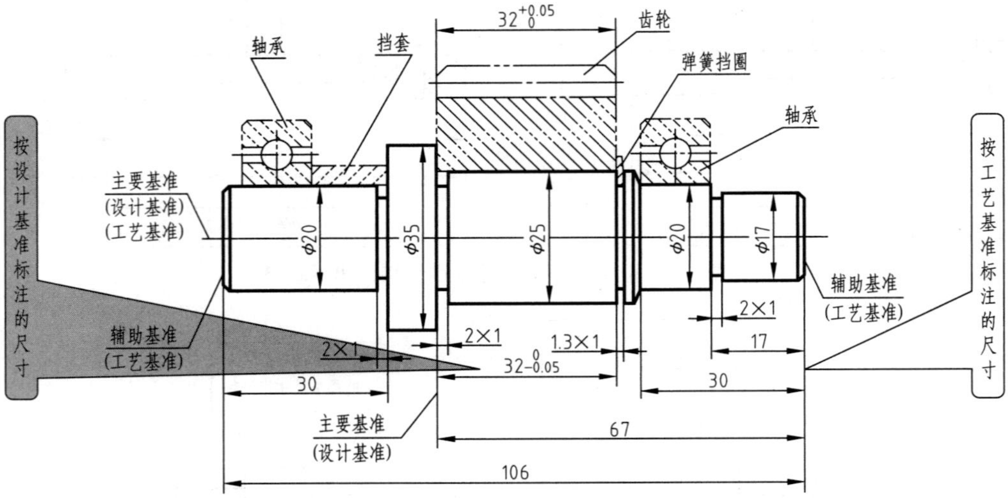

图 8-11　传动轴尺寸标注

第四节　零件图的技术要求

零件图上，除了用视图表达零件的结构形状和用尺寸表达零件的各组成部分的大小及位置关系外，通常还标注有关的技术要求。技术要求一般有以下几个方面的内容：

(1) 零件的极限与配合要求；

(2) 零件的形状和位置公差；

(3) 零件上各表面的粗糙度；

(4) 零件材料、热处理、表面处理和表面修饰的说明；

(5) 对零件的特殊加工、检查及试验的说明，有关结构的统一要求，如圆角、倒角尺寸等；

(6) 其他必要的说明。

一、表面粗糙度

1. 概念

经过加工后的机器零件，其表面状态是比较复杂的。若将其截面放大来看，零件的表面总是凹凸不平的，是由一些微小间距和微小峰谷组成的。将这种零件加工后表面上具有的微小间距和微小峰谷组成的微观几何形状特征称为表面粗糙度。如图 8-12 所示。

2. 表面粗糙度的评定参数

国家标准（GB/T 131—2006）规定了三项高度参数，轮廓算术平均偏差 Ra、微观不平

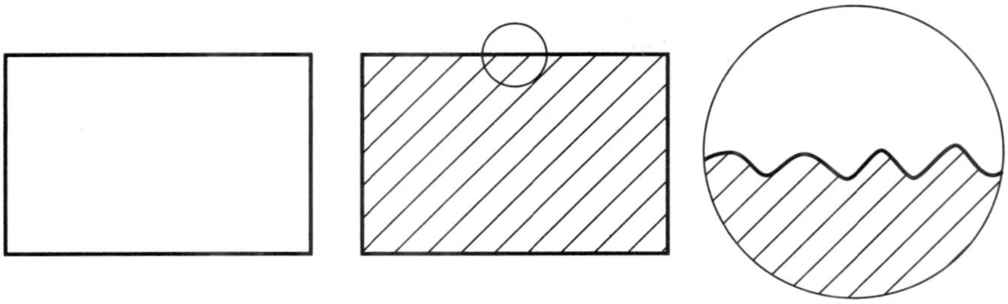

图 8-12　表面粗糙度

度十点高度 Rz 和轮廓最大高度 Ry。这里只介绍最常用的轮廓算术平均偏差 Ra。

轮廓算术平均偏差——Ra，在一个取样长度内，轮廓偏距（Y 方向上轮廓线上的点与基准线之间的距离）绝对值的算术平均值。如图 8-13 所示。

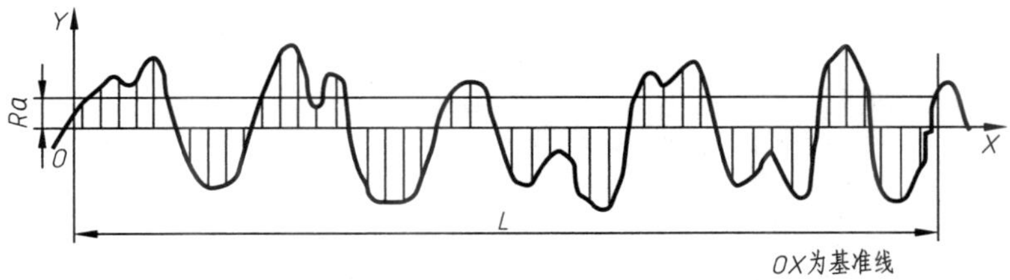

图 8-13　轮廓算术平均偏差

3. 表面粗糙度的符号和代号

(1) 基本符号：如图 8-14 所示。

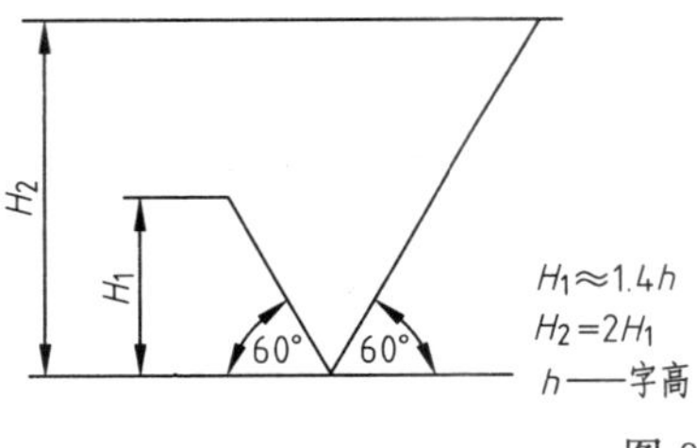

数字与字母高度	2.5	3.5	5	7	10
符号的线宽	0.25	0.35	0.5	0.7	1
高度 H_1	3.5	5	7	10	14
高度 H_2	8	11	15	21	30

图 8-14　表面粗糙度基本符号

(2) 表面粗糙度在图样上的标注（GB/T 131—2006）如表 8-3 所示。

表 8-3　表面粗糙度在图样上的标注

符　　号	意义及说明
	基本符号，表示表面可用任何方法获得。当不加注粗糙度参数值或有关说明（例如：表面处理、局部热处理状况等）时，仅适用于简化代号标注
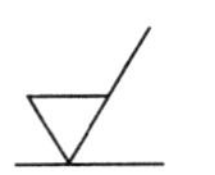	基本符号加一短划，表示表面是用去除材料的方法获得。例如：车、铣、钻、磨、剪切、抛光、腐蚀、电火花加工、气割等
	基本符号加一小圆，表示表面是用不去除材料的方法获得。例如：铸、锻、冲压变形、热轧、粉末冶金等 或者用于保持原供应状况的表面（包括保持上道工序的状况）

符　　号	意义及说明
	在上述三个符号的长边上均可加一横线，用于标注有关参数和说明
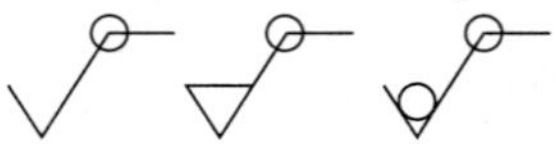	上述三个符号上均可加一小圆，表示所有表面具有相同的表面粗糙度要求

(3) 表面粗糙度的代号，如图 8-15 所示。

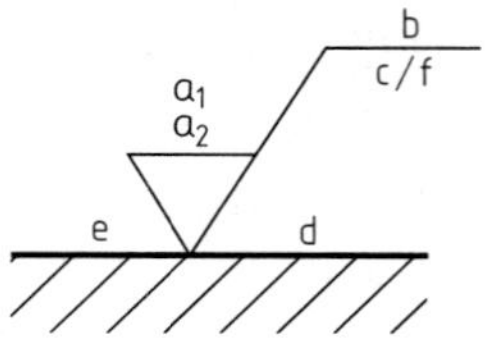

图 8-15　表面粗糙度的代号

a_1，a_2—粗糙度高度参数代号及其数值（单位为微米）；
b—加工要求、镀覆、涂覆、表面处理或其他说明等；
c—取样长度（单位为毫米）或波纹度（单位为微米）；
d—加工纹理方向符号；
e—加工余量（单位为毫米）；
f—粗糙度间距参数值（单位为毫米）或轮廓支承长度率

(4) 表面粗糙度代号中的常见标注规定如表 8-4 所示。

表 8-4　表面粗糙度代号中的常见标注规定

代号	意　　义	代号	意　　义
	用任何方法获得的表面粗糙度，*Ra* 的上限值为 3.2μm	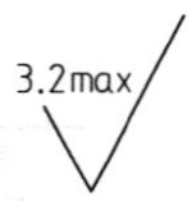	用任何方法获得的表面粗糙度，*Ra* 的最大值为 3.2μm
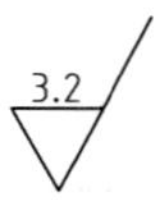	用去除材料的方法获得的表面粗糙度，*Ra* 的上限值为 3.2μm	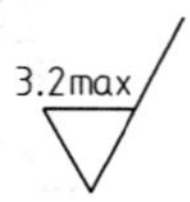	用去除材料方法获得的表面粗糙度，*Ra* 的最大值为 3.2μm
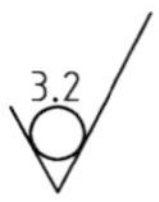	用不去除材料方法获得的表面粗糙度，*Ra* 的上限值为 3.2μm	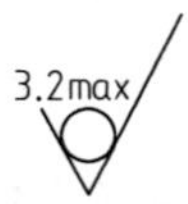	用不去除材料方法获得的表面粗糙度，*Ra* 的最大值为 3.2μm
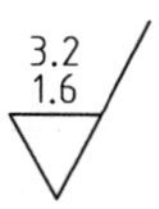	用去除材料方法获得的表面粗糙度，*Ra* 的上限值为 3.2μm，*Ra* 的下限值为 1.6μm	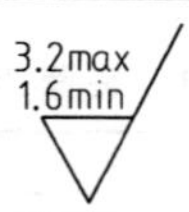	用去除材料方法获得的表面粗糙度，*Ra* 的最大值为 3.2μm，*Ra* 的最小值为 1.6μm

4. 表面粗糙度代号、符号在图样上的标注

零件的每一个表面都应该有粗糙度要求，并且应在图样上用代（符）号标注出来。零件图上所标注的表面粗糙度代（符）号是指该表面完工后的要求。

(1) 表面结构要求可标注在轮廓线或其延长线上，其符号应从材料外指向并接触表面。必要时表面结构符号也可用带箭头和黑点的指引线引出标注，表面结构的注写和读取方向与尺寸的注写和读取方向一致，如图 8-16（a）所示。

(2) 表面结构图形符号不应倒着标注，也不应指向左侧标注。遇到这种情况时应采用指

引线标注，如图 8-16（b）所示。

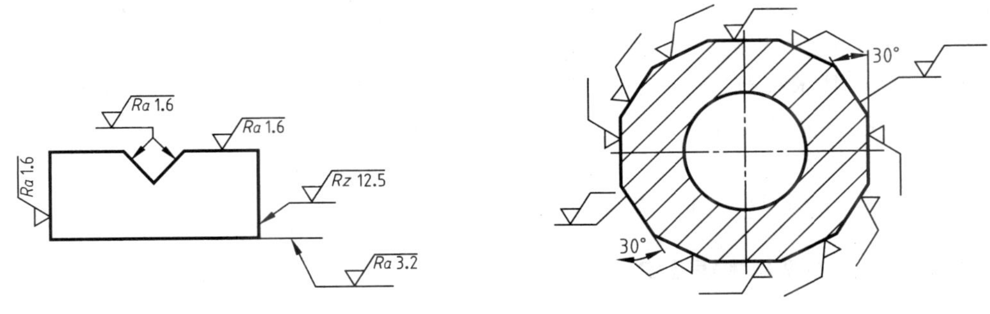

(a)　　　　(b)

图 8-16　表面粗糙度代号、符号在图样上的标注

(3) 当零件的大部分表面具有相同的粗糙度要求或图纸空间有限时，可以采用简化注法。

① 用带字母的完整符号的简化注法　可用带字母的完整符号，以等式的形式，在图形或标题栏附近，对有相同表面结构要求的表面进行简化标注，如图 8-17（a）所示。

② 只用表面结构符号的简化注法　可用等式的形式给出对多个表面结构要求相同的简化注法，如图 8-17(b)～(d)所示。

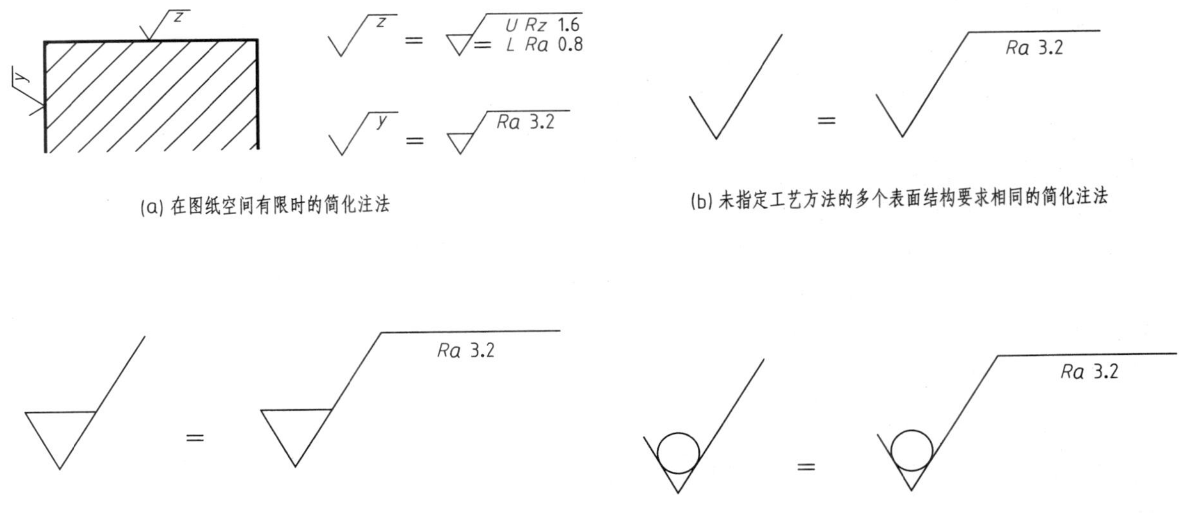

(a) 在图纸空间有限时的简化注法

(b) 未指定工艺方法的多个表面结构要求相同的简化注法

(c) 要求去除材料的多个表面结构要求相同的简化注法

(d) 不允许去除材料的多个表面结构要求相同的简化注法

图 8-17　图纸空间有限或多个表面结构要求相同的简化注法

二、极限与配合

在一批相同规格的零件或部件中，任取一件，不经修配或其他加工，就能顺利装配，并能够达到预期使用要求。把这批零件或部件所具有的这种性质称为互换性。极限与配合是机械工程方面重要的基础标准，不仅用于孔和轴之间的结合，也用于其他由单一尺寸确定的结合。零件加工过程中，由于各种因素的影响，如机床、刀具、工艺系统刚性等，完工后的零件尺寸、形状、表面粗糙度以及相互位置等总会产生一定的误差。完工后的零件要满足互换性要求，在设计与制造时就必须执行公差与配合方面的国家标准。

为适应科学技术发展和促进国际贸易，经国家技术监督局批准，我国颁布了：

➤《产品几何技术规范（GPS） 极限与配合 第 1 部分：公差、偏差和配合的基础》（GB/T 1800.1—2020）

➤《产品几何技术规范（GPS） 极限与配合 第 2 部分：标准公差等级和孔、轴极限偏差表》（GB/T 1800.2—2020）

➤《产品几何技术规范（GPS） 线性尺寸公差 ISO 代号体系 第 1 部分：公差、偏差和配合的基础》（GB/T 1801.1—2020）

1. 极限与配合的基本术语及定义

(1) 孔和轴 如图 8-18 所示。

孔：通常指工件的圆柱形内表面，也包括非圆柱形内表面（即由两平行平面或切面形成的包容面）。

轴：通常指工件的圆柱形外表面，也包括非圆柱形外表面（即由两平行平面或切面形成的被包容面）。

(2) 尺寸 是指用特定单位表示线性尺寸值的数值，一般情况下只表示长度值。如直径、半径、宽度、深度、高度和中心距等。

① 公称尺寸 是指通过设计给定的尺寸。它是设计时根据使用要求、通过刚度和强度等设计计算，以及结构、工艺设计或根据经验确定的尺寸；它也是计算极限尺寸和极限偏差的起始尺寸。公称尺寸一般应按标准选取，可以是一个整数或一个小数，如 12、31.5、71.8、85 等。孔的公称尺寸代号用 D 表示，轴的公称尺寸代号用 d 表示。

② 实际尺寸 是指零件加工后通过测量所得到的尺寸。孔的实际尺寸用 D_a 表示，轴的实际尺寸用 d_a 表示。由于存在测量误差，实际尺寸并非被测零件的真实尺寸，而是真实尺寸的一个近似值。同时由于零件加工后一定存在形状误差，因此，即使是零件同一表面，不同部位的实际尺寸往往也是不一样的。

③ 极限尺寸 是指允许尺寸变化的两个极限值。两个极限值中较大的一个称为最大极限尺寸，较小的一个称为最小极限尺寸。孔和轴的最大极限尺寸分别用 D_{max} 和 d_{max} 表示。孔和轴的最小极限尺寸分别用 D_{min} 和 d_{min} 表示，表示方法如图 8-19 所示。

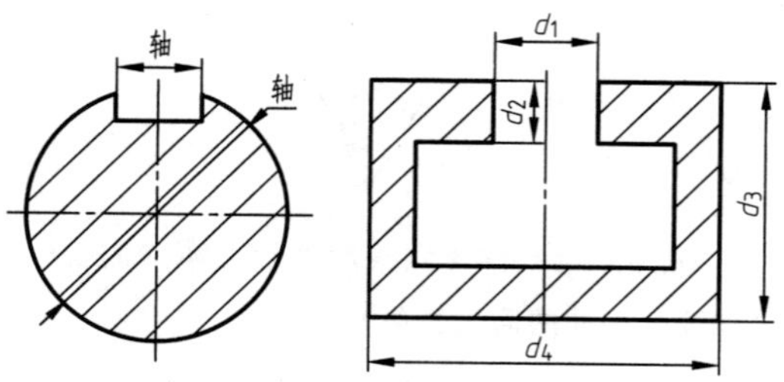

图 8-18 孔和轴

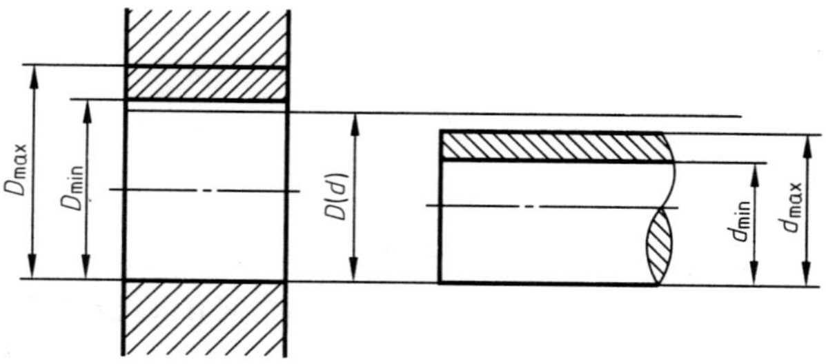

图 8-19 极限尺寸

公称尺寸和极限尺寸是设计时事先给定的，而实际尺寸是加工后通过测量得到的；因而，实际尺寸必须限制在极限尺寸范围之内，才能符合设计要求。合格的孔和轴的实际尺寸必须满足如下要求：

$$D_{min} \leqslant D_a \leqslant D_{max} \quad d_{min} \leqslant d_a \leqslant d_{max}$$

(3) 有关尺寸偏差、公差的术语定义

① 尺寸偏差（偏差） 是某一尺寸（极限尺寸、实际尺寸）减去基本尺寸所得的代数

差。因为极限尺寸和实际尺寸可能大于也可能小于或等于公称尺寸，所以尺寸偏差可能是正值，也可能是负值或零。

② 实际偏差　是实际尺寸减去基本尺寸所得的代数差。孔的实际偏差用 E_a 表示，轴的实际偏差用 e_a 表示。$E_a=D_a-D$，$e_a=d_a-d$。

③ 极限偏差　是极限尺寸减去公称尺寸所得的代数差。极限偏差又可分为上偏差和下偏差。最大极限尺寸减去公称尺寸所得的偏差叫作上偏差。孔和轴的上偏差分别用 E_S 和 e_s 表示。$E_S=D_{max}-D$，$e_s=d_{max}-d$，最小极限尺寸减去公称尺寸所得的偏差叫作下偏差。孔和轴的下偏差分别用 E_I 和 e_i 表示。$E_I=D_{min}-D$，$e_i=d_{min}-d$。实际偏差应控制在极限偏差范围内，也可以等于极限偏差。即：$E_I \leqslant E_a \leqslant E_S$，$e_i \leqslant e_a \leqslant e_s$。

④ 尺寸公差　允许尺寸变化的范围称为尺寸公差，简称为公差。工件的尺寸误差在公差范围内为合格，否则为不合格。公差是最大极限尺寸减去最小极限尺寸，或上偏差减去下偏差的差值。孔的公差用 T_h 表示，轴的公差用 T_s 表示。极限尺寸、极限偏差和公差的关系如下。

孔的公差：$T_h=D_{max}-D_{min}=E_S-E_I$

轴的公差：$T_s=d_{max}-d_{min}=e_s-e_i$

最大极限尺寸一定大于最小极限尺寸，上偏差又一定大于下偏差，公差一定大于零，没有正负之分，仅表示允许变化的范围。而偏差是一个代数值，可以为正，可以为零，也可以为负。这些关系用一个图形来表示时就称为公差与配合示意图。如图 8-20 所示。

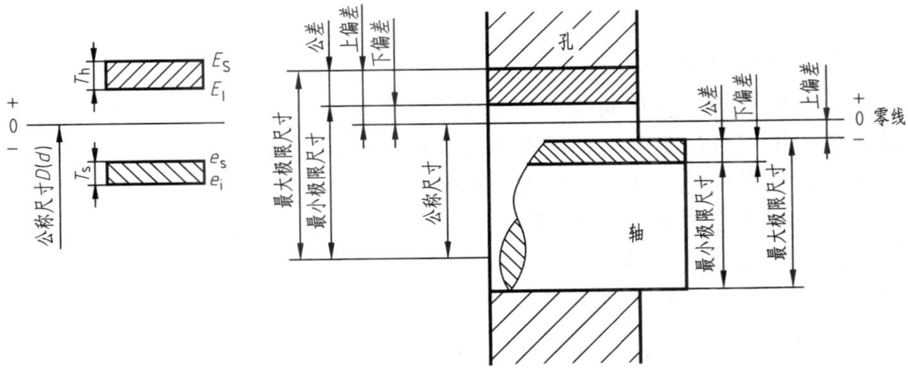

图 8-20　公差与配合示意图

⑤ 尺寸公差带　由代表最大极限尺寸和最小极限尺寸或上偏差和下偏差的两条直线所限定的区域，称为尺寸公差带。国家标准对极限与配合作了如下规定：公差带的大小由标准公差确定，公差带的位置由基本偏差确定。

为了直观地表示出相互结合的孔和轴的公称尺寸以及偏差和公差之间的关系，可以把孔和轴的公称尺寸和极限偏差同时在示意图上表达出来，这就是公差带示意图（简称公差带图）。如图 8-21 所示。

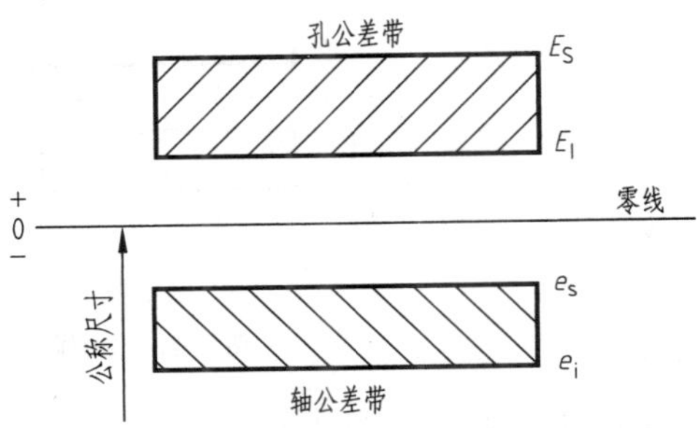

图 8-21　公差带示意图

➢ 标准公差　是指国家标准规定的，并列在公差数值表上的用以确认公差带大小的任一公差。

➤ 基本偏差　是指国家标准规定的，用以确定公差带相对于零线位置的上偏差或下偏差。一般把公差带靠近零线的那个偏差作为基本偏差。标准公差与基本偏差如图 8-22 所示。

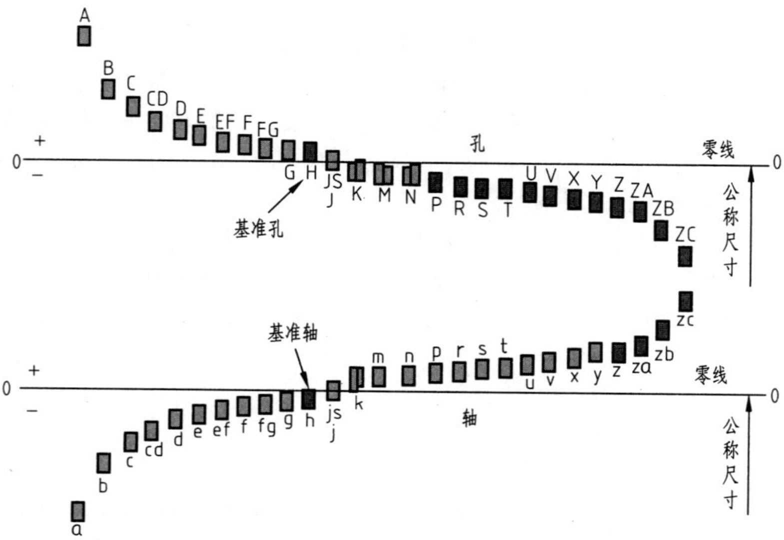

图 8-22　标准公差与基本偏差示意图

2. 有关配合的术语定义

(1) 配合　是指公称尺寸相同的，相互结合的孔和轴的公差带之间的关系。根据组成配合的孔和轴的公差带相对位置不同，配合可分为间隙配合、过盈配合和过渡配合。

(2) 间隙配合　当孔的尺寸减去相配合的轴的尺寸所得的代数差为正值时，称为间隙，用符号 X 表示。具有间隙的配合（包括最小间隙为零）称为间隙配合。此时，孔的公差带一定位于轴的公差带的上方。如图 8-23（a）所示。

(3) 过盈配合　当孔的尺寸减去相配合的轴的尺寸所得的代数差为负值时，称为过盈，用符号 Y 表示。具有过盈的配合（包括最小过盈为零），称为过盈配合。此时，孔的公差带一定位于轴的公差带的下方。如图 8-23（b）所示。

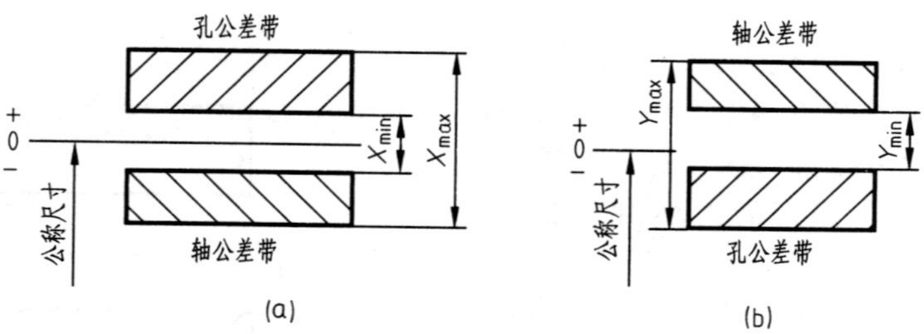

图 8-23　间隙配合及过盈配合公差带示意图

(4) 过渡配合　在装配过程中可能产生间隙也可能产生过盈的配合。在公差带图上，孔和轴的公差带相互重叠，过盈量和间隙量都不大。如图 8-24 所示，是介于间隙配合与过盈配合之间的一类配合，但其间隙或过盈都不大。

(5) 配合制

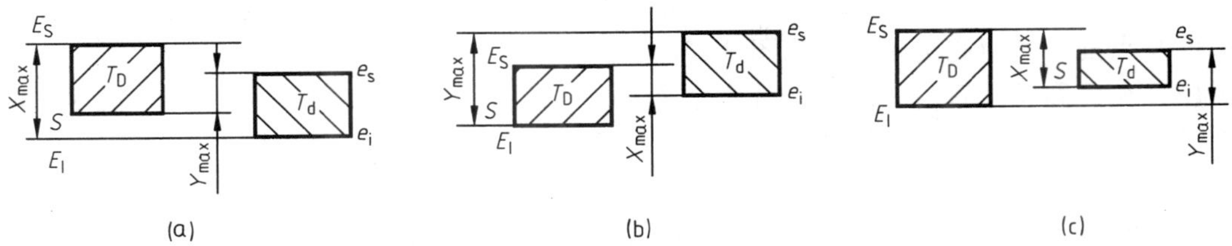

图 8-24　过渡配合公差带示意图

① 基孔制配合　基本偏差为一定的孔的公差带，与不同基本偏差的轴的公差带形成各种配合的制度。如图 8-25（a）所示。

② 基轴制配合　基本偏差为一定的轴的公差带与不同基本偏差的孔的公差带形成各种配合的制度。如图 8-25（b）所示。

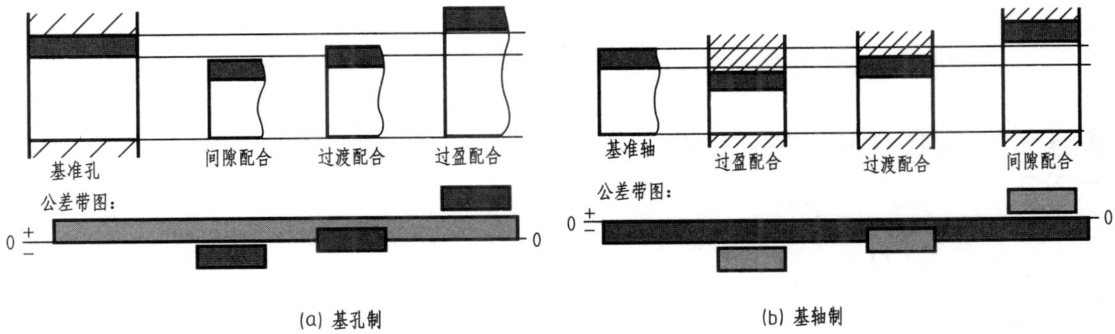

图 8-25　配合制

③ 根据基本偏差代号确定配合种类　如图 8-26 所示。

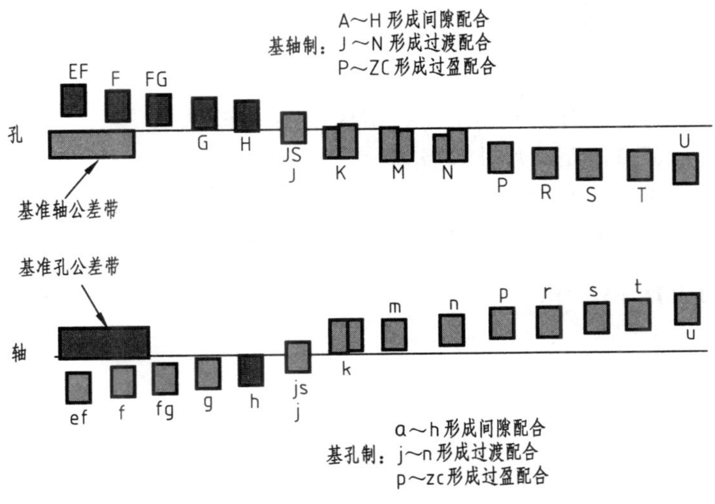

图 8-26　确定配合种类

3. 极限与配合的标注

(1) 在公称尺寸后注出公差带代号（基本公差代号和标准公差等级数字）。配合精度明确，标注简单，但数值不直观。适用于量规检测的尺寸。如图 8-27（a）所示。

（2）注出公称尺寸及上、下偏差值（常用方法）。数值直观，用万能量具检测方便。试制单件及小批生产用此法较多。如图 8-27（b）所示。

（3）在公称尺寸后，注出公差带代号及上、下偏差值，偏差值要加上括号。既明确配合精度又有公差数值。适用于生产规模不确定的情况。如图 8-27（c）所示。

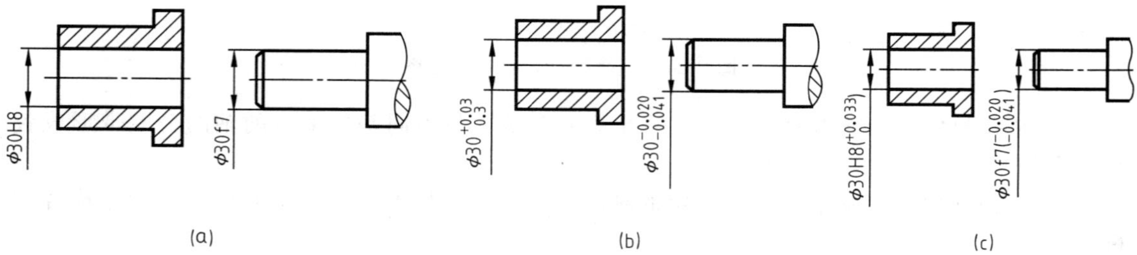

图 8-27　极限与配合的标注

第五节　读零件图的方法和步骤

一、读零件图的目的

在零件设计制造、机器安装、机器的使用和维修及技术革新、技术交流等工作中，常常要看零件图。看零件图的目的是弄清零件图所表达零件的结构形状、尺寸和技术要求，以便指导生产和解决有关的技术问题，这就要求工程技术人员必须具有熟练阅读零件图的能力。

二、读零件图的基本要求

（1）了解零件的名称、用途和材料。

（2）分析零件各组成部分的几何形状、结构特点及作用。

（3）分析零件各部分的定形尺寸和各部分之间的定位尺寸。

（4）熟悉零件的各项技术要求。

（5）初步确定出零件的制造方法（在制图课中可不作此要求）。

三、读零件图的方法和步骤

1. 概括了解

从标题栏内了解零件的名称、材料、比例等，并浏览视图，初步得出零件的用途和形体概貌。

2. 详细分析

（1）分析表达方案　分析视图布局，找出主视图、其他基本视图和辅助视图。根据剖视、断面的剖切方法、位置，分析剖视、断面的表达目的和作用。

（2）分析形体、想出零件的结构形状　先从主视图出发，联系其他视图进行分析。用形体分析法分析零件各部分的结构形状，难以看懂的结构，运用线面分析法分析，最后想出整个零件的结构形状。分析时若能结合零件结构功能来进行，会使分析更加容易。

(3) 分析尺寸 先找出零件长、宽、高三个方向的尺寸基准，然后从基准出发，找出主要尺寸。再用形体分析法找出各部分的定形尺寸和定位尺寸。在分析中要注意检查是否有多余和遗漏的尺寸、尺寸是否符合设计和工艺要求。

(4) 分析技术要求 分析零件的尺寸公差、形位公差、表面粗糙度和其他技术要求，弄清哪些尺寸要求高，哪些尺寸要求低，哪些表面要求高，哪些表面要求低，哪些表面不加工，以便进一步考虑相应的加工方法。

3. 归纳总结

综合前面的分析，把图形、尺寸和技术要求等全面系统地联系起来思索，并参阅相关资料，得出零件的整体结构、尺寸大小、技术要求及零件的作用等完整的概念。

必须指出，在读零件图的过程中，上述步骤不能把它们机械地分开，往往是参差进行的。另外，对于较复杂的零件图，往往要参考有关技术资料，如装配图、相关零件的零件图及说明书等，才能完全读懂。对于有些表达不够理想的零件图，需要反复仔细地分析，才能读懂。

读零件图举例如图 8-2 齿轮轴零件图所示。

分析步骤：

从标题栏可知，该零件叫齿轮轴。齿轮轴是用来传递动力和运动的，其材料为 45 号钢，属于轴类零件。最大直径 60mm，总长 228mm，属于较小的零件。

详细分析：

(1) 分析表达方案和形体结构 表达方案由主视图和移出断面图组成，轮齿部分作了局部剖。主视图（结合尺寸）已将齿轮轴的主要结构表达清楚了，由几段不同直径的回转体组成，最大圆柱上制有轮齿，右端圆柱上有一键槽，零件两端及轮齿两端有倒角，B、C 两端面处有砂轮越程槽。移出断面图用于表达键槽深度和进行有关标注。

(2) 分析尺寸 轮齿轴中 ϕ35k6 及 ϕ20r6 轴段用来安装滚动轴承及联轴器。径向尺寸的基准为齿轮轴的轴线。端面 B 用于安装挡油环及轴向定位，所以端面 B 为长度方向的主要尺寸基准。注出了尺寸 2、8、76 等。端面 C 为长度方向的第一辅助尺寸基准，注出了尺寸 2、28。齿轮轴的右端面为长度方向尺寸的另一辅助基准，注出了尺寸 4、53。键槽长度 45、齿轮宽度 60 等为轴间的重要尺寸，已直接注出。

(3) 分析技术要求 两个 ϕ35 及 ϕ20 的轴颈处有配合要求。尺寸精度较高，均为 6 级公差，相应的表面粗糙度要求也较高，分别为 Ra1.6 和 Ra3.2。对键槽提出了对称度要求。对热处理、倒角、未注尺寸公差等提出了 4 项文字说明要求。

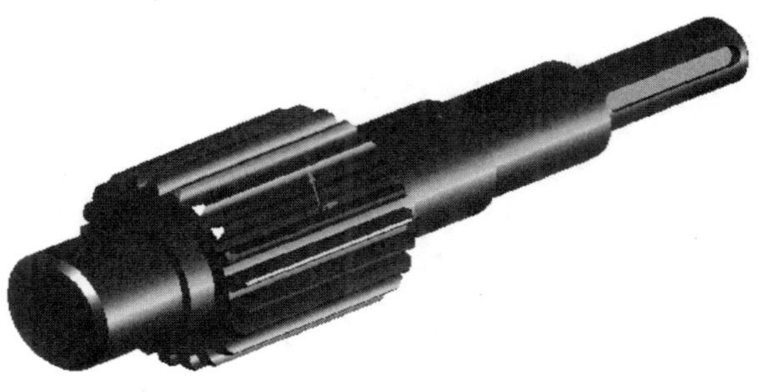

图 8-28 齿轮轴立体图

归纳总结：通过上述读图分析，对齿轮轴的作用、结构形状、尺寸大小、主要加工方法及加工中的主要技术指标要求有了较清楚的认识。综合起来，即可得出齿轮轴的总体印象（图 8-28）。

课后补充知识

柳工 8128 装载机于 2014 年研发成功，是中国工程机械行业的标志性产品之一。它由七大结构件，900 多种零部件（3176 个）组成。它标志着中国成为继美国、日本、瑞典之后第四个拥有 12 吨位装载机制造能力的国家。12 吨液力变矩器作为其中的关键核心部件，经过工程师们夜以继日的攻关，开创了独具中国智慧的“分瓣制作，最后组装”的方法，12 吨液力变矩器的涡轮组芯达到了 27 块，拼在一起要做到零误差。给砂芯表面刷上一层涂料，这是一道确保涡轮制造精度的关键工序，涂料配方里，添加什么样的成分，可以将涂层厚度严格控制在 0.2mm 以内，曾是国外巨头严守的秘密，现在已经被国内工程师们完全掌握。

第九章

装 配 图

本章介绍装配图所包含的内容及其与零件图的区别，着重讲解装配图的画法，内容涉及装配图特有的表达方法、装配图的尺寸标注、零部件序号和明细栏的编制方法以及装配图的绘制方法和步骤等，最后介绍了由装配图拆画零件图的方法和步骤。

表达机器或部件的图样称为装配图。

第一节 装配图的作用和内容

一、装配图的作用

扫码看视频

装配图是用来表达机器或部件的图样，在设计产品时，一般先画出装配

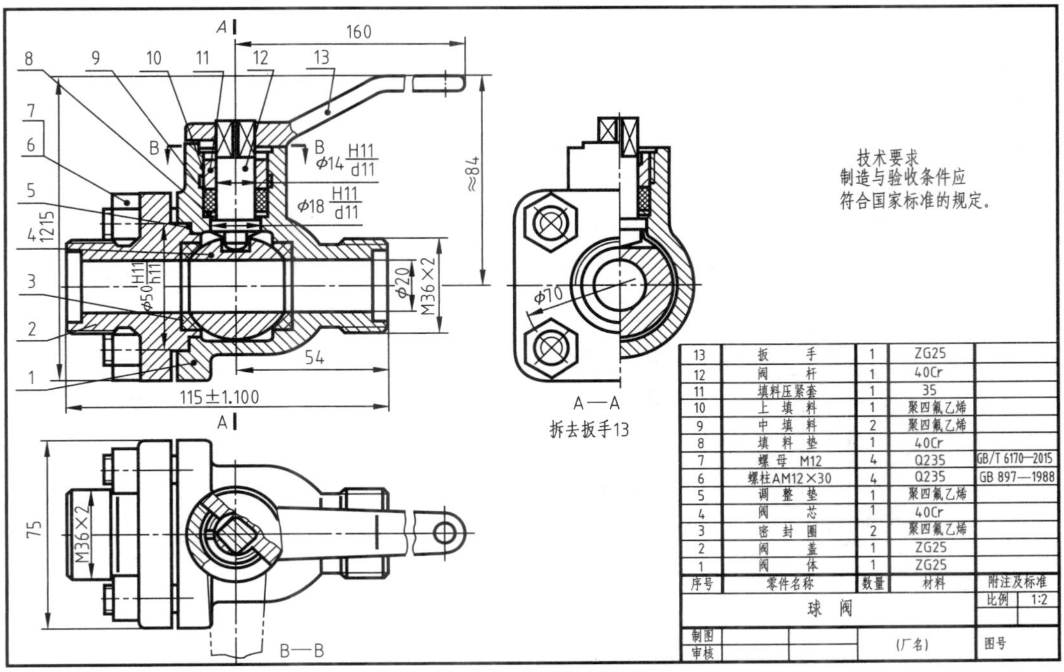

图 9-1 球阀装配图

图，然后根据装配图定出的结构和尺寸，设计绘制零件图；当零件制成后，要根据装配图进行组装、检验和调试；在使用阶段，根据装配图进行安装、调试以及维修等工作，因此装配图是工业生产中的重要技术文件之一。

二、装配图的内容

(1) 一组视图：表达组成机器或部件的零件之间的位置、装配关系，工作原理，零件的关键结构和形状。

(2) 必要的尺寸：机器或部件的性能、配合、安装、总体和其他重要尺寸。

(3) 技术要求：说明机器或部件的性能、装配、检验等要求。

(4) 标题栏、零件序号及明细栏。

① 标题栏：说明名称、质量、比例以及与设计、生产管理有关的内容。

② 零件序号：组成设备各零件在装配图中用序号依次标出。

③ 明细栏：列出机器或部件中各零件的序号、名称、数量、材料、规格等。

装配图示例如图 9-1 所示。

第二节 装配图的表达方法

在表达方法上装配图和零件图基本相同，通过采用各种视图、剖视图、断面图方法来表达其结构形状，但它们之间也有不同之处，装配图需要表达机器（或部件）的总体情况，特别是零件之间的关系，而零件图仅表达单个零件的结构形状。针对装配图的特点，国家标准《机械制图》对画装配图提出了一些规定画法和特殊的表达方法。

一、规定画法

(1) 相邻零件的接触表面和配合表面只画一条线；不接触表面和非配合表面画两条线。如图 9-2 (a) 所示。

(2) 两个（或两个以上）零件邻接时，剖面线的倾斜方向应相反或间隔不同。但同一零件在各视图上的剖面线方向和间隔必须一致。如图 9-2 (b) 所示。

(3) 在剖视图中，若剖切平面沿紧固件（如螺钉、螺母、垫圈）以及实心杆件（如轴、手柄、连杆、球）等零件的轴线时，这些零件均按不剖绘制。如图 9-2 (b) 所示。

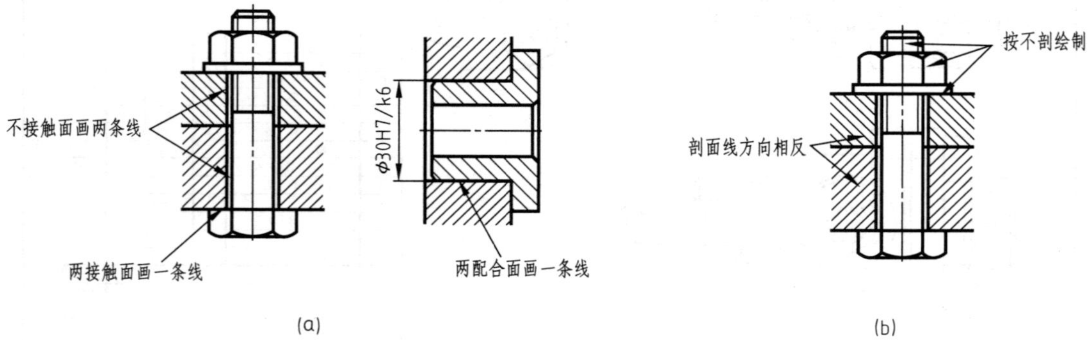

图 9-2 装配图规定画法

二、特殊画法

(1) 沿结合面剖切或拆卸画法：在视图中当某些零件遮住了必须表示的装配关系或其他零件时，可假想拆去这些零件再绘制，这种画法称为拆卸画法。如图 9-3 所示。

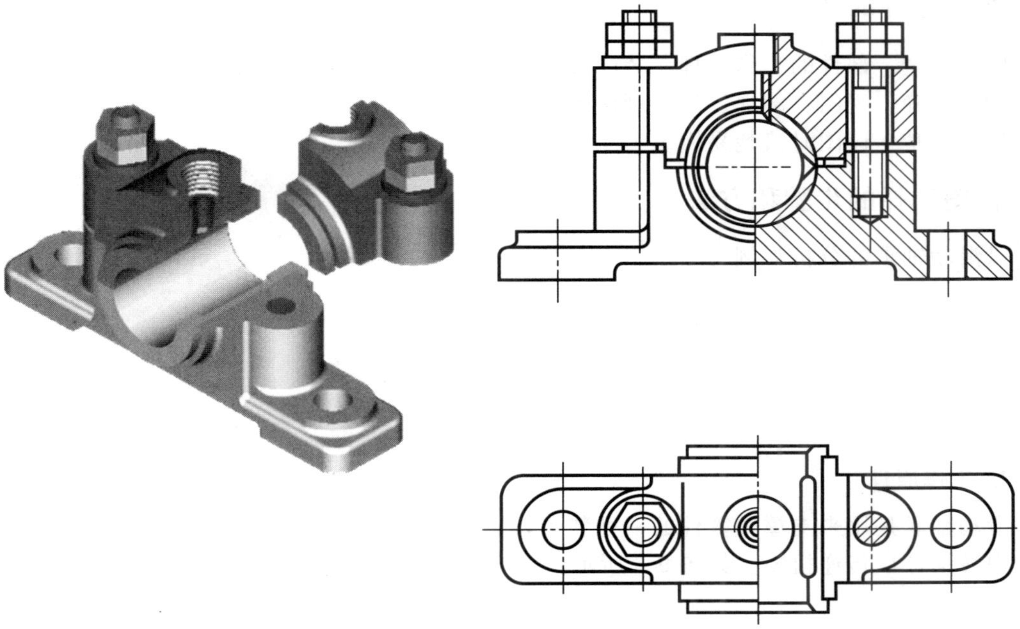

图 9-3 拆卸画法

(2) 假想画法：与本装配体有关但不属于本装配体的相邻零部件，以及运动机件的极限位置，可用双点画线表示。如图 9-4 所示。

(3) 简化画法：零件的工艺结构，如倒角、圆角、退刀槽等可不画。滚动轴承、螺栓连接等可采用简化画法。如图 9-5 所示。

(4) 夸大画法：薄垫片的厚度、小间隙等可适当夸大画出。如图 9-5 所示。

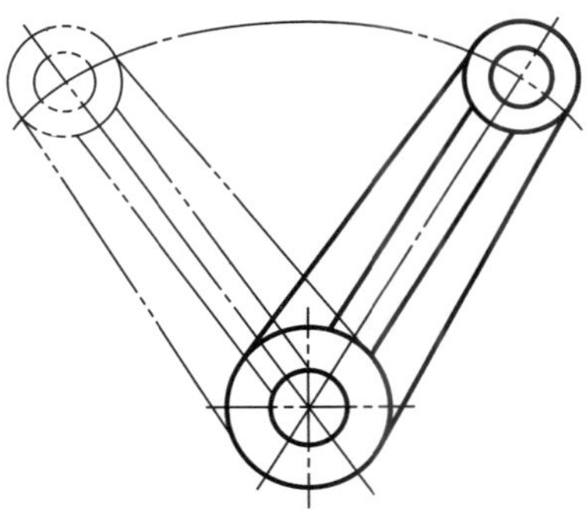

图 9-4 假想画法

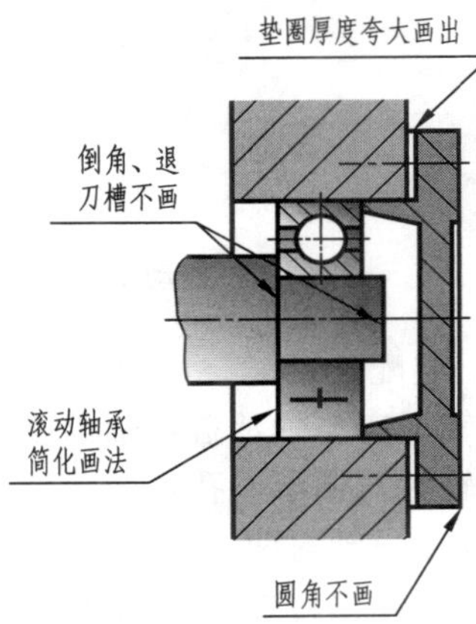

图 9-5 简化和夸大画法

第三节　装配图视图的选择

一、视图选择的要求

(1) 完全　部件的工作原理、装配关系及安装关系等内容表达要完全。

(2) 正确　视图、剖视、规定画法等表示方法正确，符合国标规定。

(3) 清楚　读图时清楚易懂。

二、视图选择的步骤和方法

以滑动轴承的分析为例。

部件分析
- 工作原理
- 结构分析
  - 装配关系
  - 连接固定关系
  - （相对位置关系）

1. 工作原理

滑动轴承是用来支撑轴零件的一种装置，一般成对使用。轴的两端分别装入滑动轴承的轴孔中转动，以传递扭矩。如图 9-6 所示。

2. 结构分析

滑动轴承组成结构如图 9-7 所示。

图 9-6　滑动轴承

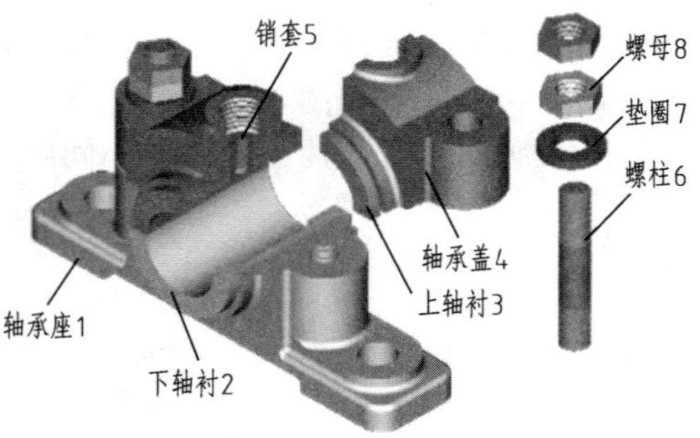

图 9-7　滑动轴承组成结构

(1) 装配关系

① 轴承座与轴承盖：轴承座上的凹槽与轴承盖下的凸起配合定位。

② 轴衬与轴承座孔：

轴向——轴衬两端凸缘定位；

径向——轴衬外表面配合及销套定位。

如图 9-8 所示。

(2) 连接固定关系

① 轴承座与轴承盖用螺柱、螺母、垫圈连接固定。
② 轴承座底板两边的通孔用于安装滑动轴承。
③ 轴承盖顶部的螺孔用来装油杯注油润滑轴承，以减少轴和孔之间的摩擦与磨损。如图 9-8 所示。

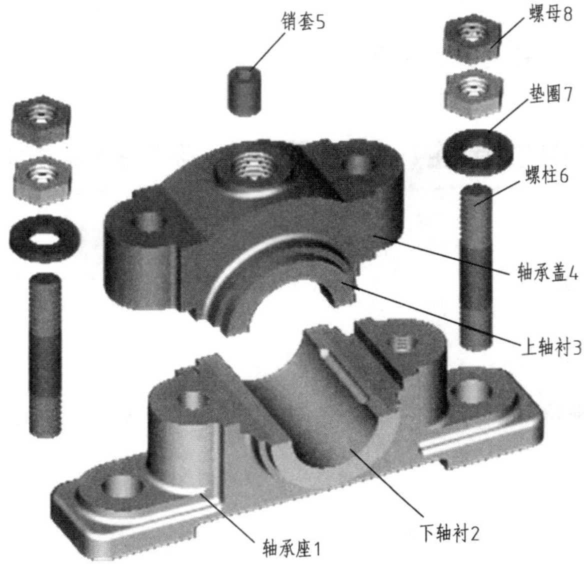

图 9-8　滑动轴承装配及连接固定关系

3. 选择主视图

选择原则：
(1) 符合部件的工作状态；
(2) 能较清楚地表达部件的工作原理、主要的装配关系或其结构特征。

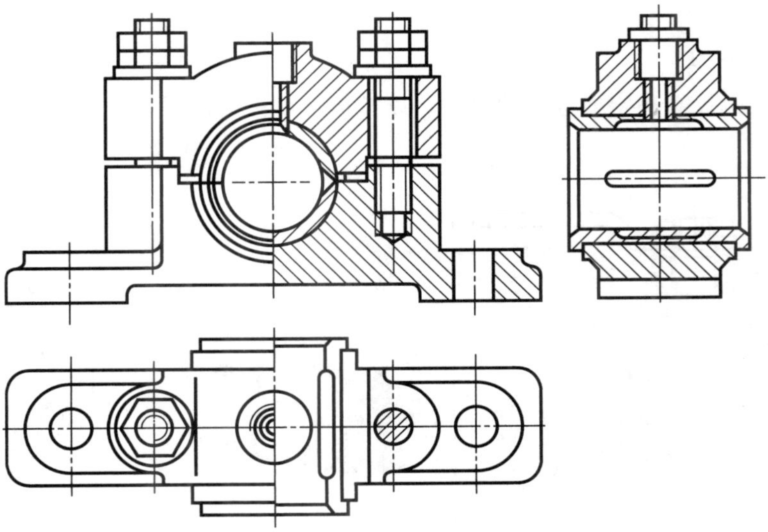
图 9-9　滑动轴承的视图选择

半剖视的主视图，通过螺柱轴线剖切，既表达了轴承盖、轴承座和轴衬的定位及连接固定关系，也反映了滑动轴承的功用和结构特征。如图 9-9 所示。

4. 选择其他视图

(1) 全剖视的左视图，既表达了轴衬和轴承孔的装配关系，又反映了轴在孔中转动的工作状况。如图 9-9 所示。

(2) 半剖视的俯视图，补充表达外形特征，并便于尺寸标注。如图 9-9 所示。

第四节　装配图的尺寸标注、技术要求、零件编号和明细栏

一、装配图的尺寸标注

1. 性能（规格）尺寸

表示部件的性能和规格的尺寸。例如：球阀通孔的直径 $\phi 20$，与液体流量有关。

2. 装配尺寸

零件之间的配合尺寸及影响其性能的重要相对位置尺寸。例如：球阀的阀体与阀盖的配合尺寸 $\phi 50\ \frac{H11}{h11}$。

3. 安装尺寸

将部件安装到机座上所需要的尺寸。例如：球阀两侧管接头尺寸 M36×2。

4. 外形尺寸

部件在长、宽、高三个方向上的最大尺寸。

5. 其他重要尺寸

在设计中经过计算确定或选定的尺寸，以及运动零件的极限尺寸。

如图 9-10 所示。

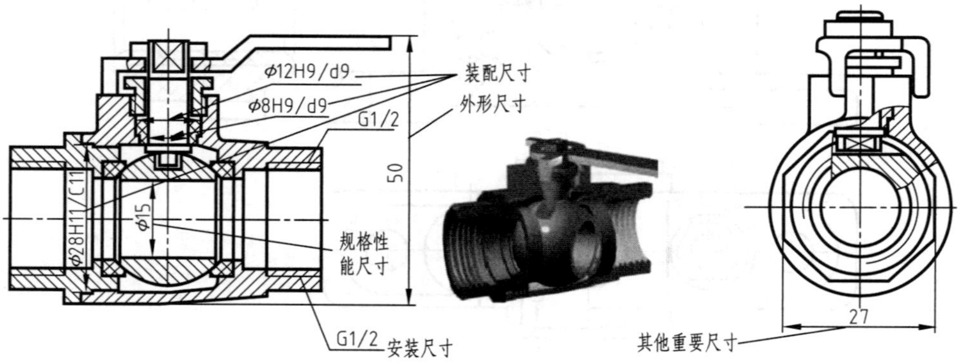

图 9-10　球阀装配图尺寸标注

二、装配图的技术要求

(1) 装配精度要求。

(2) 检验、维修、使用等方面的要求。

(3) 技术要求一般在明细表的上方或左侧用文字加以说明。

三、装配图中的零件编号和明细栏

为了便于读图、绘图和生产管理，在装配图中需要给每种不同的零件或部件进行编号，并在标题栏的上方绘制明细表，详细列出所有零、部件的编号、名称、材料、数量等有关项目。

1. 零件编号

编号方法：

① 画小圆点；

② 画指引线（用细线）；

③ 画横线或圆（用细线）；

④ 写数字，如图 9-11 所示；

⑤ 一组紧固件以及装配关系清楚的零件组的编号形式，如图 9-12 所示。

2. 明细栏

明细栏是部件全部零件的详细目录，表中填有零件的序号、名称、数量、材料、附注及标准。明细栏在标题栏的上方，当位置不够时可移一部分紧接标题栏左边继续填写。

明细栏中的零件序号应与装配图中的零件编号一致，并且由下往上填写，因此，应先编零件序号再填明细栏。如图 9-13 所示。

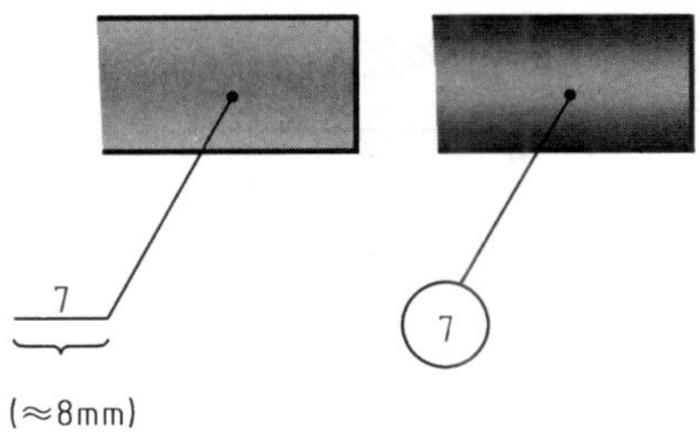

图 9-11　零件编号方法

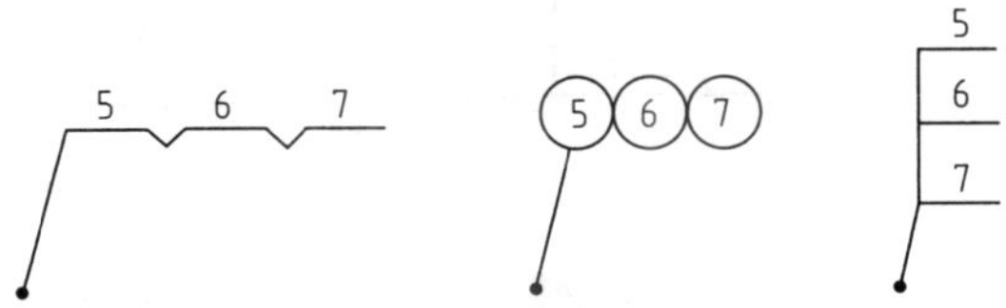

图 9-12　螺纹紧固件编号形式

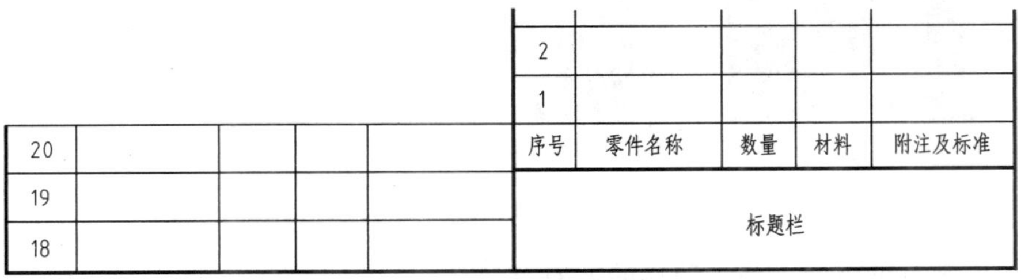

图 9-13　装配图明细栏

第五节　装配结构合理性简介

(1) 两个零件在同一个方向上，只能有一个接触面或配合面。如图 9-14 所示。

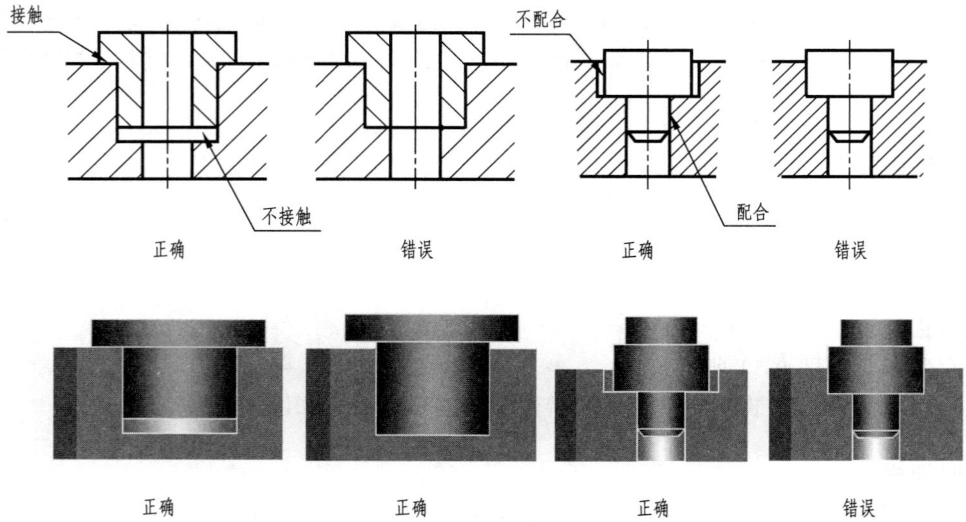

图 9-14　装配接触面的数量

(2) 轴肩处加工出退刀槽，或在孔端面加工出倒角。如图 9-15 所示。

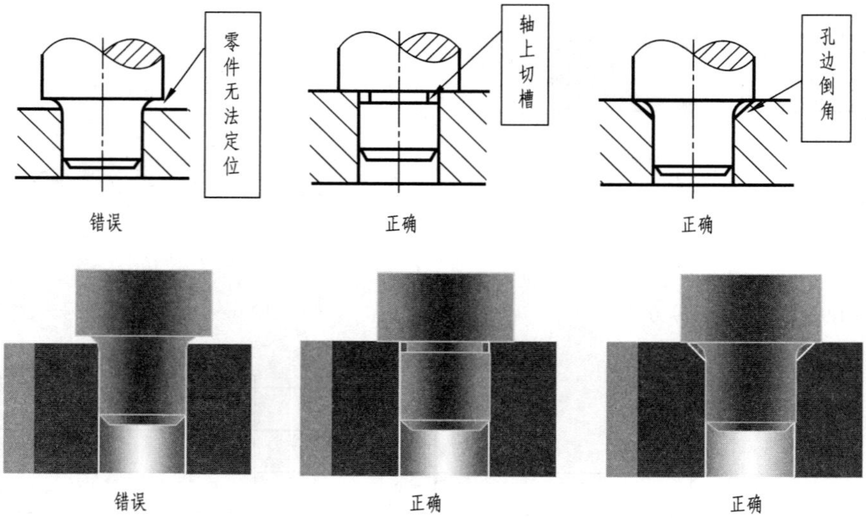

图 9-15　接触面拐角处结构

(3) 考虑装拆的方便：为了装拆的方便与可能，需留有相应空间。如图 9-16 所示。

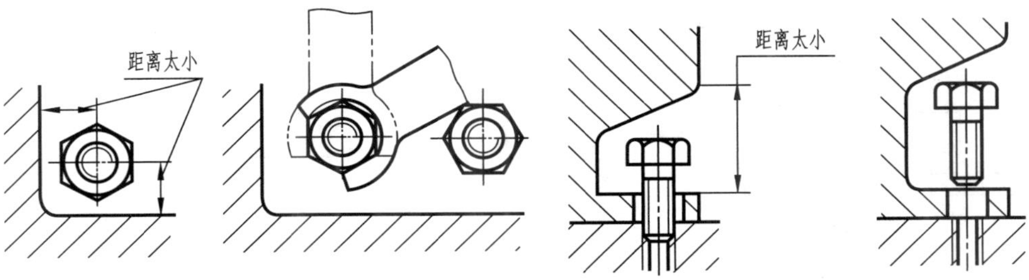

(a) 不合理　(b) 好　(c) 错误　(d) 正确

图 9-16　考虑装拆方便的结构

第六节　绘制装配图的方法和步骤

在分析部件，确定视图表达方案的基础上，按图 9-17 所示步骤绘图。以滑动轴承为例。

扫码看视频

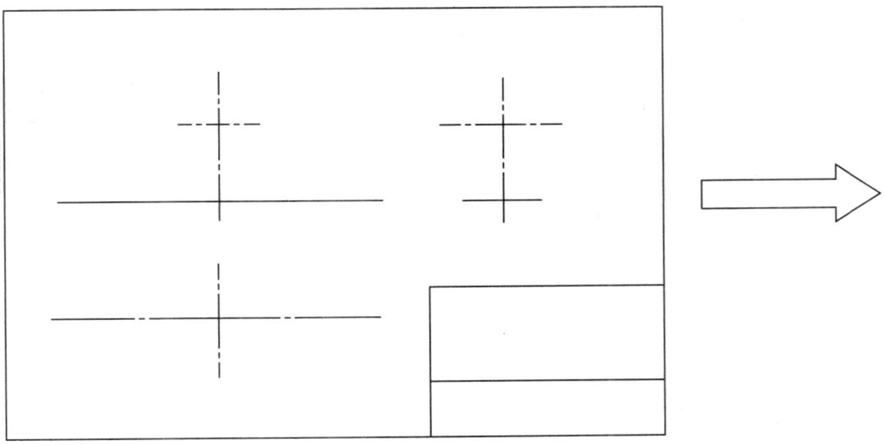

(a)

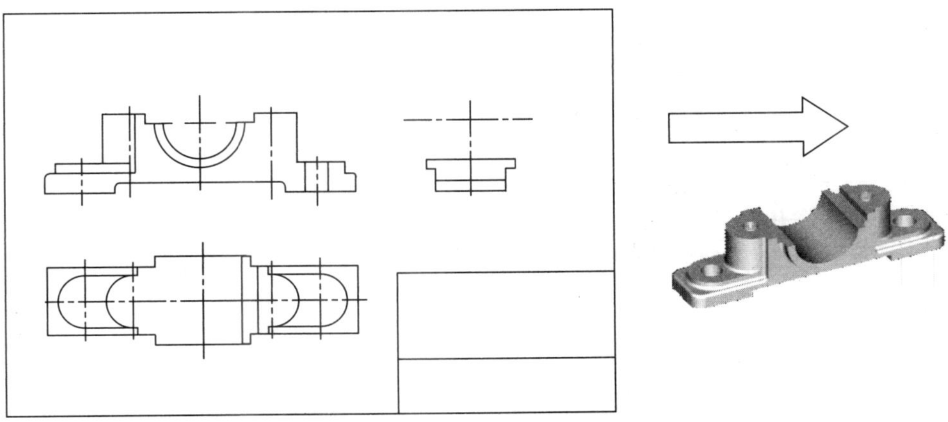

(b)

图 9-17

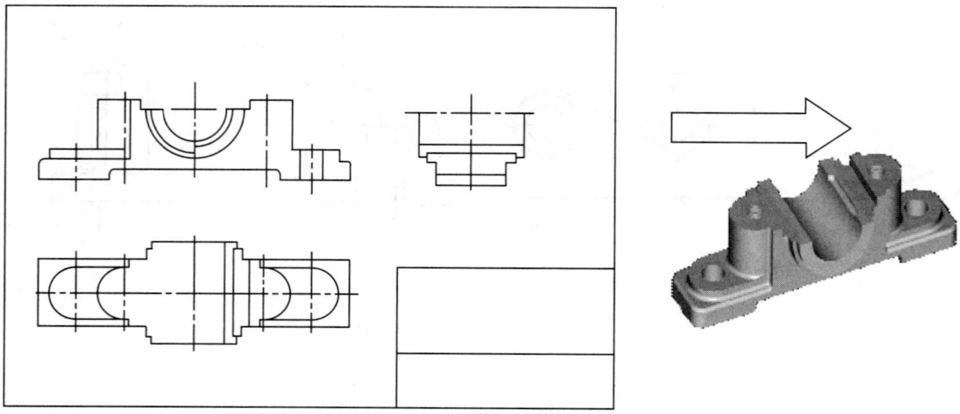

(c)

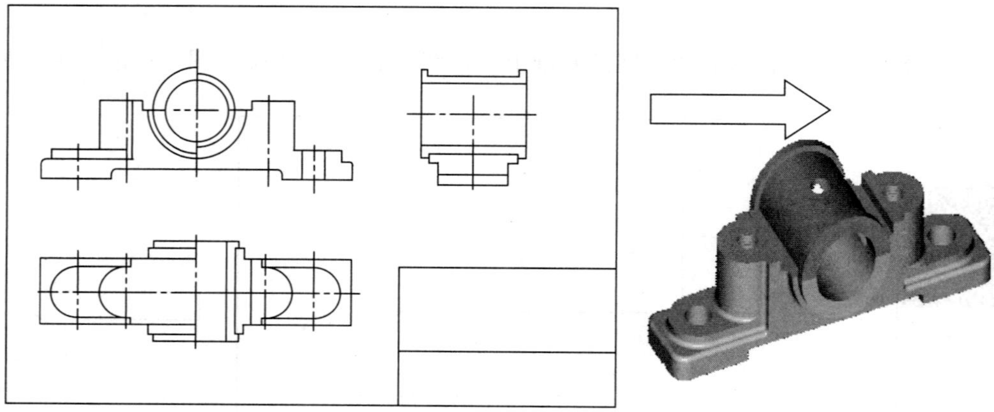

(d)

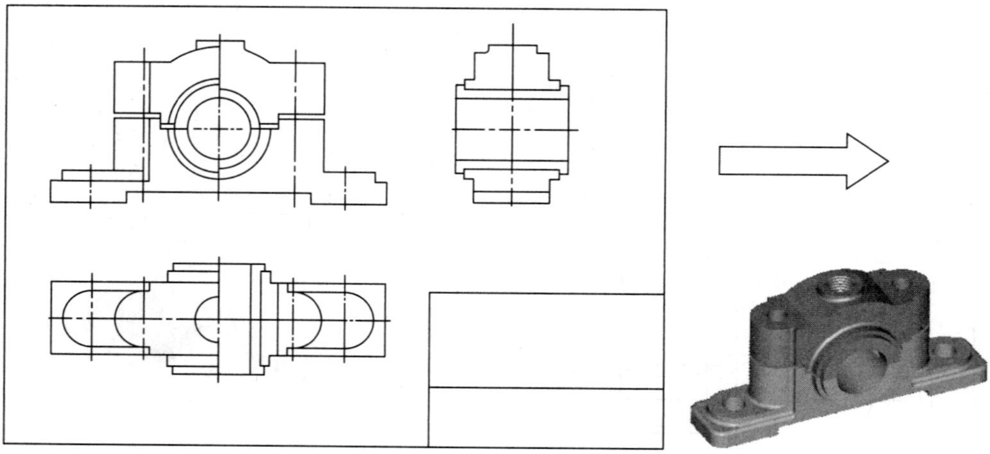

(e)

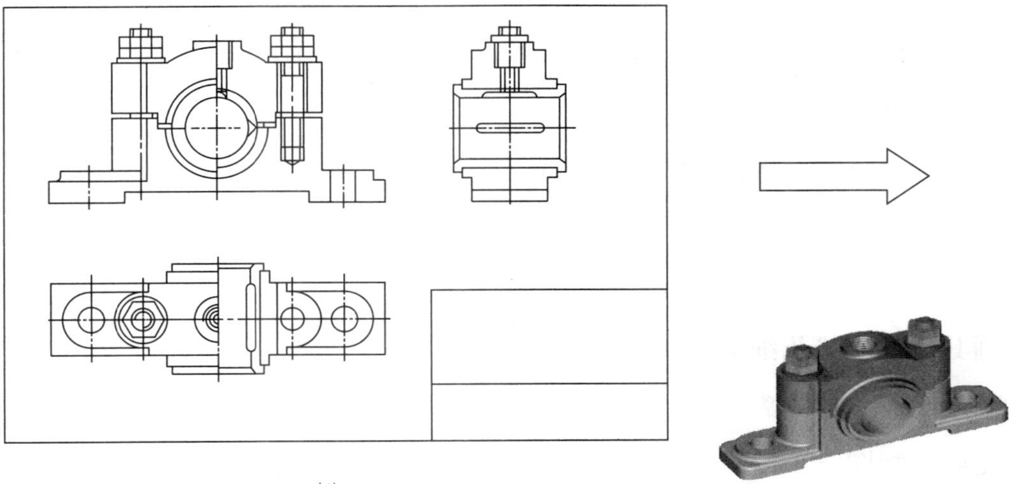

(f)

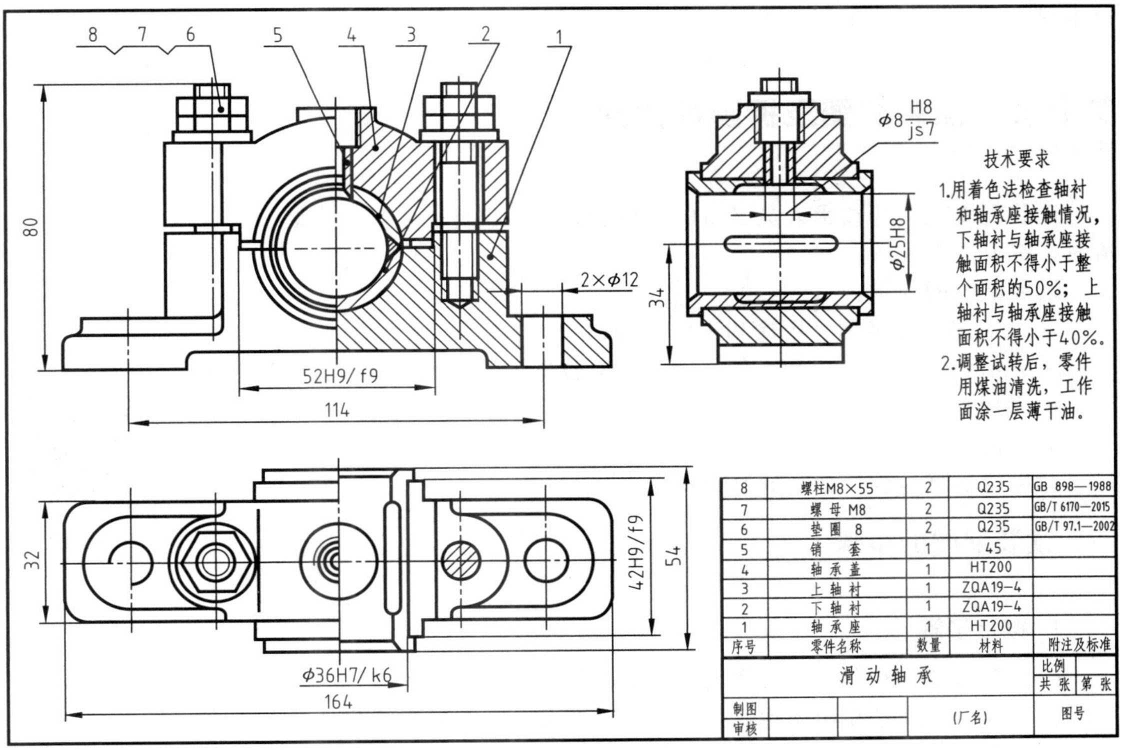

(g)

图 9-17　滑动轴承装配图画图步骤

一、确定图幅

根据部件的大小、视图数量，确定绘图比例、图幅大小，画出图框，留出标题栏和明细栏的位置。

二、布置视图

画各视图的主要基线，并在各视图之间留有适当间隔，以便标注尺寸和进行零件编号。

三、画主要装配线

① 轴承座（被其他零件挡住的线可不画）；
② 下轴承；
③ 上轴衬；
④ 轴承盖。

四、画其他装配线及细部结构

画销套、螺柱连接等。

五、完成装配图

检查无误后加深图线，画剖面线，标注尺寸，对零件进行编号，填写明细栏、标题栏、技术要求等，完成装配图。步骤如图 9-17 所示。

第七节　读装配图及拆画零件图

读装配图是工程技术人员必备的一种能力，在设计、装配、安装、调试以及进行技术交流时，都要读装配图。

读装配图的要求：

➢ 了解部件的名称、用途和工作原理；
➢ 弄清各零件的作用和它们之间的相对位置、装配关系和连接固定方式；
➢ 弄懂各零件的结构形状；
➢ 了解部件的尺寸和技术要求。

以齿轮油泵为例。如图 9-18 所示。

扫码看视频

一、读装配图的步骤

1. 概括了解

(1) 看标题栏并参阅有关资料，了解部件的名称、用途等。

(2) 看零件编号和明细栏，了解零件的名称、数量和它在图中的位置。

由装配图的标题栏可知，该部件名称为齿轮油泵，是安装在油路中的一种供油装置。由明细栏和外形尺寸可知它由 15 种零件组成，结构不太复杂。

(3) 分析视图，弄清各个视图的名称、所采用的表达方法和所表达的主要内容及视图间的投影关系。

齿轮油泵装配图由两个视图表达，主视图采用了全剖视，表达了齿轮油泵的主要装配关系。左视图沿左端盖和泵体结合面剖切，并沿进油口轴线取局部剖视，表达了齿轮油泵的工作原理。

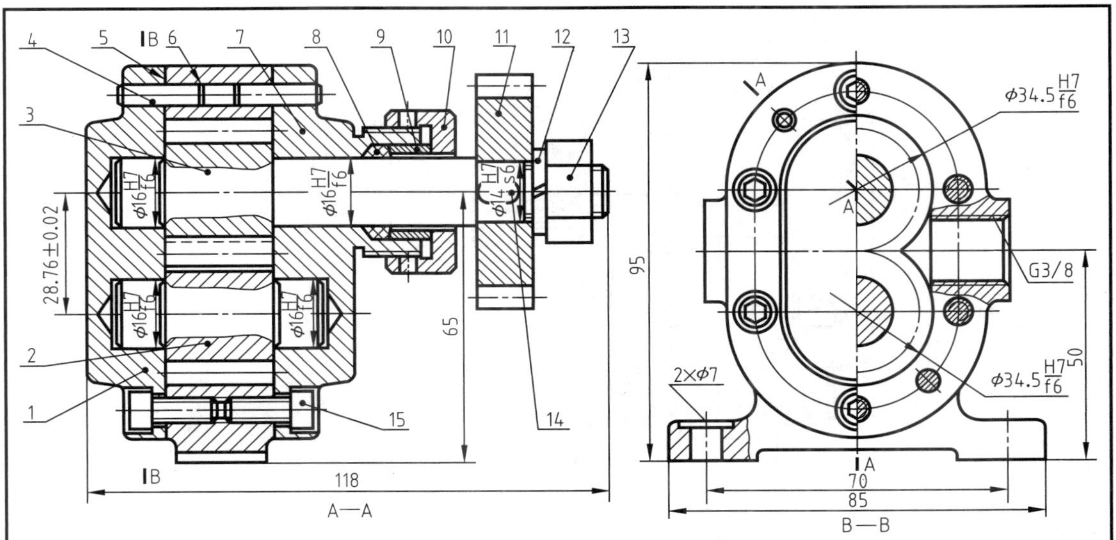

技术要求

1. 齿轮安装后，应转动灵活。
2. 两齿轮轮齿的啮合面应占齿长的3/4以上。

15	螺钉 M6×16	12	35	GB/T 70.1—2008	5	垫片	2	纸	t=1
14	键 4×10	1	45	GB/T 1096—2003	4	销 B5×18	4	45	GB/T 119.1—2000
13	螺母 M12×1.5	1	35	GB/T 6170—2015	3	传动齿轮轴	1	45	m=3，z=9
12	垫圈12	1	65Mn	GB/T 93—1987	2	齿轮轴	1	45	m=3，z=9
11	传动齿轮	1	45	m=2.5 z=20	1	左端盖	1	HT200	
10	压盖螺母	1	35		序号	零件名称	数量	材料	附注及标准
9	压盖	1	QSn6-6-3		齿轮油泵				比例
8	密封圈	1	毛毡						共 张 第 张
7	右端盖	1	HT200		制图			（厂名）	图号
6	泵体	1	HT200		审核				

图 9-18　齿轮油泵装配图

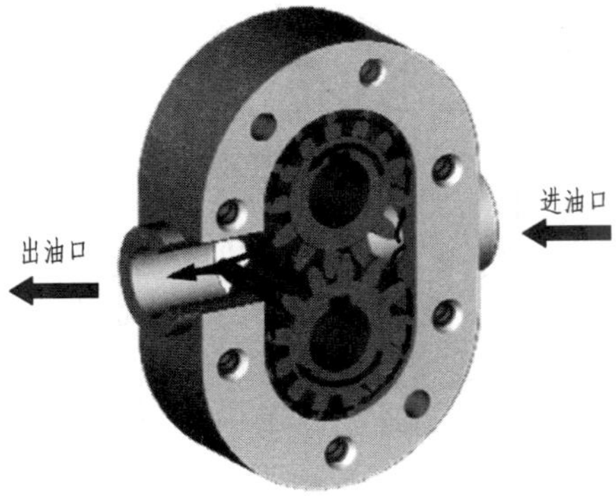

图 9-19　齿轮油泵工作原理

2. 分析部件的工作原理

如图 9-19 所示，当主动齿轮逆时针转动，从动齿轮顺时针转动时，齿轮啮合区右边的压力降低，油池中的油在大气压力作用下，从进油口进入泵腔内。随着齿轮的转动，齿槽中的油不断沿箭头方向被轮齿带到左边，高压油从出油口送到输油系统。

3. 分析零件间的装配关系和部件结构

分析部件的装配关系，要弄清零件之间的配合关系、连接固定方式等。

配合关系：可根据图中配合尺寸的配合代号，判别零件的配合制、配合种类及轴、孔的公差等级等。

轴与左右端盖孔的配合尺寸为 $\phi16\ \frac{H7}{f6}$，属基孔制，间隙配合，说明轴在左、右端盖的轴孔内是转动的。如图 9-20 所示。齿轮的齿顶和泵体空腔的内壁间的配合尺寸为 $\phi34.5\ \frac{H7}{f6}$，也属于基孔制，间隙配合。如图 9-21 所示。

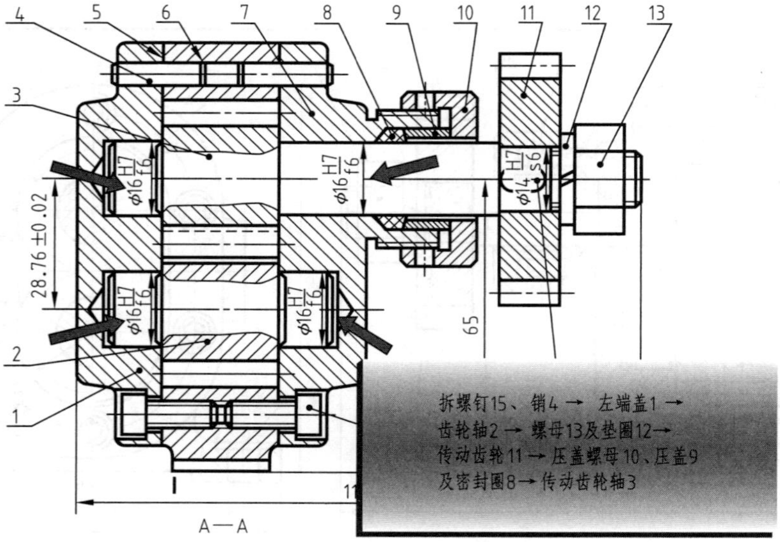

图 9-20 端盖上轴孔与轴的配合尺寸

4. 分析零件

弄清零件的结构形状。

(1) 根据剖面线的方向和间隔的不同及视图间的投影关系等区分形体。

(2) 看零件编号，分离不剖切零件。

(3) 看尺寸，综合考虑零件的功用、加工、装配等情况，然后确定零件的形状。

(4) 形状不能确定的部分，要根据零件的功用及结构常识确定。

① 泵体：根据剖面线的方向及视图间的投影关系，在主、左视图中分离出泵体的主要轮廓，如图 9-22 (a) 所示。

② 主体部分：外形和内腔都是长圆形，腔内容纳一对齿轮。前后锥台有进、出油口与内腔相通，泵体上有与左、右端盖连接用的螺钉孔和销孔。

③ 底板部分：根据结构常识，可知底板呈长方形，左、右两边各有一个固定用的螺栓孔，底板上面的凹坑和下面的凹槽，是用于减少加工面，使齿轮油泵固定平稳。

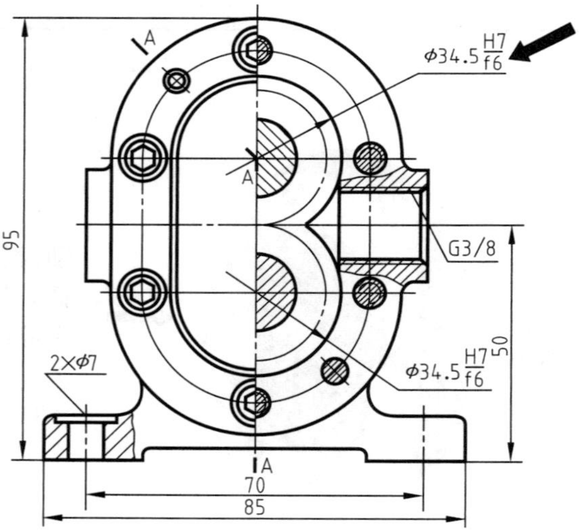

图 9-21 齿顶和泵体空腔的内壁间的配合尺寸

经分析，可知齿轮油泵泵体的形状如图 9-22 (b) 所示。

逐个分析各个零件之后，可知各零件的形状如图 9-23 所示。

二、由装配图拆画零件图

1. 拆画零件图的步骤

(1) 按读装配图的要求，看懂部件的工作原理、装配关系和零件的结构形状。

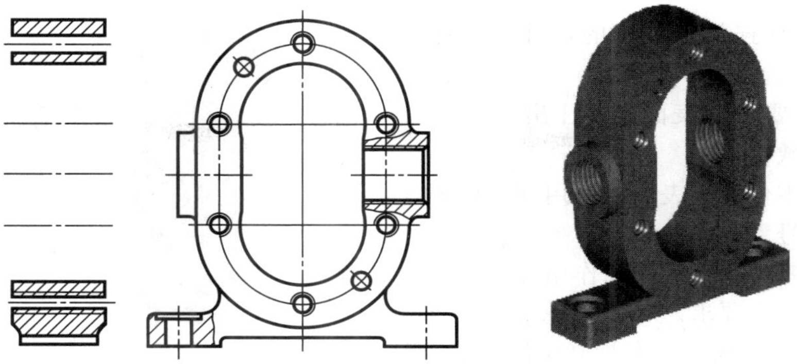

(a) (b)

图 9-22　泵体

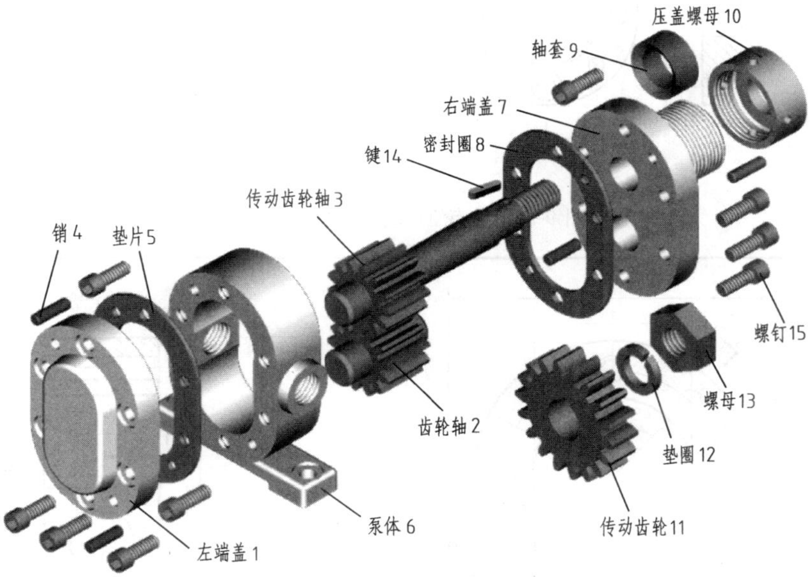

图 9-23　齿轮油泵各零件结构形状

(2) 根据零件图视图表达的要求，确定各零件的视图表达方案。

(3) 根据零件图的内容和画图要求，画出零件工作图。

2. 拆画零件图应注意的问题

(1) 零件的视图表达方案应根据零件的结构形状确定，不能盲目照抄装配图。如齿轮油泵中，右端盖零件的形状如图 9-24 所示。

右端盖的视图可按如图 9-25 所示来确定。

(2) 在装配图中允许不画的零件的工艺结构，如倒角、圆角、退刀槽等，在零件图中应全部画出。

(3) 零件图的尺寸，除在装配图中注出者外，其余大部分尺寸都可在图中按比例直接量取，并取整。

① 与标准件连接或配合的尺寸，如螺纹、键槽等要查标准注出。

② 有配合要求的表面，要注出尺寸的公差带代号或极限偏差数值。

(4) 根据零件各个表面的作用和工作要求，注出表面粗糙度代号。

(5) 根据零件在部件中的作用和加工条件，确定零件图的其他技术要求。

图 9-26 所示为齿轮油泵拆画泵体的零件图。

图 9-24　齿轮油泵右端盖

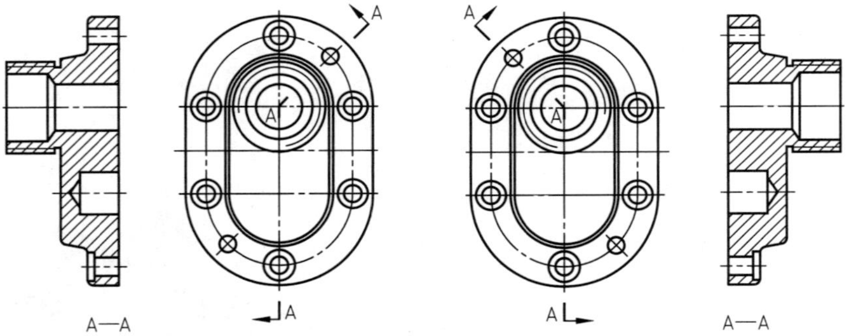

(a) 方案一　　(b) 方案二

图 9-25　齿轮油泵右端盖视图方案

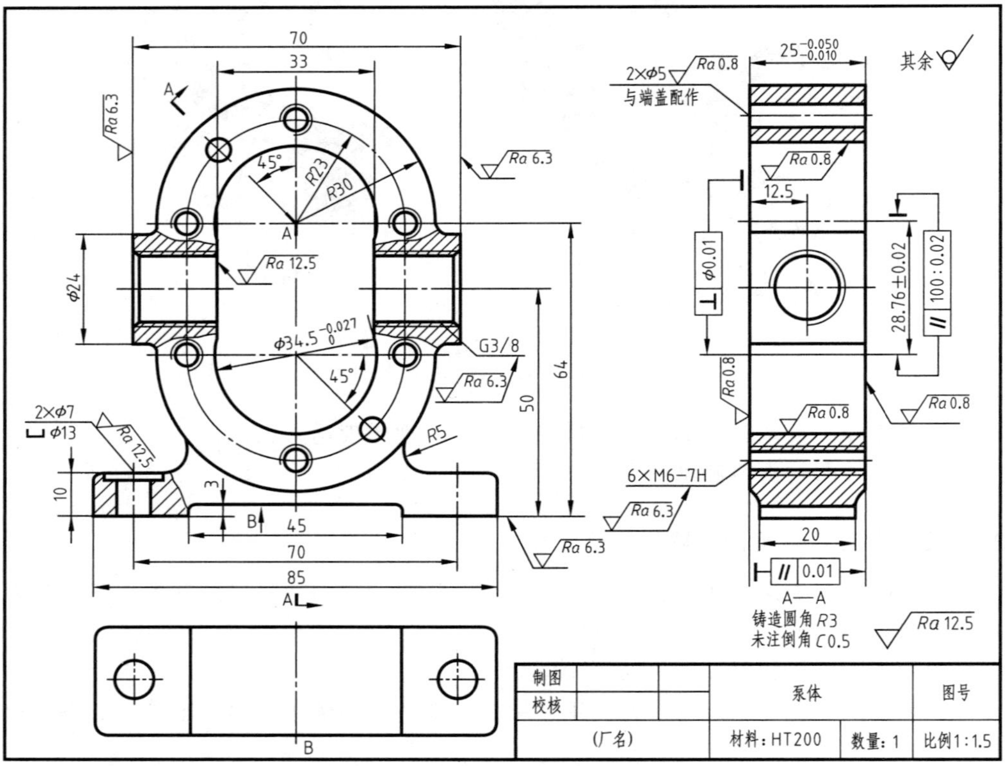

图 9-26　齿轮油泵拆画泵体零件图

课后知识补充

中国盾构机的工程图纸承载着制造业强国的时代密码。在15m级超大直径盾构机“振兴号”的齿轮箱装配图中，齿轮啮合区0.015mm的配合公差标注，对应着长江底复杂地层中液压密封系统抵御12MPa水土压力的技术突破，每一笔尺寸界线都丈量着精密制造的极限。刀盘驱动系统图纸上ϕ50H7的孔距公差带±0.02mm，既是投影定律的具象化表达，更暗含着中国基建标准从2004年秦岭隧道进口设备图纸的“技术受限”到2022年出口意大利盾构机图纸38项GB标准专利的技术蜕变。螺旋输送机箱体铸造图中ϕ8工艺圆角的标注缺失，曾在实际工程中引发应力裂纹的蛛网式蔓延，这个被三维仿真技术重现的教训，将“0.8表面粗糙度”的符号转化为工程质量的生命线。

这些钢铁巨兽的图纸档案里，0.01mm级的尺寸公差与自主创新的国家意志形成量子纠缠——南京和燕路隧道管片拼装系统的三维坐标标注误差不超过火柴头直径，恰与“一带一路”沿线23国地下工程中中国盾构轨迹的经纬度坐标形成空间映射。当出口设备的图纸上朱红色GB符号覆盖了曾经的DIN标准区域，这些用AutoCAD细实线编织的技术网络，正在五大洲地层深处书写着新时代的工程哲学：图样上的每处剖切符号，都是丈量大国重器跨越技术鸿沟的标尺。

第十章
化工与制药设备零部件简介

本章主要介绍化工与制药设备中各零部件的视图表达等内容。

化工与制药设备的结构形状虽然各有差异，但是往往有许多作用相同的零部件，如设备的支座、人孔、连接管口的各种法兰等，这些零部件大都已经标准化。

第一节　常用标准件

化工与制药设备的常用标准件与其他机械设备类似，见第七章。

第二节　其他零部件

除常用标准件以外，化工与制药设备零部件的种类和规格较多，但总体可以分为两类：一类是通用零部件；另一类是各种典型化工与制药设备的常用零部件。

一、通用零部件

1. 筒体

筒体是化工与制药设备的主要结构。最基本的两个参数：公称直径 DN 及公称压力 PN。

(1) 钢板卷焊成形：$DN \geqslant 500$mm，公称直径为内径。

(2) 直接用无缝钢管：$DN < 500$mm，公称直径为外径。

如图 10-1 所示，在明细栏中，一般采用“$\phi1200 \times 12$，$H(L)=2500$”表示内径为 1200mm，壁厚 12mm，高或长为 2500mm 的筒体。

2. 封头

封头是设备的重要组成部分，它与筒体一起构成设备的壳体，封头与筒体可以直接焊接形成不可拆卸的连接；也可以分别焊上法兰，用螺栓、螺母锁紧，构成可拆卸的连接。常见的封头形式有球形、椭圆形、蝶形、折边锥形及平板形等，如图 10-2 所示。

标记示例：

图 10-1　卧式容器

封头 GB/T 25198—2023　*DN*1200×12-16MnR

表示内径为 1200，名义厚度 12，材质为 16MnR 的椭圆形封头。

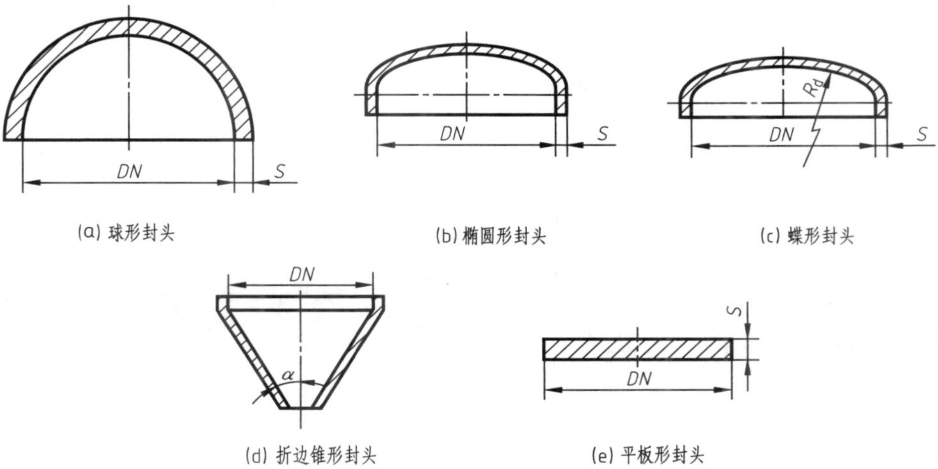

图 10-2　常见封头结构

3. 支座

支座用来支承设备的重量、固定设备的位置，有时承受操作时的振动、风载荷、地震载荷。支座分为立式设备支座、卧式设备支座和球形容器支座三大类。每类又按支座的结构形状、安放位置、载荷情况而有多种形式。

(1) 立式设备支座形式　悬挂式支座、支承式支座和支脚。其中应用较多的为悬挂式支座。

一般设备筒体四周均匀分布有四个耳座，小型设备也可以有三个或两个耳座。如图 10-3 所示。

悬挂式支座形式有 A 型、AN 型（不带垫板）、B 型、BN 型（不带垫板）四种。A 型（AN 型）适用于一般立式设备；B 型（BN 型）适用于带保温层的立式设备。

(2) 卧式设备支座形式　有鞍式支座、圈式支座和支脚三种。其中应用较多的为鞍式支座。如图 10-4 所示。

鞍式支座分为轻型（代号 A）、重型（代号 B）两种类型。重型鞍式支座又有五种型号，代号为 BⅠ～BⅤ。每种类型的鞍式支座又分为 F 型（固定式）和 S 型（滑动式），且 F 型与 S 型配对使用。

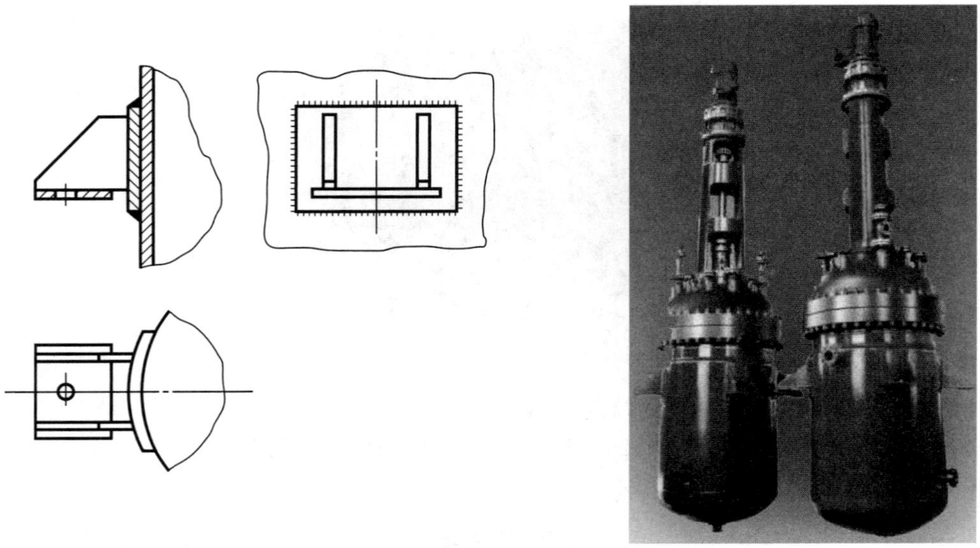

图 10-3　立式设备支座

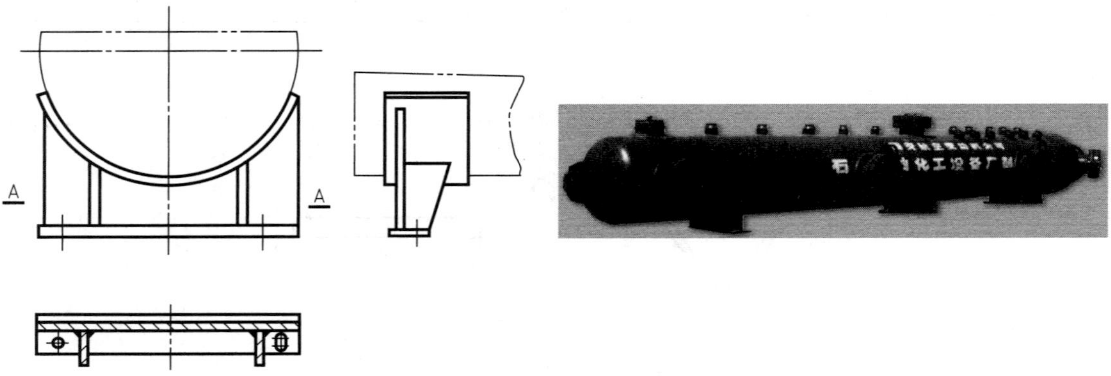

图 10-4　卧式设备支座

(3) 球形设备支座形式　柱式支座、裙式支座、半埋式支座、高架支座四种。其中应用较多的为柱式支座和裙式支座。如图 10-5 所示。

图 10-5　球形设备支座

4. **法兰**（属于可拆连接）

法兰是法兰连接中的主要零件。法兰连接是由一对法兰、密封垫片和螺栓、螺母、垫圈等零件组成的一种可拆连接。化工及制药设备用的标准法兰有两类：管法兰和压力容器法兰（又称设备法兰）。标准法兰的主要参数是公称直径、公称压力和密封面形式。管法兰的公称直径为所连接管子的外径，压力容器法兰的公称直径为所连接筒体（或封头）的内径。

(1) 管法兰　管法兰主要用于管道的连接。

① 分类　按其与管子的连接方式分为：板式平焊法兰、对焊法兰、整体法兰和法兰盖

等。如图 10-6 所示。

② 管法兰密封面形式　平面密封、凹凸面密封及榫槽面密封三种。突面、全平面适用于板式平焊法兰、突面、凹凸面、榫槽面、全平面适用于带颈平焊法兰。如图 10-7 所示。

③ 管法兰标记示例　GB/T 9124.1—2019　PL DN100-PN16 RF 表示突面板式平焊法兰的公称直径为 100，公称压力为 1.6MPa。

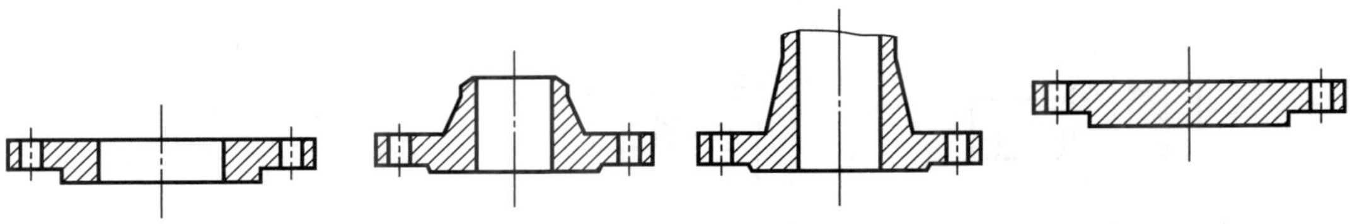

图 10-6　管法兰

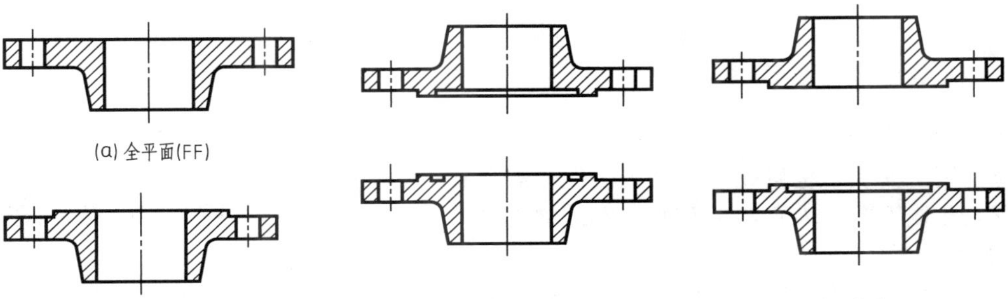

图 10-7　管法兰密封面形式

(2) 压力容器法兰　压力容器法兰用于筒体与封头的连接。

① 结构形式　甲型平焊法兰、乙型平焊法兰及长颈对焊法兰三种。如图 10-8 所示。

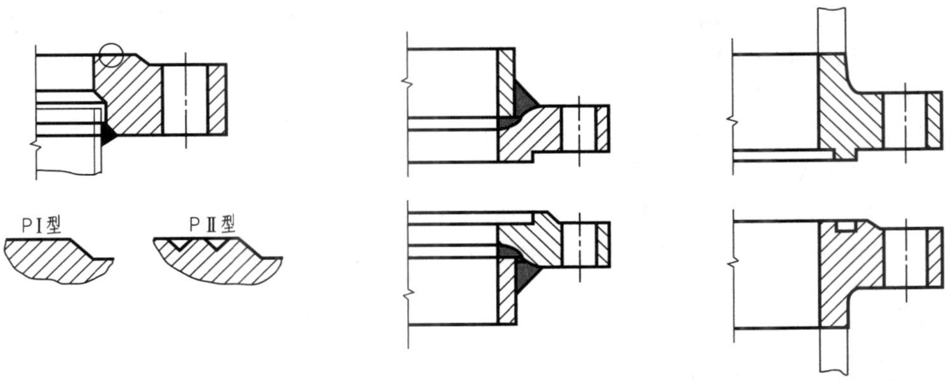

图 10-8　压力容器法兰结构形式

② 管法兰密封面形式　平面密封、凹凸面密封及榫槽面密封三种。平面型结构简单、加工方便、垫圈没有定位处，加压时易往两边伸展，不易压紧，适用于压力、温度低的设备；凹凸型，凹面放垫圈，不会挤往外侧；榫槽型垫圈在槽内，密封效果良好，适用于压力、温度高的设备。如图 10-9 所示。

③ 压力容器法兰标记示例

NB/T 47020—2012　法兰-PⅠ 800-1.6　表示压力容器法兰的公称直径为 800，公称压力为 1.6MPa 的 PⅠ型平面密封的甲型平焊法兰。

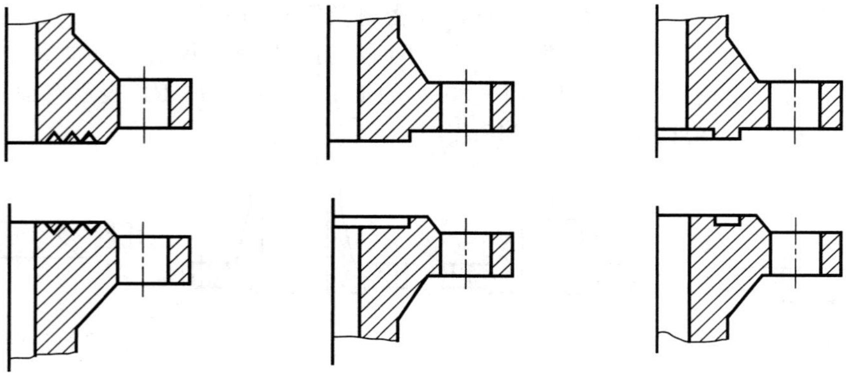

(a) 平面型　　(b) 凹凸型　　(c) 榫槽型

图 10-9　压力容器管法兰密封面形式

5. 人孔和手孔

为了便于安装、检修或清洗设备内件，需要在设备上开设人孔或手孔。人孔和手孔的基本结构类同，如图 10-10 所示。

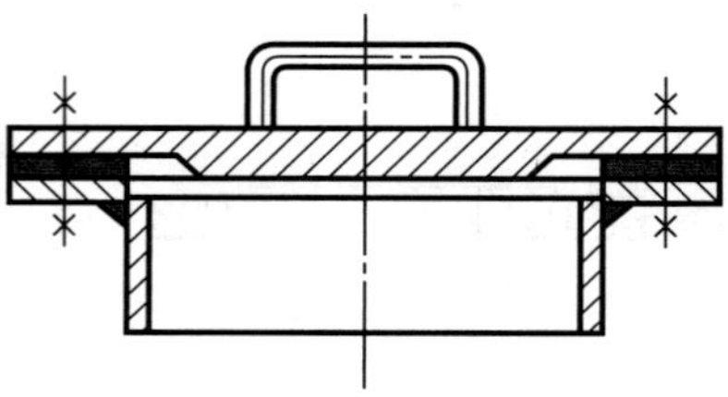

图 10-10　人孔或手孔的基本结构

(1) 手孔直径大小应考虑操作人员握有工具的手能顺利通过，标准中有 DN150 和 DN250 两种。

(2) 当设备的直径超过 900 时，应开设人孔。人孔大小，主要考虑人的安全进出，又要避免开孔过大削弱器壁强度。圆形人孔最小直径为 400，最大为 600。

(3) 人（手）孔的结构有多种形式，主要区别在于孔盖的开启方式和安装位置不同，以适应不同工艺和操作条件的需要。

(4) 人孔和手孔标记示例：

① HG/T 21514～21535—2014　人孔（R・A-2707）450　表示公称直径为 450mm，采用 2707 耐酸碱橡胶垫片的常压人孔；

② HG/T 21514～21535—2014　手孔Ⅱ（A・G）250-0.6　表示公称压力为 0.6MPa、公称直径为 250mm，采用Ⅱ类材料和石棉橡胶板垫片的板式平焊法兰手孔。

6. 视镜

视镜主要用来观察设备内物料及其反应情况，也可以作为料面指示镜。从结构上看，有不带颈视镜和带颈视镜之分。如图 10-11 所示。

7. 液面计

液面计是用来观察设备内部液面位置的装置。液面计结构有多种形式，其中部分已标准化，最常用的是玻璃管液面计、玻璃板液面计。如图 10-12 所示。

8. 补强圈

补强圈用来弥补设备因开孔过大而造成的强度损失，其形状应与被补强部分壳体的形状

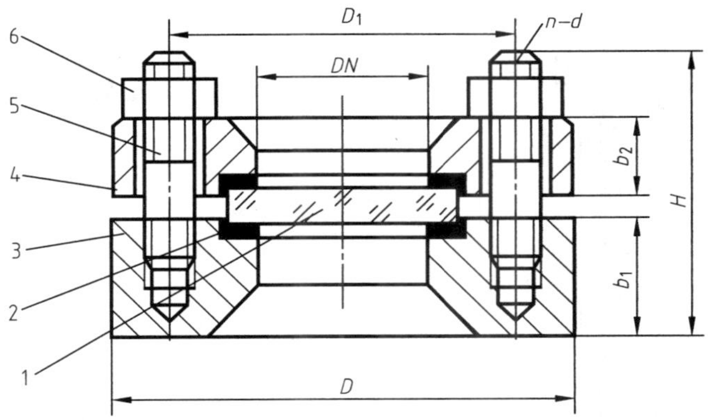

(a) 不带颈视镜

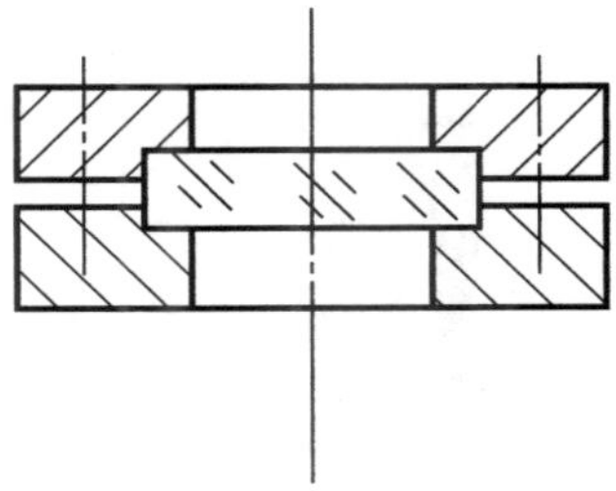

(c) 视镜的简化画法

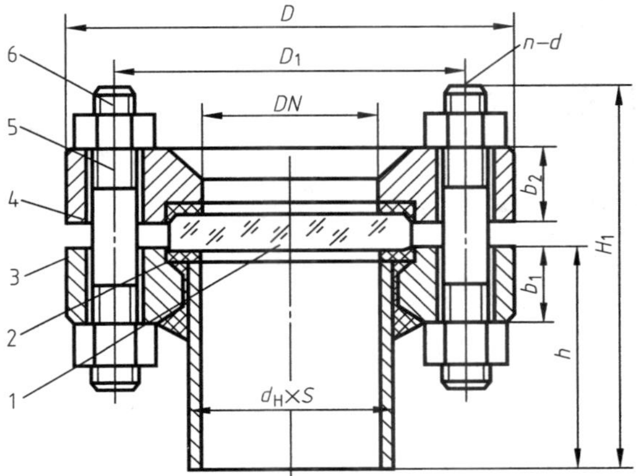

(b) 带颈视镜

图 10-11　**视镜**

1—视镜玻璃；2—密封垫；3—视镜座；4—压紧环；5—双头螺柱；6—螺母

相符，使之与设备壳体密切贴合，焊接后能与壳体同时受力。如图 10-13 所示。

二、常用零部件

化工及制药的典型设备有：塔设备、反应釜、换热器、容器，这几类设备中有一些常用的零部件。

1. 反应罐（带搅拌的反应釜）中常用零部件

搅拌反应釜通常由以下几部分组成：

➢ 罐体部分：为物料提供反应空间，由筒体及上下封头组成。

➢ 传热装置：用以提供反应所需要的热量或带走反应生成的热量，其结构通常有夹套和蛇管两种。

➢ 搅拌装置：为使参与反应的各种物料混合均匀，加速反应进行，需要在罐内设置搅拌装置，搅拌装置由搅拌轴和搅拌器组成。

➢ 传动装置：用来带动搅拌装置，由电机和减速器组成。

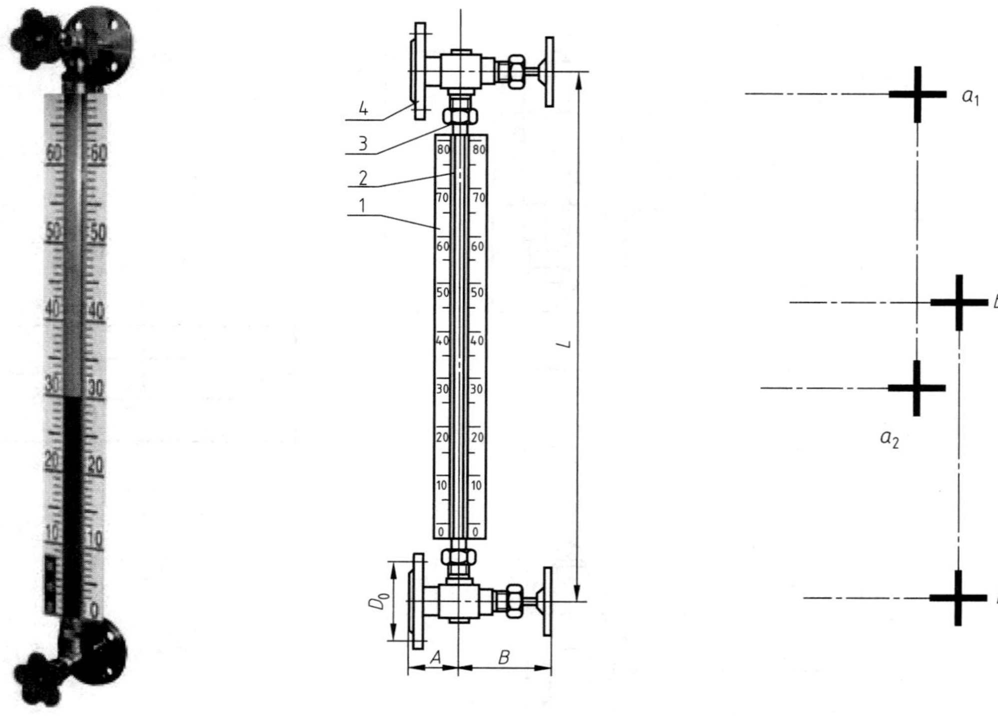

(a)玻璃管液面计外形　　(b)详图　　(c)简化画法

图 10-12　玻璃管液面计

1—标尺；2—玻璃管；3—紧固件；4—针形阀

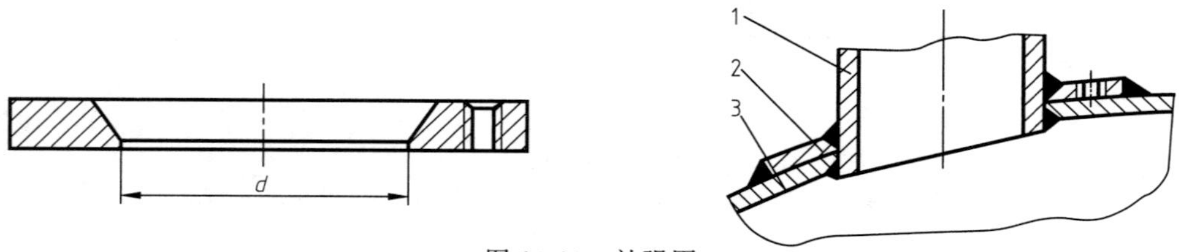

图 10-13　补强圈

1—接管；2—补强圈；3—壳体

➢ 轴封装置：由于搅拌轴是旋转件，而反应罐容器的封头是固定的，在搅拌轴伸出封头的地方必须进行密封，以防止罐内介质泄漏，常用的轴封密封有填料箱密封和机械密封两种。

➢ 其他结构：各种接管、人孔、支座等附件。

图 10-14 所示为搅拌反应釜结构示意图。

搅拌反应釜中常用的零部件是搅拌器和轴封装置。

(1) 搅拌器　搅拌器用于提高传热、传质，增加物料化学反应速率。常用的有桨式、涡轮式、推进式、框式、锚式与螺带式等搅拌器。如图 10-15 所示。

(2) 轴封装置　反应釜的轴封装置有两种：填料箱密封和机械密封。如图 10-16 所示。

2. 换热器中常用零部件

换热器是用来完成各种不同的换热过程的设备。管壳式换热器是应用最广泛的一种换热器，它有固定管板式、浮头式、U 形管式等多种形式，它们的结构均由前端管箱、壳体和

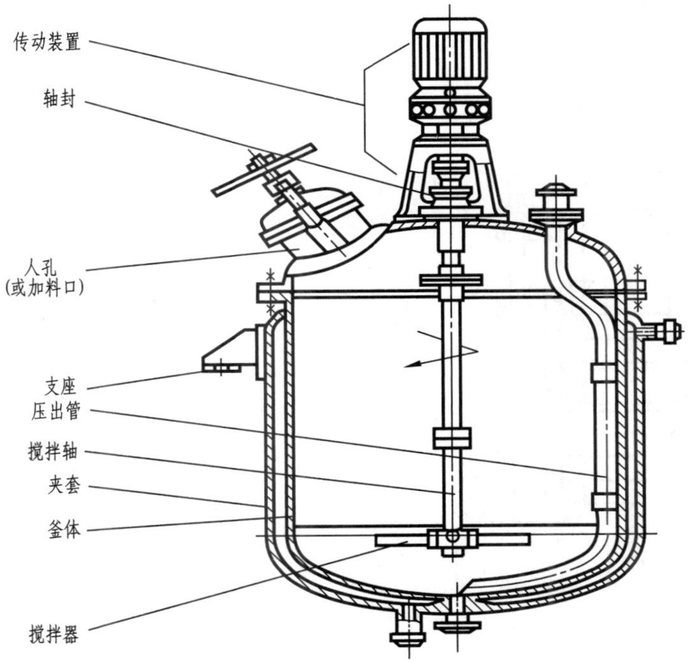

图 10-14　搅拌反应釜

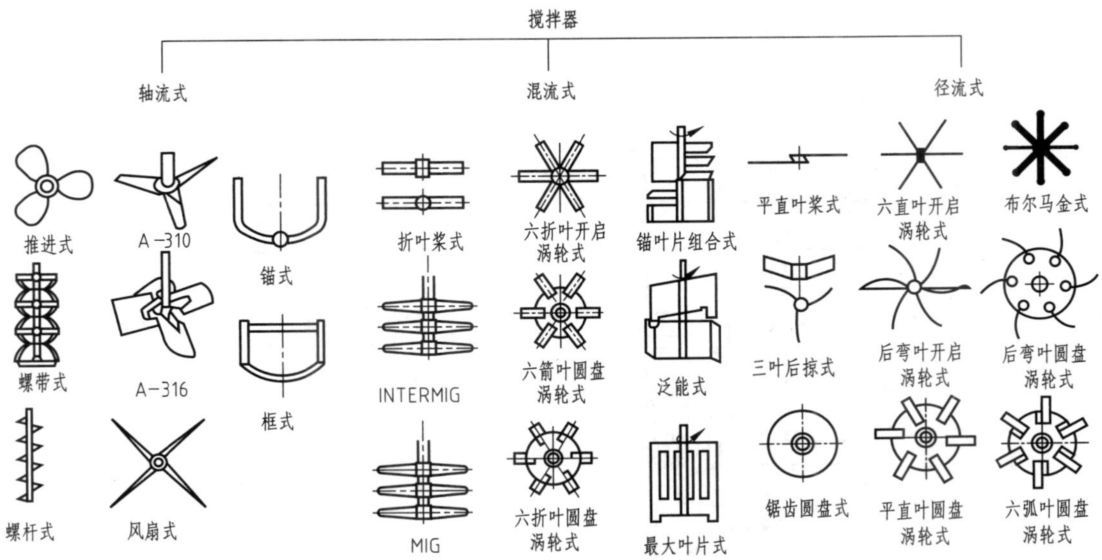

图 10-15　搅拌器

后端结构（包括管束）三部分组成。

其结构如图 10-17 所示。换热器中常用的零部件是管板、折流板及膨胀节。

(1) 管板　管板是管壳式换热器的主要零件，绝大多数管板是圆形平板，如图 10-18 (a) 所示。板上开很多管孔，每个孔固定连接着换热管，管的周边与壳体的管箱相连。板上管孔的排列形式有正三角形、转角三角形、正方形、转角正方形四种排列形式，如图 10-18 (b) 所示。换热器与管板的连接，应保证密封性能和足够的紧固强度，常采用胀接、焊接或胀焊结合等方式，如图 10-19 所示。

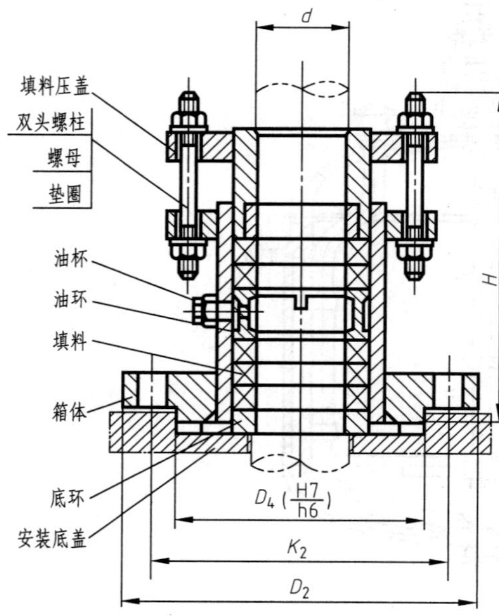

(a) 碳钢填料箱

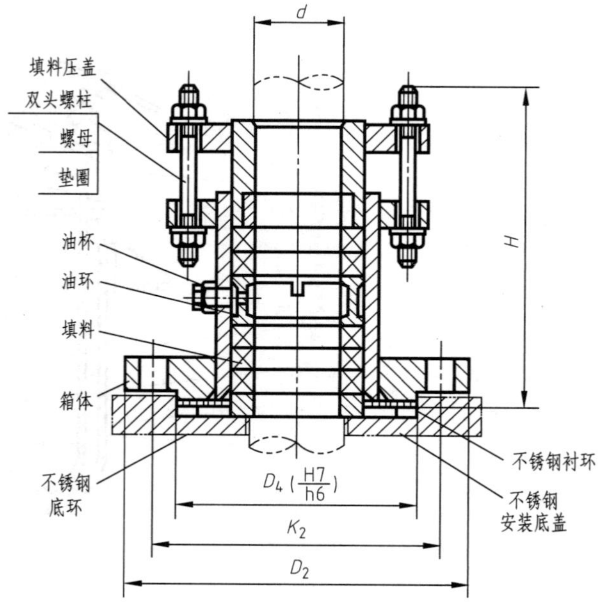

(b) 不锈钢填料箱

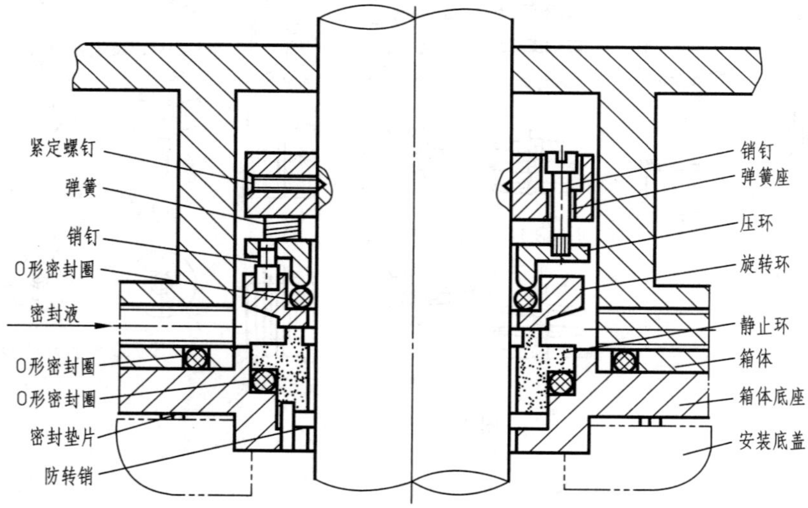

(c) 机械密封

图 10-16　轴封装置

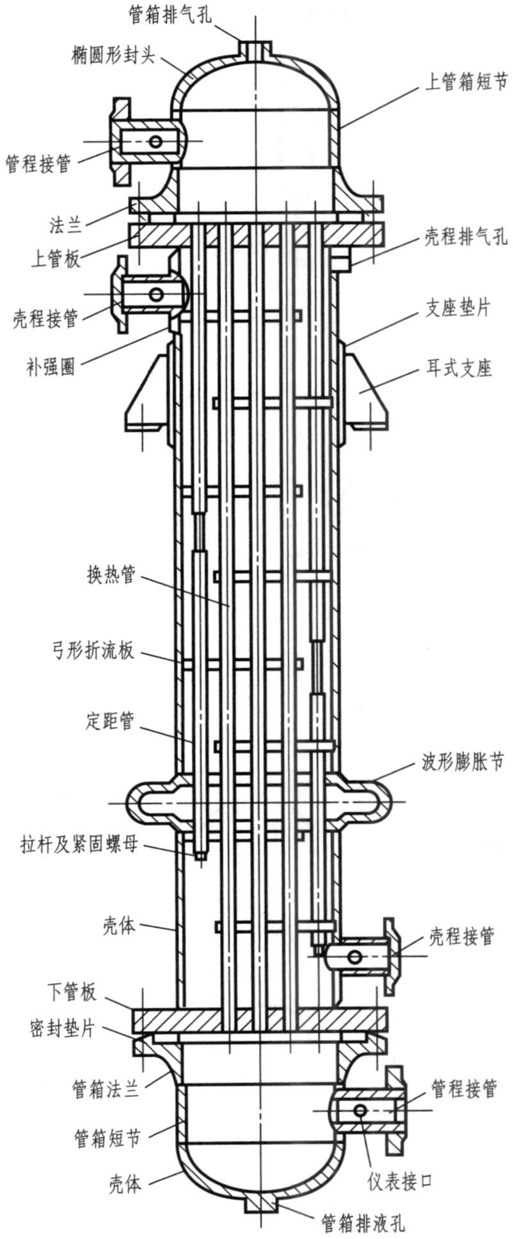

图 10-17 立式换热器

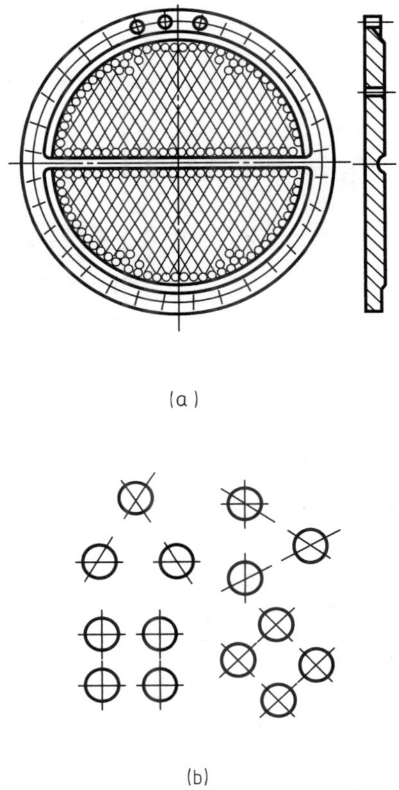

图 10-18 管板结构

(2) 折流板 折流板设置在壳程中，它既可以提高传热效率，还起到支撑管束的作用，折流板有弓形和圆盘-圆环形。如图 10-20 所示。

(3) 膨胀节 膨胀节是装在固定管板式换热器壳体上的部件，用于补偿温差引起的变形。最常用的为波形膨胀节。波形膨胀节的主要性能参数是公称压力、公称直径和结构形式等。如图 10-21 所示。

3. 塔设备中常用零部件

塔设备广泛用于化工、制药生产中的蒸馏、吸收等传质过程。塔设备通常分为填料塔和

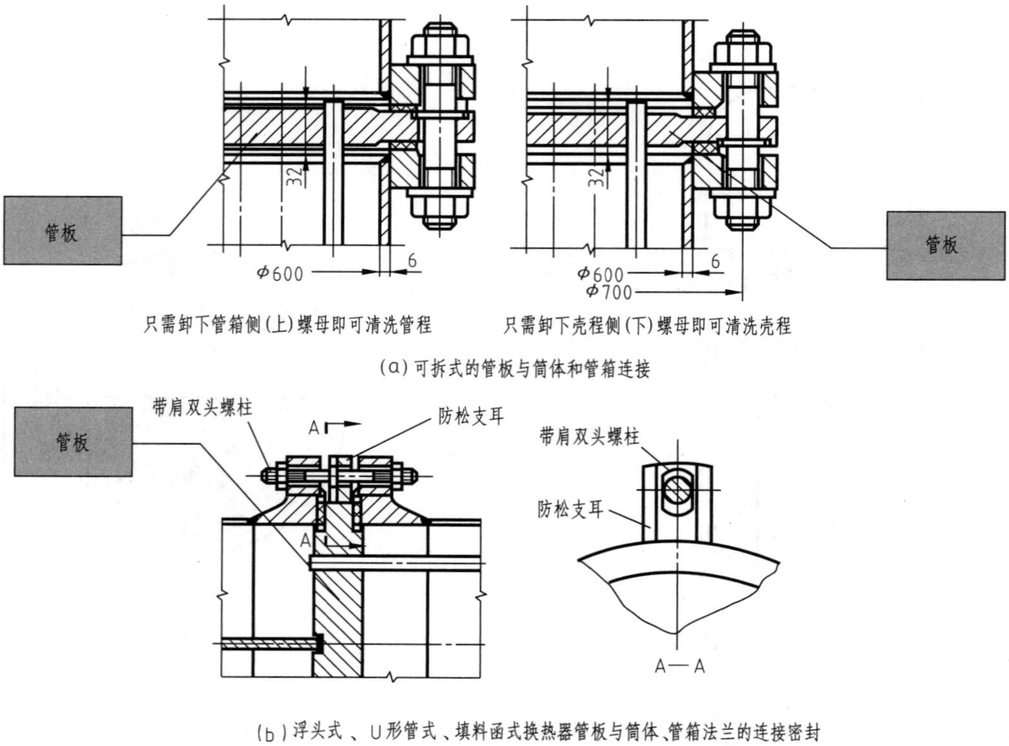

图 10-19　管板连接

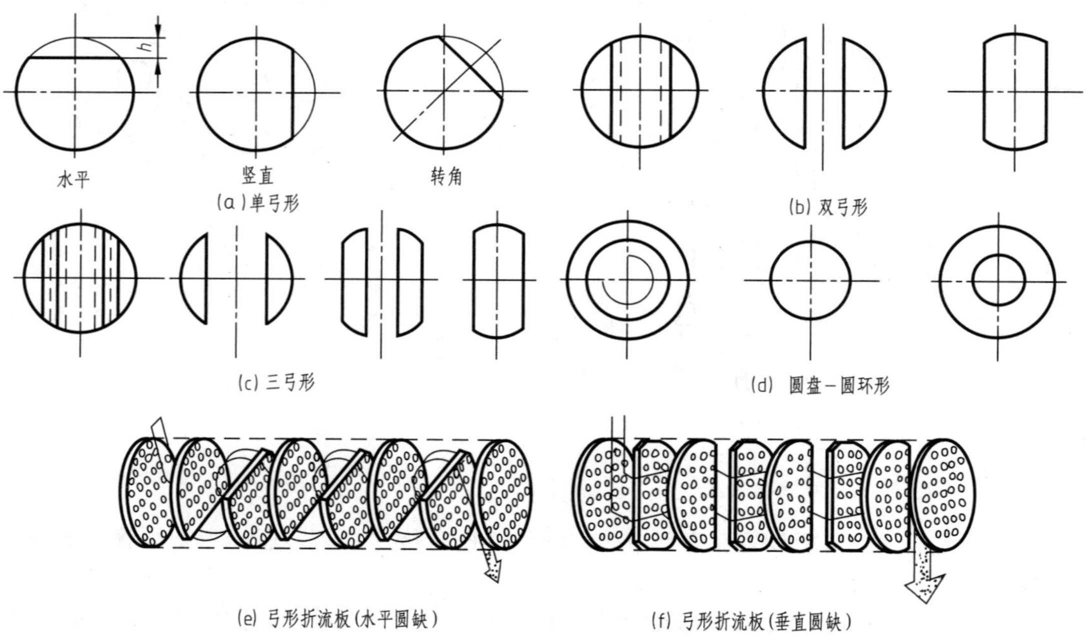

图 10-20　折流板及其折流形式

板式塔两类。填料塔主要由塔体、喷淋装置、填料、再分布器、栅板、气液相进出口、卸料孔、裙座等部件组成。板式塔主要由塔体、塔盘、裙座、除沫装置、气液相进出口、人孔、吊柱、液面计等零部件组成。当塔盘上传质单元为泡帽、浮阀、筛孔时，分别称为泡罩塔、浮阀塔及筛板塔。

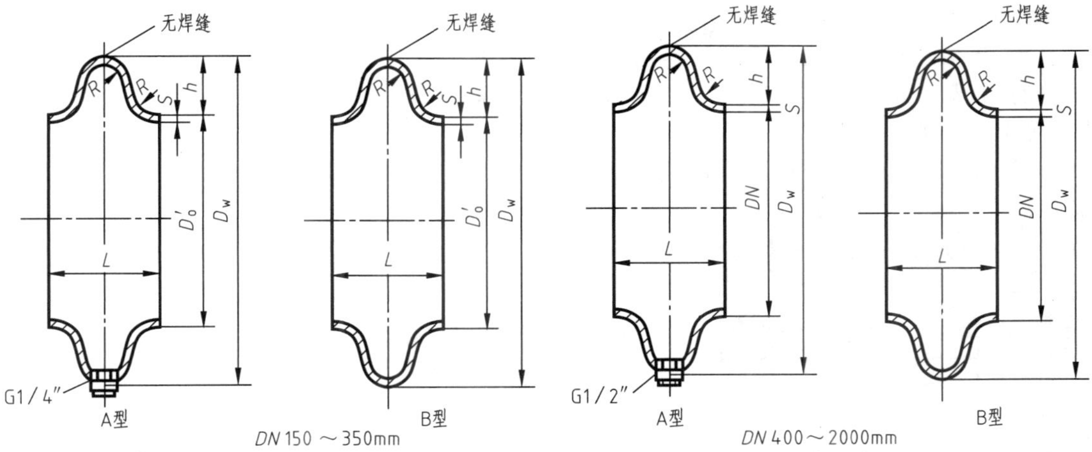

(a) ZDW型(卧式)膨胀节

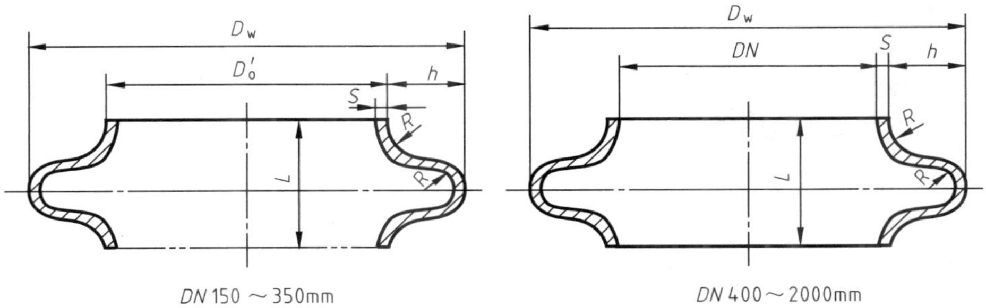

(b) ZDL 型(立式)膨胀节

图 10-21　膨胀节

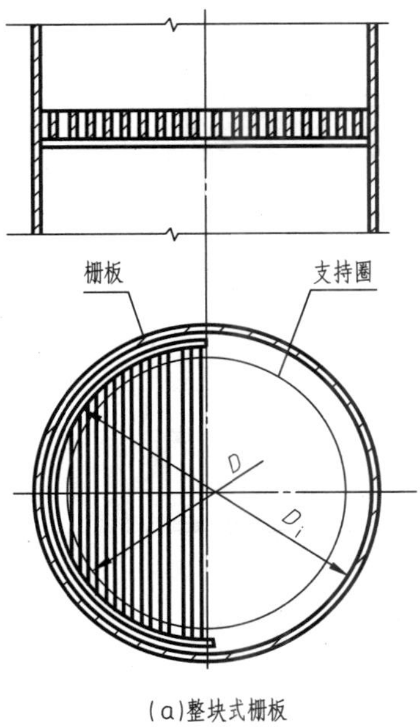

(a)整块式栅板

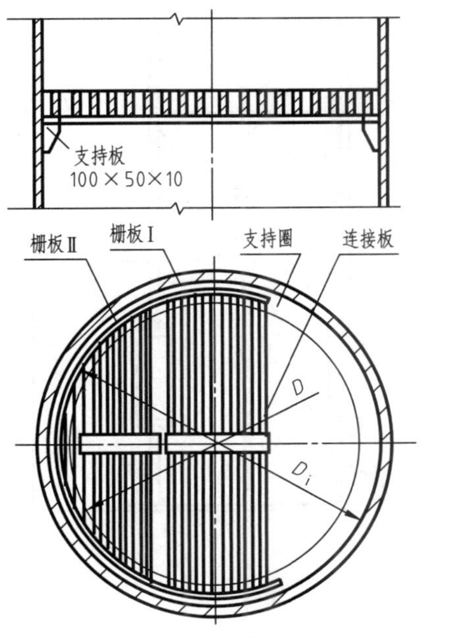

(b)分块式栅板

图 10-22　栅板

塔设备中常用零部件是栅板、塔盘、浮阀与泡帽、裙式支座。

(1) 栅板　栅板起支撑填料的作用。栅板有整块式和分块式两种。如图 10-22 所示。

(2) 塔盘　塔盘是实现传热、传质的部件。塔盘由塔板、降液管及溢流堰、紧固件和支撑件等组成。如图 10-23 所示。

(3) 浮阀与泡帽　浮阀与泡帽是主要的传质部件。其结构如图 10-24 所示。

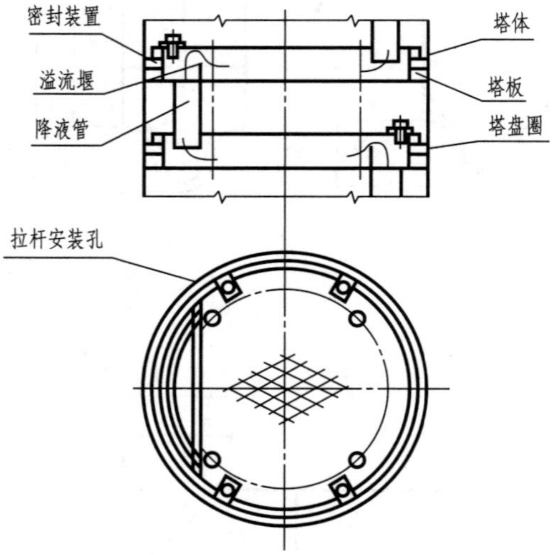

图 10-23　塔盘

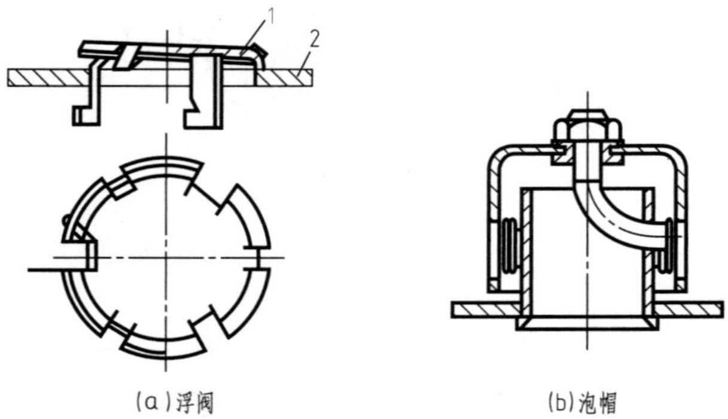

图 10-24　浮阀与泡帽

1—阀板；2—塔板

(4) 裙式支座　对于高大的塔设备，根据工艺要求和载荷特点，常采用裙式支座（简称裙座）。裙式支座有圆筒形和圆锥形两种形式。圆筒形制造方便，应用较为广泛；圆锥形承载能力强，稳定性好，对于塔高与塔径之比较大的塔特别适用。如图 10-25 所示。

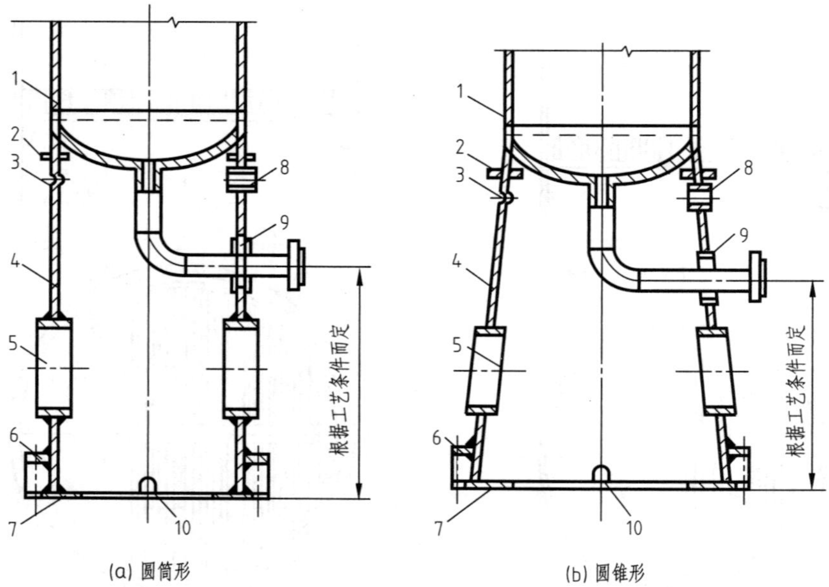

图 10-25　裙式支座

1—塔体；2—保温支承圈；3—无保温时排气孔；4—裙座筒体；5—人孔；6—螺栓座；7—基础环；8—有保温时排气孔；9—引出管通道；10—排液孔

课后知识补充

在高温高压反应器密封结构设计中，某化工厂工程师团队针对进口配件存在的耐压性能不足与密封失效问题，对法兰连接处进行系统性优化。通过有限元模拟发现原进口法兰在425℃工况下因热膨胀系数差异导致密封面产生0.15mm间隙，团队将法兰与接管间的径向配合公差从H8/h7提升至H7/g6等级，使高温下的形变量下降42%。材料选型上，采用双相钢S32750替代进口316L不锈钢，其屈服强度从250MPa提升至550MPa，并通过表面渗氮处理使密封面硬度达到HV1100，有效抵御硫化氢腐蚀。

团队创新引入自紧式密封结构，在法兰端面设计45°锥形金属密封环，当系统压力达到15MPa时，密封环产生径向膨胀形成双重密封效应，较传统平面密封泄漏率降低90%。针对螺栓预紧力分布不均问题，采用应变片实时监测技术，将M36螺栓组的预紧力矩离散度从±25%优化至±8%，使法兰面接触压力均匀性提升3倍。经720h连续运行测试，优化后的密封结构在30MPa、480℃工况下实现零泄漏，设备运行寿命从进口配件的8个月延长至22个月。

第十一章
化工与制药设备图的内容与表达方法

本章主要介绍化工与制药设备图的特点、表达方法、尺寸标注和技术要求。

化工与制药工业的产品多种多样，它们的生产方法各有不同。但是，其生产过程都可归纳为一些基本单元操作，如蒸发、冷凝、吸收、精馏及干燥等。为了使物料进行各种反应和各种单元操作，需要各种专用的设备。表示化工与制药设备的形状、大小、结构和制造安装等技术要求的图样称为化工与制药设备。图样也是按“正投影法”原理和国家标准《技术制图》《机械制图》的规定绘制的。机械图的各种表达方法都适用于化工与制药设备图。由于化工与制药生产的特殊要求，化工与制药设备的结构、形状具有某些特点，化工与制药设备图除了采用机械图的表达方法外，还采用了一些特殊的表达方法。

第一节　设备图的种类

根据各个设备图表达的内容不同，设备图的种类如图 11-1 所示。

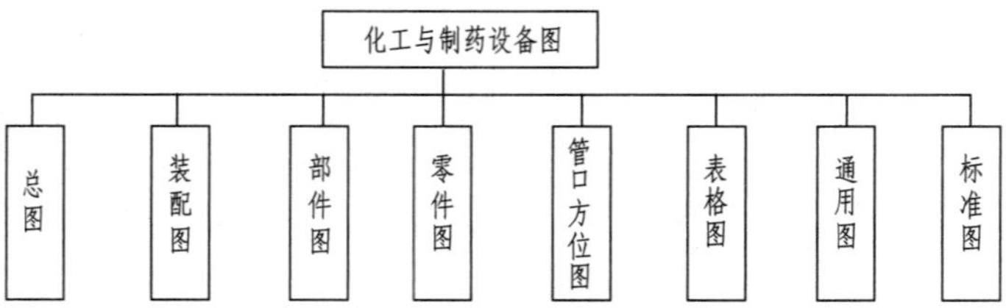

图 11-1　设备图的种类

一、总图

表示化工设备以及附属装置的全貌、组成和特性的图样。

各主要部分：

(1) 结构特征；

(2) 装配连接关系；

(3) 主要特征尺寸；

(4) 外形尺寸；

(5) 技术要求；

(6) 技术特性。

二、装配图

表示化工设备的结构、尺寸，各零部件间的装配连接关系，并写明技术要求和技术特性等技术资料的图样。

装配图兼作总图（更多的情况）：若装配图能体现总图的内容，且不影响装配图的清晰时，可以不画总图。

如图 11-2 所示（见插页）。

三、部件图

表示可拆式或不可拆部件的结构形状、尺寸大小、技术要求和技术特性等技术资料的图样。

四、零件图

表示化工设备零件的结构形状、尺寸大小及加工、热处理、检验等技术资料的图样。

五、管口方位图

表示化工设备管口方向位置，并注明管口与支座、地脚螺栓的相对位置的简图。

六、表格图

对于那些结构形状相同，尺寸大小不同的化工设备、部件、零件（主要是零部件），用综合列表方式表达各自的尺寸大小的图样。

七、通用图

经过生产考验，或结构成熟、能重复使用的系列化设备、部件和零件的图样。

八、标准图

经国家有关主管部门批准的标准化或系列化设备、部件或零件图样。

第二节　设备图的内容

一张完整的设备图，应包含以下内容：

➢ 一组视图；
➢ 必要的尺寸；
➢ 明细栏；
➢ 管口表；
➢ 技术特性表；
➢ 技术要求；
➢ 标题栏；
➢ 其他。

一、一组视图

用以表达化工与制药设备的工作原理、各部件间的装配关系和相对位置，以及主要零件的基本形状。图 11-2 采用两个基本视图，比较清晰地表达了贮槽（贮罐）的工作原理、结构形状以及各零部件间的装配关系。

二、必要的尺寸

化工与制药设备图上的尺寸，是制造、装配、安装和检验设备的重要依据。标注尺寸应完整、清晰、合理，以满足化工与制药设备制造、检验和安装的要求。

1. 尺寸种类

化工与制药设备图主要包括以下几类尺寸。

(1) 特性尺寸 反映化工设备的主要性能、规格的尺寸，如图 11-2 中的筒体内径 ϕ2000、筒体长度 6863 等。

(2) 装配尺寸 表示零部件之间装配关系和相对位置的尺寸，如图 11-2 中 600 表明人孔与进料口的相对位置。

(3) 安装尺寸 表明设备安装在基础上或其他支架上所需的尺寸，如图 11-2 中的 4600、1680 等。

(4) 外形（总体）尺寸 表示设备总长、总高、总宽（或外径）的尺寸，以确定该设备所占的空间。如图 11-2 中容器的总长 8000、总高 2768、总宽（筒体的外径）2028。

(5) 接管 标注管口内径和壁厚；接管为无缝钢管时，则标注“外径×壁厚”。在化工与制药设备图中，由于零件的制造精度不高，故允许在图上将同方向（轴向）的尺寸注成封闭形式，对于某些总长（或总高）或次要尺寸，通常将这些尺寸数字加注圆括号“（）”或在数字前加“≈”，以示参考之意。

(6) 其他尺寸 一般包括标准零部件的规格尺寸（如图 11-2 中人孔的规格尺寸 ϕ480×6），经设计计算确定的重要尺寸（如筒体壁厚 14），焊缝结构形式尺寸以及不另行绘图的零件的有关尺寸。

2. 尺寸基准的选择

要使标注的尺寸满足制造、检验、安装的需要，必须合理选择尺寸基准。如图 11-3 所示。化工设备图中常用的尺寸基准有下列几种：

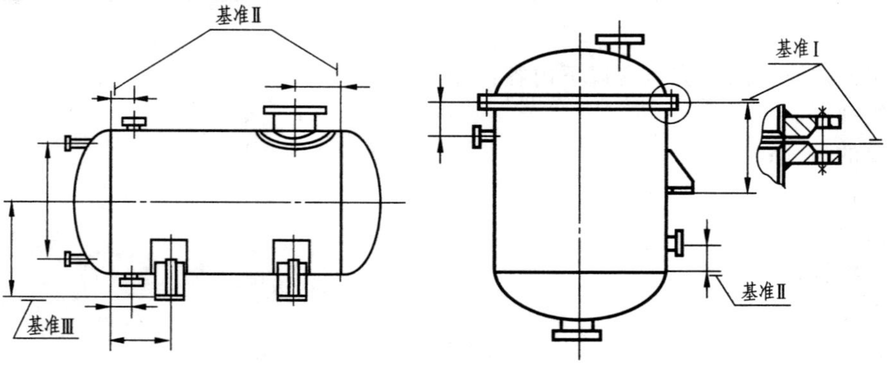

图 11-3　尺寸基准选择示例

(1) 设备筒体和封头的中心线；
(2) 设备筒体和封头焊接时的环焊缝；
(3) 设备容器法兰的端面；
(4) 设备支座的底面；
(5) 管口的轴线与壳体表面的交线等。

三、明细栏

明细栏是机械、设备装配图或部件图中必需的表格，要填写构成装配体或部件的全部零件图的详细目录。明细栏中按零件序号自下而上填写。与机械装配图内容基本一致。如图 11-4 所示。

四、管口表

管口表是说明设备上所有管口的用途、规格、连接面形式等内容的一种表格，供备料、制造、检验或使用时参考。管口表一般画在明细栏的上方。如图 11-5 所示。

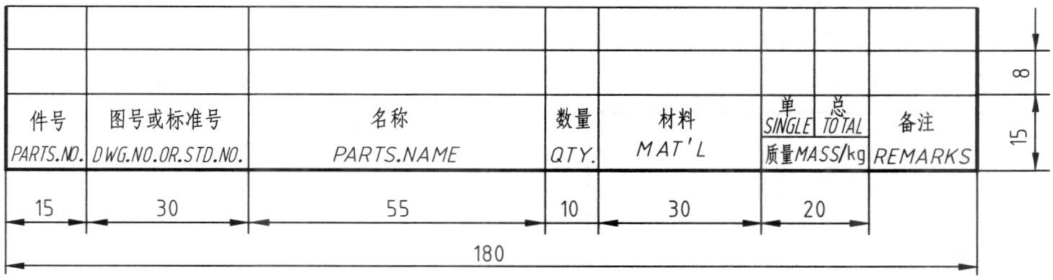

(a) 装配图或部件图用明细栏

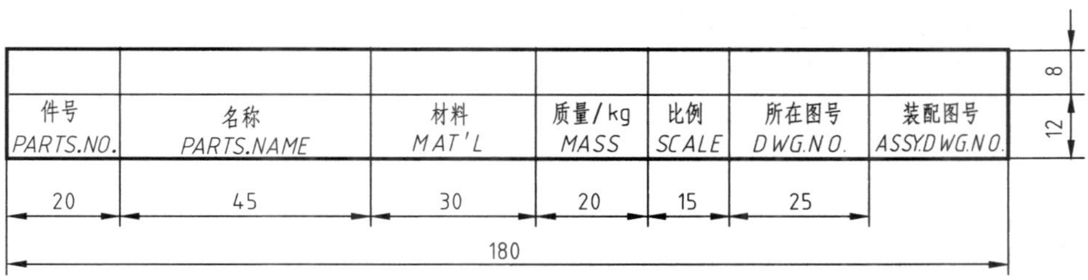

(b) 零部件图用明细栏

图 11-4 明细栏

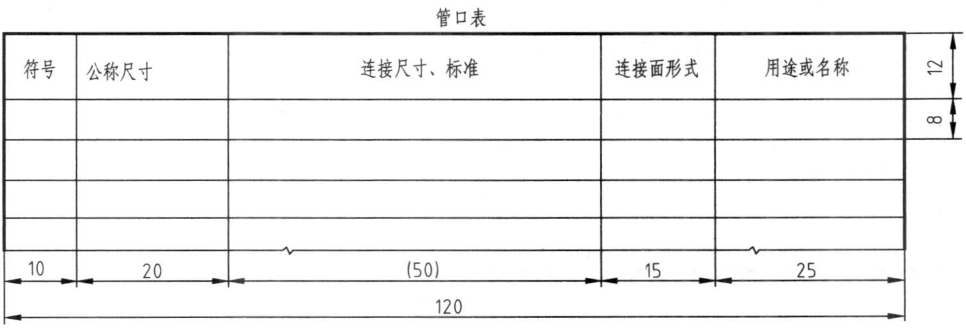

图 11-5 管口表

五、技术特性表

技术特性表是把设备设计、制造与检验各环节的主要技术数据、标准规范、检验要求等汇于表中，主要包括：工作压力、设计压力、工作温度、设计温度、焊缝系数、腐蚀裕度、容器类别、物料名称，设备的防腐、焊接、探伤、水压试验及设计规范等。如图 11-6 所示。

六、技术要求

对装配图，在设计数据表中未列出的技术要求，需以文字条款表示，主要是对设备制造、安装、检验和验收、包装和运输等方面的要求。

技术要求通常包括以下几方面的内容。

(1) 通用技术条件　是同类化工设备在制造、装配、检验等诸方面的技术规范，已形成标准可直接引用。

(2) 焊接要求　在技术要求中通常对焊接方法、焊条、焊剂等提出要求。

(3) 设备的检验　一般对主体设备进行水压和气密性试验，对焊缝进行探伤等。

(4) 其他要求　设备在机械加工、装配、油漆、保温、防腐、运输、安装等方面的要求。

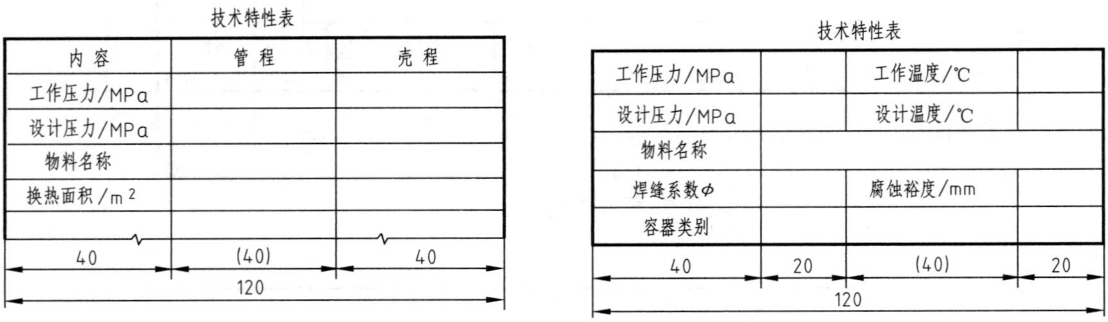

(a)　　　　(b)

图 11-6　技术特性表

七、标题栏

与机械装配图内容基本一致。如图 11-7 所示。

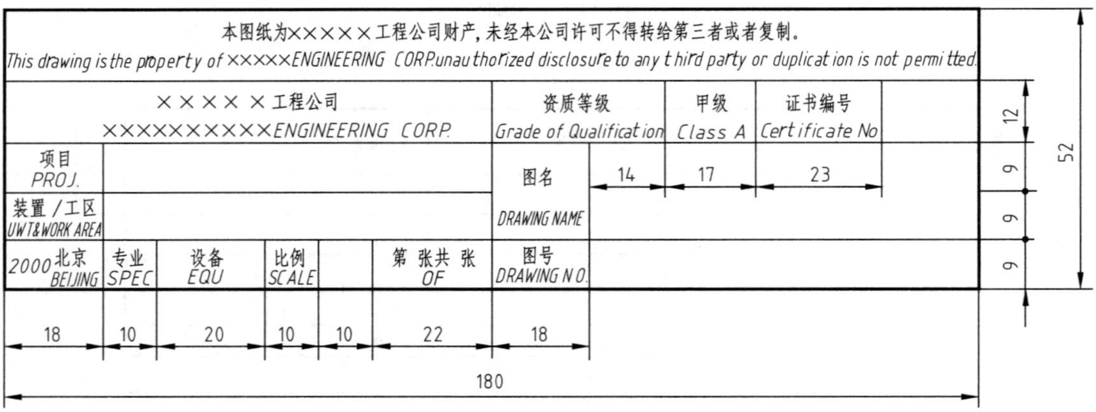

图 11-7　标题栏

第三节　设备的常用表达方法

化工与制药设备装配图的表达方法应与化工与制药设备结构特点相适应。

一、化工与制药设备的基本结构及其特点

(1) 基本形体以回转体为主；

(2) 各部分结构尺寸大小相差悬殊；

(3) 壳体上开孔和管口多；

(4) 广泛采用标准化零部件，如封头、法兰、人孔、耳式支座等，都是标准化的零部件；

(5) 大量采用焊接结构；

(6) 防泄漏安全结构要求高。

二、化工与制药设备装配图的表达特点

1. 视图配置灵活

化工与制药设备装配图的视图配置灵活，其俯（左）视图可以配置在图面上任何适当的位置，但必须注明“俯（左）视图”的字样。当设备结构复杂，所需视图较多时，允许将部分视图画在数张图纸上，但主视图及该设备的明细栏、管口表、技术特性表、技术要求等内容，均应安排在第一张图样上。当化工与制药设备结构比较简单，且多为标准件时，允许将零件图与装配图画在同一张图样上。如果设备图已经表达清楚，也可以不画零件图。

2. 细部结构的表达方法

设备上某些细小的结构，按总体尺寸所选定的比例无法表达清楚时，可采用局部放大的画法，其画法和标注与机械图相同。必要时，还可采用几个视图表达同一细部结构。如图 11-8 所示。设备中尺寸过小的结构（如薄壁、垫片、折流板等），无法按比例画出时，可采用夸大画法，即不按比例、适当地夸大画出它们的厚度或结构。如图 11-9 所示的垫片就采用了夸大画法。

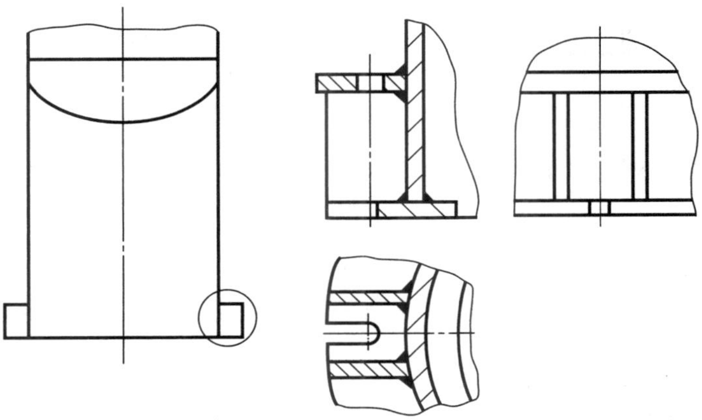

图 11-8　细部结构的局部放大画法

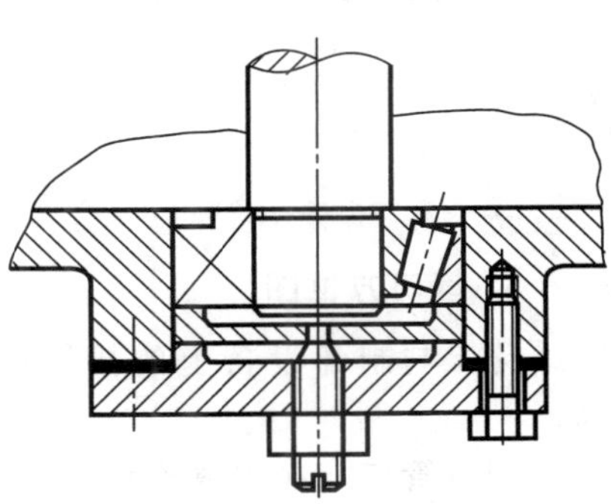

图 11-9　细部结构的夸大画法

3. 断开、分段（层）及整体图的表达方法

当设备总体尺寸很大，又有相当部分的结构形状相同（或按规律变化时），可采用断开画法。如图 11-10（a）所示的填料塔设备，采用了断开画法，图中断开省略部分是填料层（用符号简化表示），该部分的形状、结构完全相同。有些设备（如塔器）形体较长，又不适于用断开画法。为了合理选用比例和充分利用图纸，可把整个设备分成若干段（层）画出。如图 11-10（b）所示。为了表达设备的完整形状、有关结构的相对位置和尺寸，可采用设备整体的示意画法，即按比例用单线（粗实线）画出设备外形和必要的设备内件，并标注设备的总体尺寸、接管口、人（手）孔的位置等尺寸。如图 11-10（c）所示。

4. 多次旋转的表达方法

由于设备壳体四周分布有各种管口和零部件，为了在主视图上清楚地表达它们的形状和轴向位置，主视图可采用多次旋转的画法。即假想将设备上不同方位的管口和零部件，分别旋转到与主视图所在的投影面平行的位置，然后进行投射，以表示这些结构的形状、装配关系和轴向位置。采用多次旋转的表达方法时，一般不作标注。但这些结构的周向方位以管口方位图（或俯、左视图）为准。如图 11-11 所示。

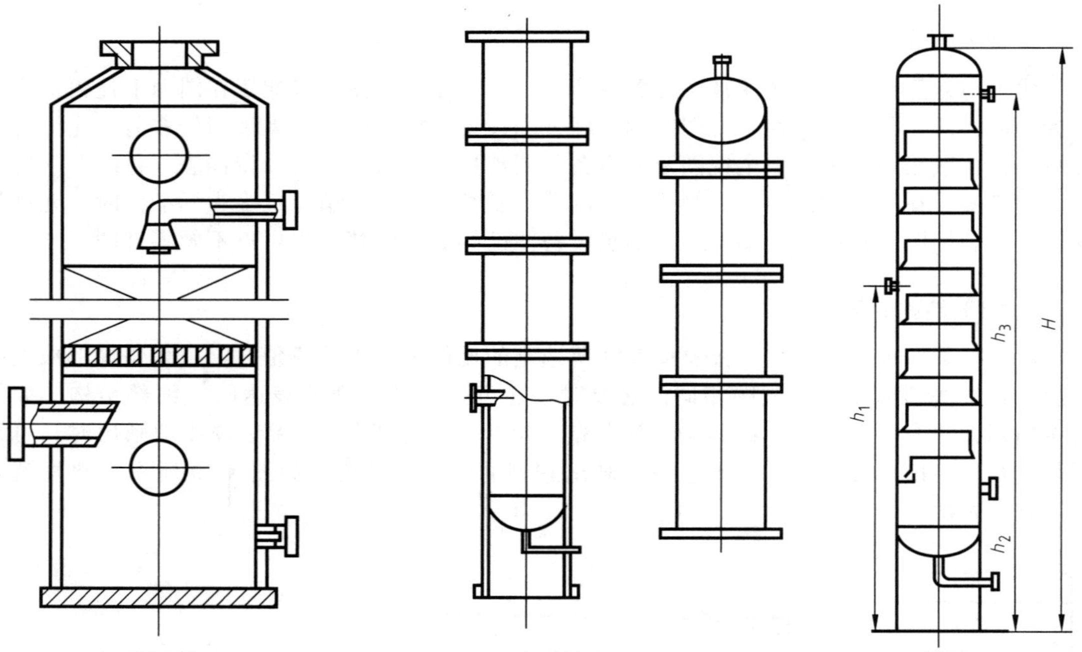

（a）断开画法　（b）分段画法　（c）整体图

图 11-10　断开、分段及整体图表达

5. 管口方位图

化工与制药设备上的接管口和附件较多，其方位可用管口方位图表示，如图 11-12 所示。

同一管口，在主视图和方位图上必须标注相同的小写字母。当俯（左）视图必须画出，而管口方位在俯（左）视图上已表达清楚时，可不必画出管口方位图。

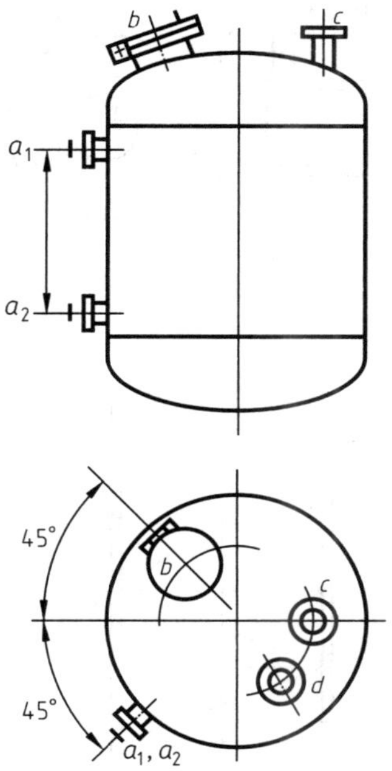

图 11-11　多次旋转表达

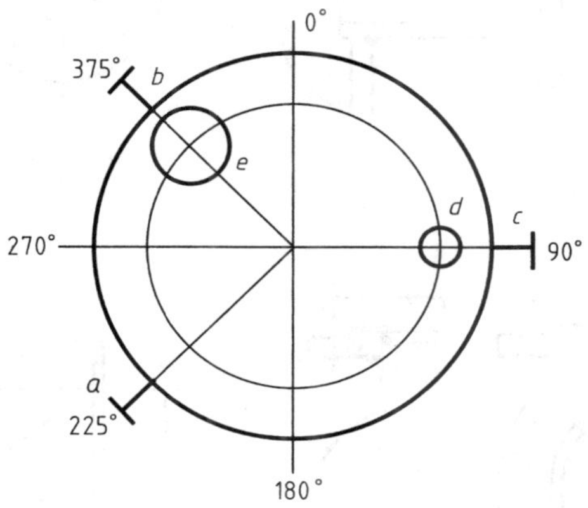

图 11-12　管口方位图

6. 简化画法

(1) 单线示意画法　设备上某些结构已有零部件图，或另外用剖视、断面、局部放大图等方法已表示清楚时，设备图上允许用单线（粗实线）表示。如图 11-13 所示。

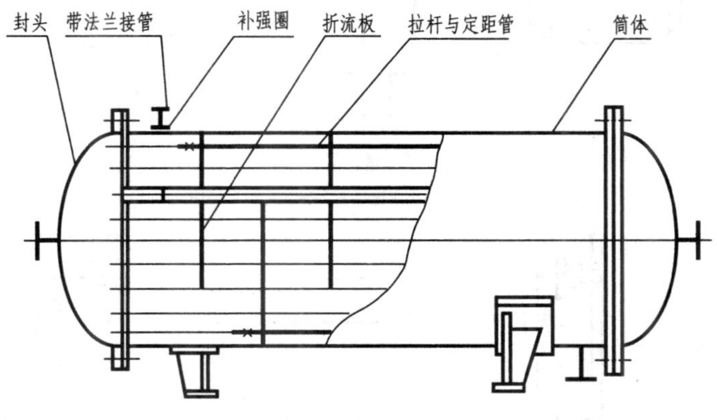

图 11-13　单线示意画法

(2) 管法兰的简化画法　化工与制药设备图中，不论管法兰的连接面是什么形式（平面、凹凸面、榫槽面），管法兰的画法均可简化成图 11-14 所示的形式。

(3) 重复结构的简化画法

① 螺栓孔和螺栓连接的简化画法：螺栓孔可用中心线和轴线表示，而圆孔的投影则可省略不画，如图 11-15（a）中主视图所示。装配图中的螺栓连接可用符号“×”（粗实线）表示，若数量较多，且均匀分布时，可以只画出几个符号表示其分布方位。如图 11-15（a）所示。

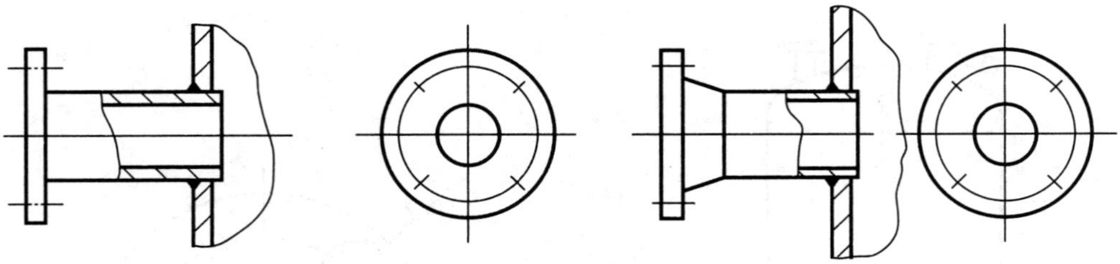

图 11-14　管法兰简化画法

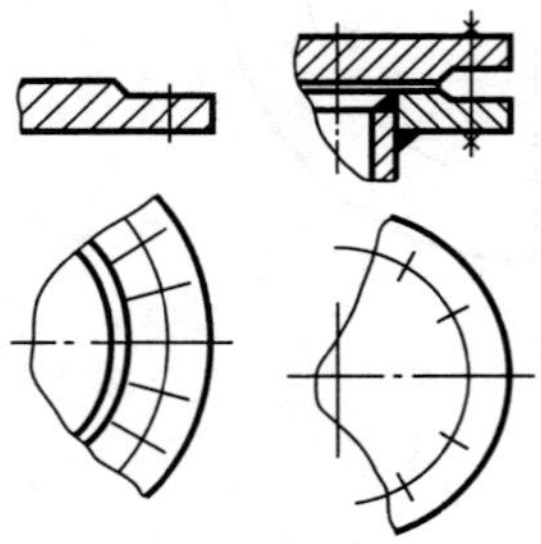

(a) 螺栓孔和螺栓连接

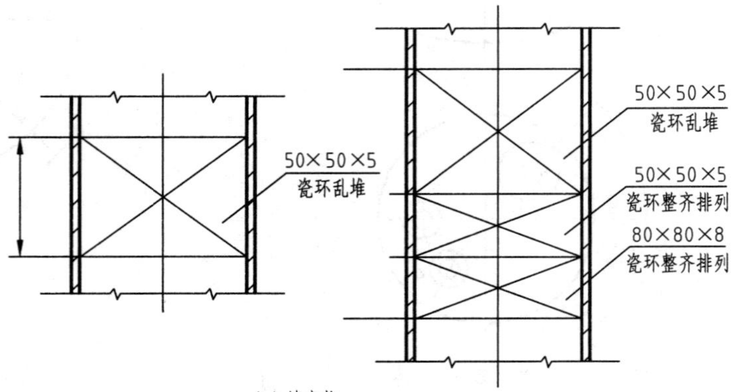

(b) 填充物

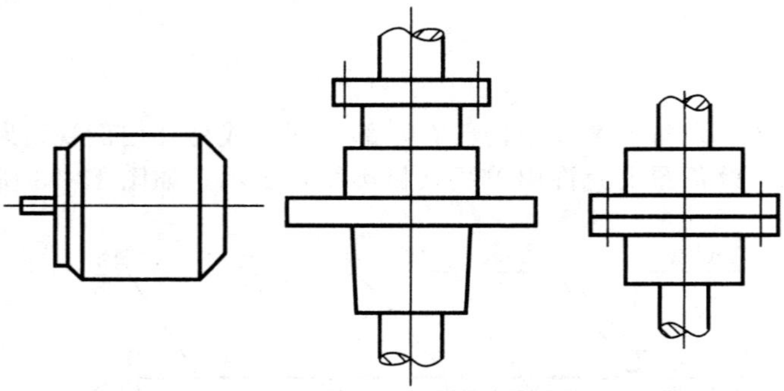

(c) 标准零部件及外购零部件

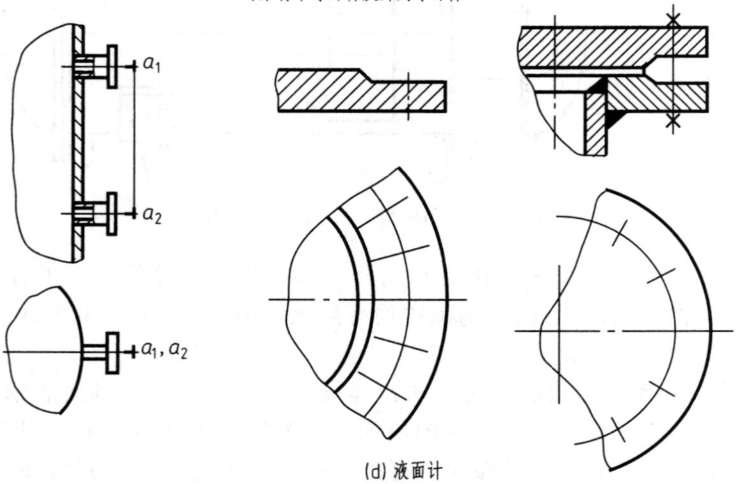

(d) 液面计

图 11-15　重复结构的简化画法

② 填充物的表示法：当设备中装有同一规格的材料和同一堆放方法的填充物时，在剖视图中，可用交叉的细实线表示，同时注写有关的尺寸和文字说明（规格和堆放方法）。如图 11-15（b）所示。

③ 管束的表示法：当设备中有密集的管子，且按一定的规律排列或成管束时（如列管式换热器中的换热管），在装配图中可只画出其中一根或几根管子，而其余管子均用中心线表示。如图 11-13 所示。

④ 标准零部件及外购零部件的简化画法：标准零部件在设备图中不必详细画出，可按比例画出其外形特征的简图；外购零部件在设备图中，只需根据尺寸按比例用粗实线画出其外形轮廓简图，并同时在明细栏中注写名称、规格、标准号等。如图 11-15（c）所示。

⑤ 液面计的简化画法：在设备图中，带有两个接管的玻璃管液面计，可用细点画线和符号“+”（粗实线）简化表示。如图 11-15（d）所示。

第四节　设备图的图面布置

设备图针对立式设备和卧式设备有两种图面布置形式。如图 11-16 所示。

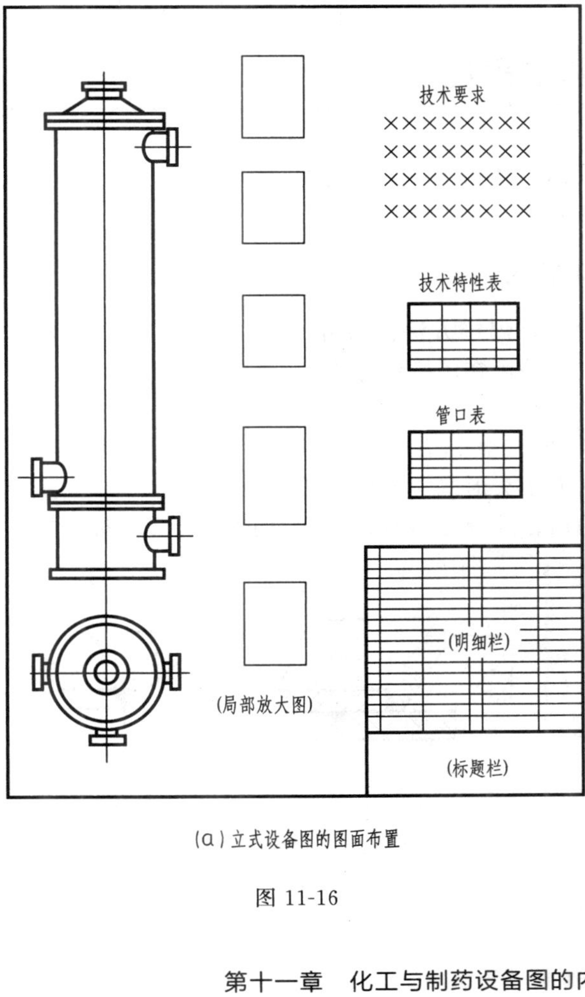

（a）立式设备图的图面布置

图 11-16

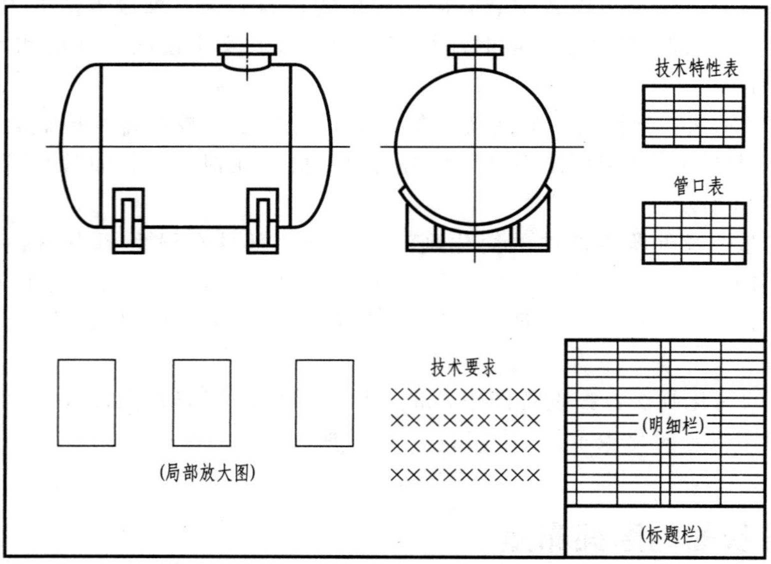

(b) 卧式设备图的图面布置

图 11-16　化工与制药设备图的图面布置

第五节　焊接结构的表达

焊接是一种不可拆卸的连接形式。由于它施工简便、连接可靠，在化工与制药设备制造、安装过程中被广泛采用。

一、焊接方法与焊缝形式

随着焊接技术的发展，焊接方法已有几十种。GB/T 5185—2005 规定，用阿拉伯数字代号表示各种焊接方法，并可在图样中标出。

1. 焊接接头的三要素

焊接接头的三要素为接头形式、坡口形式、焊缝形式。

构件焊接后形成的结合部分称为焊缝。焊缝的接头有对接、搭接、角接和 T 形接等形式。如图 11-17 所示。

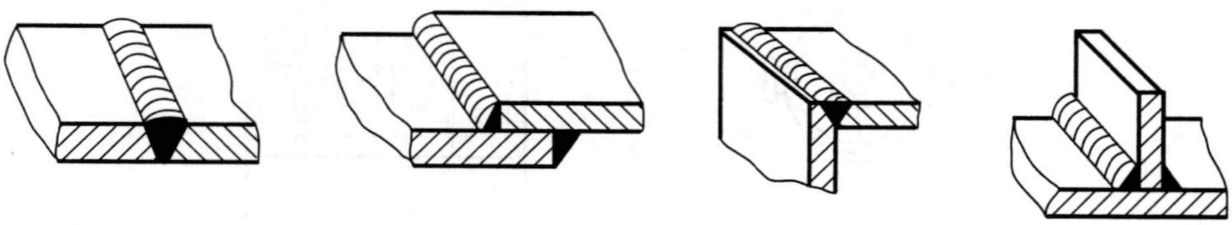

(a) 对接接头　(b) 搭接接头　(c) 角接接头　(d) T形接头

图 11-17　焊缝接头形式

坡口形式如图 11-18 所示。

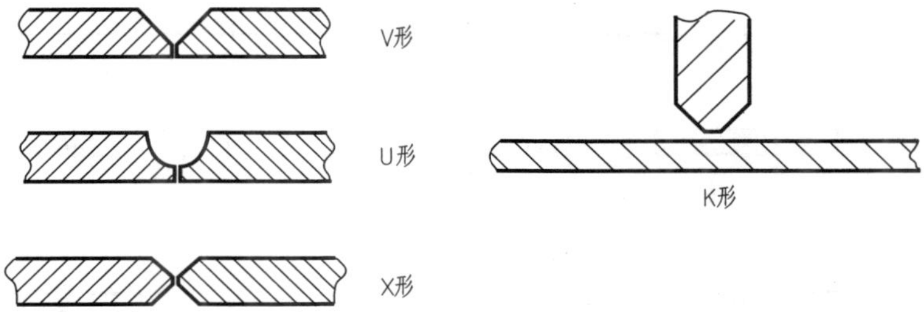

图 11-18　坡口形式

2. 焊缝的规定画法

国家标准规定：焊缝可见面用粗实线表示，焊缝不可见面用波纹线表示，焊缝的断面需涂黑。当图形较小时，可不必画出焊缝断面的形状。常见焊缝的画法，当焊接件上的焊缝比较简单时，焊缝的画法可以简化成可见焊缝用粗实线表示，不可见焊缝用虚线表示。如图 11-19 所示。

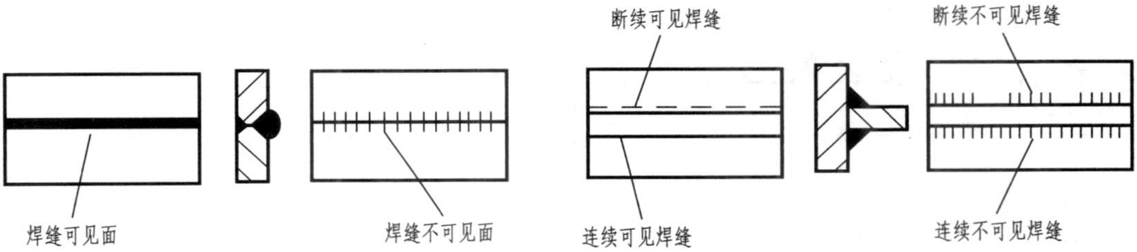

图 11-19　焊缝规定画法

二、焊缝符号表示法

当焊缝分布比较简单时，可不必画出焊缝，只在焊缝处标注焊缝符号。

(1) 焊缝符号：一般由基本符号和指引线组成。必要时还可加上辅助符号、补充符号和焊缝尺寸符号。

(2) 基本符号：表示焊缝横截面形状的符号，它采用近似于焊缝横截面形状的符号来表示。

(3) 辅助符号：表示焊缝表面形状特征的符号，不需要确切地说明焊缝表面形状时，不加注此符号。

(4) 补充符号：说明焊缝某些特征而采用的符号，焊缝没有这些特征时，不加注此符号。

焊缝尺寸符号是用字母代表对焊缝的尺寸要求，当需要注明焊缝尺寸时才标注。

如表 11-1 所示。

三、焊缝的标注

(1) 焊缝指引线　如图 11-20（a）所示。

(2) 焊缝的标注方法　如图 11-20（b）所示。

四、化工与制药设备的焊缝画法及标注

按其重要程度一般有两种。

表 11-1　焊缝符号表示法

符号		名称	示意图	说明	符号		名称	示意图	说明
基本符号		I形焊缝		无坡口I形	辅助符号		平面		平面V形对接焊缝，一般通过加工后平整
		V形焊缝		V形坡口			凸面		凸面V形对接焊缝
		单边V形焊缝		单边V形坡口			凹面		凹面角焊缝
		带钝边V形焊缝		带钝边的V形坡口	补充符号		周围焊缝		沿工件周围施角焊缝
		带钝边U形焊缝		带钝边的U形坡口			现场焊缝		现场或工地进行焊接
		角焊缝		无坡口			尾部		可以参照GB/T 5185—2005标注焊接工艺方法等内容

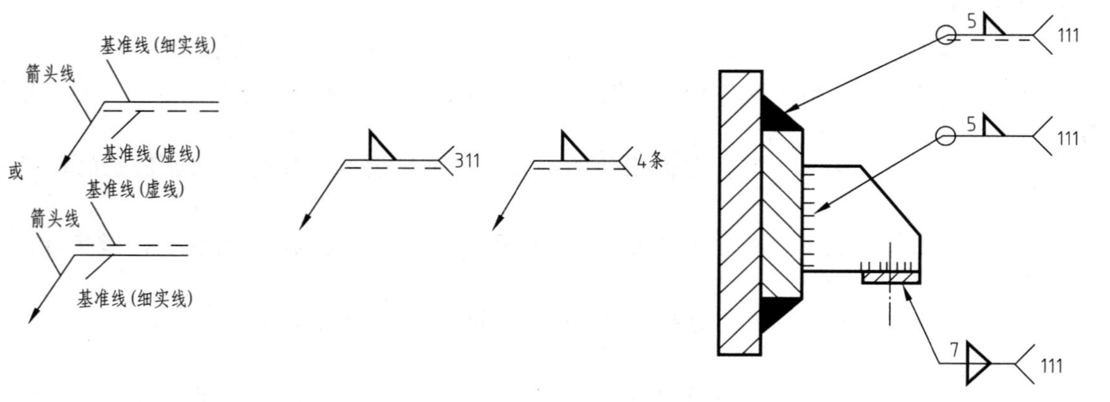

(a) 指引线　　(b) 标注方法

图 11-20　焊缝的标注

(1) 对于第一类压力容器及其他常、低压设备，一般可直接在其剖视图中的焊接处，画出焊缝的横剖面形状并涂黑。如图 11-21 所示。

(2) 对于第二、第三类压力容器及其他中、高压设备上重要的或非标准形式的焊缝，可用局部放大的剖视图表达其结构形状并标注尺寸。如图 11-21 所示。图中字母基本尺寸由焊缝形式及适用范围确定，参照 HG/T 20583—2020。

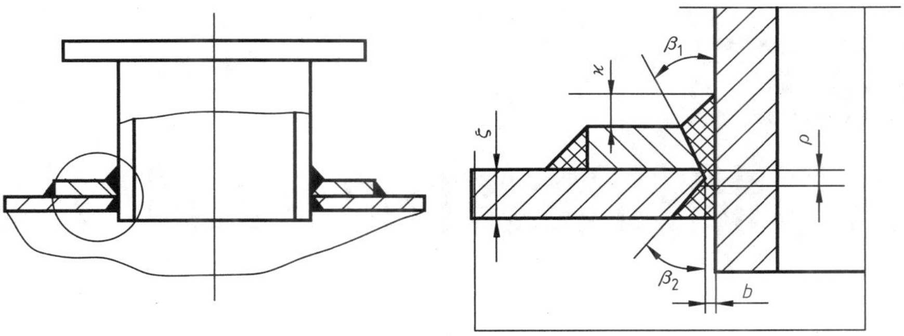

图 11-21 化工与制药设备的焊缝画法及标注

课后知识补充

2005 年 3 月 23 日 13 点 20 分左右，英国某公司在美国得克萨斯州的炼油厂碳氢化合物车间发生系列爆炸。爆炸事故的惨痛教训，揭示了化工制图中看似微小的技术疏漏如何引发灾难性后果。调查显示，事故直接源于工艺流程图（PFD）中三处安全阀标注缺失——设计团队为缩短工期，擅自删除了异构化装置分馏塔的应急泄压阀符号，导致实际安装时未按规范设置安全装置。当操作人员在启动装置时遭遇液位计故障，误判塔内液位持续下降而持续加料，分馏塔内液面实际已超过安全线 2.7m，此时失效的图纸标注使操作人员无法通过流程图确认应急泄压阀的存在，最终高温高压物料冲破设备引发爆炸。

更深层的问题在于企业安全文化的系统性崩塌。事故前 18 次开车操作中，作业人员曾多次违规跳过液位校准步骤，但管理层面既未更新操作手册，也未在流程图中强化关键控制点标注。图纸上模糊的符号与现场混乱的阀门标识形成危险反差：放空罐顶部的烟囱排放口在 PFD 中仅用普通排气管符号表示，未按规范标注气相组分爆炸风险警示，致使巡检人员未能及时识别泄漏风险。这种“图物不符”的现象，暴露出技术文件与现场实践严重脱节的致命缺陷。

该事故以 15 条生命的代价重塑了全球化工安全标准。事后修订的强制性条款明确规定，压力容器在 CAD 图纸中必须标注“双阀一泄”三重防护标识，并将报警联锁逻辑直接嵌入 PID 图注释栏。它警示从业者：每一笔 CAD 线条都是对生命的承诺——当我们在绘制法兰连接符号时应严格执行规范规定的间距标注，不仅是在遵循技术规范，更是在构筑防止“3·23”悲剧重演的责任防线，将安全伦理具象化为 0.1mm 精度要求的职业素养，是作为工程人员的基本要求。

第十二章 化工与制药设备图的绘制与阅读

本章主要介绍化工与制药设备图的绘制和识读的方法、步骤。

第一节　设备图的绘制

化工与制药设备图的绘制与机械装配图的绘制方法相似，但又具有一些独特的内容及方法。

绘制化工与制药设备图的方法有两种：一是对已有设备进行测绘，主要应用于仿制引进设备或对现有设备进行革新改造；二是依据化工工艺设计人员提供的“设备设计条件单”进行设计和绘制。

本节主要介绍设计过程中绘制化工设备装配图（简单化工设备图）的有关要求和方法步骤。

一、设备设计条件单

1. 设备简图

用单线条绘成的简图，表示工艺设计所要求的设备结构形式、尺寸、设备上的管口及其初步方位。

2. 技术特性指标

列表给出工艺要求，如设备操作压力和温度、介质及其状态、材质、容积、传热面积、搅拌器形式、功率、转速、传动方式以及安装、保温等各项要求。

3. 管口表

列表注明各管口的符号、公称尺寸和压力、连接面形式、用途等。

图 12-1 所示为一液氨贮槽的设计条件单，这是工艺人员工艺设计后，需设备设计人员完成的设计任务。设计条件单上大致给出了液氨贮槽的结构示意图、主要的性能尺寸，接管口的方位及工艺设计参数等。在此基础上，设备设计人员对该设备进行结构安全性设计（包括筒体、封头的形式及壁厚设计、法兰连接设计、人孔与支座选型及其附件等设计）；然后按照设计的结构，绘制装配图。

条件内容修改							
修改标记	修改内容	签字	日期	修改标记	修改内容	签字	日期
简图说明						比例	

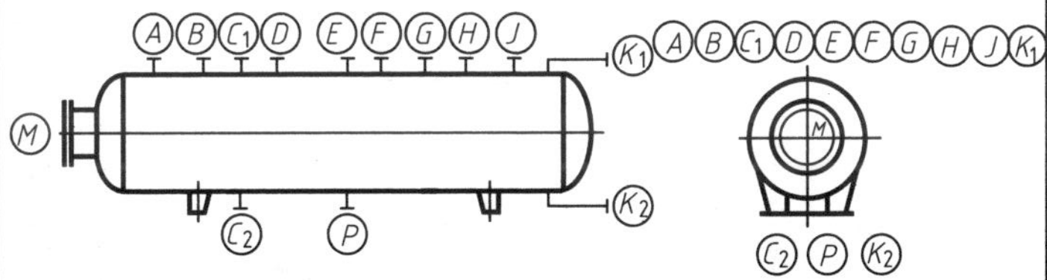

参考图				容器条件图	
设计参数及要求					
	容器内(壳程)	夹套(管)内(管程)		容器内(壳程)	夹套(管)内(管程)
工作介质 名称	液氨		腐(磨)蚀速率		
工作介质 组分			设计寿命		
工作介质 相对密度	0.61(常温下)		壳体材料	16MnR	
工作介质 特性	中度危害		内件材料		
工作介质 黏度			衬里防腐要求		
工作压力/MPa	1.6		保温材料 名称		
设计压力/MPa	2.16		保温材料 厚度/mm		
安全装置 位置/形式			保温材料 容重(kg/m³)		
安全装置 规格/数量			基本风压/Pa		
安全装置 开启(爆破)			地震基本烈度		
安全装置 压力/MPa			场地类别		
工作温度/℃	42.5		催化剂容积/宽度		
设计温度/℃	50		搅拌转速/(r/min)		
环境温度/℃			电机功率/kW		
壁温/℃			密闭要求		
全容积/m³	5.6		操作方式及要求		
操作容积/m³	充装系数0.85		静电接地		
传热面积/m²			安装检修要求		
换热管	规格： 根数： 排列方式：		管口方位	按本图	
折流板/支承板	数量： 缺边位置与高度：		其他要求		

接 管 表

符号	公称尺寸	公称压力	连接尺寸标准	连接面形式	用途	符号	公称尺寸	公称压力	连接尺寸标准	连接面形式	用途
A	50	4.0	HG/T 20595-2009	FM	液氨进口	H	15	4.0	HG/T 20595-2009	FM	放空口
B	20	4.0	HG/T 20595-2009	FM	回流进液口	J	50	4.0	HG/T 20595-2009	FM	液氨出口
C_1,C_2	80	4.0	HG/T 20595-2009	FM	电控液位计接口	K_1,K_2	20	4.0	HG/T 20595-2009	FM	液位计接口
D	32	4.0	HG/T 20595-2009	FM	压力平衡口	M	450	4.0	—	—	人孔
E	15	4.0	HG/T 20595-2009	FM	放油口	P	32	4.0	HG/T 20595-2009	FM	排污口
F	25	4.0	HG/T 20595-2009	FM	压力表接口						
G	32	4.0	HG/T 20595-2009	FM	安全阀口						

专业	设计	校核	审核	日期	位号/台数		工程名称	
工艺					液氨贮槽		设计项目	
管道							设计阶段	
电控							条件编号	
					设备图号			

图 12-1 液氨贮槽设计条件单

二、设备机械设计步骤

(1) 参考有关图纸资料，进行设备结构设计；

(2) 对设备进行机械强度计算以确定主体壁厚等有关尺寸；

(3) 常用零件的选型设计。

三、绘制化工设备图的步骤

(1) 选择视图表达方案，绘图比例和图面安排。

这里，液氨贮槽采用主视图和左视图表达，主视图上采用剖视图；对于细微部分（如焊缝接头）采用了局部放大图。

(2) 绘制视图。

按绘制装配图的底稿的步骤进行，具体从主视图开始，先画主体结构即筒体、封头等部分，完成壳体主件后，按装配关系依次绘制法兰、人孔等零部件的投影；主视图画完后再按顺序画左视图，最后画局部剖视图。

(3) 标注尺寸焊缝代号。

画好底稿后经过仔细校核，即可标注相关尺寸。并根据 GB/T 324—2008《焊缝符号表示法》、焊缝的坡口基本形式及尺寸的要求对焊缝接头进行尺寸标注或符号标注。

(4) 编写零部件序号和管口符号，填写明细栏及管口表。

(5) 填写明细表和接管表。

(6) 填写设计数据表、编写图面技术要求。

(7) 填写标题栏。

(8) 校核、加深、审定。

绘制好的液氨贮槽如图 11-2 所示。

第二节　设备图样的阅读方法

一、阅读设备图的基本要求

(1) 了解设备的性能、作用和工作原理；

(2) 了解各零部件之间的装配连接关系和有关尺寸；

(3) 了解设备主要零部件的结构、形状和作用，进而了解整个设备的结构；

(4) 了解设备上的开口方位以及在设计、制造、检验和安装等方面的技术要求。

二、阅读化工与制药设备图的一般方法

1. 概括了解

(1) 阅读标题栏，了解设备的名称、规格、绘图比例、图纸张数等内容；

(2) 对视图进行分析，了解表达设备所采用的视图数量和表达方法，找出各视图、剖视图的位置及各自的表达重点；

(3) 阅读明细栏，概括了解设备的零部件件号和数目，以及哪些是零部件图？哪些是标准件或外购件？

(4) 阅读设备的管口表、制造检验主要数据表及技术要求，概括了解设备的压力、温度、物料、焊缝探伤要求及设备在设计、制造、检验等方面的技术要求。

2. 详细分析

(1) 零部件结构分析；
(2) 对尺寸的分析；
(3) 对设备管口的阅读；
(4) 对制造检验主要数据表和技术要求等内容的阅读。

3. 归纳总结

(1) 经过对图样的详细阅读后，可以将所有的资料进行归纳和总结，从而对设备获得一个完整、正确的概念，进一步了解设备的结构特点、工作特性、物料的流向和操作原理等；
(2) 化工设备图的阅读，基于其典型性和专业性；
(3) 如能在阅读化工设备图的时候，适当地了解该设备的有关设计资料，了解设备在工艺过程中的作用和地位，将有助于对设备设计结构的理解；
(4) 此外，如能熟悉各类化工设备典型结构的有关知识、常用零部件的结构和有关标准、表达方法和图示特点，必将大大提高读图的速度、深度和广度。

第三节　塔设备装配图的阅读

一、概括了解

1. 标题栏的阅读

从附录八苯-甲苯精馏塔的装配图标题栏可知，公称直径为 2200mm，总高度为 11900mm，壁厚为 10mm，绘图比例为 1∶20。

2. 视图的阅读

该设备以主、俯两个视图的表达为主，主视用全剖表达了整个塔体主要内外结构形状，俯视图主要表示设备各管口的方位。另外采用了四个局部放大图。

(1) 全剖视图　如附录八所示。
(2) 其他视图　如附录八所示。

3. 明细栏的阅读

从明细栏可知，该设备共编了 23 个零部件编号。从图号或标准号一栏中可查知，除总图外，另附 15 张零部件图（图号为 311-02-01～311-02-04，311-03-02，311-04-01～311-04-08，311-05-01～311-05-02）。如附录八所示。

4. 管口表和技术特性表的阅读

图幅右方有技术特性表、管口表、技术要求等，标题栏左旁有图纸目录。从管口表中知道，从 $a_{1,2}$，$b_{1,2}$，…，k，共有 18 个管口符号。如附录八所示。

二、详细分析

1. 零部件结构分析

该精馏塔的总体结构如装配图主视图所示，由塔体、裙座、内件、设备接管等部件组成。

(1) 塔体 塔体包括了筒体（序号 17)、封头（序号 2）等部件。

① 筒体：属于标准件，它是设备的主体部分，其作用是提供工艺所需的承压空间，是压力容器最主要的受压元件之一。该塔筒体为圆柱形，公称直径为 2200mm，长度为 11900mm。

② 封头：该塔封头为顶、底两个椭圆形封头。它与筒体焊接成一个整体。封头是压力容器上的端盖，是压力容器的一个主要承压部件，封头的品质直接关系到压力容器的长期安全可靠运行。封头的公称直径为 2200mm，壁厚为 10mm，封头下端与引出管（序号 23）通过法兰连接。

(2) 裙座 裙座是精馏塔的支撑部件，由附录八可看出，裙座有单独的部件图。因此在装配图上画出裙座与筒体的焊接图以便在现场施工安装。

(3) 内件 该塔的内件有塔盘（序号 9、10)、液封盘（序号 5)、除沫器（序号 12)。

① 塔盘是组合件。其结构特点是在塔板上按一定的排列开若干孔，孔的上方安置可以在孔轴线方向上下浮动的阀片，它是实现传热、传质的部件。全塔共有 21 个浮阀塔盘，间距均为 450mm。塔盘为分块式组装塔盘。

② 液封盘设计在最下一块塔板的降液管处，主要是防止塔底气体自降液管进入上层塔盘。

③ 在塔顶部有一除沫器，作用是用于分离塔中气体夹带的液滴，以保证有传质效率，降低有价值的物料损失和改善塔后压缩机的操作，降低含水量，延长压缩机的寿命，可有效去除 3～5μm 的雾滴。

(4) 设备接管 从附录八的主视图左下角开始，按顺时针方向，可逐一找得各管口的符号和位置，并对照管口表获知该精馏塔的接管有气体出口管（序号 15)、回流入口（序号 18)、进料口（序号 6)、出料口（序号 21)、压力计接管（序号 13)、液面计接管（序号 18）等。

其中气体出口管、回流入口是通过法兰连接在塔体上的，密封面形式为凸面。而压力计接管、液面计接管等是通过焊接连接在塔体上的。

从明细栏还可以知道该塔零部件的数量、材料等信息。其中塔体及内件材料均为 Q235-B。

2. 尺寸的阅读

(1) 设备的外形尺寸 如塔的总高约为 11900mm，塔径为 2200mm，筒体壁厚为 10mm。

(2) 零部件的结构尺寸 装配图详细列出了各零部件的公称直径、壁厚等结构尺寸。

(3) 零部件之间的装配连接尺寸 如装配图中底端封头与出口接管管口的距离为 800mm；气体出口接管管口与顶端封头距离为 450mm；液封盘与最后一块塔盘的距离为 700mm 等。

3. 管口的阅读

从管口表中知道，该设备共有从 $a_{1,2}$，$b_{1,2}$，…，k 共 18 个管口，它们的规格、连接形式、用途等均由管口表可知。由主视图看懂各管口与筒体、封头的连接结构，在俯视图可以看到管口的位置。

4. 对制造检验主要数据表和技术要求的阅读

阅读附录八中的制造检验主要数据表和特殊要求及说明，可知本例技术要求：

➤ 钢制（包括不锈耐酸钢制）焊接压力容器，本设备按 NB/T 47041—2014《塔式容器》及 GB/T 150—2024《压力容器》进行制造、实验和验收，并接受国家质量监督检验检疫总局颁发《固定式压力容器安全技术监察规程》的监督；

➤ 容器上的 A 类和 B 类焊缝应进行无损探伤检查，探伤长度 100%，射线探伤或超声波探伤应符合 NB/T 47013—2015《承压设备无损检测》规定中的Ⅱ级为合格；

➤ 塔体直线度允差为 30mm，塔体安装垂直度允差为 30mm；

➤ 裙座（或支座）螺栓孔中心圆直径允差以及相邻两孔长允差均为 2mm；

➤ 栅板应平整，安装后的平面度允差 2mm；

➤ 喷淋装置安装时平面度允差 3mm，标高允差＋3mm，其中心线与塔体中心线同轴允差 3mm；

➤ 分布器及再分布器的平面度公差为 3mm；

➤ 塔体内表面焊缝应修平，焊疤、焊渣应清除干净；

➤ 接管、人孔等与筒体焊接时，应与塔体内壁平齐；

➤ 所有受压焊缝必须全焊透；

➤ 设备制造完毕彻底除锈后，涂红丹防锈漆两遍；并进行水压试验。

三、归纳总结

(1) 该塔为工程中所用的苯-甲苯精馏设备，精馏塔是板式塔，塔板的结构为浮阀，该塔作用为从苯-甲苯混合物的进料中分离回收苯。

(2) 精馏是分离液体混合物（含可液化的气体混合物）最常用的一种单元操作，在化工、炼油、石油化工等工业中得到广泛应用。精馏过程在能量剂驱动下（有时加质量剂），使气液两相多次直接接触和分离，利用液相混合物中各组分的挥发度的不同，使易挥发组分由液相向气相转移，难挥发组分由气相向液相转移，实现原料混合液中各组分的分离。根据生产上的不同要求，精馏操作可以是连续的或间歇的，有些特殊的物系还可采用衡沸精馏或萃取精馏等特殊方法进行分离。

(3) 该塔的工作原理：苯-甲苯混合液，自管口 c 进入塔内，经塔板浮阀上升，与由管口 f 回流入塔的液态苯，在一定温度下，逐层塔板进行充分接触，以达到精馏的目的，使气相提纯至 99.5%的纯度，由塔顶管口 i 去冷凝器冷凝成产品。一部分冷凝液回流至塔内。塔底部留有一定空间，以容纳已增浓的液态苯，一部分苯送至再沸器，另一部分作为产品送入贮罐。塔釜内液面高度由自控液面计自动控制，若自控液面计失灵，则由两组玻璃管液面计直接观察，手动控制。

(4) 在裙座内设计了裙座平台，以供工人安装出料管用；在裙座的上方设计有排气孔，以排除在裙座内进行焊接施工时的大量烟雾。

第四节　换热器装配图的阅读

一、概括了解

1. 标题栏的阅读

如附录九所示，从标题栏可知，该设备图为换热器装配图，直径为273mm，绘图比例为1∶6，总共有两张图纸。

2. 视图的阅读

视图以主视图和两个剖视图为主。主视图基本上采用了全剖视，再有A—A和B—B剖视图，以表达换热器的主要结构。主视图不仅表达了设备的总体外形是回转体结构，而且表达了换热器的主要内部结构：管箱，前后管板，接管，拉杆，定距管，折流板，换热管，椭圆封头等。部分未剖，是因为此处多为组合件和标准件。A—A剖视图主要表达左端椭圆封头上各接管位置，B—B剖视图表达了鞍座安装尺寸。另外有两个局部放大剖视图，分别表示一些局部结构。

(1) 主视图及剖视图如附录九所示。

(2) 其他视图：

① 前管板（序号13）与筒体（序号7）和管箱的连接，如附录九所示；

② 换热管（序号8）与后管板（序号13）的连接，如附录九所示。

3. 尺寸的阅读

(1) 该设备的筒体为圆柱形，卧放。筒体的直径和壁厚为$\phi 273\times 6$；封头的公称直径和壁厚为$\phi 273\times 6$；换热管的直径、壁厚和长度为$\phi 25\times 3$、$L=2000$mm；各接管口的管径和壁厚尺寸以及管箱筒体等主要零部件的定形尺寸均可从图面上或明细栏内直接获得。

(2) 其他一些零件，如定距管、拉杆、垫片等亦可直接从图面或明细栏内获得它们的定形尺寸。另外一些如双头螺柱、螺母、支座、法兰等标准件、通用件，则可以其标准号和规格从手册中查得有关尺寸。

(3) 设备的筒体包括左右管板的装配长度为2188mm，右端管箱的装配尺寸为200mm；整个换热器装配后的总长约为2600mm。各管口的伸出长度均为100mm，其定位尺寸在图中也均有标注，这些都是装配时必须知道的定位尺寸。

二、详细分析

(1) 从明细栏可知，该设备共编了17种零部件编号。可从“图号或标准号”一栏查得，除总装图外，还有一张零部件图（图号为HWAC09-5A-02）；代号中附有GB、JB、HG符号的零部件均为标准件或外购件。

(2) 从制造检验主要数据表可了解设备的管程设计压力为0.9MPa，壳程设计压力为0.2MPa，管程设计温度为180℃，壳程设计温度为30℃，管程物料为冷却水，壳程物料为蒸汽。设备换热面积为107.5m^2。

三、归纳总结

(1) 通过上述分析可知：换热器的主体结构由圆柱形筒体和椭圆形封头构成，其内部有33根换热管和4块折流板。

(2) 设备工作时，冷却水自接管 e 进入换热管，流经管箱下半部分进入换热管到右端封头内，通过上半部的换热管进入管箱上部，经由接管 b 流出；温度高的物料从接管 a 经防冲板进入壳体，经折流板迂回流动，与管程内的冷却水进行热量交换后，由接管 c 流出。

第五节　储罐装配图的阅读

一、概括了解

1. 标题栏的阅读

如附录十所示，从标题栏可知，该图为 CO_2 储罐（贮罐、贮槽）装配图，公称直径 DN 为 2800mm，总长度为 8980mm，壁厚为 20mm。

2. 视图阅读

视图以主、左两个基本视图为主。主视图采用了局部视，再有 A—A 剖视图，以表达储罐支座的主要结构。主视图不仅表达了设备的总体外形是回转体结构，而且表达了储罐的主要内部结构：人孔、鞍座、接管、椭圆封头等。部分未剖，是因为此处多为组合件和标准件。A—A 剖视图主要表达了储罐鞍座的结构。

3. 明细栏

从明细栏可以看出，该设备有 26 种零件。

4. 管口表

从管口表可以看出，储罐有 17 个进出口。

5. 技术特性表

从技术特性表（设计数据表）可以看出，该储罐用于低温下存放液态 CO_2。

二、详细分析

1. 零部件结构分析

(1) 液面计　液面计是用来观察设备内部液面位置的装置。该储罐设置有两个液面计。

(2) 人孔　压力容器设置人孔是为工作人员进出设备以进行检验和维修之用，而且能避免因意外造成罐内急剧超压或真空时，损坏储罐而发生事故，还能起到安全阻火作用，是保护储罐的安全装置。此设备开有一 $DN500$ 的人孔，并用加强圈补强。

(3) 鞍座　本设备采用双鞍座结构。鞍式支座高度 300mm，垫板宽度 2300mm，垫板厚度 20mm。支座处无加强圈。

(4) 其他接口管

① 液相进口：CO_2 进料管伸进设备内部并将管的一端切出角度，为的是避免物料沿设备流动以减少磨蚀和腐蚀。

② 液相出口：安装在罐体底部，以便于罐体里的料液、沉淀物顺利排出。

③ 排污口：在清洗储罐时，通过排污口将废液完全排出储罐外。

④ 压力表接口：压力表接口管形式由最大工作压力决定，该设备有一个测压口。

⑤ 安全阀接口：通过该阀的自动开启排出气体来降低容器内过高的压力。

2. 尺寸的阅读

(1) 该设备的筒体为圆柱形，卧放。筒体的直径和壁厚为 $\phi2800\times20$，长度为 $L=8980$mm；封头的公称直径和壁厚为 $\phi2800\times20$；各接管口的管径和壁厚尺寸以及筒体等主要零部件的定形尺寸均可从图面上或明细栏内直接获得。

(2) 其他一些零件，如双头螺柱、螺母、支座、法兰等标准件、通用件，则可以其标准号和规格从手册中查得有关尺寸。

(3) 设备的筒体包括上下接管的装配长度为 9280mm。各管口的伸出长度均为 280mm，其定位尺寸在图中也均有标注，这些都是装配时必须知道的定位尺寸。

3. 管口的阅读

管口主要有进料口、出料口、测压口及排污口。各接管规格由管口表及明细栏可查得。

4. 对制造检验主要数据表和技术要求的阅读

该储罐遵照钢制焊接常压容器技术条件进行制造、试验和验收，并采用电焊。

三、归纳总结

储罐（也称贮罐、贮槽）为鞍座支承的卧式设备，主要用于存储物料，并能够通过液面计得知储罐所盛物料的多少。在储罐上设有物料进、出口，取样口，安装有放空口和液面计口，为检修方便开有手孔。

课后知识补充

2019 年在重庆某化工厂的污水处理系统改造工程中，设计团队面临着一项关键抉择：按照传统设计思路，管道布置图只需满足基础排污功能与成本控制要求即可，但团队在实地勘察长江沿岸生态脆弱区后，主动突破行业惯性思维。他们在绘制 PID 图（管道仪表流程图）时，发现原方案中污水处理池的缓冲容量仅能应对常规工况，若遇极端降雨或设备故障，高浓度废水可能突破处理阈值直接排入长江支流。为此，工程师们顶着项目预算压缩的压力，在图纸的核心区域增设了两条应急溢流管线，将溢流槽容量从 500m^3 扩充至 1200m^3，并在出水口节点添加了四组 pH 值实时监测仪表标注，要求这些仪表与中控系统联动，一旦监测到水质异常，立即触发三级报警并自动关闭主排污阀。这一设计改动虽然使建设成本增加了 15%，但将污染泄漏风险从原方案的年均 1.2 次预期事故降低至 0.1 次以下。

更深远的意义在于，设计团队将“生态保护”从抽象政策转化为可落地的技术语言。他们在图纸备注栏中特别注明了“生态红线区缓冲带”的坐标范围，要求所有管道焊接必须采用氩弧焊工艺以杜绝微渗漏，并依据《中华人民共和国长江保护法》最新条款，在流程图中用红色虚线标出“禁止穿越区”，即使这意味着需要额外铺设800m管道绕过江豚栖息地。这些技术细节的背后，是工程师对“共抓大保护”国家战略的深刻理解——图纸上的每一根线条不仅关乎企业经济利益，更承载着守护长江流域4800万居民饮用水安全的责任。项目竣工后，该厂在2021年长江流域特大洪水中成功实现污染零外溢，其设计图纸被生态环境部列为“长江经济带绿色工程示范模板”，印证了将生态文明意识融入专业技术决策所产生的长远价值。

第十三章 化工与制药工艺设计图

本章主要介绍化工与制药工程工艺流程图、车间布置图、设备布置图及管道布置图的绘制方法。

化工厂与制药厂的建设包括设计、制造、施工、安装等过程。其中工程设计是主要的环节，在整个厂房建设中起着举足轻重的作用。而工程设计就是将工程项目（例如一个化工或制药厂、一个化工或制药车间的GMP《药品生产质量管理规范》改造等）按照其技术要求，由工程技术人员用图纸、表格及文字的形式表达出来，是一项涉及面很广的综合性技术工作。

整个设计分为三个阶段，如图13-1所示。

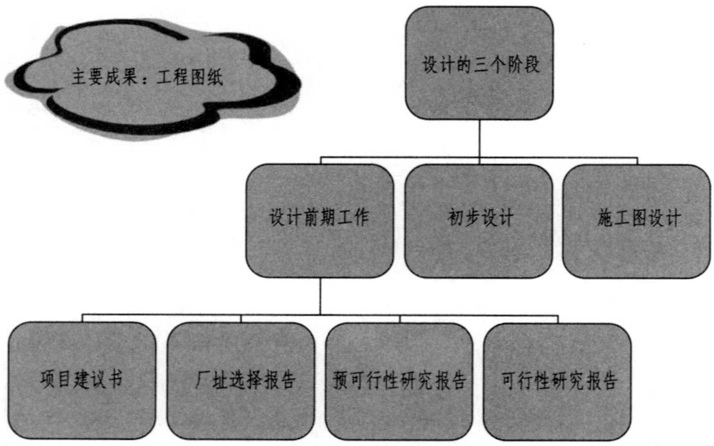

图13-1　设计流程

一、设计前期工作

1. 项目建议书主要内容

(1) 项目建设目的和意义，即项目建设的背景和依据，投资的必要性和经济意义；
(2) 产品需求的初步预测；
(3) 产品方案及拟建生产规模；
(4) 工艺技术方案（原料路线、生产方法和技术来源）；
(5) 资源、主要原材料、燃料和动力供应；
(6) 建厂条件和厂址初步方案；

(7) 辅助设施及公用工程方案；
(8) 工厂组织和劳动定员估算；
(9) 项目实施规划设想；
(10) 项目投资估算和资金来源及筹措设想；
(11) 环境保护；
(12) 经济效益和社会效益的初步估算；
(13) 结论与建议。

2. 厂址的选择

选址报告基本内容如下。
(1) 选址依据及选址经过简况；
(2) 选址中所采用的主要技经指标；
(3) 拟建地点的概况和自然条件；
(4) 拟建项目所需原材料、燃料、动力供应、水源、交通运输及协作条件；
(5) 各个选址方案比较（有时需列表）；
(6) 对厂址选定的初步意见及当地领导部门对选址的意见；

(7) 主要附件　①各项协议文件；②拟建项目地区位置草图；③拟建项目总平面布置示意图；

(8) 选址报告的审批　大、中型工程项目，如编制设计任务书时已经选定了厂址，则有关厂址选择报告的内容可与设计任务书一起上报审批。在设计任务书审批后选址的，大型工程项目的厂址选择报告需经国家城乡建设环境保护部门审批。中、小型项目，应按项目的隶属关系，由国家主管部门或省、自治区、直辖市审批。

3. 可行性研究报告

可行性研究报告内容：
(1) 总论；
(2) 市场需求预测；
(3) 产品方案及生产规模；
(4) 工艺技术方案；
(5) 原料、辅助材料及燃料的供应；
(6) 安全卫生；
(7) 项目实施计划；
(8) 社会及经济效果评价；
(9) 结论。

二、初步设计阶段

(1) 设计单位得到主管部门下达的设计任务书以及建设单位的委托设计协议书，即可开始初步设计工作。

(2) 初步设计是根据设计任务书、可行性研究报告及设计基础资料，对工程项目进行全面、细致的分析和研究，确定工程项目的设计原则、设计方案和主要技术路线，在此基础上对工程项目进行初步设计。

(3) 初步设计阶段的成果主要有初步设计说明书和总概算书。

三、施工图设计阶段

施工图设计是根据初步设计及其审批意见，完成各类施工图纸、施工说明和工程概算书，作为施工的依据。施工图设计阶段的设计文件由设计单位直接负责，不再上报审批。

初步设计和施工图设计阶段主要成果以工艺设计图的方式呈现，工艺设计图由工艺流程图、设备布置图和管道布置图组成。

第一节　工艺流程图

化工与制药工艺流程图是一种表示化工与制药生产过程的示意性图样，即按照工艺流程的顺序，将生产中采用的设备和管道从左至右展开画在同一平面上，并附以必要的标注和说明。它主要表示化工与制药生产中由原料转变为成品或半成品的来龙去脉及采用的设备。它包含物料平衡图、物料流程图及带控制点的工艺流程图。

一、基本要求

(1) 表示出生产过程中的全部工艺设备；

(2) 表示出生产过程中的全部工艺物料和载能介质名称、技术规格及流向；

(3) 表示出全部物料管道和各种辅助管道的代号、材质、管径及保温情况；

(4) 表示出生产过程中的全部工艺阀门以及阻火器、视镜、管道过滤器、疏水器等附件(无需绘制法兰、弯头、三通等一般管件)；

(5) 表示出生产过程中的全部仪表和控制方案，包括仪表的控制参数、功能、位号以及检测点和控制回路等。

二、绘制方法和步骤

(1) 确定图纸幅面和绘图比例；

(2) 用细实线画出各台设备的外形轮廓，比例大小合适，布局不疏不密；

(3) 按规定，用不同符号画出设备的管道连接并按流动方向，确定管路上各种阀门和仪表的位置，先绘主物料系统，后绘辅助物料系统；先绘复杂的后绘简单的；

(4) 对设备标明编号和名称，对管路按不同设计阶段的要求，进行标注；

(5) 所采用的介质代号和阀门符号均需在流程图右上方列出图例及必要文字。

三、流程图内容

(1) 图形　将全部工艺设备按简单形式展开在同一平面上，再配以连接的主、辅管线及管件，阀门、仪表控制点等符号。

(2) 标注　主要注写设备位号及名称、管段编号、控制点代号、必要的尺寸数据等。

(3) 图例　为代号、符号及其他标注说明。

(4) 标题栏　注写图名、图号、设计阶段等。

四、管道及仪表流程图

是以车间（装置）或工段为主项进行绘制，原则上一个车间或工段绘一张图，如流程复杂可分成数张，但仍算一张图，使用同一图号。所有工艺流程图不按精确比例绘制，一般设备（机器）图例只取相对比例。允许实际尺寸过大的设备（机器）按比例适当缩小，实际尺寸过小的设备（机器）按比例可适当放大，可以相对示意出各设备位置高低，整个图面要协调、美观。

1. 设备的表示方法

（1）在流程图上化工设备按大致比例用细实线绘制。要求画出能显示形状特征的主要轮廓，有时也画出显示工艺特征的内部示意结构，也可将设备画成剖视形式表示，设备的传动装置也应简单示意出。设备示意图画法如图 13-2 所示。

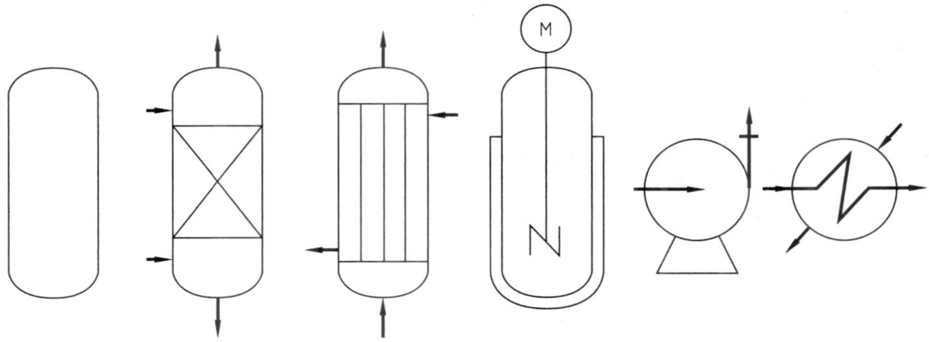

图 13-2　设备示意图画法示例

（2）对安装高度有要求的设备须标出设备要求的最低标高。塔和立式容器，须标明自地面到塔和容器下切线的实际距离或标高，卧式容器应标明容器底部到地面的实际距离或标高。

（3）工艺流程图中一般应绘出全部工艺设备及附件，两组或两组以上相同系统或设备，可只绘出一组设备，并用细实线框定，其他几组以细双点画线方框表示，方框内标注设备位号和名称。

（4）对于需隔热的设备和机器，要在其相应部位面出一段隔热层图例，必要时注出其隔热等级；有伴热者也要在相应部位画出一段伴热管，必要时可注出伴热类型和介质代号，如图 13-3 所示。

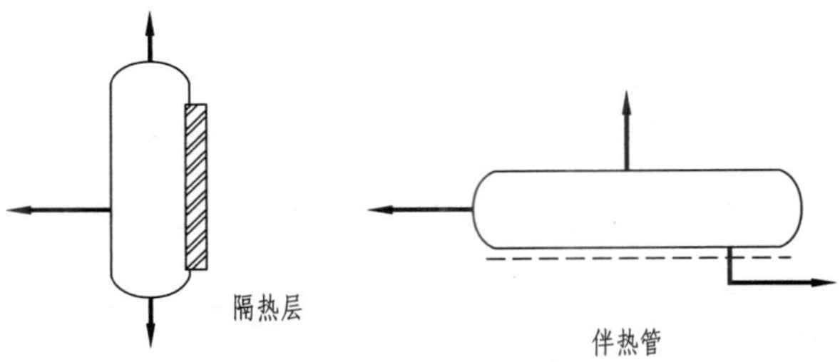

图 13-3　隔热图例

（5）流程图上的设备必须标注设备位号和名称，其他所有图纸和表格上的设备位号和名称必须与流程图保持一致。设备位号一般标注在两个地方，第一是在图的上方或下方，要求排列整齐，并尽可能正对设备，在位号线的下方标注设备名称；第二是在设备内或其近旁，此处仅注位号，不注名称。当几个设备或机器为垂直排列时，它们的位号和名称可以由上而下按顺序标注，也可水平标注。

2. 工艺设备位号的编法

每个工艺设备均应编一个位号，在流程图、设备布置图和管道布置图上标注位号时，应在位号下方画一条粗实线，图线宽度为 0.9～1.2mm，位号的组成如图 13-4 所示。主项代号一般由两位数字组成，前一位数字表示装置（或车间）代号。后一位数字表示主项代号，

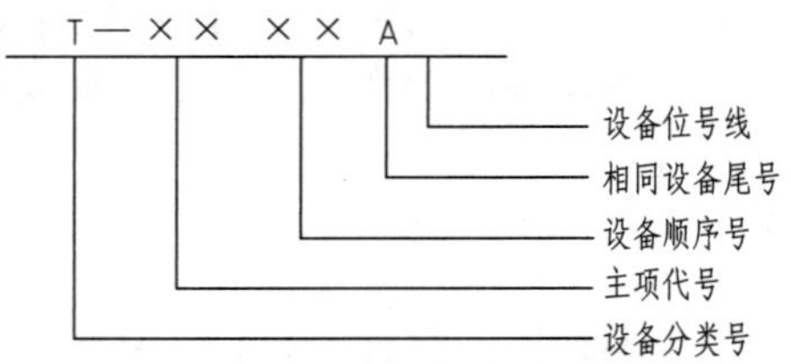

图 13-4　工艺设备位号组成

在一般工程设计中，只用主项代号即可。装置或车间代号和主项代号由设计总负责人在开工报告中给定；设备顺序号用两位数字 01，02，…，10，11，…表示；相同设备的尾号用于区别同一位号的相同设备，用英文字母 A，B，C，…表示尾号。常用的设备分类代号见表 13-1，一般用设备英文名称的首字母作代号。

表 13-1　常用的设备分类代号

序号	设 备 名 称	代号	序号	设 备 名 称	代号
1	塔	T	7	火炬、烟囱	S
2	泵	P	8	换热器、冷却器、蒸发器	E
3	压缩机、鼓风机	C	9	起重机、运输机	L
4	反应器	R	10	其他机械及搅拌器	M
5	容器(贮槽、贮罐)	V	11	称量设备	W
6	工业炉	F	12	其他设备	X

3. 管道的表示方法

(1) 工艺流程图中一般应画出所有工艺材料和辅助物料的管道，当辅助管道比较简单时，可将总管绘制在流程图的上方，向下引支管至有关设备。当辅助管道系统比较复杂时，需另绘制辅助管道系统图予以补充。

(2) 一般情况下主工艺物料管道用粗实线绘制，辅助管线用中实线绘制，仪表及信号传输管线用细实线或细虚线绘制。管道图例及图线宽度按 GB/T 4457.4—2002 标准规定，见表 13-2。

表 13-2　管道图示符号

名　　称	图　　例	说　　明
主物料管		粗实线 b
辅助管道		中粗线 $b/2$(推荐)
仪表管道		细实线 $b/3$
伴热(冷)管道		虚线 $b/2$
管道隔热管	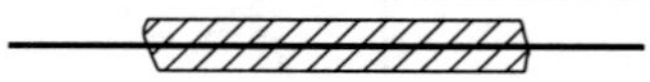	应在适当位置画出
夹套管	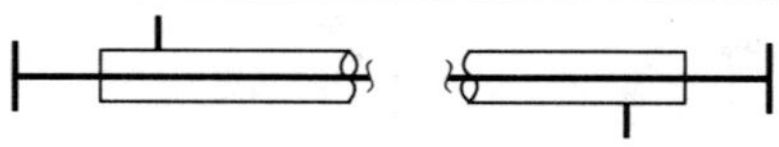	可只画两端一小段

(3) 管线排布应做到横平竖直，尽量避免穿过设备或交叉，必须交叉时，一般采用横断竖不断的画法（必要时也可竖断），管道转弯应画成直角，如图 13-5 (a) 所示。管道上的放空口、排液管、取样口、液封管等应全部画出。若管道与其他图纸有关时，应将管道画到近图框线左方或右方，用空心箭头表示物料出（或入）方向，空心箭头画法如图 13-5 (b) 所示，箭头为粗实线，箭头内写连接的图纸图号，箭头附近注明来（或去）的设备位号或管道号，如图 13-5 (c) 所示。

(4) 工艺管道用管道组合号标注，管道组合号由四部分组成，即管道号（或管段号，由三个单元组成）、管径、管道等级和隔热或隔声。共分为三组，用一短横线将组与组之间隔开，隔开两组间留适当的空隙，组合号一般标注在管道的上方，如图 13-6 所示。

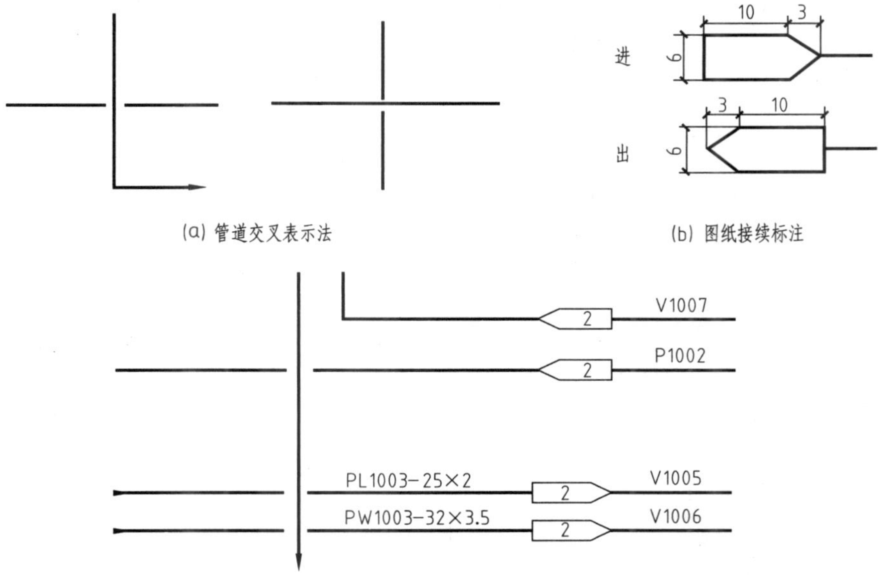

(a) 管道交叉表示法

(b) 图纸接续标注

(c) 图纸连接标注示例

图 13-5 管线排布示例

① 第一组有三个单元，分别为物料代号、主项编号及管道顺序号。其中第 1 单元为物料代号，由 1～3 位英文字母表示，各种物料代号见表 13-3，表中未规定的物料代号的由专业技术人员按英文字母选取。

PG	13	10	-	300	A1A	- H
第1单元	第2单元	第3单元		第4单元	第5单元	第6单元

管道号(管段号)

图 13-6 管道组合号标注

第 2 单元为主项编号，按工程规定的主项编号填写，采用两位数字，从 01、02 开始至 99 为止。

第 3 单元为管道顺序号，相同类别的物料在同一主项内以流向先后为序，顺序编号。采用两位数字，从 01、02 开始，至 99 为止。第一组的三个单元组成管道号（管段号）。

② 第二组由第 4、第 5 两个单元组成，其中第 4 单元为管道尺寸，一般标注公称直径，以 mm 为单位，但只注数字，不注单位；第 5 单元为管道等级，由三个部分组成。如图 13-7 所示，从左至右，首先是管道压力等级代号（公称压力），用大写英文字母表示，A～K 用于 ANSI 标准压力等级代号（其中 I、J 不用），L～Z 用于国内标准压力等级代号（其中 O、X 不用），压力等级代号具体含义如表 13-4 所示；第二部分为顺序号，用阿拉伯数字表示，由 1 开始；第三部分为管道材料类别代号，用大写英文字母表示，其含义如下：

A—铸铁；B—碳钢；C—普通低合金钢；D—合金钢；E—不锈钢；F—有色金属；G—非金属；H—衬里及内防腐。

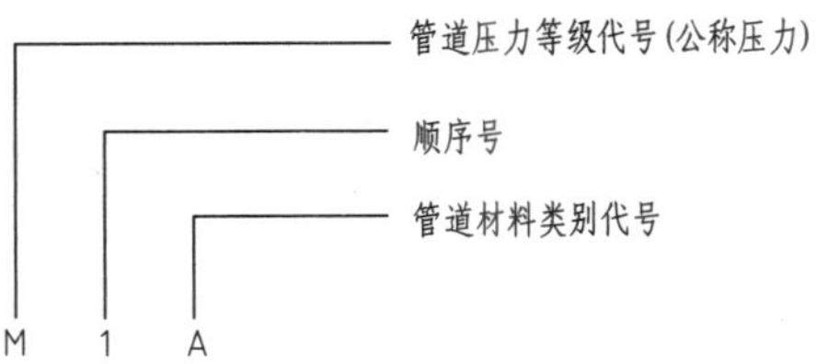

图 13-7 管道等级代号示例

③ 第三组由第 6 单元组成，为隔热或隔声代号，其表示方法见表 13-5。

当工艺流程简单，管道品种规格不多时，管道组合号中的第 5、第 6 两个单元可省略。第 4 单元的尺寸可直接填写管子的外径×壁厚，并标注工程规定的管道材料代号。

表 13-3 物料代号

流体代号	流体名称
1. 工艺流体	
P	工艺流体
PA	工艺空气
PG	工艺气体
PGL	气液两相流工艺流体
PGS	气固两相流工艺流体
PL	工艺液体
PLS	液固两相流工艺流体
PS	工艺固体
PW	工艺水
2. 辅助、公用工程流体代号	
(1)蒸汽、冷凝水	
HS	高压蒸汽
HUS	高压过热蒸汽
LS	低压蒸汽
LUS	低压过热蒸汽
MS	中压蒸汽
MUS	中压过热蒸汽
SC	蒸汽冷凝水
TS	伴热蒸汽
(2)油	
DO	污油
FO	燃料油
GO	填料油
LO	润滑油
HO	加热油
RO	原油
SO	密封油
(3)其他	
DR	排液、导淋
FV	火炬排放气
H	氢
N	氮
O	氧
SL	淤浆
VE	真空排放气
VT	放空
(4)水	
BW	锅炉给水
CSW	化学污水
CWR	冷却水(回)
CWS	冷却水(供)
DNW	脱盐水
DW	饮用水、生活用水
FW	消防水
HWR	热水(回)
HWS	热水(供)
RW	原水、新鲜水
SW	软水
TW	自来水
WW	生活废水
(5)空气	
AR	空气
CA	压缩空气
IA	仪表空气
IG	惰性气体
(6)其他传热介质	
AG	气氨
AL	液氨
RWR	冷冻盐水(回)
RWS	冷冻盐水(供)
ERG	气体乙烯或乙烷
ERL	液体乙烯或乙烷
FRG	氟利昂气体
FRL	氟利昂液体
FSL	熔盐
HM	载热体
PRG	气体丙烯或丙烷
PRL	液体丙烯或丙烷
(7)燃料	
FG	燃料气
FL	液体燃料
FS	固体燃料
NG	天然气

4. 阀门与管件的表示方法

在管道上用细实线画出全部阀门和各种管路附件（HG/T 20519.2—2009），如补偿器，软管、永久（临时）过滤器、盲板、疏水器、视镜、阻火器、异径接头、下水漏斗及非标准管件等都要在图上表示出来，并用图例示出阀门的形状。工艺流程图中竖管上阀门的高低位置应大致符合实际高度，当阀门的压力等级与管道的压力等级不一致时，要标注清楚各自的压力等级，如果压力等级相同，但法兰面的形式不同，也要标明，以免安装设计时配错法兰，导致无法安装，见表 13-6。

5. 仪表控制及分析取样点表示方法

工艺流程图中应给出和标注全部与工艺有关的检测仪表、调节控制系统、分析取样点和取样阀。其符号、代号规定见表 13-7。仪表控制点的符号图形一般用细实线绘制，常见的符号图形见表 13-8。各种执行机构和调节阀的符号也用细实线绘制，具体表示方法见图 13-8 和图 13-9。

表 13-4　管道压力等级代号具体含义

用于美国国家标准学会(ANSI)标准		用于国内标准	
代　　号	含义/lb①	代　　号	含义/MPa
A	150	L	1.0
B	300	M	1.6
C	400	N	2.5
D	600	P	4.0
E	900	Q	6.4
F	1500	R	10.0
G	2500	S	16.0
		T	20.0
		U	22.0
		V	25.0
		W	32.0

① 此处“lb”表示磅级，为高温压力等级，与常温压力等级的公制公称压力等级对照如下：

磅级	150	300	400	600	800	900	1500	2500
公称压力 *PN*/MPa	2.0	5	6.3	10	13	15	25	42

表 13-5　管道的隔热或隔声代号

代号	功能类型	备　　注	代号	功能类型	备　　注
H	保温	采用保温材料	S	蒸汽伴热	采用蒸汽伴管和保温材料
C	保冷	采用保冷材料	W	热水伴热	采用热水伴管和保温材料
P	防烫	采用保温材料	O	热油伴热	采用热油伴管和保温材料
D	防结露	采用保冷材料	J	夹套伴热	采用夹套管和保温材料
E	电伴热	采用电热带和保温材料	N	隔声	采用隔声材料

表 13-6　阀门、管件、管路附件图形符号（摘录）

名称	闸门阀	截止阀	节流阀	球阀	减压阀	疏水阀	阻火器
图形符号				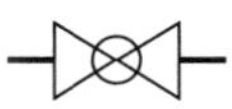	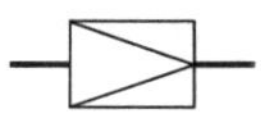		
名称	同心异径管接头	管端法兰盖	管帽	放空帽(管)	弯头	三通	四通
图形符号	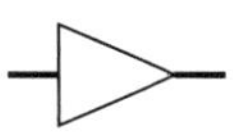		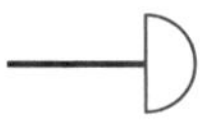			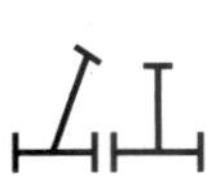	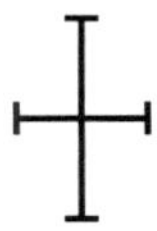

表 13-7　被测变量和仪表功能的字母代号

字母	第一字母		后继字母	字母	第一字母		后继字母
	被测变量或初始变量	修饰词	功能		被测变量或初始变量	修饰词	功能
A	分析		报警	N	供选用		供选用
B	喷嘴火焰		供选用	O	供选用		节流孔
C	电导率		控制	P	压力或真空		试验点
D	密度	差比(分数)		Q	数量或件数	积分、积算	积分、积算
E	电压		检出元件	R	放射性		记录或打印
F	流量			S	速度或频率	安全	开关或联锁
G	尺度		玻璃	T	温度		传达(变送)
H	手动			U	多变量		多功能
I	电流	扫描	指示	V	黏度		阀、挡板
J	功率			W	重量或力		套管
K	时间或时间程序		自动、手动操作器	X	未分类		未分类
L	物位			Y	供选用		计算器
M	水分或湿度		指示灯	Z	位置		驱动器、执行器

表 13-8　常见的仪表控制点符号

序号	名　　称	符号	序号	名　　称	符号
1	变送器		7	锐孔板	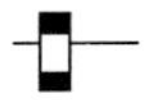
2	就地安装仪表盘机		8	转子流量计	
3	机组盘或就地仪表盘安装	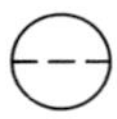	9	靶式流量计	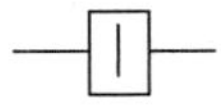
4	控制室仪表盘安装仪	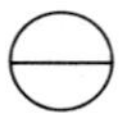	10	电磁流量计	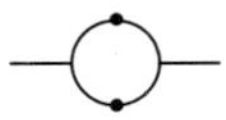
5	处理两个参量相同(或不同)功能复式仪表		11	涡轮流量计	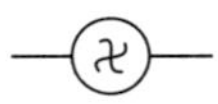
6	检测点		12	变压计	

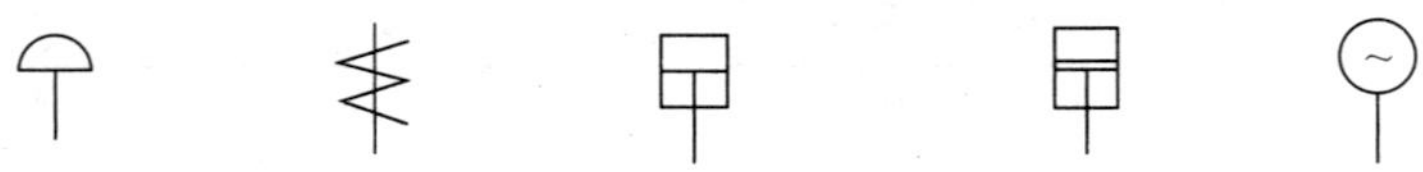

(a)气动薄膜执行机构　(b)电磁执行机构　(c)气动活塞执行机构　(d)液动活塞执行机构　(e)电动执行机构

图 13-8　执行机构图形符号

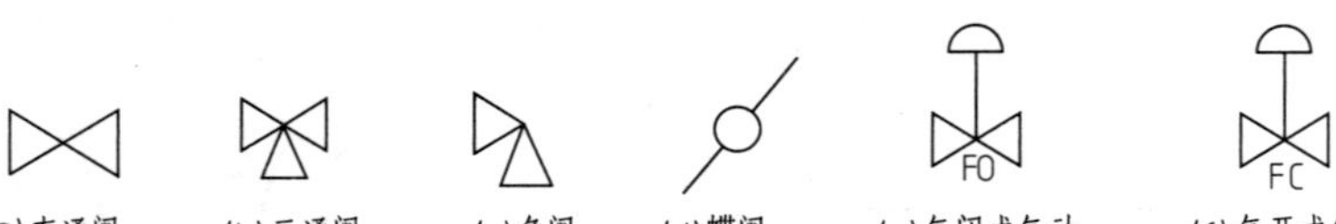

(a)直通阀　(b)三通阀　(c)角阀　(d)蝶阀　(e)气闭式气动薄膜调节阀　(f)气开式气动薄膜调节阀

图 13-9　各种调节阀的图形符号

(1) 仪表图形符号和字母代号组合起来，可以表示工业仪表所处理的被测变量和功能，或表示仪表、设备、元件、管线的名称；字母代号和阿拉伯数字编号组合起来，就组成了仪表的位号。

(2) 在检测控制系统中，一个回路中的每一个仪表或元件都应标注仪表位号。仪表位号由字母组合和阿拉伯数字编号组成。第一个字母表示被测变量，后继字母表示仪表的功能。数字编号表示仪表的顺序号，数字编号可按车间或工段进行编制，如图 13-10 所示。

(3) 在管道及仪表流程图中，标注仪表位号的方法是将字母代号填写在圆圈的上半部分，数字编号填写在圆圈的下半部分。

(4) 检测仪表按其检测项目、功能、位置（现场和控制室）进行绘制和标注，对其所需绘出的管道、阀门、管件等由专业人员完成。

(5) 调节阀系统按其具体组成形式（单阀、四阀等）将所包括的管道、阀门、管道附件一一画出，对其调节控制项目、功能、位置分别注出，其编号由仪表专业人员确定。调节阀自身的特征也要注明，例如传动形式：气动、电动或液动；气开或气闭；有无手动控制机构等。

(6) 分析取样点在选定位置（设备管口或管道）处标注和编号，其取样阀组、取样冷却器也要绘制和标注或加文字注明。如图 13-11 所示。

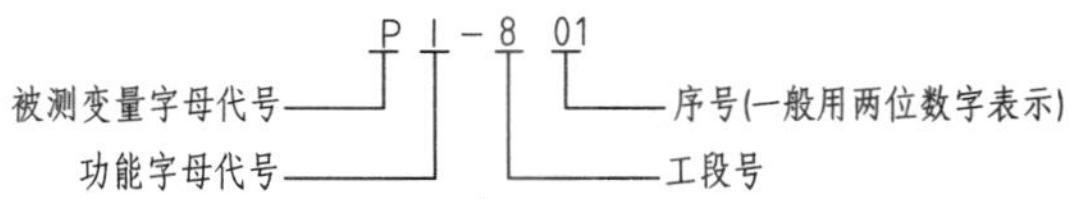

图 13-10　仪表标注

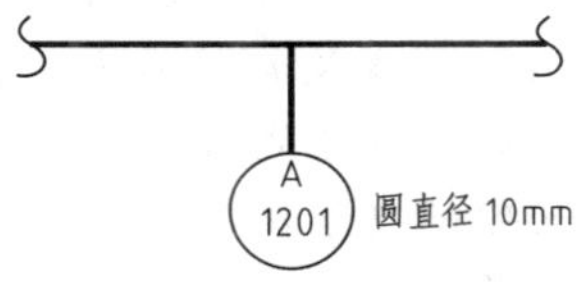

图 13-11　分析取样点

A—人工取样点；1201—取样点编号；12—主项编号；01—取样点序号

五、工艺流程示意图（包含工艺流程框图和工艺流程简图）

1. 工艺流程框图

用方框、文字和箭头等形式定性表示。示例如图 13-12 所示。

2. 工艺流程简图

分析各过程的主要工艺设备，以图例、箭头和文字说明定性表示原料变成品的路线和顺序。示例如图 13-13 所示。

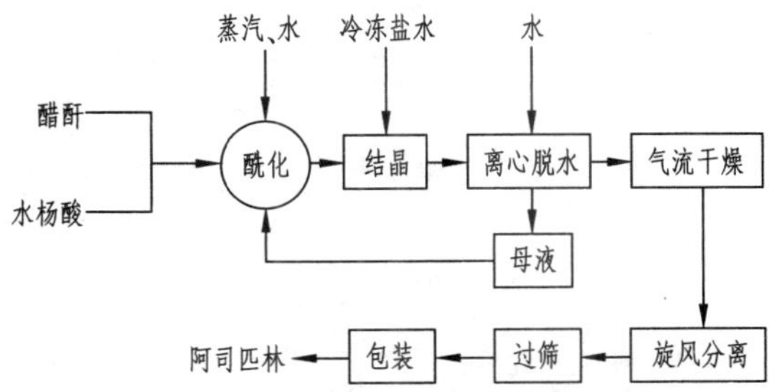

图 13-12　阿司匹林工艺流程框图

3. 工艺流程示意图的绘图要求

生产方法确定后，可进行生产工艺流程草图的绘制，绘制依据是可行性研究报告中提出的工艺路线，绘制时不需在绘图技术上花费过多时间，而把主要精力用在工艺技术问题上，它只是定性地标出由原料转变为产品的变化、流向顺序以及采用的各种化工过程及设备，生产工艺流程草图一般由物料流程、图例、标题栏三部分组成，其中物料流程包括如下。

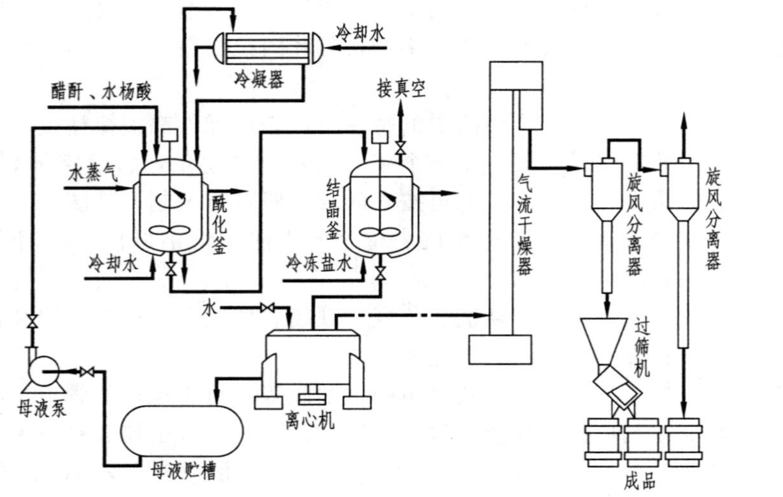

图 13-13　阿司匹林工艺流程简图

(1) 设备示意图，可按设备大致几何形状画出（或用方块图表示），设备位置的相对高低不要求准确，但要标出设备名称及位号；

(2) 物流管线及流向箭头，包括全部物料管线和部分辅助管线，如水、气、压缩空气、冷冻盐水，以及真空管线等；

(3) 必要的文字注释，包括设备名称、物料名称、物料流向等。

图例只要标出管线图例，阀门、仪表等不必标出，标题栏包括图名、图号、设计阶段等内容。全图采用由左至右展开式绘制，先物料流程，再图例，最后设备一览表。设备一览表一般在图例下面。所用线条遵循设备轮廓线用细实线、物料管线用粗实线、辅助管线用中实线的基本原则，绘制技术不要求十分精确。

4. 全厂总工艺流程图或物料平衡图

是为总说明部分提供的全厂总流程图样。细线方框表示各车间，粗线表示流程线（只画出主要物料），并注明车间名称，各车间原料、半成品和成品的名称、平衡数据和来源、去向。有的工厂也改称为全厂物料平衡图。如图 13-14 所示。

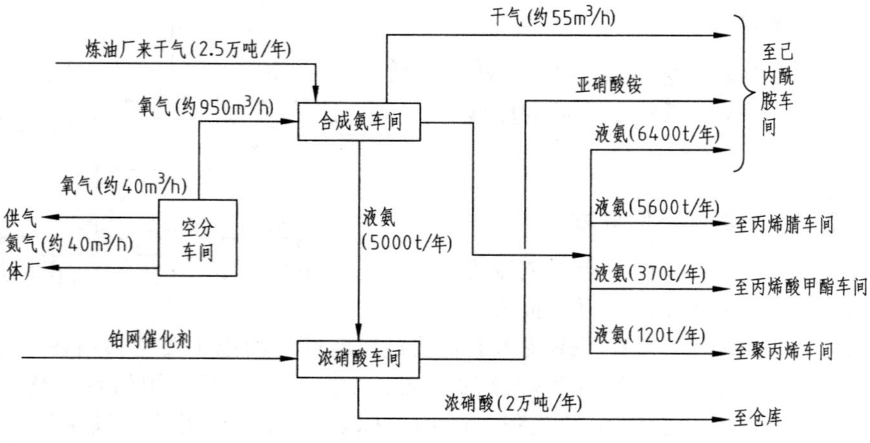

图 13-14　某石油化工企业生产过程中某一工区的总工艺流程图

5. **物料流程图**

也称方案流程图，是在总工艺流程图的基础上，分别表达各车间内部工艺物料流程的图样。此时，设计由定性转为定量。物料流程图可用不同方法绘制。最简单的方法是将物料衡算和能量衡算结果直接加进工艺流程示意图中，得到物料流程图。如图 13-15 所示。

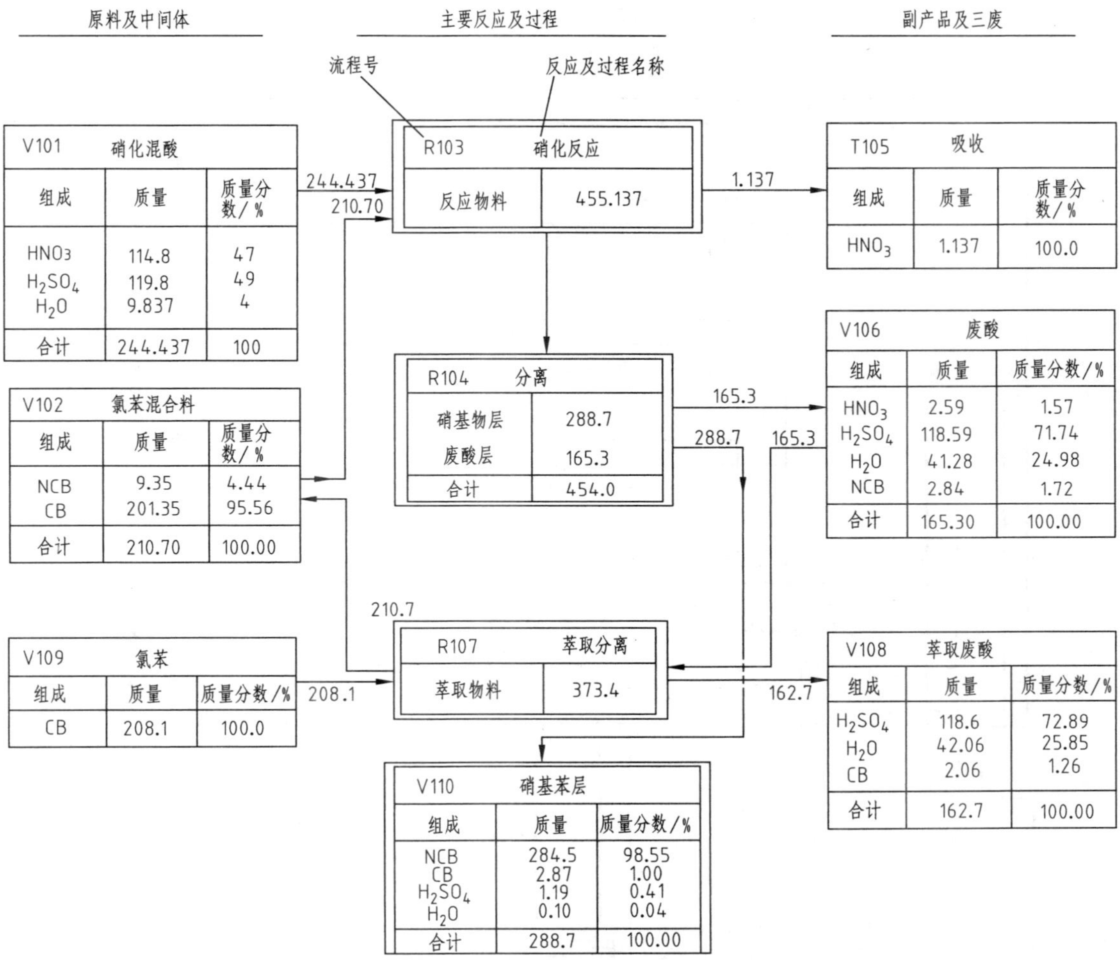

图 13-15　氯苯硝化的物料流程图（框图）

CB—氯苯；NCB—对硝基氯苯；基准 kg/h

物料流程图的绘图要求：物料流程图是在生产工艺流程草图的基础上，完成物料衡算和热量衡算后绘制的流程图。它是一种以图形与表格相结合的形式反映设计计算某些结果的图样；它既可用作提供审查的资料，又可作为进一步设计的依据。物料流程图一般包括下列内容。

(1) 图形　包括设备示意图形、各种仪表示意图形及各种管线示意图形。

(2) 标注内容　主要标注设备的位号、名称及特性数据，如流程中物料的组分、流量等。

(3) 标题栏　包括图名、图号、设计阶段等。

(4) 图样采用展开式，按工艺流程的次序从左至右绘出一系列图形，并配以物料流程线

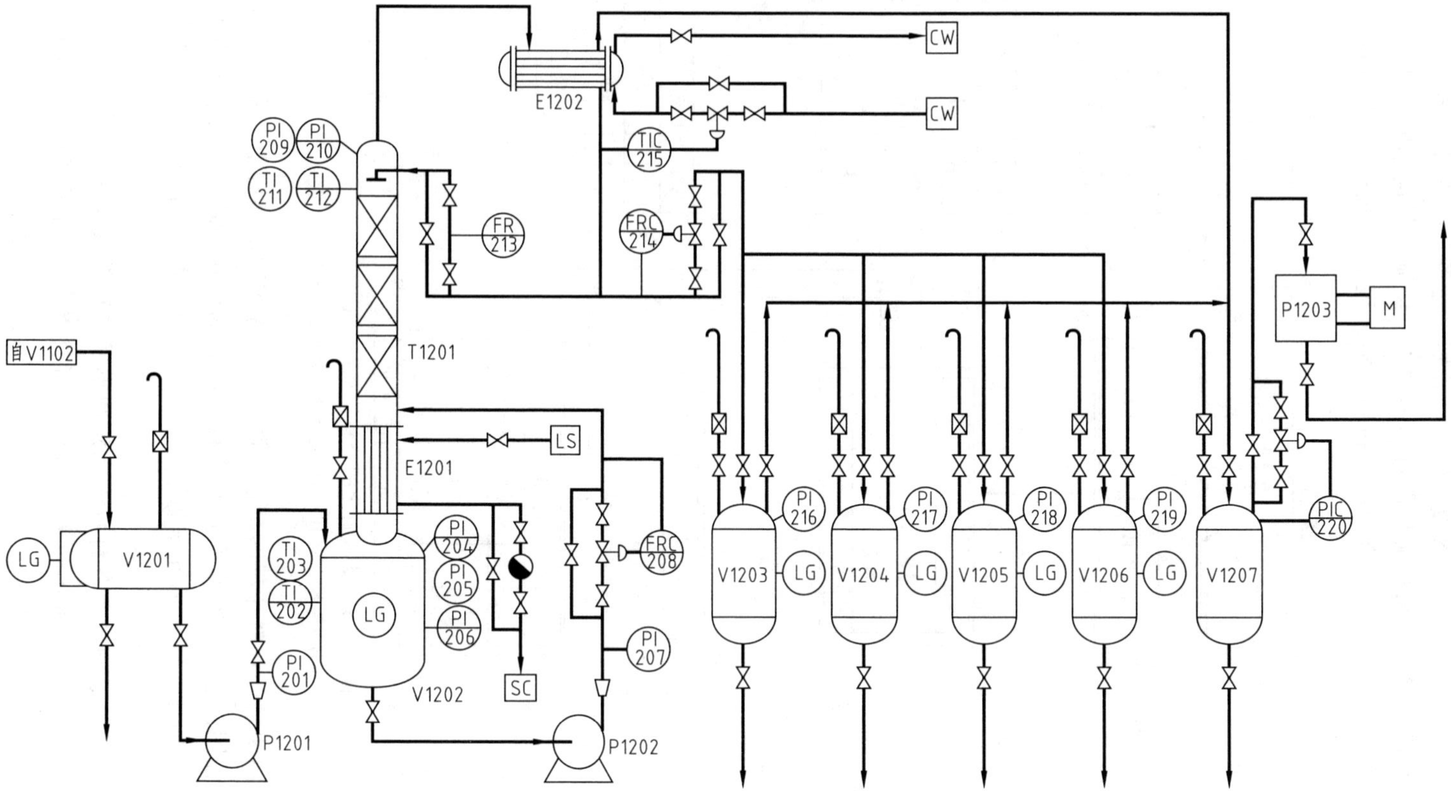

V1201	P1201	V1202	E1201	T1201	P1202	E1202	V1203	V1204	V1205	V1206	V1207	P1203
氯化液贮槽	加料泵	蒸馏罐	再沸器	精馏塔	循环泵	全凝器	对氯甲苯罐	2,4-二氯甲苯罐	中间罐	3,4-二氯甲苯罐	缓冲罐	真空泵

图 13-16　二氯甲苯精馏工段带控制点的工艺流程

CW—冷却水；FR—流量记录器；FRC—流量记录控制器；LG—液面计；LS—低压蒸汽；SC—蒸汽冷凝水；PI—压力指示；PIC—压力指示控制；TI—温度指示；TIC—温度指示控制

和必要的标注，物料流程图一般以车间为单位进行绘制，通常用加长 A2 或 A3 幅面的长边而得，图面过长也可分张绘制，图中一般只画出工艺物料的流程，物料线用粗实线，流动方向在流程线上以箭头表示。

6. 带控制点的工艺流程图

也称生产控制流程图或施工工艺流程图，它是以物料流程图为依据，内容较为详细的一种工艺流程图。如图 13-16 所示。分为初步设计阶段和施工图设计阶段。

(1) 初步设计阶段　初步设计阶段带控制点的工艺流程图是在物料流程图、设备设计计算及控制方案确定完成之后进行的，所绘制的图样往往只对过程中的主要和关键设备进行稍微详细的设计，次要设备及仪表控制点等考虑得比较粗略。此图在车间布置设计中作适当修改后，可绘制成正式的带控制点的工艺流程图，并作为设计成果编入初步设计阶段的设计文件中。

(2) 施工图设计阶段　带控制点的工艺流程图则是根据初步设计的审查意见，对初步设计阶段带控制点的工艺流程图进行修改和完善，并充分考虑施工要求设计而成的。编入施工设计文件中。

第二节　设备布置图

设备布置图的任务是将工艺流程所确定的全部设备，在厂房建筑内合理布置、安装固定，以保证生产的顺利进行。包含以下内容：

- ➢ 厂房的建筑结构；
- ➢ 设备轮廓；
- ➢ 尺寸标注；
- ➢ 标题栏；
- ➢ 设备一览表。

其最终成果是设备布置图等一系列图样，包含：设备布置图（设备布置图中的主要图样）、首页图、设备安装详图、管口方位图。

一、厂房的建筑结构

厂房的车间布置为工艺设计的两大环节之一（工艺流程、车间布置），关系着日后正常的生产、安全运行、车间管理、设备维修、能量利用、物料输送、人流往来等各个方面。车间布置包括**车间平面布置**（即确定车间建筑物和露天场所的主要尺寸）和**工艺设备布置**（即全部工艺设备的空间位置）。两者同时进行，装备布置草图是车间平面布置的前提，而最后确定的车间平面布置又是设备工艺设计定稿的依据。

1. 化工与制药车间的特殊性

在化工生产中，从原料、中间体到成品，大都具有易燃、易爆、毒性等化学危险性，化工工艺过程复杂多样化，高温、高压、深冷等不安全的因素很多。事故的多发性和严重性是化学工业独有的特点。因此化工车间常用设计的标准、规范和规定有：

GB 50016—2014《建筑设计防火规范》

GB 50160—2008《石油化工企业设计防火标准（2018 年版）》

GBZ 1—2010《工业企业设计卫生标准》

GB/T 50087—2013《工业企业噪声控制设计规范》

GB 50058—2014《爆炸危险环境电力装置设计规范》

制药生产虽属于化学工业范畴，具有一般化工的特征。因此，车间布置首先要具备化工车间的要求；而药品又具有特殊的要求（质量高），因此制药车间设计比一般的化工生产设计要求要高得多。还必须符合《药品生产质量管理规范》（GMP）的要求。此外制药车间布置设计还应该遵循有关设计的基本原则及国家有关的劳动保护、安全和卫生等规定：

《中华人民共和国爆炸危险场所电气安全规程（1987 年，试行）》

GB 28670—2012《制药机械（设备）实施药品生产质量管理规范的通则》

2. 化工与制药车间布置设计的内容

(1) 确定车间的火灾危险性类别及厂房耐火等级；

(2) 确定车间的洁净级别；

(3) 确定生产、辅助生产、行政-生活三部分布局；

(4) 确定车间场地与建筑物的平面尺寸和高度；

(5) 确定工艺设备的平、立面布置；

(6) 确定人流、物流、管理通道和设备运输通道的布置；

(7) 确定其他非工艺设计的布置。

3. 化工与制药车间布置原则

依据国家及行业相关规定，设计合格的布局、合理的生产场所，对于制药车间要防止生产中药品发生交叉污染、混杂。

4. 平面布置

布置方案一般有长方形、L 形、T 形、Ⅱ形四种，其中长方形为多。

(1) 长方形　便于总面积的布置，有利于设备排列，便于安排交通和出入口自然采光和通风较好，但生产车间较多时会成一长条，会对仓库、辅助车间的配置以及整个车间的管理带来困难和不便。

(2) T 形、L 形、Ⅱ形　适用于较复杂的车间布置。

5. 化工及制药车间厂房形式

(1) 集中式和分散式厂房

① 集中式：组成车间的生产、辅助生产、生活、行政部分集中安排到一个厂房中。医药、精细化工的生产规模较小，多采用集中式厂房布置。

② 分散式（单体式）：组成车间的一部分或几部分相互分离并分散布置在几栋厂房中。生产规模较大，车间较多，多采用分散式厂房布置。

(2) 单层或多层厂房　根据工艺流程的特点，厂房可以设计成单层、多层或是单层与多层相结合的形式，从建筑要求上，必须满足采光和通风的要求。化工及制药工厂厂房常见剖面形式如图 13-17 所示。

6. 厂房建筑图样种类

(1) 建筑平面图

① 建筑平面是建筑施工图的基本样图，它是假想用一水平的剖切面沿门窗洞位置将房

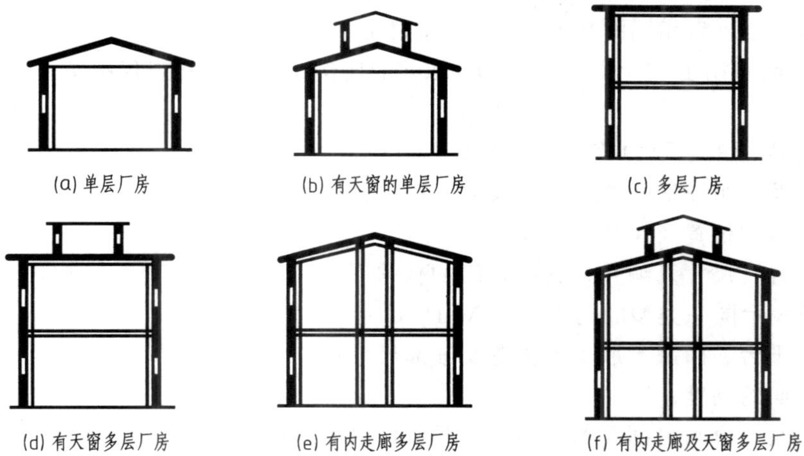

图 13-17　常见化工与制药工厂厂房的剖面形式

屋剖切后，对剖切面以下部分所作的水平投影图。它反映出房屋的平面形状、大小和布置；墙、柱的位置、尺寸和材料；门窗的类型和位置等。

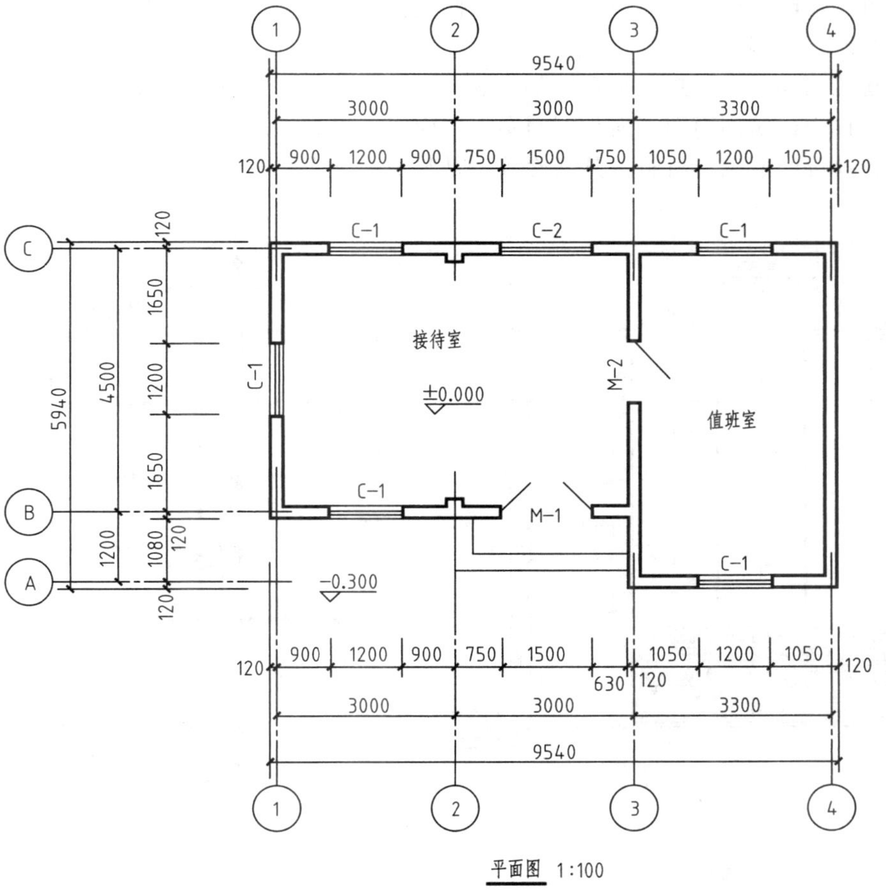

图 13-18　建筑平面图

② 对于多层建筑，一般应每层有一个单独的平面图。但一般建筑常常是中间几层平面布置完全相同，也可将相同的几层画成一个标准层平面图。

③ 建筑平面图用 1∶50、1∶100、1∶200 的比例绘制，实际工程中常用 1∶100 的比例绘制。

④ 建筑平面图的主要内容如下（见图 13-18）。

➤ 建筑物及其组成房间的名称、尺寸、定位轴线和墙壁厚等；

➤ 走廊、楼梯位置及尺寸；

➤ 门窗位置、尺寸及编号，其中，门的代号是 M，窗的代号是 C；在代号后面写上编号，同一编号表示同一类型的门窗，如 M-1、C-1；

➤ 台阶、阳台、雨篷、散水的位置及细部尺寸；

➤ 室内地面的高度；

➤ 首层地面上应画出剖面图的剖切位置线，以便与剖面图对照查阅。

(2) 建筑立面图

① 形成　将房屋的各个立面按正投影法投影到与之平行的投影面上得到的。

② 命名　以房屋的主要入口命名：规定房屋主要入口所在的面为正面，当观察者面向房屋的主要入口站立时，从前向后所得的是正立面图，从后向前的则是背立面图，从左向右的称为左侧立面图，而从右向左的则称为右侧立面图。通常也可按房屋朝向来命名，如南北立面图，东西立面图。

(3) 建筑剖面图　假想用平行于某一墙面（一般平行于横墙）将房屋剖开，所得到的垂直剖面图，称为建筑剖面图，简称剖面图。剖面图用以表示房屋内部的结构或构造形式、分层情况和各部位的联系、材料及其高度等，是与平、立面图相互配合的不可缺少的重要图样

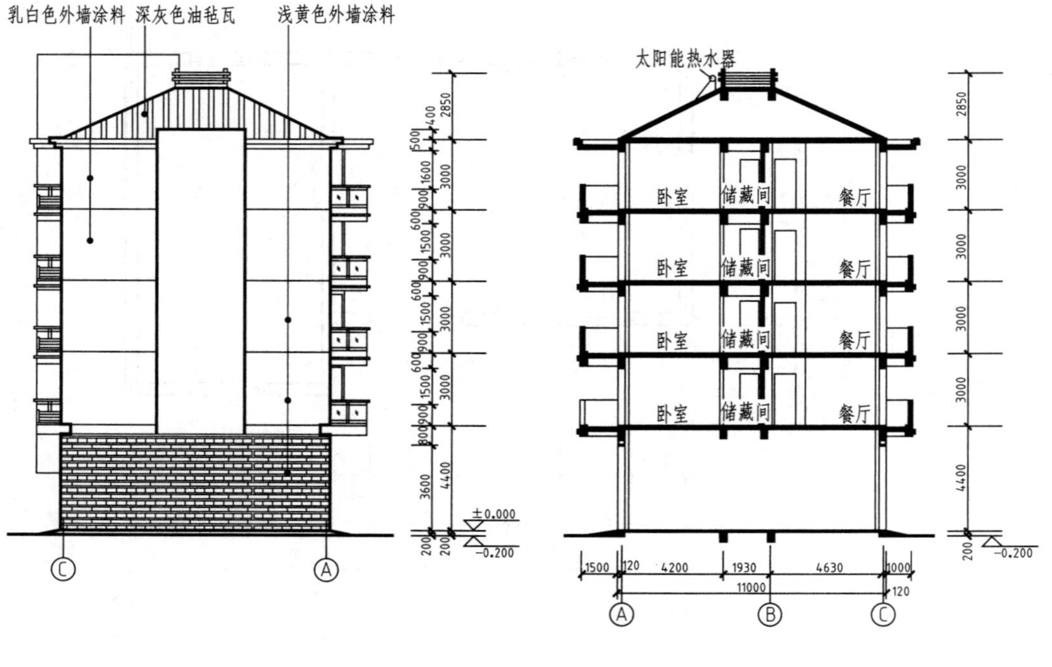

(a) Ⓒ–Ⓐ轴立面图 1:100

(b) 1–1剖面图1:100

图 13-19　建筑剖面图

之一。其位置应选择在能反映出房屋内部构造比较复杂与典型的部位，并应通过门窗洞的位置。若为多层房屋，应选择在楼梯间或层高不同、层数不同的部位。剖面图的图名应与平面图上所标注剖切符号的编号一致，如 1-1 剖面图、2-2 剖面图等。如图 13-19 所示。

7. 定位轴线

确定房屋主要承重构件（墙、柱、梁）位置及标注尺寸的基线称为定位轴线。定位轴线用细单点长画线表示。

定位轴线的编号注写在轴线端部的 $\phi 8 \sim 10$ 的细线圆内。横向轴线：从左至右，用阿拉伯数字进行标注。纵向轴线：从下向上，用大写拉丁字母进行标注，但不用 I、O、Z 三个字母，以免与阿拉伯数字 0、1、2 混淆。一般承重墙柱及外墙编为主轴线，非承重墙、隔墙等编为附加轴线（又称分轴线）。如图 13-20 所示。

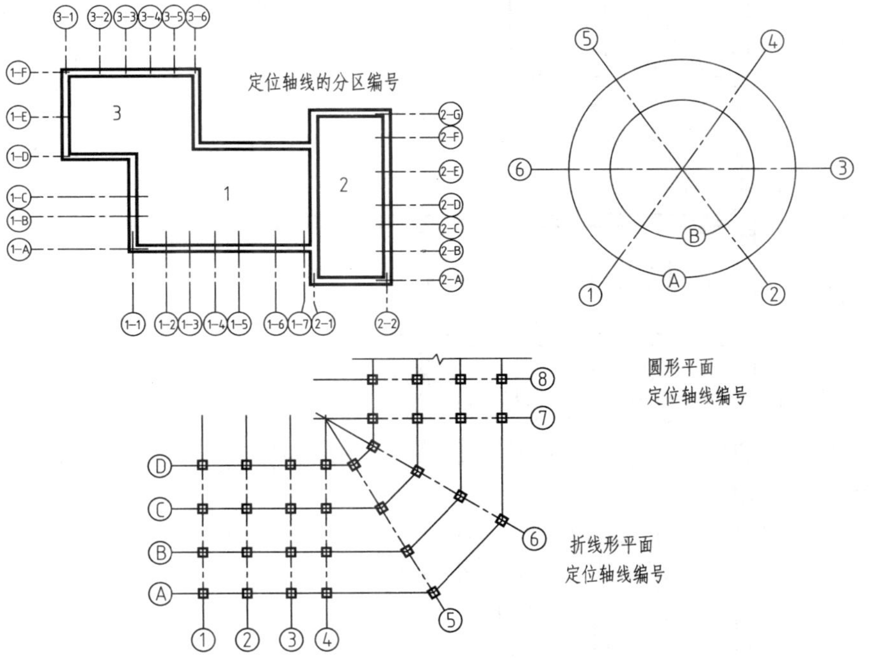

图 13-20　建筑定位轴线

8. 尺寸标注（图 13-21）

(1) 外部尺寸　在水平方向和竖直方向各标注三道。

① 第一道尺寸　标注房屋的总长、总宽尺寸，称为总尺寸。

② 第二道尺寸　标注房屋的开间、进深尺寸，称为轴线尺寸。

③ 第三道尺寸　标注房屋外墙的墙段、门窗洞口等尺寸，称为细部尺寸。

(2) 内部尺寸　标出各房间长、宽方向的净空尺寸，墙厚及轴线之间的关系、柱子截面、房内部门窗洞口、门垛等细部尺寸。

(3) 标高　平面图中应标注不同楼地面标高、房间及室外地坪等标高，且以米作为单位，精确到小数点后两位。

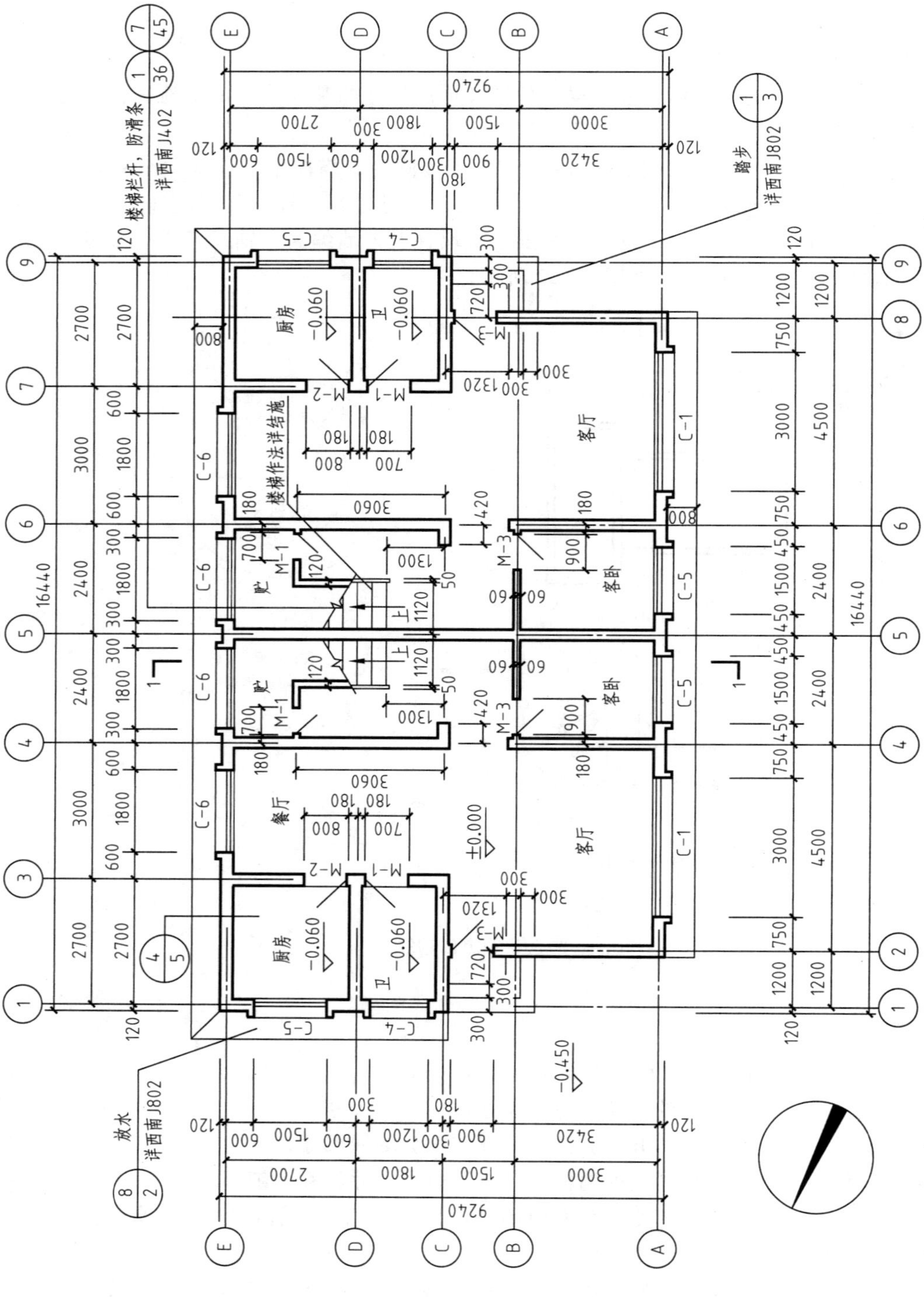

一层平面图 1:100

图 13-21 尺寸标注示例

9. **建筑构配件图例**（表 13-9）

表 13-9　建筑构配件图例（节选）

序号	名称	图　　例	说　　明
1	墙体		应加注文字或填充图例表示墙体材料，在项目设计图纸说明中列表给予说明
2	隔断		1. 包括板条抹灰、木制、石膏板、金属材料等隔断 2. 适用于到顶与不到顶隔断
3	栏杆		用细实线表示
4	楼梯	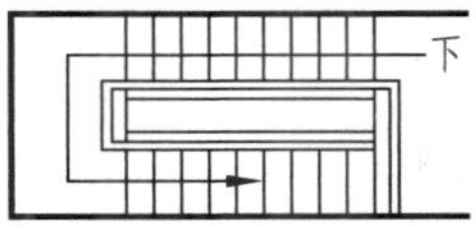 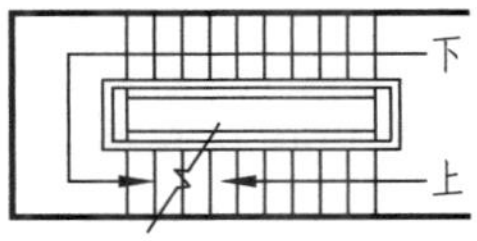 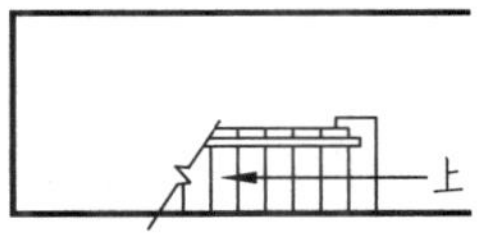	1. 上图为顶层楼梯平面，中图为中间层楼梯平面，下图为底层楼梯平面 2. 楼梯及栏杆扶手的形式和梯段踏步数应按实际情况绘制
5	坡道	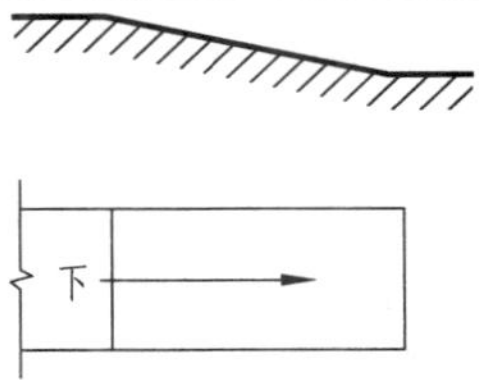 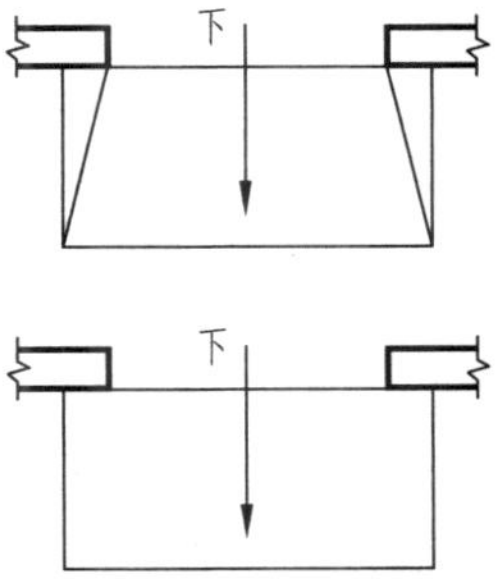	上图为长坡道，下图为门口坡道
6	平面高差	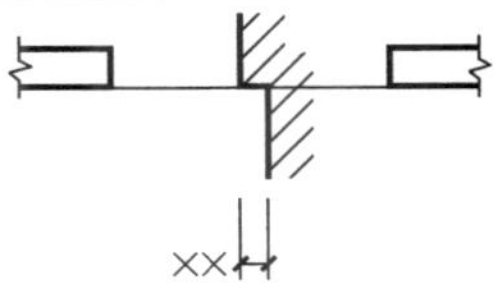	适用于高差小于等于 100 的两个地面或楼面相接处

二、设备布置图概述

设备布置图是用来表示设备与建筑物、设备与设备之间的相对位置，并能直接指导设备安装的重要技术文件。

1. 设备布置的任务

(1) 确定各工艺设备在车间的空间位置（设备平面位置和立面位置）；
(2) 确定场地（露天与否）及建筑的尺寸；
(3) 确定管道、电器仪表管线及采暖通风管道的走向和位置。

2. 设备布置考虑因素

(1) 保证工艺流程的畅通　设备应该按工艺流程的顺序布置，保证水平方向和垂直方向的连续性，保障生产连续正常运行。

(2) 保留合适的设备间距　设备间距过大，管道拉长，操作管理不方便；设备间距过小，给操作安装维修带来困难。

设备与设备、设备与建筑物之间的安全间距；

化工车间工人操作设备最小距离；

其他还要考虑：

设备水平的运输通道（进出车间）；设备垂直运输及其通道（起吊，安装孔）。

(3) 满足土建要求

① 笨重，运转产生振动较大的设备（如离心机、压缩机、鼓风机、真空泵等）应布置在厂房底层，以减少楼面的荷载和振动；

② 有强烈的振动或静载荷很大的设备，其操作台和设备基础等不得与建筑物的柱、墙和基础连在一起，以免影响厂房的安全；

③ 穿过横面的设备孔、安装孔和吊物孔，一律避开厂房的柱子和主梁，绝不允许穿过主梁。

(4) 安全卫生和防震要求

① 通风　医药生产中有毒物质的散发是不可避免的，故应考虑车间的通风。

② 防火防爆区　易燃易爆的生产部门布置在防火防爆区，区内防火、防爆、防静电等；防爆防火等级高的生产区，宜应独立布置在敞开或半敞开的厂房中，或布置在厂房中单层靠外墙处或多层厂房的最上层靠外墙处，并采取必要的泄压设施。

③ 对周围建筑物进行局部的特殊防腐处理。

④ 远距离控制生产。

3. 设备布置图内容

是一组表示厂房建筑的基本结构和设备在厂房内外的布置情况的视图，包括：

(1) 车间设备平面布置图，每层厂房绘制一张；
(2) 车间设备立面布置图。

4. 设备布置图的标注

(1) 设备的平面定位尺寸

① 设备的平面定位尺寸以建筑物的轴线或管架、管廊的柱中心为基准线进行标注；
② 卧式容器和换热器以装备中心线和管口（如人孔）中心线为基准标注；
③ 立式反应器、塔槽和换热器以设备中心线为基准线标注；
④ 离心泵、压缩机、鼓风机、透平机以中心线和出口管中心为基准；

⑤ 往复泵、活塞泵或压缩机以缸中心线和曲轴中心线为基准；

⑥ 与主设备相连的附属设备，如再沸器、喷射器、气流冷凝器等以装备中心线为基准进行标注。

(2) 设备的标高

① 卧式换热器、槽、缸以中心线标高表示（EL××××）；

② 反应器、塔、立式槽、缸以支撑点标高表示（POS EL××××）；

③ 泵、压缩机以主轴中心线标高（EL××××）或以底盘底面标高（即基础顶面标高）表示（POS EL××××）；

④ 对管架、管廊注出架顶的标高（TOS EL×××）；

⑤ 同一位号设备多于三台时，在平面图上可以表示首末两台装备的外形，中间仅画出基础或用双点画线的方框表示。

5. 设备布置图的一般规定

(1) 分区　设备布置图是按工艺主项绘制的，当装置界区范围较大而其中需要布置的设备较多时，设备布置图可以分成若干个小区绘制。各区的相对位置在装置总图中表明，分区范围线用双点画线表示。

(2) 图幅　设备布置图一般采用 A1 图幅，不加长加宽。特殊情况也可采用其他图幅。图纸内框的长边和短边的外侧，以 3mm 长的粗线划分等分，在长边等分的中点自标题栏侧起依次书写 A，B，C，D，…在短边等分的中点自标题栏侧起依次写 1，2，3，4，…图幅长边分 8 等分，短边分 6 等分，A2 图幅长边分 6 等分，短边分 4 等分。

(3) 比例　绘图比例视装置的设备布置疏密情况（大小和规模）而定。常采用 1∶100，也可采用 1∶200 或 1∶50。

(4) 线宽　图线宽度参见标准 HG/T 20519.28—2009。

(5) 尺寸单位　设备布置图中标注的标高、坐标以 m 为单位，小数以下应取三位数至毫米为止。其余的尺寸一律以 mm 为单位，只注数字，不注单位。采用其他单位标注尺寸时，应注明单位。

(6) 图名　标题栏中的图名一般分成两行，上行写“××××设备布置图”，下行写“EL×××.×××平面”或“×-×剖视”等。

(7) 编号　每张设备布置图均应单独编号。同一主项的设备布置图不得采用一个号，并应采用第几张共几张的编号方法。

6. 设备布置图的视图内容及表达方法

设备布置图一般只绘平面图，如图 13-22 所示。平面图表达厂房某层上设备布置情况的水平剖视图，它还能表示出厂房建筑的方位、占地大小、分隔情况及与设备安装、定位有关的建筑物、构筑物的结构形状和相对位置。对于较复杂的装置或有多层建、构筑物的装置，当平面图表示不清楚时，可绘制剖视图。剖视图是假想用一平面将厂房建筑物沿垂直方向剖开后投影得到的立面剖视图，用来表达设备沿高度方向的布置安装情况。如图 13-23 所示。

平面图和剖视图可以绘制在同一张图上，也可以单独绘制。

(1) 尺寸和标注　平面图和剖面图中要标注的内容及一些必要说明。

(2) 安装方位标　确定设备安装方位的基准，一般画在图纸的右上方。

(3) 标题栏　注写图名、图号、比例、设计者等。

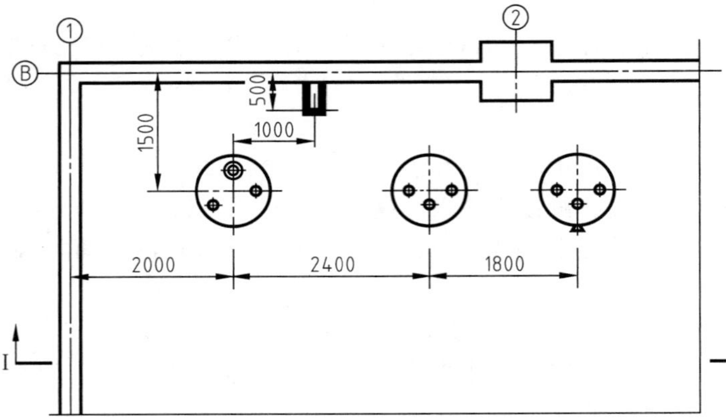

平面图

图 13-22　设备平面图

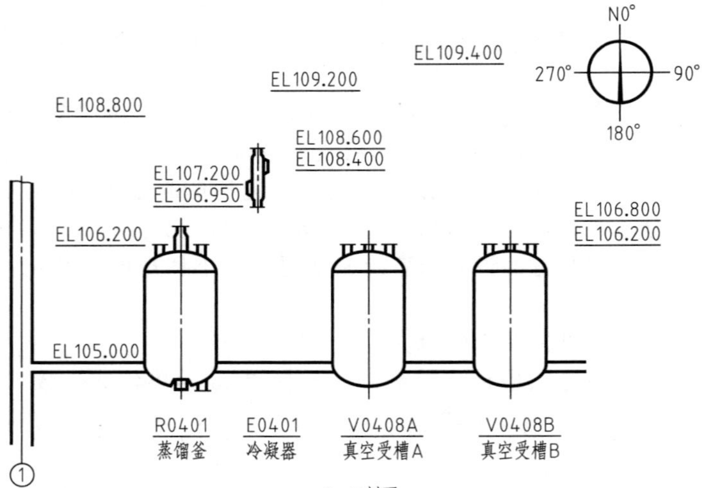

I—I 剖面

图 13-23　设备剖面图

7. 设备布置图的阅读

阅读设备布置图主要是确定设备与建筑物结构、设备间的定位问题，关联两方面的知识：厂房建筑图的知识及与化工设备布置有关的知识。

(1) 明确视图关系　设备布置图由一组平面图和剖视图组成，这些图样不一定在一张图纸上，读图时要首先清点设备布置图的张数，明确各张图上平面图和立面图的配置，进一步分析各立面剖视图在平面上的剖切位置，弄清各个视图之间的关系。

(2) 读懂建筑结构　阅读设备布置图中的建筑结构主要是以平面图、立面图分析建筑物的层次，了解各层厂房建筑的标高，每层中的楼板、墙、柱、梁、楼梯、门、窗及操作平台、坑、沟等结构情况，以及它们之间的相对位置。由厂房的定位轴线间距可知厂房大小。

➢ 从设备一览表了解设备的种类、名称、位号和数量等内容；

➢ 从平面图、立面图中分析设备与建筑结构、设备与设备的相对位置及设备的标高；

➢ 读图的方法是根据设备在平面图和立面图中的投影关系、设备的位号，明确其定位尺寸，即在平面图中查阅设备的平面定位尺寸，在立面图中查阅设备高度方向的定位尺寸；

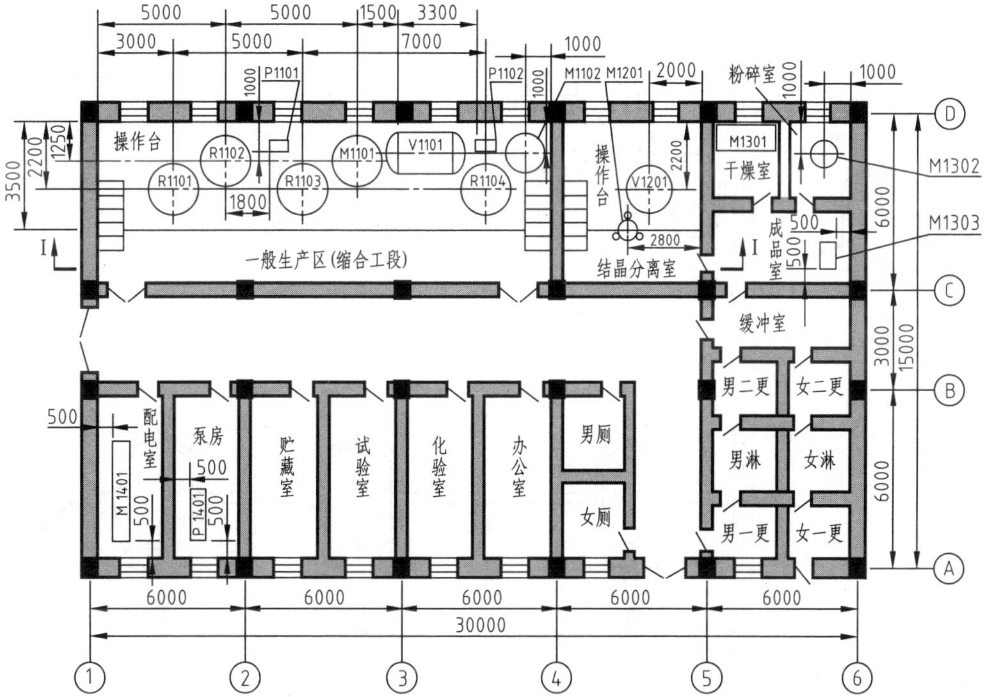

序号	位号	名称	规格	数量	材质	备注
16	P1401	真空泵				
15	M1401	配电柜				
14	M1303	空调机				
13	M1302	筛粉机				
12	M1301	烘 房				
11	V1201	结晶罐	3000L	1	搪玻璃	
10	M1201	离心机	Φ800	1	不锈钢	
9	M1102	过滤器	300L	1	不锈钢	
8	R1104	溶解釜	3000L	1	搪玻璃	
7	P1102	泵		1	不锈钢	
6	V1101	贮 罐	5000L	1	搪玻璃	
5	M1101	过滤器	500L	1	不锈钢	
4	R1103	碱化釜	3000L	1	搪玻璃	
3	P1101	泵		1	不锈钢	
2	R1102	溶解釜	3000L	1	搪玻璃	
1	R1101	缩合釜	3000L	1	搪玻璃	

设计单位				项目名称	
设计		磺胺脒车间设备平面布置图		项目编号	
制图				设计阶段	
校核				图 号	
审核		比 例		第 张 共 张	

图 13-24 磺胺脒车间设备平面布置图

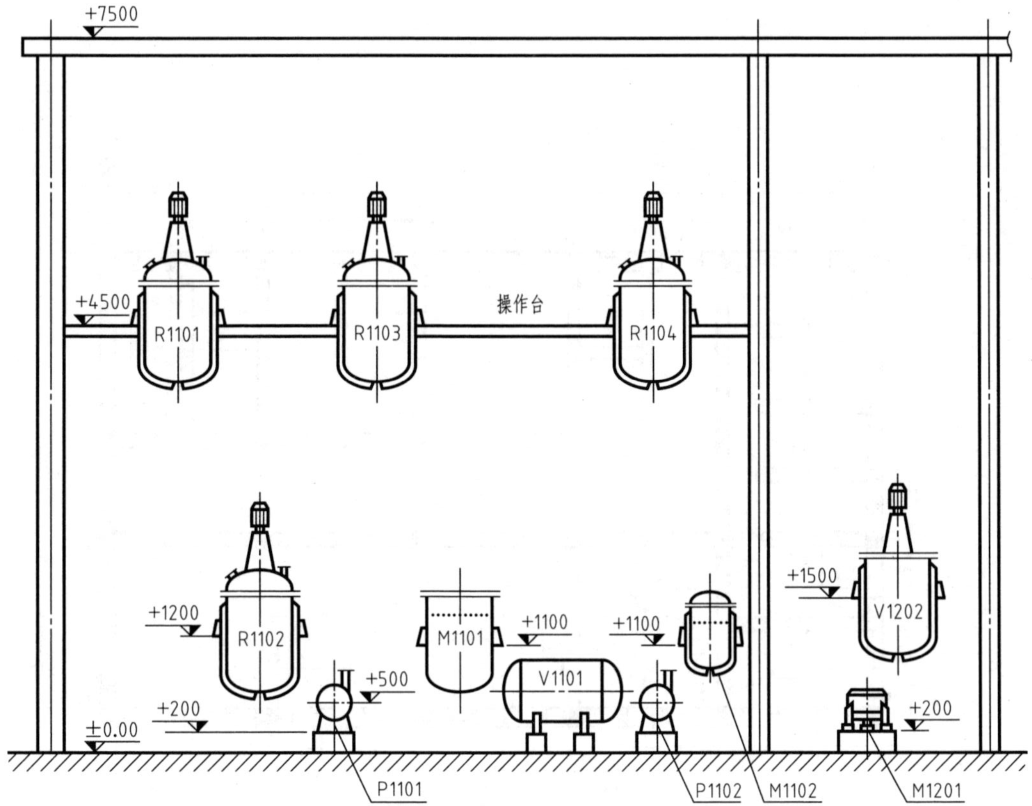

序号	位号	名称	规格	数量	材质	备注
11	V1201	结晶罐	3000L	1	搪玻璃	
10	M1201	离心机	φ800	1	不锈钢	
9	M1102	过滤器	300L	1	不锈钢	
8	R1104	溶解釜	3000L	1	搪玻璃	
7	P1102	泵		1	不锈钢	
6	V1101	贮罐	5000L	1	搪玻璃	
5	M1101	过滤器	500L	1	不锈钢	
4	R1103	碱化釜	3000L	1	搪玻璃	
3	P1101	泵		1	不锈钢	
2	R1102	溶解釜	3000L	1	搪玻璃	
1	R1101	缩合釜	3000L	1	搪玻璃	

设计单位			项目名称	
设计		磺胺脒车间设备立面布置图（I—I剖视）	项目编号	
制图			设计阶段	
校核			图号	
审核		比例	第 张共 张	

图 13-25　磺胺脒车间设备 I—I 立面布置图

➢ 平面定位尺寸基准一般是建筑定位轴线，高度方向的定位尺寸基准一般是厂房室内地面，从而确定设备与建筑结构、设备间的相对位置；

➢ 在阅读过程中，可参考有关建筑施工图、工艺施工流程图、管路布置图以及其他的设备布置图以确认读图的准确性。

如磺胺脒车间设备平面布置图（图 13-24）及立面布置图（图 13-25）所示：设备缩合釜 R1101 布置在平面图的左后方，平面定位尺寸是 3000mm 和 2200mm。根据投影关系和设备位号很容易在 I—I 剖面图的左上方找到相应的投影，标高 4500mm，溶解釜 R1102 与过滤器 M101、贮槽 V1101 并排安装在地面上。其他各层平面图中的设备都可按此方法进行阅读。

第三节　管道布置设计

管道设计是化工设计的重要组成部分，据统计，化工管道的投资占全厂化工设备总投资的 15%～20%，由此可以看出管道设计的重要性。化工与制药生产中，所涉及的管道规格较多，管道中流体性质各异，安装要求也不相同，管道工艺设计相当复杂、工作量也相当大。因此工艺设计人员必须给予重视。

一、管道布置设计任务

(1) 确定车间中各个设备的管口方位和与之相连接的管段的接口位置；

(2) 确定管道的安装连接和铺设、支承方式；

(3) 确定各管段在空间的位置；

(4) 画出管道布置图，标示出车间中所有管道在空间的位置，作为管道安装的依据；

(5) 编制管道综合材料表，包括管道、管件、阀门、型钢等的材质、规格和数量。

二、化工与制药车间管道布置设计的要求

(1) 化工与制药车间管道布置应符合：

①《化工装置管道布置设计规定》(HG/T 20549—1998)；

②《石油化工金属管道布置设计规范》(SH 3012—2011)；

③《洁净厂房设计规范》(GB 50073—2013)；

④ 符合生产工艺流程的要求，并能满足生产要求；

⑤ 便于操作管理，并能保证安全生产；

⑥ 便于管道的安装和维护；

⑦ 要求整齐美观，并尽量节约材料和投资；

⑧ 管道布置设计应符合管道及仪表流程图的要求。

(2) 除此之外，还应仔细考虑下列问题。

① 输送易燃、易爆、有毒及有腐蚀性的物料管道不得铺设在生活间、楼梯、走廊和门等处，这些管道上还应设置安全阀、防爆膜、阻火器和水封等防火防爆装置，并应将放空管引至指定地点或高过屋面 2m 以上。

② 布置腐蚀性介质、有毒介质和高压管道时，应避免由于法兰、螺纹和填料密封等泄漏而造成对人身和设备的危害。易泄漏部位应避免位于人行通道或机泵上方，否则应设安全防护，该类管道不得铺设在通道上空和并列管线的上方或内侧。

③ 全厂性管道敷设应有坡度，并宜与地面坡度一致。管道的最小坡度宜为 2‰。管道变

坡点宜设在转弯处或固定点附近。

④ 真空管线应尽量短，尽量减少弯头和阀门，以降低阻力，达到更高的真空度。

⑤ 考虑施工、操作及维修。

⑥ 永久性的工艺、热力管道不得穿越工厂的发展用地。

⑦ 厂区内的全厂性管道的敷设，应与厂区内的装置（单元）、道路、建筑物、构筑物等协调，避免管道包围装置（单元），减少管道与铁路、道路的交叉。

⑧ 全厂性管架或管墩上（包括穿越涵洞）应留有10%～30%的空位，并考虑其荷重。装置主管廊管架宜留有10%～20%的空位，并考虑其荷重。

⑨ 管道布置应使管道系统具有必要的柔性。在保证管道柔性及管道对设备、机泵管口作用力和力矩不超过允许值的情况下，应使管道最短，组成件最少。

⑩ 管道应尽量集中布置在公用管架上，管道应平行走直线，少拐弯，少交叉，不妨碍门窗开启和设备、阀门及管件的安装和维修，并列管道的阀门应尽量错开排列。

⑪ 支管多的管道应布置在并列管线的外侧，引出支管时气体管道应从上方引出，液体管道应从下方引出。管道布置宜做到“步步高”或“步步低”，减少气袋或液袋。否则应根据操作、检修要求设置放空、放净管线。管道应尽量避免出现“气袋”“口袋”和“盲肠”。

⑫ 管道应尽量沿墙面铺设，或固定在墙上的管架上，管道与墙面之间的距离以能容纳管件、阀门及方便安装维修为原则。

三、管道布置图

管道布置图又称管道安装图或配管图，主要表达车间或装置内管道和管件、阀、仪表控制点的空间位置、尺寸和规格，以及与有关机器、设备的连接关系。

1. 管道布置图的图示方法

(1) 图幅与比例

① 管道布置图的图幅应尽量采用A0；

② 比较简单的也可采用A1或A2，同区的图应采用同一种图幅，图幅不宜加长或加宽；

③ 一般采用的比例为1∶30，也可采用1∶25或1∶50。同区的或各分层的平面图，应采用同一比例。

(2) 视图的配置

① 管道平面布置图　一般应与设备的平面布置图一致，即按建筑标高平面分层绘制，各层管道平面布置图是将楼板以下的建（构）筑物、设备、管道等全部画出。

② 管道立面布置图　管道布置在平面图上不能清楚表达的部位，可采用立面剖视图或向视图补充表达。剖视图尽可能与被切平面所在的管道平面布置图画在同一张图纸上，也可画在另一张图纸上。

③ 管道空视图（管段图）　也叫管道轴测图，表达一段管道及其所附管件、阀门、控制点等布置情况的立体图样。按正等轴测投影绘制。立体感强，图面清晰、美观，便于阅读，利于施工。

2. 管道及附件图示方法

(1) 管道画法　如图13-26所示。

(2) 管道转折　如图13-27所示。

(3) 管道交叉　前面（或上面）的管道完整画出，后面（或下面）的管道断开画出。如图13-28所示。

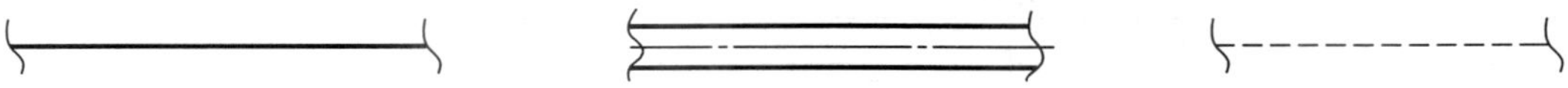

(a) 公称直径(*DN*)小于和等于350mm(或14in)的管道　(b) 公称直径(*DN*)大于和等于400mm(或16in)的管道　(c) 地下管道

图 13-26　管道画法

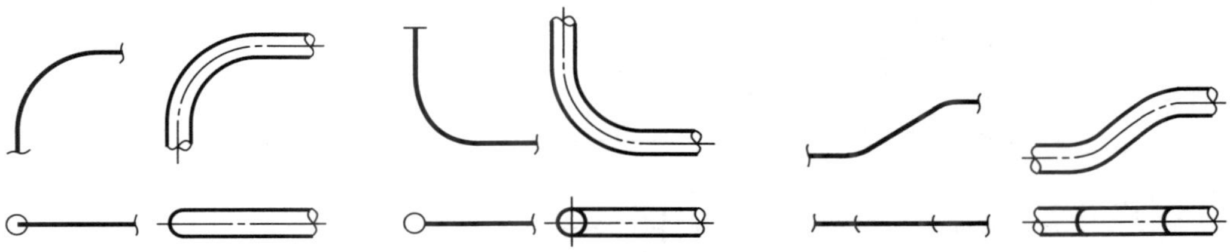

(a) 90°向上　(b) 90°向下　(c) >90°

图 13-27　管道转折

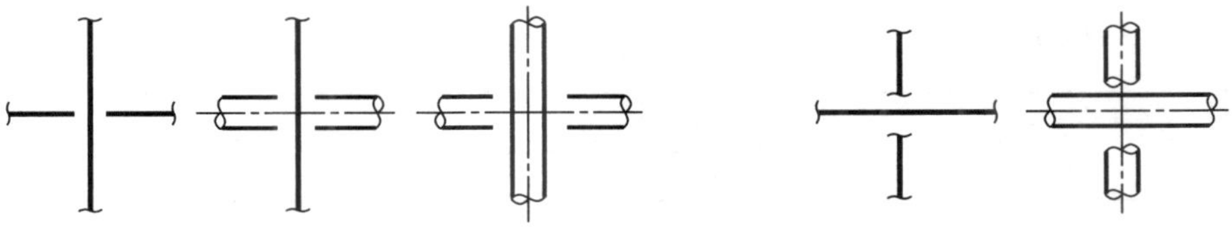

(a)　(b)

图 13-28　管道交叉

(4) 管道重叠　当两根管道重叠时，上面（或前面）的管道画中间段，下面（或后面）的管道断开画出。如图 13-29（a）所示。当有多根管道重叠时，断开处给出管道编号。如图 13-29（b）所示。

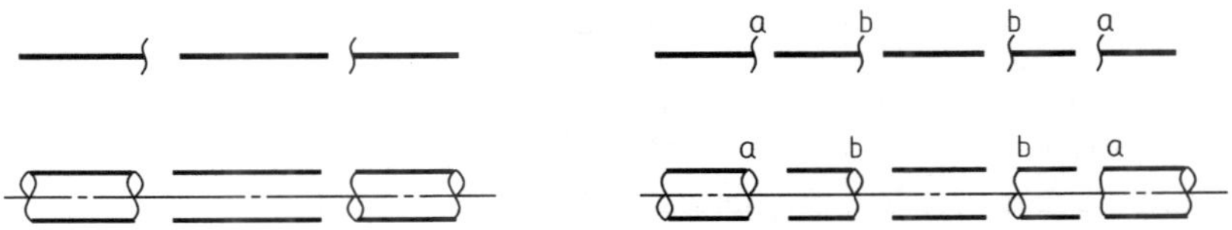

(a)　(b)

图 13-29　管道重叠

(5) 管道连接　如表 13-10 所示。

(6) 常用管件及阀门的表达图例　常见管件图例如表 13-11 所示。常见阀门图例如表 13-12 所示。

表 13-10　管道连接

序号	名　称	图　例	备　注
1	法兰连接	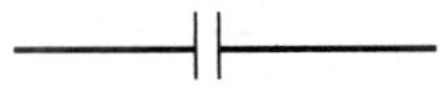	
2	承插连接		
3	活接头	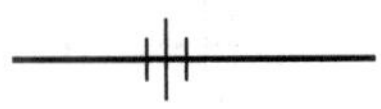	

续表

序号	名　　称	图　　例	备　　注
4	管堵		
5	法兰堵盖		
6	弯折管	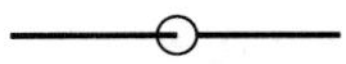	表示管道向后及向下弯转 90°
7	三通连接	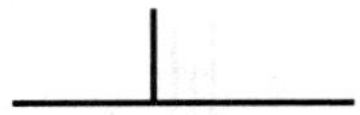	
8	四通连接	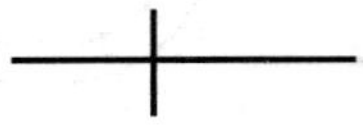	
9	盲板		
10	管道丁字上接	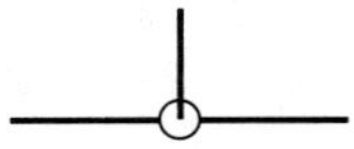	
11	管道丁字下接	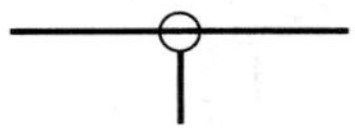	
12	管道交叉	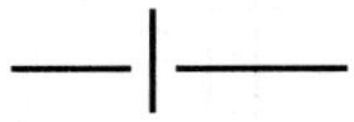	在下方和后面的管道应断开

表 13-11　常见管件图例

序号	名　　称	图　　例	备　　注
1	偏心异径管	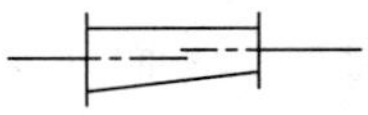	
2	异径管	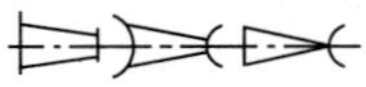	
3	乙字管		
4	喇叭口	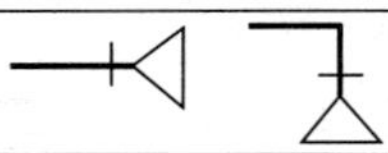	
5	转动接头	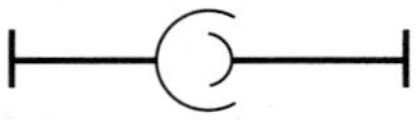	
6	短管		
7	存水弯	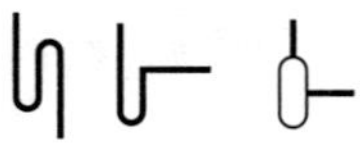	
8	弯头		
9	正三通	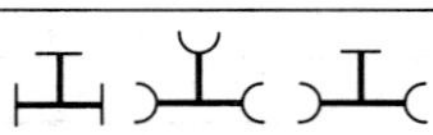	
10	斜三通		
11	正四通	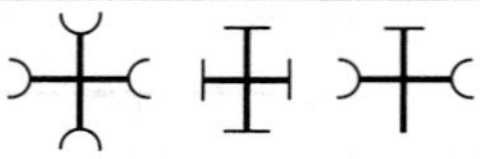	

续表

序号	名　　称	图　　例	备　　注
12	斜四通	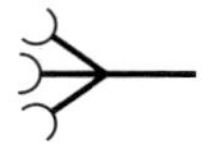	
13	浴盆排水件		

表 13-12　常见阀门图例

序号	名　　称	图　　例	备　　注
1	闸阀		
2	角阀	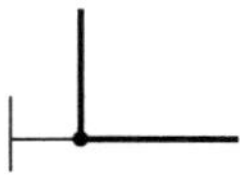	
3	三通阀		
4	四通阀	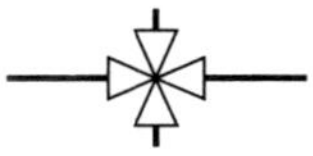	
5	截止阀	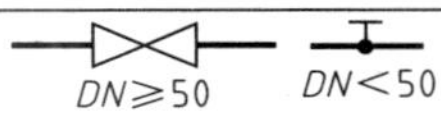	
6	电动阀		
7	液动阀	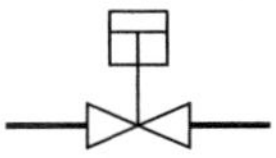	
8	气动阀	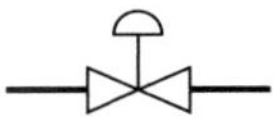	
9	减压阀	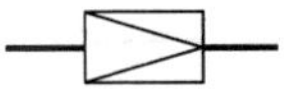	左侧为高压端
10	旋塞阀	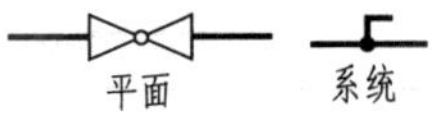	
11	底阀		
12	球阀		
13	隔膜阀	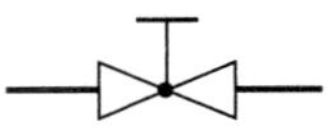	
14	气开隔膜阀	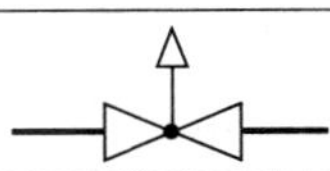	
15	气闭隔膜阀	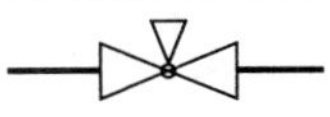	
16	温度调节阀	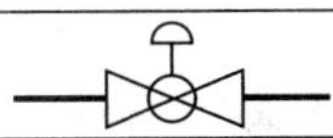	

续表

序号	名　　称	图　　例	备　　注
17	压力调节阀	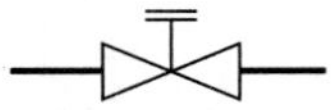	
18	电磁阀	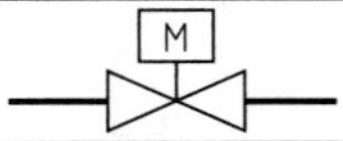	
19	止回阀		
20	消声止回阀		
21	蝶阀		
22	弹簧安全阀	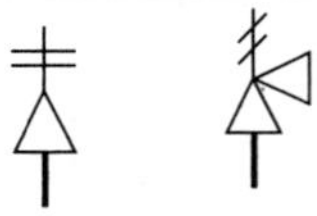	
23	平衡锤安全阀	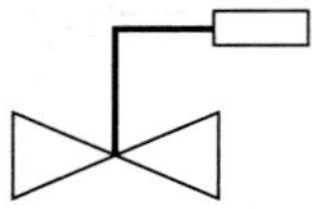	
24	自动排气阀	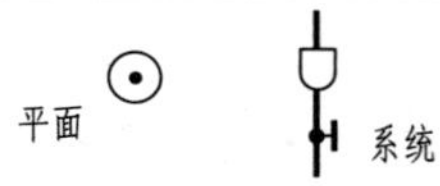	
25	浮球阀	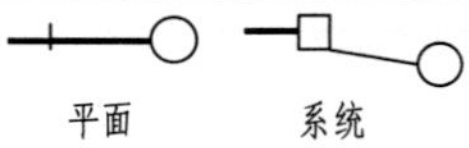	
26	延时自闭冲洗阀		
27	吸水喇叭口	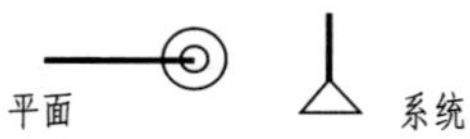	
28	疏水器	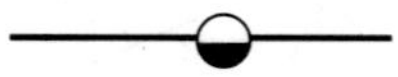	

(7) 传动结构

传动结构应按实物的尺寸比例画出，以免与管道或其他附件相碰。阀门和传动结构的组合形式如图 13-30 所示。

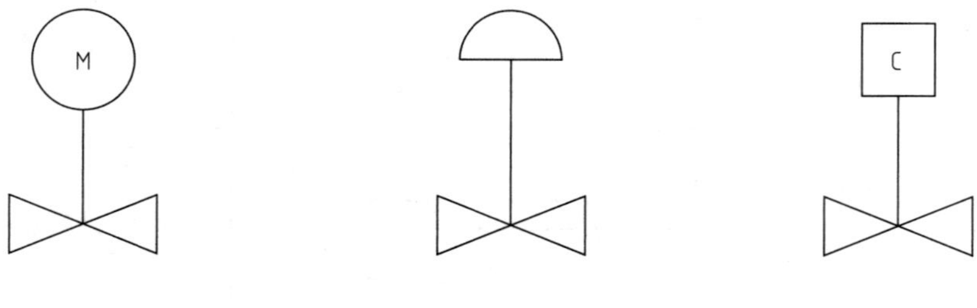

(a) 电动式　　(b) 气动式　　(c) 液压式或气动式

图 13-30　阀门与传动结构的组合形式

(8) 管道支架　简称管架，用来支承和固定管道，其位置一般用符号表示。任何管道都不是直接铺设在管架梁上，而是用支架支撑或固定在支架梁上。

室外管架：一般由独立的支柱或带有衍架式形成的管廊或管桥。

室内管架：不一定另设支柱，经常利用厂房的柱子、墙面、楼板或设备的操作平台进行支撑和吊挂。

① 管道支架的分类

➢ 固定支架：用在管道上不允许有任何位移的地方。

➢ 滑动支架：滑动支架只起支撑作用，允许管道在平面上有一定的位移。

➢ 导向支架：相当于限位支架，一般有两种，水平导向支架限制径向位移，使管道只有轴向位移同时还承载；垂直导向支架限制横向位移，使管道只有轴向位移，但它不承载。

➢ 弹簧支吊架：用于支吊架处的热涨力过大造成管道压力和设备受力超标，以及支吊架荷载过大使支吊架难以承受的情况。通常情况下，支点垂直位移超过 2.54mm 者要用弹簧支吊架。

如表 13-13 所示。

表 13-13　管道支架

名　称	符　号	用　途
固定支架		用于固定点处，不允许有线位移和角位移的场合
滑动支架		用于允许管道在支架上有位移的场合
导向支架		用于允许有管道轴向位移和径向位移，但不允许有横向位移的场合
弹簧支吊架	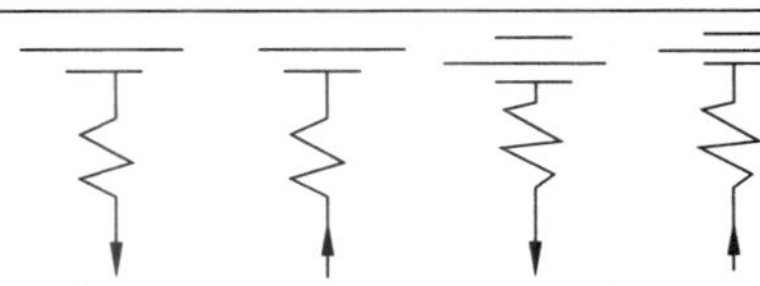	用于管道压力和设备受力超标的场合

② 管道在管架上的平面布置原则

➢ 较重的管道（大直径、液体管道等）应布置在靠近支柱处，这样梁和柱所受弯矩小，节约管架材料。公用工程管道布置在管架当中，支管引向左侧的布置在左侧，反之置于右侧。Ⅱ形补偿器应组合布置。

➢ 连接管廊同侧设备的管道布置在设备同侧的外边；连接管架两侧设备的管道布置在公用工程管线的左、右两边。进出车间的原料和产品管道可根据其转向布置在右侧或左侧。

➢ 当采用双层管架时，一般将公用工程管道置于上层，工艺管道置于下层。有腐蚀性介质的管道应布置在下层和外侧，防止泄漏到下面管道上，也便于发现问题和方便检修。小直径管道可支承在大直径管道上，节约管架宽度，节省材料。

➢ 管架上支管上的切断阀应布置成一排，其位置应能从操作台或管廊上的人行道上进行操作和维修。

➢ 高温或低温的管道要用管托，将管道从管架上升高 0.1m，以便于保温。

➢ 管道支架间距要适当。固定支架距离太大时，可能引起因热膨胀而产生弯曲变形，活动支架距离大时，两支架之间的管道因管道自重而产生下垂。

③ 管道和管架的立面布置原则

➢ 当管架下方为通道时，管底距车行道路路面的高度要大于 4.5m；道路为主干道时要大于 6m；是人行道时要大于 2.2m；管廊下有泵时要大于 4m。

➢ 通常使同方向的两层管道的标高相差 1.0～1.6m，从总管上引出的支管比总管高或低 0.5～0.8m。在管道改变方向时要同时改变标高。大口径管道需要在水平面上转向时，要将它布置在管架最外侧。

➢ 管架下布置机泵时，其标高应符合机泵布置时的净空要求。若操作平台下面的管道进入管道上层，则上层管道标高可根据操作平台标高来确定。

➢ 装有孔板的管道宜布置在管架外侧，并尽量靠近柱子。自动调节阀可靠近柱子布置，并用柱子固定。若管廊上层设有局部平台或人行道时，需常操作或维修的阀门和仪表宜布置在管架上层。

3. 管道布置图的标注

(1) 建（构）筑物　建（构）筑物的结构构件常被用作管道布置的定位基准，因此在平面和立面剖视图上都应标注建筑定位轴线的编号，定位轴线间的分尺寸和总尺寸，平台和地面、楼板、屋盖及构筑物的标高。

(2) 设备　设备是管道布置的主要定位标准，因此应标注设备位号、名称及定位尺寸。

(3) 管道　在平面布置图上标注出所有管道的定位尺寸及标高，物料的流动方向和管号。如绘有立面剖视图时，应在立面剖视图上标注所有管道的标高。定位尺寸以 mm 为单位，标高以 m 为单位。如图 13-31 所示。

(4) 管件、阀门、仪表控制点　管接头、异径接头、弯头、三通、管堵、法兰等这些管件能使管道改变方向、变化口径、连通和分流以及调节和切换管道中的流体，在管道布置图中，应按规定符号画出管件，但一般不标注定位尺寸。阀门需用细实线绘制，常见图例包括闸阀、球阀、蝶阀等，具体符号可参考标准图例表，阀门与管道连接处需标注定位尺寸，特殊阀门（如控制阀）需配合执行机构符号组合表示；仪表用直径 12mm 的细实线圆圈表示，复式仪表可用相切圆圈标注，位号较多时可断开圆圈标注，需标注执行机构类型（如电动、气动）及阀门位号，风门等设备按相应图形符号绘制。

(5) 管道支架　在管道布置图中的管架符号上应在指引线引出的长方框中注以管架代号。如表 13-14 所示。

表 13-14　管架类别及代号

序号	管架类别	代号	序号	管架类别	代号
1	固定支架	A	6	弹簧支架	SS
2	基础支架	BC	7	托管	SH
3	导向支架	G	8	停止支架(止推)	ST
4	吊架	H	9	防风支撑	WB
5	托架	RS			

4. 典型设备的管道布置

(1) 立式容器（包括反应器）的管道布置

① 管口方位　立式容器的管口方位取决于管道布置的需要。塔周围原则上分操作区和配管区。操作区正对道路，梯子、人孔、阀门、仪表、安全阀、塔顶吊柱和操作平台布置在操作区；塔与管廊、泵等设备的连接管道铺设在配管区内。如图 13-32 所示。

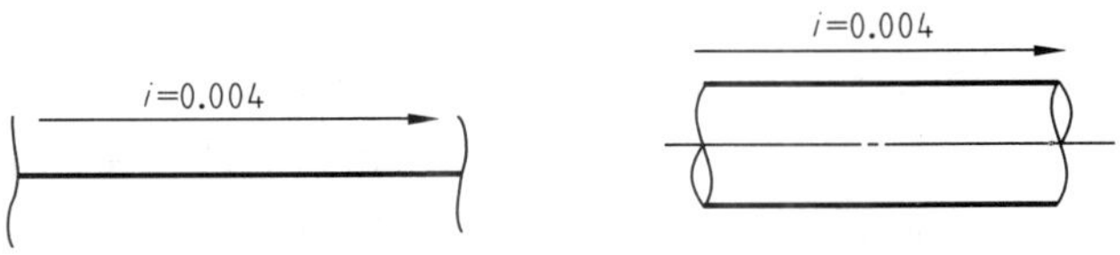

(a) 有坡度的管道标出坡度和坡向

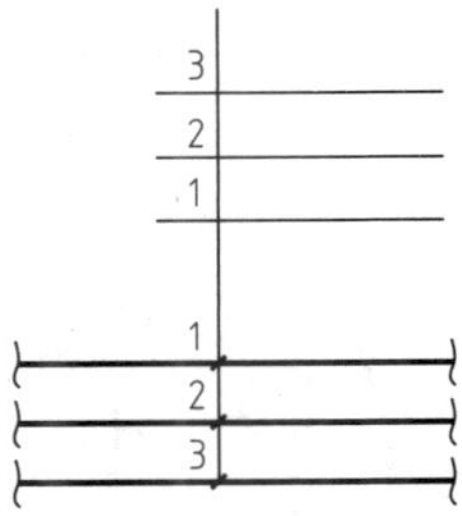

(b) 管道号引出标注

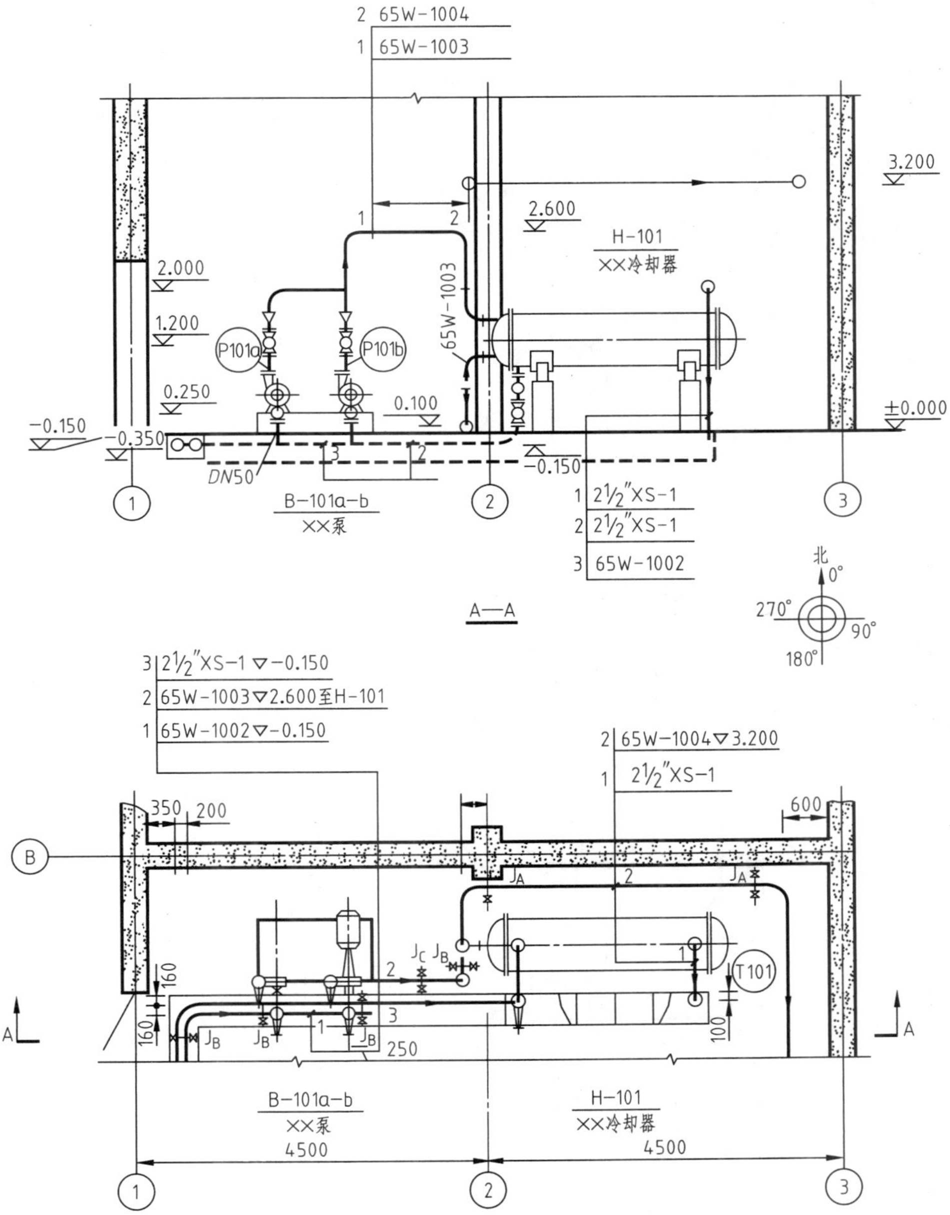

(c) 平面布置图及立面剖视图

图 13-31　管道标注

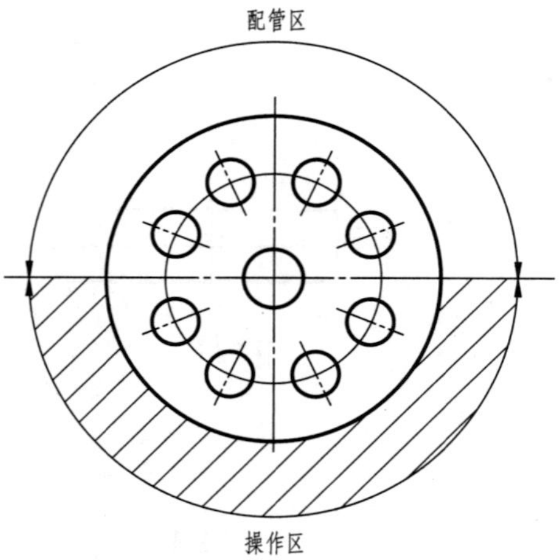

图 13-32　立式容器的管口方位图

② 管道布置　立式容器（包括反应器）一般成排布置。可把相同操作管道一起布置在容器的相应位置，可避免错误操作，比较安全。如图 13-33（a）所示，表示距离较近的两设备间的管道不能直连，而应采用 45°或 90°弯接。图 13-33（b）表示进料管道置于设备的前部，便于站在地（楼）面上进行操作。图 13-33（c）表示立式容器底部排出管路若沿墙敷设，距墙距离可适当减少，但设备距离应适当增大，以满足操作人员进入和切换阀门之需。图 13-33（d）表示若排出管自立式容器前部引出，则容器与设备或墙的距离可适当减小。阀门后的排出管路应立即敷设于地面或楼面以下。图 13-33（e）表示，若立式容器底部距地面或楼面的距离满足安装和操作阀门的需要，则可将排出管从容器底部中心引出，以减少管道敷设高度和占地面积，但设备直径不宜太

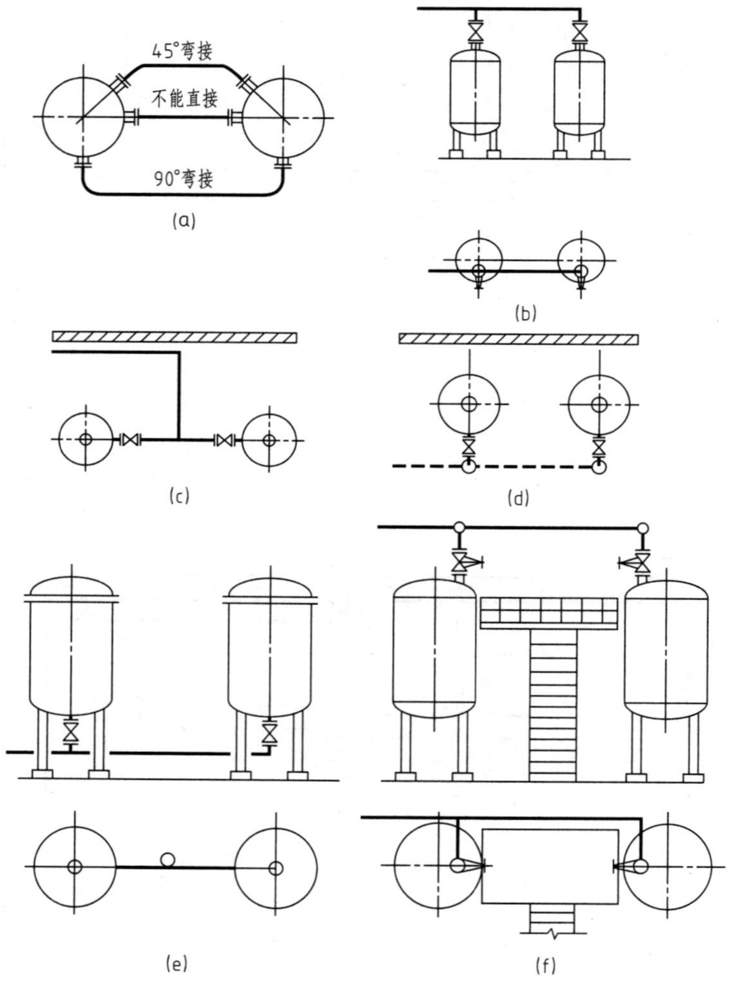

图 13-33　立式容器的管道布置图

大。图 13-33（f）表示需设置操作平台的立式容器，其进入管道宜对称布置，便于操作人员站在操作台上进行操作。

(2) 卧式容器的管道布置

① 管口方位　液体和气体的进口一般布置在容器一端的顶部，液体出口一般在另一端的底部，蒸汽出口则在液体出口的顶部，进口也能从底部伸入，在对着管口的地方设防冲板。放空管一般在容器的顶部，放净口在另一端的底部，使容器向放净口端倾斜。安全阀可设在顶部任何地方，最好设在有阀的管道附近，这可与阀门共用平台和通道。吹扫蒸汽进口在排气口另一端的侧面，可沿切线方向进入，使蒸汽在罐内回转前进。若进出料引起的液面波动不大，则液面计的位置不受限制，否则应放在容器的中部。压力表装在顶部气相部位，温度计装在近底部的液相部位，从侧面水平插入。如图 13-34 所示。

② 管道布置　它的管口一般布置在一条直线上，各种阀门也直接安装在管口上。如图 13-35 所示。

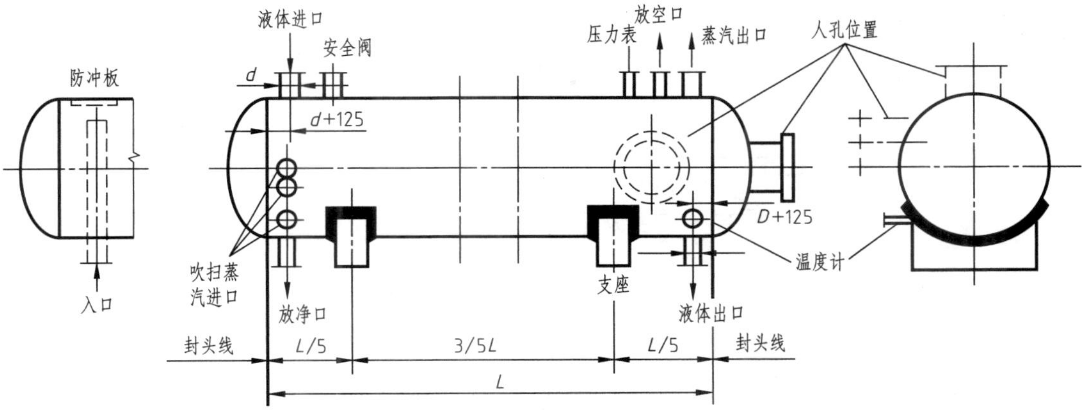

图 13-34　卧式容器的管口方位图

(3) 换热器的管道布置　合适的流动方向和管口布置能简化和改善换热器管道布置的质量，节约管件，便于安装。如图 13-36 所示。图 13-36（a）表示习惯的流向布置，图 13-36（b）是改变了流动方向的合理布置，与图 13-36（a）相比，图 13-36（b）简化了塔到冷凝器的大口径管道，节约了两个弯头和相应管道。图 13-36（c）、图 13-36（e）是习惯的流向布置，图 13-36（d）、图 13-36（f）是改变了流动方向的合理布置。图 13-36（c）改成图 13-36（d）后，消除了泵吸入管道上气袋，节约了四个弯头，缩短了管道，改善了泵的吸入条件；图 13-36（e）改成图 13-36（f）后缩短了管道，流体的流动方向更为合理。

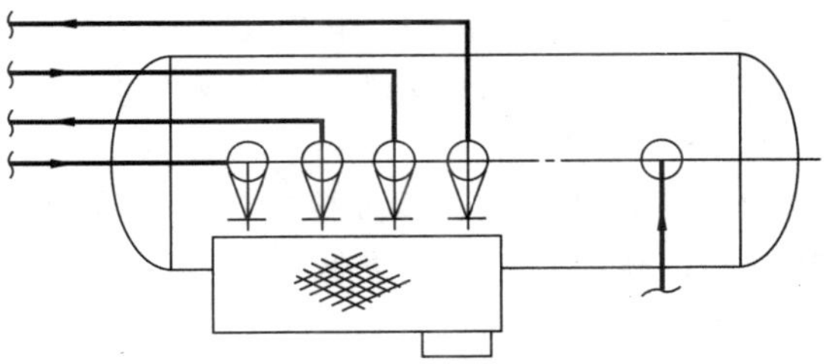

图 13-35　卧式容器的管道布置图

① 平面配管　平面布置时换热器的管箱正对道路，便于抽出管箱，顶盖对着管廊。配管前先确定换热器两端和法兰周围的安装和维修空间，在这个空间内不能有任何障碍物。

配管时管道要尽量短，操作、维修要方便。在管廊上有转弯的管道布置在换热器的右侧，从换热器底部引出的管道也从右侧转弯向上。从管廊的总管引来的公用工程管道，可以布置在换热器的任何一侧。将管箱上的冷却水进口排齐，并将其布置在冷却水地下总管的上

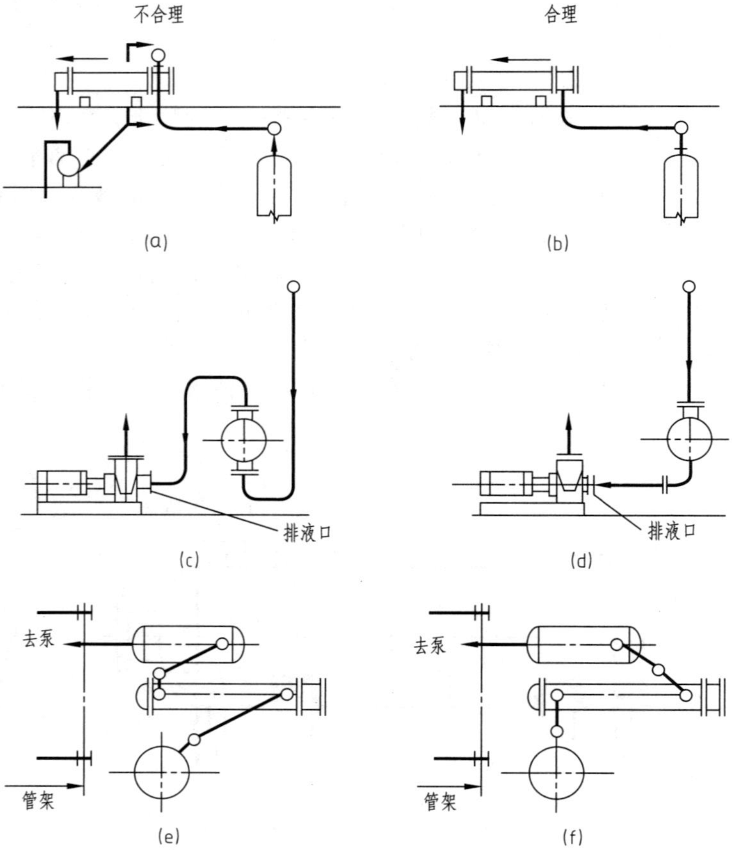

图 13-36 流体的流动方向与管道布置

方，回水管布置在冷却水总管的管边。换热器与邻近设备间可用管道直接架空连接。管箱上下的连接管道要及早转弯，并设置一短弯管，便于管箱的拆卸。

阀门、自动调节阀及仪表应沿操作通道并靠近换热器布置，使人站在通道上可以进行操作。如图 13-37 所示。

② 立面配管　与管廊连接的管道、管廊下泵的出口管、高度比管廊低的设备和换热器的接管的标高，均应比管廊低 0.5～0.8m。若一层排不下时，可置于再下一层，两层之间相隔 0.5～0.8m。

蒸汽支管应从总管上方引出，以防止凝液进入换热器，应有合适的支架，不能让管道重量都压在换热器的接口上。仪表应布置在便于观测和维修的地方。如图 13-38 所示。

(4) 塔的管道布置

① 塔的管口方位　塔的布置常分成操作区和配管区两部分。

为运转操作和维修而设置的登塔的梯子、人孔、操作阀门、仪表、安全阀及塔顶上的吊柱和操作平台均布置在操作区内，操作区与道路直连。塔与管廊、泵等设备连接的管道均铺设在配管区内。

➤ 人孔　应布置在操作区，并将同一塔上的几个人孔布置在一条垂线上，正对着道路。人（手）孔不能设在塔盘的降液管或密封盘处。如图 13-39 所示。

➤ 再沸器连接管口　塔的出液口可布置在角度为 $2\times a°$ 的扇形区内。再沸器返回管或塔底蒸汽进口气流不能对着液封板，最好与它平行。如图 13-40 所示。

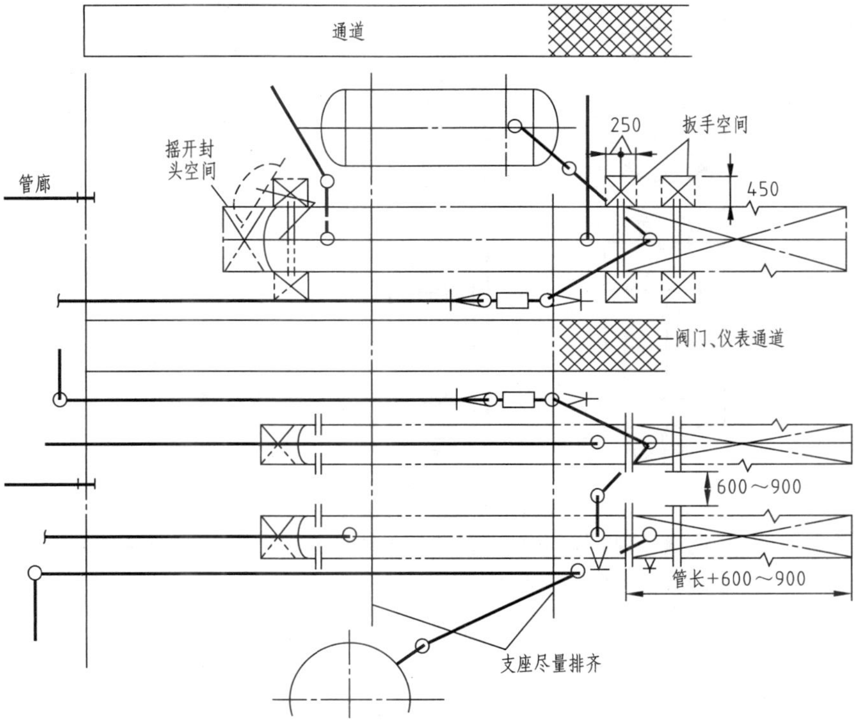

图 13-37　换热器的平面配管

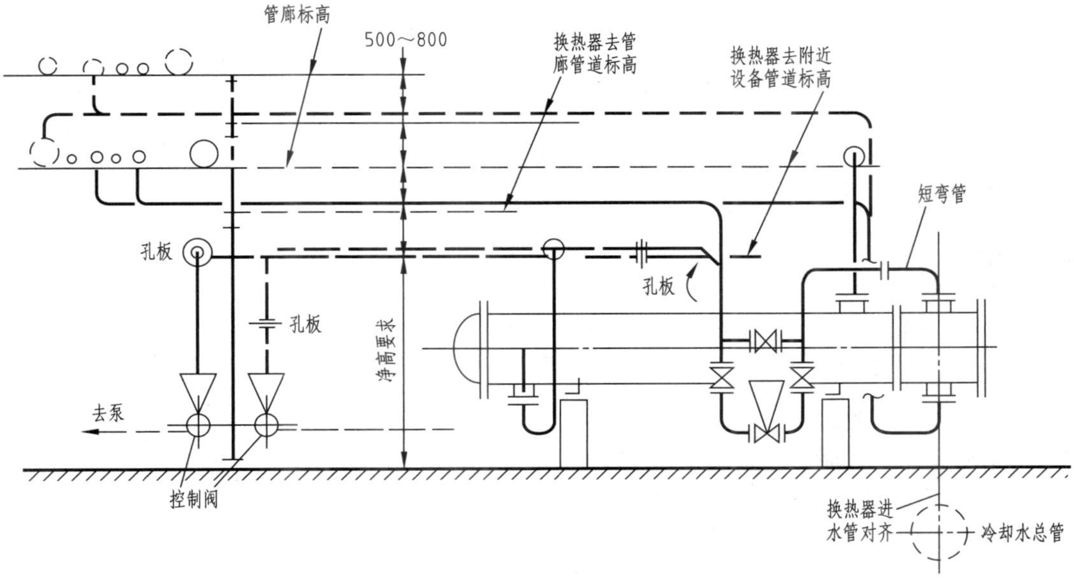

图 13-38　换热器的立面配管

➢ 回流管口　回流管上不需切断阀，故可以布置在配管区内任一地方。

➢ 进料管口　塔上往往有几个进料管口，在进料的支管上设有切断阀，因此进料阀宜布置在操作区的边缘。多股进料不应采用刚性连接，应采用柔性连接。如图 13-41 所示。

② 塔的配管　塔的配管比较复杂，在配管前应对流程图作一个总的规划，要考虑主要管

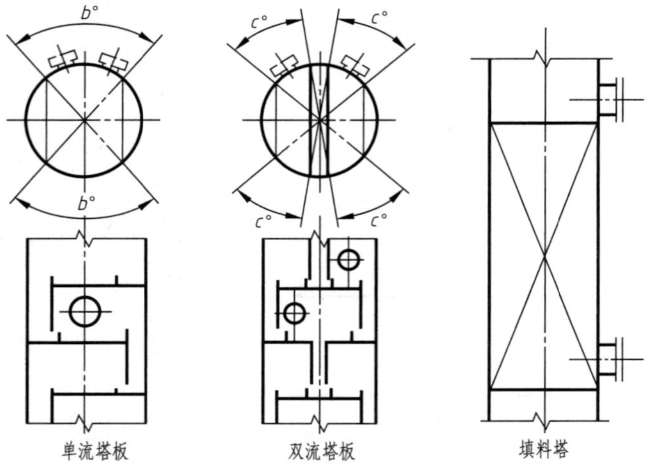

图 13-39　人孔布置

道的走向及布置要求、仪表和调节阀的位置、平台的设置及设备的布置要求等。如图 13-42 所示。

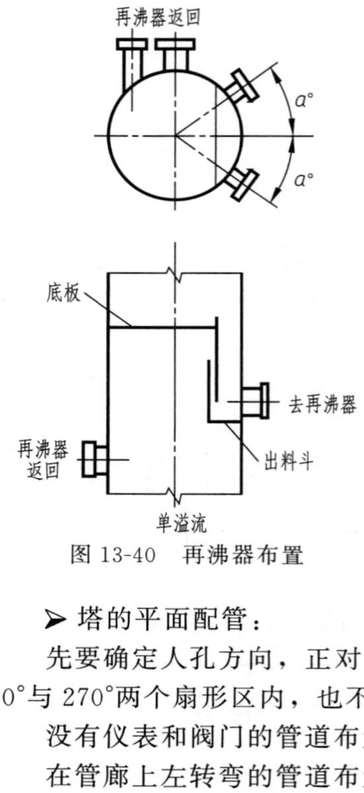

图 13-40　再沸器布置

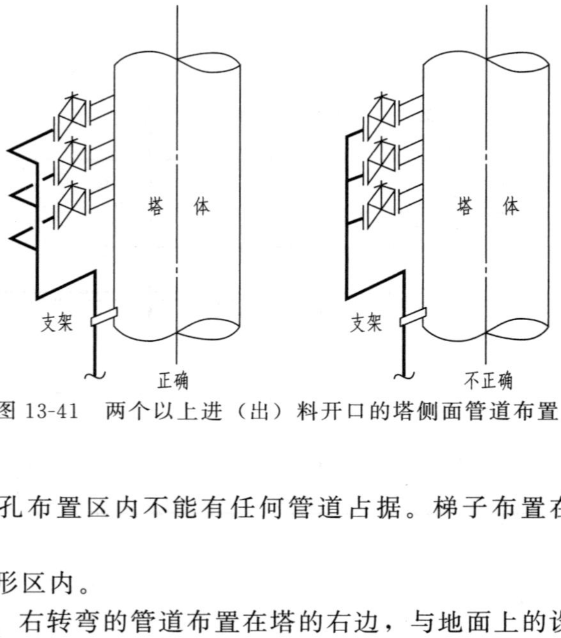

图 13-41　两个以上进（出）料开口的塔侧面管道布置

➢ 塔的平面配管：

先要确定人孔方向，正对主要通道，人孔布置区内不能有任何管道占据。梯子布置在 90°与 270°两个扇形区内，也不能安排管道。

没有仪表和阀门的管道布置在 180°处扇形区内。

在管廊上左转弯的管道布置在塔的左边，右转弯的管道布置在塔的右边，与地面上的设备相连的管道布置在梯子和人孔的两侧。

先将大口径的塔顶蒸气管布置好，即在塔顶转弯后沿塔壁垂直下降，然后再布置其他管道。如图 13-43 所示。

➢ 塔的立面配管：

塔的立面配管可由塔上管口的标高确定，人孔标高则取决于安装维修的要求。

塔的连接管道在离开管口后应立即向上或向下转弯，其垂直部分应尽量接近塔身。

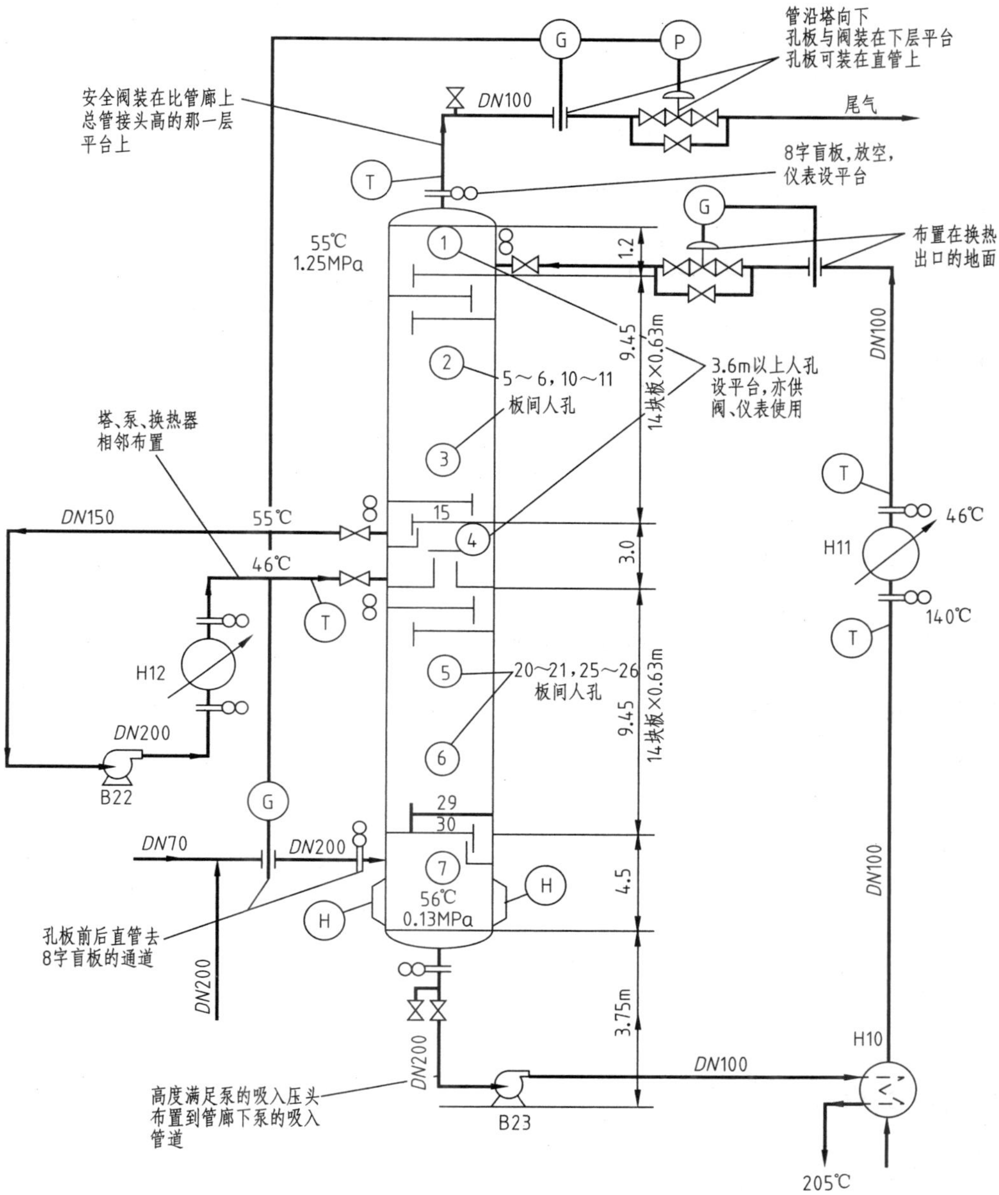

图 13-42　塔的配管

垂直管道在什么位置转成水平，取决于管廊的高度。塔至管廊的管道的标高可高于或低于管廊标高 0.5～0.8m。

再沸器的管道标高取决于塔底的出料口和蒸汽进口位置。再沸器的管道和塔顶蒸气管道要尽量直，以减小流体阻力。

塔至泵或低于管廊的设备的管道的标高，应低于管廊标高 0.5～0.8m。如图 13-44 所示。

四、管道布置图的阅读

阅读管道布置图的目的是通过图样了解该工程设计的设计意图和弄清楚管道、管件、阀

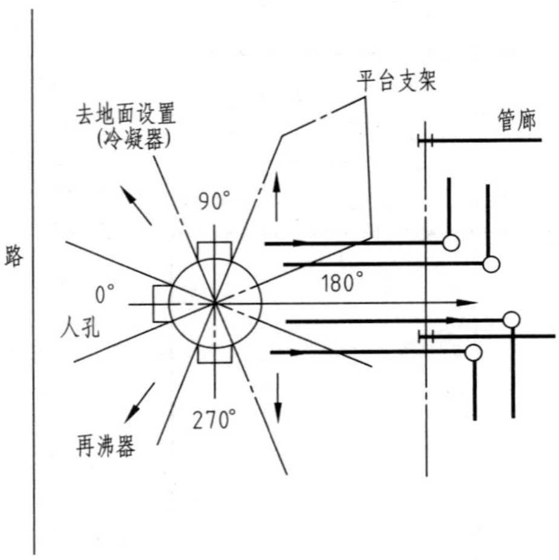

图 13-43　塔的平面配管

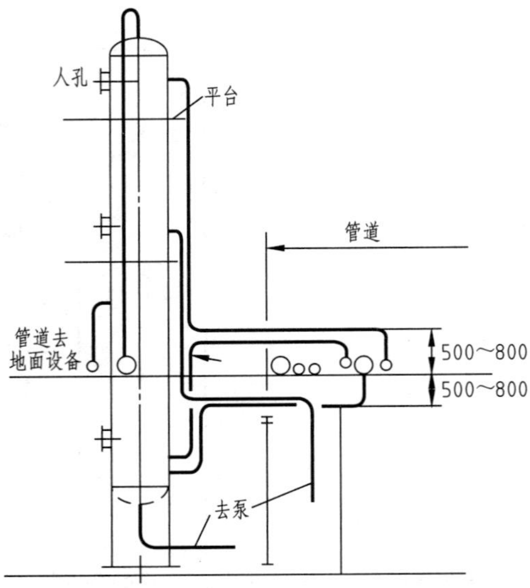

图 13-44　塔的立面配管

门、仪表控制点及管架等在车间中的具体布置情况。

1. 明确视图数量及关系

阅读管道布置图首先要明确视图关系，了解平面图的分区情况，平面图、立面剖视图的数量及配置情况；在此基础上进一步弄清各立面剖视图在平面图上的剖切位置及各个视图之间的关系。

如图 13-45 所示的某工段管道布置图可看出，该图有一个平面图和一个立面剖视图。

2. 看懂管道的来龙去脉

根据施工流程图，从起点设备开始按流场顺序、管道编号，对照平面图和立面剖视图逐条弄清其投影关系，并在图中找出管件、阀门、控制点、管架等的位置。

3. 分析管道位置

看懂管道走向的基础后，在平面图上，以建筑定位轴线、设备中心线、设备管口法兰等为尺寸基准，阅读管道的水平定位尺寸；在立面图上，以地面为基准，阅读管道的安装标高，进而逐条查明管道位置。

对照图 13-45 中的平面图、I—I 剖面图和管道轴测图（图 13-46）可知：PL0401-ϕ57×3.5B 物料管从标高 8.8m 由南向北拐弯向下进入蒸馏釜；另一根水管 CW0401-ϕ57×3.5 也由南向北拐弯向下，然后分为两路，一路向西拐弯向下再拐弯向南与 PL0401 相交；另一路向东再向北转弯向下，然后向北，转弯向上再向东接冷凝器。物料管与水管在蒸馏釜、冷凝器的进口处都装有截止阀。

PL0402-ϕ32×3.5B 管是从冷凝器下部连至真空受槽 A、B 上部的管道，它先从出口向下至标高 6.80m 处，向东 1000mm 分出一路向南 880mm 再转弯向下进入真空受槽 A，原管线继续向东 1800mm 又转弯向南再向下进入真空受槽 B，此管在两个真空受槽的入口处都装有截止阀。

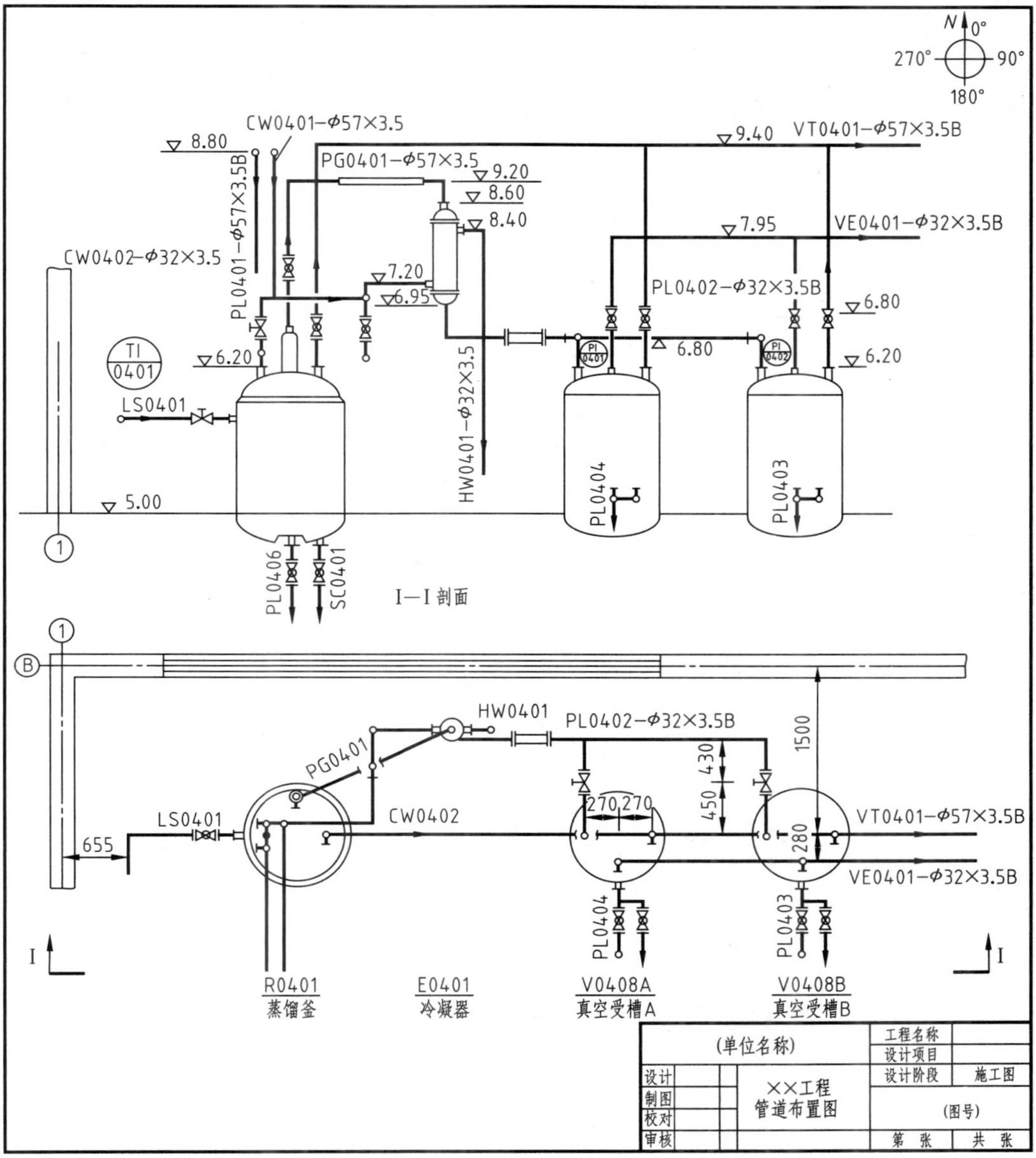

图 13-45　某工段管道布置图

VE0401-ϕ32×3.5B 管是连接真空受槽 A、B 与真空泵的管道，由真空受槽 A 顶部向上至标高 7.95m 的管道拐弯向东与真空受槽 B 顶部来的管道汇合，汇合后继续向东与真空泵相接。

VT0401-ϕ57×3.5B 管是与蒸馏釜、真空受槽 A、B 相连接的放空管，标高 9.40m，在连接各设备的立管上都装有截止阀。

设备上的其他管道的走向、转弯、分支及位置情况，也可按同样的方法进行分析。

如图 13-46 所示，管道轴测图是管道布置设计中需提供的一种图样，用来表达一个工段或一个设备至另一个设备（或另一管段）间的一段管道及其附件（管件、阀、仪表控制点等）的具体配置情况的立体图样，也可称为管段轴测图或管道空视图。由于是按轴测投影原理绘制的，因此立体感较强，便于识读，有利于管段的预制和安装施工。管道轴测图可不按比例，但要布置均匀、整齐、美观、合理，使用各种阀门、管件的大小及在管段中的位置要协调。管道轴测图只是一段管道的图样，它表达的只是个别的局部，所以必须要有反映整个车间（装置）管道布置全貌的管道布置图或设计模型与它配合。

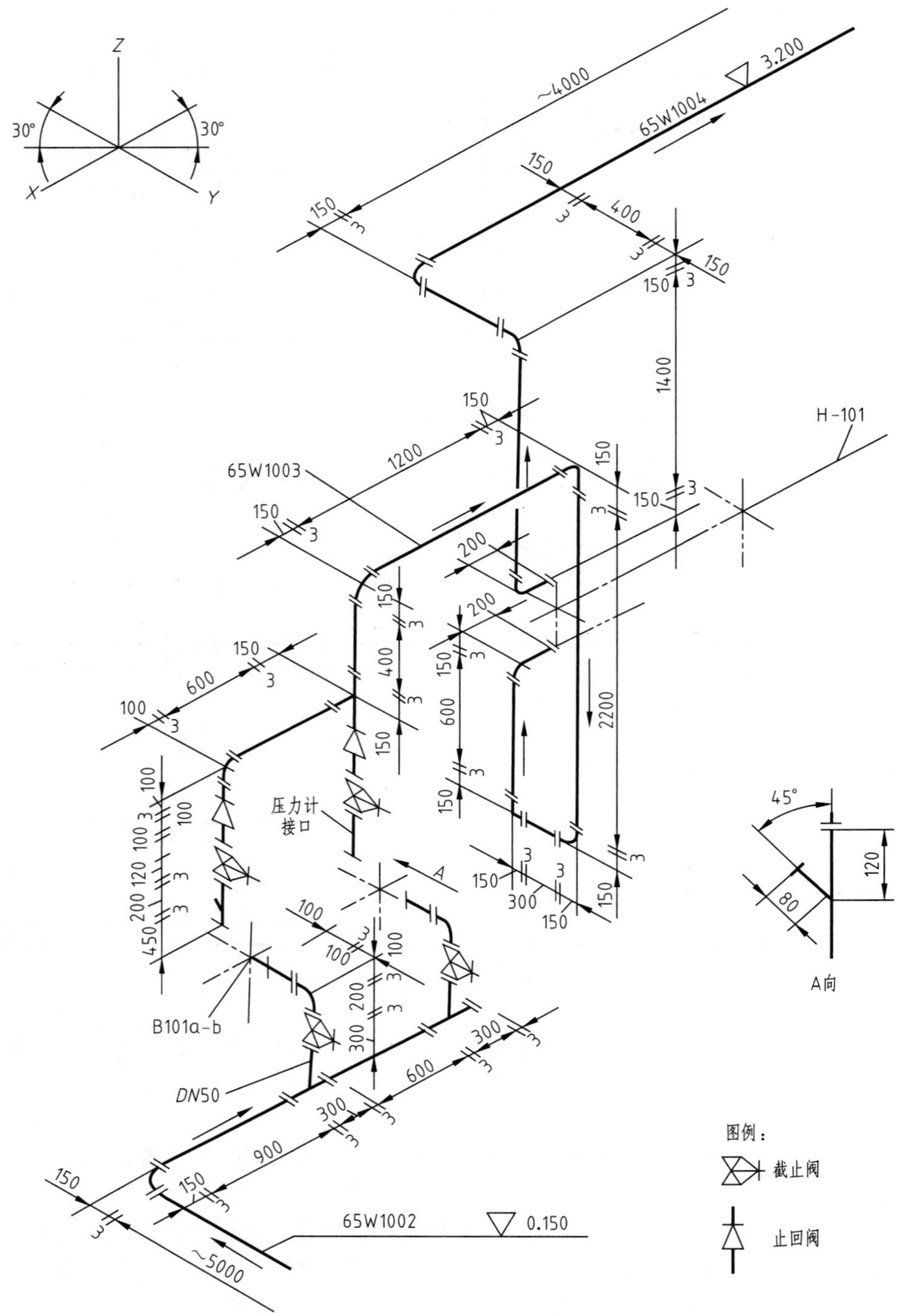

图 13-46 管道轴测图

课后知识补充

2015 年 8 月 12 日 22 时 51 分 46 秒，位于天津市滨海新区天津港的瑞海国际物流有限公司（简称“瑞海公司”）危险品仓库发生火灾爆炸事故，本次事故中爆炸总能量约为 450 吨 TNT 当量。事故原因为存在危险化学品储存设施的设计缺陷与图纸标注疏漏。事故调查显示，瑞海公司危险品仓库的布局未按《石油化工企业设计防火标准》（GB 50160）要求标注安全距离，其储存区与居民区实际间距仅 560m，远低于 1000m 的法定红线，导致爆炸冲击波波及范围扩大。仓库内硝化棉与硝酸铵混放区域未在化工流程图中以橙色区块（1 区防爆等级）独立标注，两类物质的直线间距仅 42m，未达到 75m 隔离标准，直接引发连锁爆炸。

消防通道设计在图纸中存在严重偏差，实际通道宽度被临时集装箱压缩至 2.3m，远低于《石油化工企业设计防火标准》（GB 50160）规定的 4m 净宽要求，且转弯半径未标注 12m 长车辆通行参数，导致救援车辆无法快速抵近火场。储罐区泄压装置方位角在流程图中缺失标注，未按 GB/T 20801.3 标准注明泄爆方向与邻近设施的安全夹角，加剧了爆炸能量无序释放的危害。

事故核心原因之一的硝化棉自燃问题，暴露出仓储温湿度控制参数未在设备数据表中明确标注。厂区设计图纸未体现集装箱散热条件限制，也未对湿润剂散失预警阈值进行动态监测标识，致使局部干燥的硝化棉在高温环境下积热自燃。这些设计文件的缺陷与标准执行的缺失，最终使图纸上的技术漏洞演变为现实中的灾难性后果。

天津港“8·12”事故的图纸技术漏洞揭示了化工安全设计的致命缺陷。这些漏洞警示我们：制图需以“失效预设”思维验证每处标注，将安全标准转化为可量化、可监测的图纸语言，而非形式化套用规范。

参考文献

[1] 杨叔子，刘克明．中国古代工程图学的成就及其现代意义．世界科技研究与发展，1996，18（2）：10-15．
[2] 李学京．机械制图和技术制图国家标准学用指南．北京：中国质检出版社，中国标准出版社，2013．
[3] 何铭新，钱可强．机械制图．5 版．北京：高等教育出版社，2004．
[4] 熊坚，江长华．机械制图．北京：北京理工大学出版社，2007．
[5] 于颖．制药工程制图．2 版．北京：化学工业出版社，2013．
[6] 顾玉坚，李世兰．工程制图基础：电气信息、管理科学与工程等类专业用．2 版．北京：高等教育出版社，2005．
[7] 董振珂．化工制图．北京：化学工业出版社，2001．
[8] 韩静．制药工程制图．北京：中国医药科技出版社，2011．
[9] 《化工设备机械基础》编写组．化工设备机械基础．北京：石油化学工业出版社，1978．
[10] 冯开平，左宗义．画法几何与机械制图．广州：华南理工大学出版社，2001．
[11] GB/T 91—2000 开口销．
[12] GB/T 117—2000 圆锥销．
[13] GB/T 119.1～119.2—2000 圆柱销．
[14] GB/T 131—2006 产品几何技术规范（GPS） 技术产品文件中表面结构的表示法．
[15] GB/T 150.1—2024 压力容器 第 1 部分：通用要求．
[16] GB/T 151—2014 热交换器．
[17] GB/T 271—2017 滚动轴承 分类．
[18] GB/T 324—2008 焊缝符号表示法．
[19] GB/T 1031—2009 产品几何技术规范（GPS）表面结构 轮廓法 表面粗糙度参数及其数值．
[20] GB/T 1097—2003 导向型 平键．
[21] GB/T 1099.1—2003 普通型 半圆键．
[22] GB/T 1182—2018 产品几何技术规范 几何公差 形状、方向、位置和跳动公差标注．
[23] GB/T 1237—2000 紧固件标记方法．
[24] GB/T 1357—2008 通用机械和重型机械用圆柱齿轮 模数．
[25] GB/T 1800.1—2020 产品几何技术规范 极限与配合 第 1 部分：公差、偏差和配合的基础．
[26] GB/T 1800.2—2020 产品几何技术规范 极限与配合 第 2 部分：标准公差等级和孔、轴极限偏差表．
[27] GB/T 14690—1993 技术制图 比例．
[28] GB/T 14691—1993 技术制图 字体．
[29] GB/T 14692—2008 技术制图 投影法．
[30] GB/T 16675.1—2012 技术制图 简化表示法 第 1 部分：图样画法．
[31] GB/T 16675.2—2012 技术制图 简化表示法 第 2 部分：尺寸注法．
[32] GB/T 17450—1998 技术制图 图线．
[33] GB/T 17451—1998 技术制图 图样画法 视图．
[34] GB/T 17452—1998 技术制图 图样画法 剖视图和断面图．
[35] GB/T 17453—2005 技术制图 图样画法 剖面区域的表示法．
[36] GB/T 19867.2—2008 气焊焊接工艺规程．
[37] GB/T 2089—2009 普通圆柱螺旋压缩弹簧尺寸及参数（两端圈并紧磨平或制扁）．
[38] GB/T 25198—2023 压力容器封头．
[39] GB/T 3505—2009 产品几何技术规范 表面结构 轮廓法 术语、定义及表面结构参数．
[40] GB/T 4457.4—2002 机械制图 图样画法 图线．
[41] GB/T 4457.5—2013 机械制图 剖面符号．
[42] GB/T 4458.1—2002 机械制图 图样画法 视图．
[43] GB/T 4458.4—2003 机械制图 尺寸注法．
[44] GB/T 4458.6—2002 机械制图 图样画法 剖视图和断面图．
[45] GB/T 4459.1—1995 机械制图 螺纹及螺纹紧固件表示法．
[46] GB/T 4459.2—2003 机械制图 齿轮表示法．
[47] GB/T 4459.4—2003 机械制图 弹簧表示法．
[48] GB/T 4459.7—2007 机械制图 滚动轴承表示法．

[49] GB/T 5185—2005 焊接及相关工艺方法代号.
[50] GB/T 9112—2010 钢制管法兰 类型与参数.
[51] GB 55037—2022 建筑防火通用规范.
[52] GB 50160—2008 石油化工企业设计防火标准（2018 年版）.
[53] GBZ 1—2010 工业企业设计卫生标准.
[54] GB 50058—2014 爆炸和火灾危险环境电力装置设计规范.
[55] GB 50073—2013 洁净厂房设计规范.
[56] YB 9073—2014 钢制压力容器设计技术规定.
[57] HG/T 20519—2009 化工工艺设计施工图内容和深度统一规定.
[58] HG/T 21514～21535—2014 钢制人孔和手孔.
[59] HG/T 20549—1998 化工装置管道布置设计规定.
[60] HG/T 20581—2020 钢制化工容器材料选用规定.
[61] HG/T 20583—2020 钢制化工容器结构设计规定.
[62] HG/T 20584—2020 钢制化工容器制造技术要求.
[63] SH 3012—2011 石油化工金属管道布置设计规范.
[64] SH/T 3040—2017 石油化工管道伴管及夹套管设计规范.
[65] SH/T 3074—2008 石油化工钢制压力容器.
[66] NB/T 47003.1—2022 常压容器 第 1 部分：钢制焊接常压容器.
[67] NB/T 47020—2012 压力容器法兰分类与技术条件.
[68] NB/T 47013—2015 承压设备无损检测.
[69] NB/T 10558—2021 压力容器涂敷与运输包装.

附　　录

附录一　全国大学生化工设计竞赛及全国大学生制药工程设计竞赛介绍

1. 大赛简介

(1) 全国大学生化工设计竞赛

随着社会与科技的飞速发展，化工行业对工程技术人才的要求越来越高。而工程技术人才的创新能力集中体现在工程实践活动中创造新的技术成果的能力，包括新产品和新技术的研发，新流程和新装置的设计，新的工厂生产过程操作运行方案等。

全国大学生化工设计竞赛自 2002 年开始举办。该竞赛由中国化工学会和中国化工教育协会主办，浙江省天正设计工程有限公司冠名“天正设计杯”赞助。竞赛旨在培养大学生的创新思维和工程技能，增强团队协作精神和工程设计与实践能力。

竞赛面向全日制在校本科生，参赛者需以 5 人团队形式组队并鼓励跨学科合作。竞赛分为预赛和决赛两个阶段，预赛在华东、华南、西北、华北、华中、东北、西南七个赛区进行，各赛区通过作品初审和现场答辩选拔优秀团队进入全国总决赛；决赛阶段需提交完整设计作品的电子文档，并通过口头报告和答辩由评审委员会综合评定奖项等级。赛事内容围绕年度发布的化工设计任务书展开，要求参赛者运用化工原理、反应工程、热力学等专业知识，结合 Aspen Plus、AutoCAD 等工具完成工艺流程设计、设备选型及安全节能优化，强调创新性和工程实践能力。作品评审注重设计方案的完整性、技术可行性及创新价值，全国总决赛设特等奖、一等奖，赛区设二、三等奖。该赛事旨在通过行业与高校联合评审机制推动化工领域创新型人才培养。

(2) 全国大学生制药工程设计竞赛

全国大学生制药工程设计竞赛，目前是由全国药学类院校大学生专业技术与实验技能竞赛组委会主办的一项面向全国高校制药工程及相关专业学生的工程设计类高水平赛事，自 2011 年起每年举办一届（2020 年、2021 年停办），现已成为我国制药工程专业层次最高、参与高校最广、影响力最大的学科竞赛之一。该竞赛以国家重大战略和行业需求为导向，通过设定实际工程项目主题，引导学生综合运用专业知识开展车间工艺设计、生产流程优化及智能化方案开发，旨在培养学生在工程设计、工程实践和团队协作方面的核心能力，同时推动制药工程专业教育发展。

参赛对象主要为制药工程、生物制药、中药制药等专业的全日制本科生及研究生，同时鼓励机械、土木建筑、自动化控制等跨专业学生组队参与。每支队伍人数不超过6人，其中研究生占比不超过二分之一，并需配备1～2名指导教师。竞赛分为初赛和全国总决赛两个阶段，初赛要求提交匿名设计说明书及图纸，决赛则通过现场汇报答辩角逐奖项。竞赛合作伙伴包括中国医药集团联合工程有限公司、东富龙科技集团股份有限公司等业内知名企业，评委由工程院院士及行业专家组成，确保赛题的前沿性与评审的专业性。

2. 绘图在竞赛中的意义

全国大学生化工设计竞赛和制药工程设计竞赛中，绘图作为核心技术环节贯穿设计全程，其地位主要体现在三个方面：一是CAD等工具的应用直接关系到设计效率与精度，尤其在有限赛程中，规范的工艺流程图（PFD图）和管道仪表流程图（PID图）绘制能有效减少返工并确保数据准确性；二是图纸质量在评审中占专项分值，需严格遵循《化工工艺设计施工图内容和深度统一规定》等标准，包括图框尺寸、标题栏信息、设备图例规范及图线宽度等技术细节，例如设备图例错误或循环物流未闭合均会导致扣分；三是图纸作为设计理念的工程化表达，承载工艺流程、设备布局及安全控制逻辑，直接影响作品技术可行性与创新性评价，例如PID中仪表与自动控制系统的标注需结合专业知识实现工艺优化。

3. 图纸评分细则

详见全国大学生化工设计竞赛官网。

附录二　螺纹及常用螺纹紧固件

1. 普通螺纹（GB/T 193—2003）

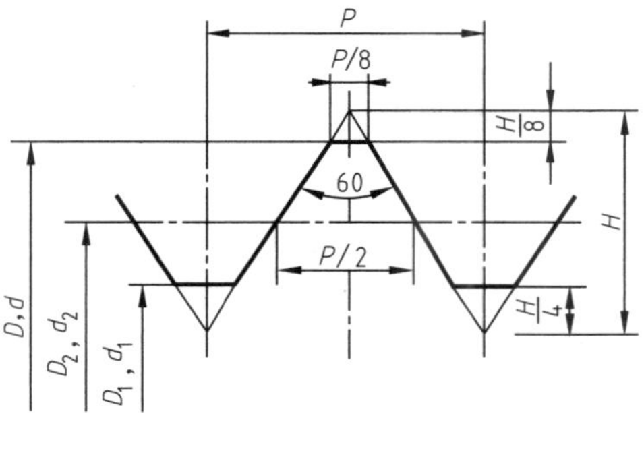

D—内螺纹的基本大径（公称直径）；
d—外螺纹的基本大径（公称直径）；
D_2—内螺纹的基本中径；
d_2—外螺纹的基本中径；
D_1—内螺纹的基本小径；
d_1—外螺纹的基本小径；
P—螺距；
H—原始三角形高度

普通螺纹标记示例（摘自GB/T 196—2003）：

M10-6g（普通粗牙外螺纹，公称直径 d=10mm，右旋，中径及顶径公差带均为6g，中等旋合长度）。

M10×1LH-6H（普通细牙内螺纹，公称直径 D=10mm，螺距 P=1mm，左旋，中径及顶径公差带均为6H，中等旋合长度）。

附表 1　直径与螺距系列、公称尺寸　　单位：mm

公称直径 D、d			螺距 P		粗牙小径 D_1、d_1	公称直径 D、d			螺距 P		粗牙小径 D_1、d_1
第一系列	第二系列	第三系列	粗牙	细牙		第一系列	第二系列	第三系列	粗牙	细牙	
3			0.5	0.35	2.459	20			2.5	2,1.5,1	17.294
4	3.5		0.6	0.35	2.850		22		2.5	2,1.5,1	19.294
			0.7	0.5	3.242	24			3	2,1.5,1	20.752
	4.5		0.75	0.5	3.688			25		2,1.5,1	22.835
5			0.8	0.5	4.134			26		1.5	24.376
	5.5			0.5	4.959		27		3	2,1.5,1	23.752
6			1	0.75	4.917			28		2,1.5,1	25.835
	7		1	0.75	5.917	30			3.5	(3),2,1.5,1	26.211
8			1.25	1,0.75	6.647			32		2,1.5	29.835
		9	1.25	1,0.75	7.647		33		3.5	(3),2,1.5	29.211
10			1.5	1.25,1,0.75	8.376			35		1.5	33.376
		11	1.5	1.5,1,0.75	9.376	36			4	3,2,1.5	31.670
12			1.75	1.25,1	10.106			38		1.5	36.376
	14		2	1.5,1.25,1	11.835		39		4	3,2,1.5	34.670
		15		1.5,1	13.376			40		3,2,1.5	36.752
16			2	1.5,1	13.835	42			4.5	4,3,2,1.5	37.129
		17		1.5,1	15.376		45		4.5	4,3,2,1.5	40.129
	18		2.5	2,1.5,1	15.294						

2. 55°非螺纹密封的管螺纹（GB/T 7307—2001）

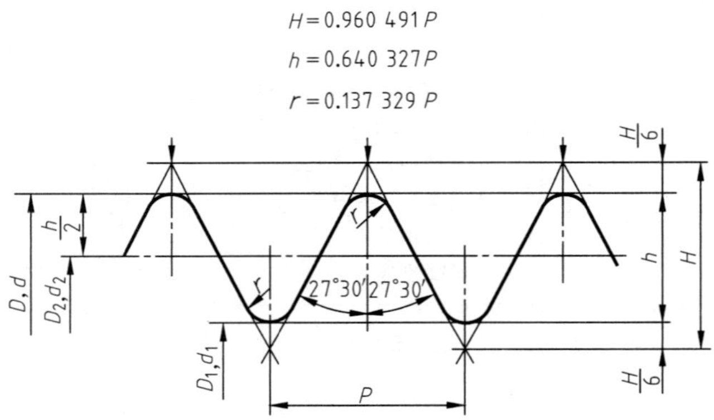

D—内螺纹大径；
d—外螺纹大径；
D_2—内螺纹中径；
d_2—外螺纹中径；
D_1—内螺纹小径；
d_1—外螺纹小径；
T_{D_2}—内螺纹中径公差；
T_{d_2}—外螺纹中径公差；
T_{D_1}—内螺纹小径公差；
T_d—外螺纹大径公差；
n—每 25.4mm 轴向长度内所包含的螺纹牙数；
P—螺距；
H—原始三角形高度；
h—螺纹牙高；
r—螺纹牙顶和牙底的圆弧半径

标记示例：
1/2 左旋内螺纹：G1/2-LH
1/2A 级外螺纹：G1/2A
1/2B 级外螺纹：G1/2B

附表 2　55°非螺纹密封的管螺纹的公称尺寸

尺寸代号	每 25.4mm 牙数 n	螺距 P /mm	公称直径/mm			牙高 h /mm
			大径 $d=D$	中径 $d_2=D_2$	小径 $d_2=D_2$	
1/16			7.723	7.142	6.561	
1/8	28	0.907	9.728	9.147	8.556	0.581
1/4			13.157	12.301	11.445	
3/8	19	1.337	16.662	15.806	14.950	0.856
1/2			20.955	19.793	18.631	
5/8			22.911	21.749	20.587	
3/4		1.814	26.441	25.279	24.117	1.162
7/8	14		30.201	29.039	27.877	
1			33.249	31.770	30.291	
$1\frac{1}{8}$			37.897	36.418	34.939	
$1\frac{1}{4}$			41.910	40.431	38.952	
$1\frac{1}{2}$			47.803	46.324	44.845	
$1\frac{3}{4}$			53.746	52.267	50.788	
2			59.614	58.135	56.656	
$2\frac{1}{4}$			65.710	64.231	62.752	
$2\frac{1}{2}$	11	2.309	75.184	73.705	72.226	1.479
$2\frac{3}{4}$			81.534	80.055	78.576	
3			87.884	86.405	84.926	
$3\frac{1}{2}$			100.330	98.851	97.372	
4			113.030	111.551	110.072	
$4\frac{1}{2}$			125.730	124.251	122.772	
5			138.430	136.951	135.472	
$5\frac{1}{2}$			151.130	149.651	148.172	
6			163.830	162.351	160.872	

3. 梯形螺纹（GB/T 5796.3—2022）

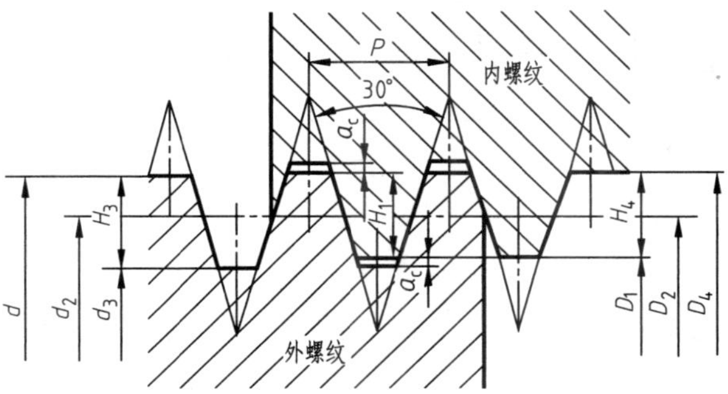

a_c—牙顶间隙；
D_4—设计牙型上的内螺纹大径；
D_2—设计牙型上的内螺纹中径；
D_1—设计牙型上的内螺纹小径；
d—设计牙型上的外螺纹大径（公称直径）；
d_2—设计牙型上的外螺纹中径；
d_3—设计牙型上的外螺纹小径；
H_1—基本牙型牙高；
H_4—设计牙型上的内螺纹牙高；
H_3—设计牙型上的外螺纹牙高；
P—螺距

标记示例：

公称直径 40mm，导程 14mm，螺距为 7mm 的双线左旋梯形螺纹：Tr40×14（P7）LH

附表 3　梯形螺纹直径与螺距系列、公称尺寸　　　　单位：mm

公称直径(d)			螺距 P	中径 $d_2=D_2$	大径 D	小径	
第 1 系列	第 2 系列	第 3 系列				d_3	D_1
8			1.5	7.250	8.300	6.200	6.500
	9		1.5	8.250	9.300	7.200	7.500
			2	8.000	9.500	6.500	7.000
10			1.5	9.250	10.300	8.200	8.500
			2	9.000	10.500	7.500	8.000
	11		2	10.000	11.500	8.500	9.000
			3	9.500	11.500	7.500	8.000
12			2	11.000	12.500	9.500	10.000
			3	10.500	12.500	8.500	9.000
	14		2	13.000	14.500	11.500	12.000
			3	12.500	14.500	10.500	11.000
16			2	15.000	16.500	13.500	14.000
			4	14.000	16.500	11.500	12.000
	18		2	17.000	18.500	15.500	16.000
			4	16.000	18.500	13.500	14.000
20			2	19.000	20.500	17.500	18.000
			4	18.000	20.500	15.500	16.000

4. 螺纹紧固件

(1) 开槽螺钉

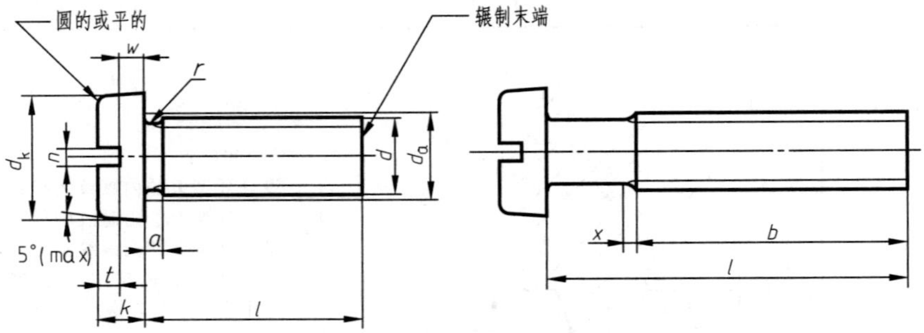

开槽圆柱头螺钉(GB/T 65—2016)

标记示例：

螺纹规格 d=10mm、公称长度 l=60mm、性能等级为 4.8 级、不经表面处理的 A 级开槽圆柱头螺钉：螺钉　GB/T 65—2016 M10×60

附表 4　开槽圆柱头螺钉各部分尺寸　　单位：mm

螺纹规格 d	M1.6	M2	M2.5	M3	(M3.5)	M4	M5	M6	M8	M10
P	0.35	0.4	0.45	0.5	0.6	0.7	0.8	1	1.25	1.5
a(最大)	0.7	0.8	0.9	1	1.2	1.4	1.6	2	2.5	3
b(最小)	25	25	25	25	38	38	38	38	38	38
d_k(最大)	3.2	4	5	5.6	7	8	9.5	12	16	20
d_a(最大)	2	2.6	3.1	3.6	4.1	4.7	5.7	6.8	9.2	11.2
k(最大)	1	1.3	1.5	1.8	2.1	2.4	3	3.6	4.8	6
n(公称)	0.4	0.5	0.6	0.8	1	1.2	1.2	1.6	2	2.5
r(最小)	0.1	0.1	0.1	0.1	0.1	0.2	0.2	0.25	0.4	0.4
t(最小)	0.35	0.5	0.6	0.7	0.8	1	1.2	1.4	1.9	2.4
w(最小)	0.3	0.4	0.5	0.7	0.8	1	1.2	1.4	1.9	2.4

注：公称长度 l 参见 GB/T 65—2016。

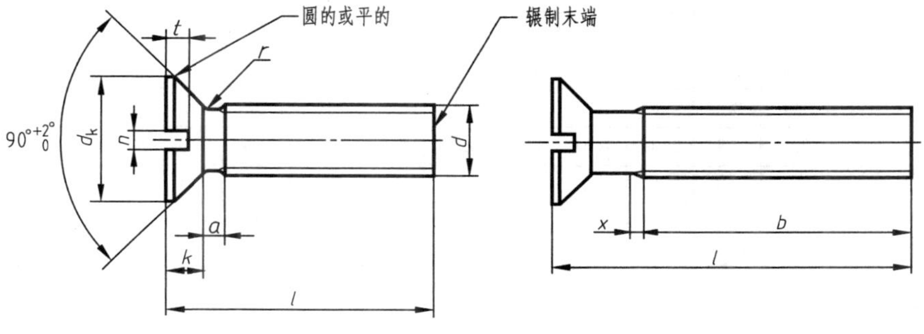

开槽沉头螺钉(GB/T 68—2016)

标记示例：

螺纹规格 d=5mm、公称长度 l=20mm、性能等级为 4.8 级、不经表面处理的 A 级开槽沉头螺钉：螺钉 GB/T 68—2016 M5×20

附表 5　开槽沉头螺钉各部分尺寸　　单位：mm

螺纹规格			M1.6	M2	M2.5	M3	(M3.5)	M4	M5	M6	M8	M10
P	螺距		0.35	0.4	0.45	0.5	0.6	0.7	0.8	1	1.25	1.5
a	最大值		0.7	0.8	0.9	1	1.2	1.4	1.6	2	2.5	3
b	最小值		25	25	25	25	38	38	38	38	38	38
d_k	理论值	最大值=公称	3.6	4.4	5.5	6.3	8.2	9.4	10.4	12.6	17.3	20
	实际值	最大值=公称	3	3.8	4.7	5.5	7.3	8.4	9.3	11.3	15.8	18.3
		最小值	2.7	3.5	4.4	5.2	6.94	8.04	8.94	10.87	15.37	17.78
k	最大值=公称		1	1.2	1.5	1.65	2.35	2.7	2.7	3.3	4.65	5
n	公称		0.4	0.5	0.6	0.8	1	1.2	1.2	1.6	2	2.5
	最大值		0.6	0.7	0.8	1	1.2	1.51	1.51	1.91	2.31	2.81
	最小值		0.46	0.56	0.66	0.86	1.06	1.26	1.26	1.66	2.06	2.56
t	最大值		0.5	0.6	0.75	0.85	1.2	1.3	1.4	1.6	2.3	2.6
	最小值		0.32	0.4	0.5	0.6	0.9	1	1.1	1.2	1.8	2
X	最大值		0.9	1	1.1	1.25	1.5	1.75	2	2.5	3.2	3.8

(2) 内六角圆柱头螺钉（GB/T 70.1—2008）

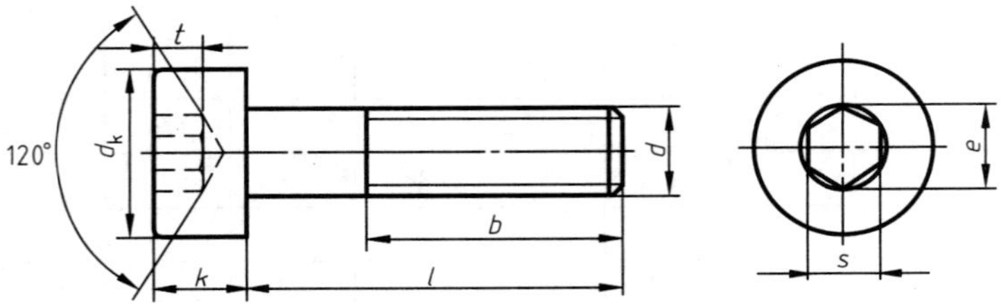

标记示例：

螺纹规格 d=5mm、公称长度 l=20mm、性能等级为 4.8 级、不经表面处理的 A 级内六角圆柱头螺钉：螺钉 GB/T 70.1—2008 M5×20

附表 6 内六角圆柱头螺钉各部分尺寸 单位：mm

螺纹规格 d	M2.5	M3	M4	M5	M6	M8	M10	M12	(M14)	M16	M20	M24	M30	M36
P	0.45	0.5	0.7	0.8	1	1.25	1.5	1.75	2	2	2.5	3	3.5	4
d_k(max)	4.5	5.5	7	8.5	10	13	16	18	21	24	30	36	45	54
k(max)	2.5	3	4	5	6	8	10	12	14	16	20	24	30	36
t(min)	1.1	1.3	2	2.5	3	4	5	6	7	8	10	12	125.5	19
s	2	2.5	3	4	5	6	8	10	12	14.7	17	19	22	27
e	2.3	2.87	3.44	4.58	5.72	6.86	9.15	11.43	13.72	16	19.44	21.73	25.15	30.85
b(参考)	17	18	20	22	24	28	32	36	40	44	52	60	72	84
l 系列	2.5,3.4,5,6,8,10,12,(14),(16),20,25,30,35,40,45,50,(55),60,(65),70,80,90,100,110,120,130,140,150,160,180,200													

(3) 紧定螺钉

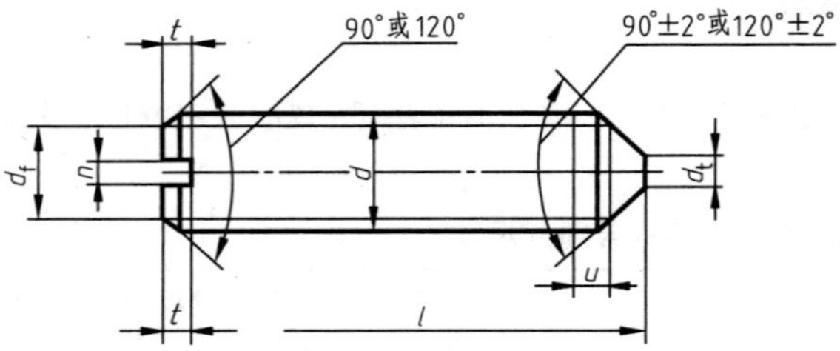

开槽锥端紧定螺钉
(GB/T 71—2018)

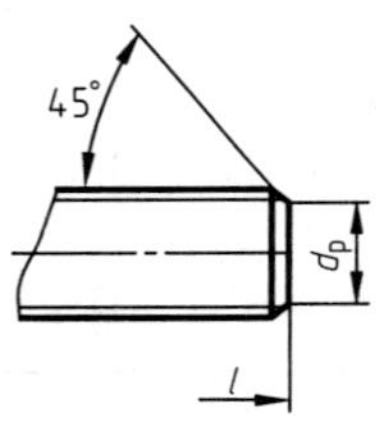

开槽平端紧定螺钉
(GB/T 73—2017)

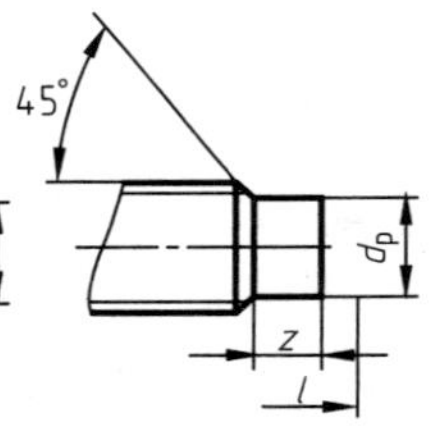

开槽长圆柱端紧定螺钉
(GB/T 75—2018)

u（不完整螺纹的长度）$<2P$

标记示例：螺纹规格 d=5mm、公称长度 l=12mm、性能等级为 14H 级、表面氧化的锥端紧定螺钉：螺钉 GB/T 71—2018 M5×12

附表 7 开槽锥端紧定螺钉各部分尺寸 单位：mm

螺纹尺寸 d		M1.2	M1.6	M2	M2.5	M3	(M3.5)	M4	M5	M6	M8	M10	M12
P	螺距	0.25	0.35	0.4	0.45	0.5	0.6	0.7	0.8	1	1.25	1.5	1.75
d_1	最大值	0.12	0.16	0.2	0.25	0.3	0.35	0.4	0.5	1.5	2	2.5	3
n	公称	0.2	0.25	0.25	0.4	0.4	0.5	0.6	0.8	1	1.2	1.6	2
	最小值	0.26	0.31	0.31	0.46	0.46	0.56	0.66	0.86	1.06	1.26	1.66	2.06
	最大值	0.4	0.45	0.45	0.6	0.6	0.7	0.8	1	1.2	1.51	1.91	2.31
t	最小值	0.4	0.56	0.64	0.72	0.8	0.96	1.12	1.28	1.6	2	2.4	2.8
	最大值	0.52	0.74	0.84	0.95	1.05	1.21	1.42	1.63	2	2.5	3	3.6

(4) 六角螺母

Ⅰ型六角螺母 C 级（GB/T 41—2016）

Ⅰ型六角螺母 A 级和 B 级（GB/T 6170—2015）

六角薄螺母（GB/T 6172—2016）

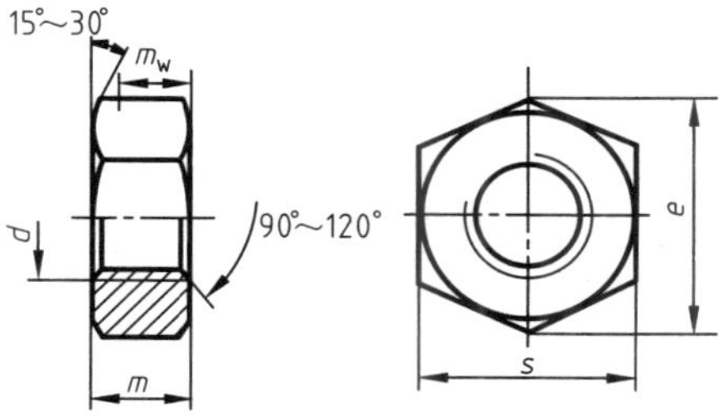

标记示例

螺纹规格 D=12mm、性能等级为 5 级、不经表面处理、C 级Ⅰ型六角螺母：

螺母 GB/T 41—2016 M12

螺纹规格 D=12mm、性能等级为 10 级、不经表面处理、A 级六角螺母：

螺母 GB/T 6170—2015 M12

附表 8　六角螺母各部分尺寸　　单位：mm

螺纹尺寸		M5	M6	M8	M10	M12	(M14)	M16	(M18)	M20	(M22)	M24	(M27)	M30	(M33)	M36	(M39)	M42
P 螺距		0.8	1	1.25	1.5	1.75	2	2	2.5	2.5	2.5	3	3	3.5	3.5	4	4	4.5
e	最小值	8.63	10.89	14.2	17.59	19.85	22.78	26.17	29.56	32.95	37.29	39.55	45.2	50.85	55.37	60.79	66.44	71.3
m	最大值	5.6	6.4	7.9	9.5	12.2	13.9	15.9	16.9	19	20.2	22.3	24.7	26.4	29.5	31.9	34.3	34.9
	最小值	4.4	4.9	6.4	8	10.4	12.1	14.1	15.1	16.9	18.1	20.2	22.6	24.3	27.4	29.4	31.8	32.4
m_w	最小值	3.50	3.70	5.10	6.40	8.30	9.70	11.30	12.10	13.50	14.50	16.20	18.10	19.40	21.90	23.20	25.40	25.90
s	最大值=公称	8	10	13	16	18	21	24	27	30	34	36	41	46	50	55	60	65
	最小值	7.64	9.64	12.57	15.57	17.57	20.16	23.16	26.16	29.16	33	35	40	45	49	53.8	58.8	63.1

(5) 六角头螺栓

六角头螺栓 A 级和 B 级（GB/T 5782—2016），六角头螺栓-全螺纹 A 级和 B 级（GB/T 5783—2016）

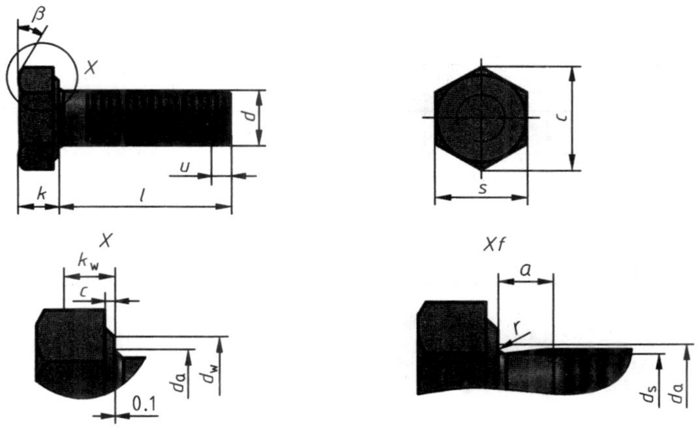

β=15°~30°

标记示例：

螺纹规格 d=12mm、公称长度 l=80mm、性能等级为 8.8 级、表面氧化、A 级六角头螺栓：

螺栓 GB/T 5782—2016 M12×80

螺纹规格 d=12mm、公称长度 l=80mm、性能等级为 8.8 级、表面氧化、全螺纹、A 级的六角头螺栓：

螺栓 GB/T 5783—2016 M12×80

附表 9　六角头螺栓各部分尺寸（部分）　　　　单位：mm

螺纹规格 d			M1.6	M2	M2.5	M3	(M3.5)	M4	M5	M6	M8	M10	M12	(M14)	M16
P	螺矩		0.35	0.4	0.45	0.5	0.6	0.7	0.8	1	1.25	1.5	1.75	2	2
b	$L \leqslant 125$		9	10	11	12	13	14	16	18	22	26	30	34	38
	$125 < L \leqslant 200$		15	16	17	18	19	20	22	24	28	32	36	40	44
	$L > 200$		28	29	30	31	32	33	35	37	41	45	49	53	57
c	最大值		0.25	0.25	0.25	0.4	0.4	0.4	0.5	0.5	0.6	0.6	0.8	0.6	0.8
	最小值		0.1	0.1	0.1	0.15	0.15	0.15	0.15	0.15	0.15	0.15	0.15	0.15	0.2
d_a	最大值		2	2.6	3.1	3.6	4.1	4.7	5.7	6.8	9.2	11.2	13.7	15.7	17.7
d_s	最大值＝公称		1.8	2	2.5	3	3.5	4.	5	8	8	10	12	14	16
	A 级	最小值	1.48	1.88	2.36	2.88	3.32	3.82	4.82	5.82	7.78	9.78	11.73	13.73	15.73
	B 级	最小值	1.35	175	2.25	2.75	3.2	3.7	4.7	5.7	7.64	9.64	11.57	13.57	15.57
d_w	A 级	最小值	227	3.07	4.07	4.57	5.07	5.88	6.88	8.88	11.63	14.83	16.83	19.64	22.49
	B 级	最小值	2.3	2.95	3.95	4.45	4.95	5.74	6.74	8.74	11.47	14.47	16.47	19.15	22
e	A 级	最小值	3.41	4.32	5.45	6.01	6.58	7.66	8.79	11.05	14.38	17.77	20.03	23.38	26.75
	B 级	最小值	3.28	4.18	5.31	5.88	6.44	7.5	8.63	10.89	14.2	17.59	19.85	22.78	26.17
L_1	最大值		0.6	0.8			1	1.2	1.2	1.4	2	2	3	3	3
k	公称		1.1	1.4	1.7	2	2.4	2.8	3.5	4	5.3	8.4	7.5	8.8	10
	A 级	最大值	1.225	1.525	1.825	2.125	2.525	2.925	3.65	4.15	5.45	6.58	7.68	8.98	10.18
		最小值	0.975	1.275	1.575	1.875	2.275	2.675	3.35	3.85	5.15	6.22	7.32	8.62	9.82
	B 级	最大值	1.3	1.8	1.9	2.2	2.8	3	3.74	4.24	5.54	8.89	7.79	9.09	10.29
		最小值	0.9	1.2	1.5	1.8	2.2	2.6	3.26	3.76	5.06	6.11	7.21	8.51	9.71
k_1	A 级	最小值	0.88	0.89	1.1	1.31	1.59	1.87	2.35	2.7	3.61	4.35	5.12	6.03	6.87
	B 级	最小值	0.63	0.84	1.05	1.26	1.54	1.82	2.28	2.63	3.54	4.28	5.05	5.96	6.8
r	最小值		0.1	0.1	0.1	0.1	0.1	0.2	0.2	0.25	0.4	0.4	0.6	0.6	0.6
s	最大值＝公称		3.2	4	5	5.5	6	7	8	10	13	18	18	21	24
	A 级	最小值	3.02	3.82	4.82	5.32	5.82	6.78	7.78	9.78	12.73	15.73	17.73	20.67	23.67
	B 级	最小值	2.9	3.7	4.7	5.2	5.7	6.84	7.64	9.64	12.57	15.57	17.57	20.16	23.18
螺纹长度 b															

(6) 平垫圈

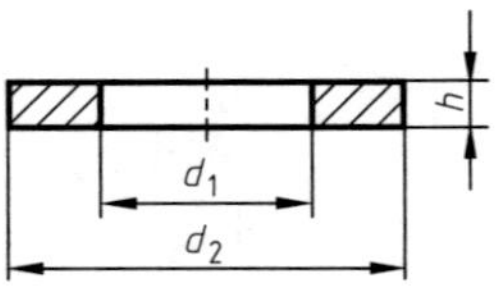

平垫圈-A级
(GB/T 97.1—2002)

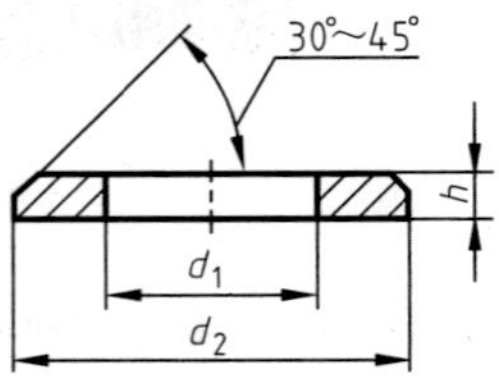

平垫圈　倒角型-A级
(GB/T 97.2—2002)

标记示例

公称尺寸 $d=8$mm、性能等级为 140HV 级、不经表面处理的平垫圈：

垫圈 GB/T 97.1—2002 8-140HV

附表 10　平垫圈各部分尺寸　　　　单位：mm

规格(螺纹大径)	2	2.5	3	4	5	6	8	10	12	14	16	20	24	30
内径 d_1	2.2	2.7	3.2	4.3	5.3	6.4	8.4	10.5	13	15	17	21	25	31
外径 d_2	5	6	7	9	10	12	16	20	24	28	30	37	44	56
厚度 h	0.3	0.5	0.5	0.8	1	1.6	1.6	2	2.5	2.5	3	3	4	4

(7) 标准弹簧垫圈（GB/T 93—1987）

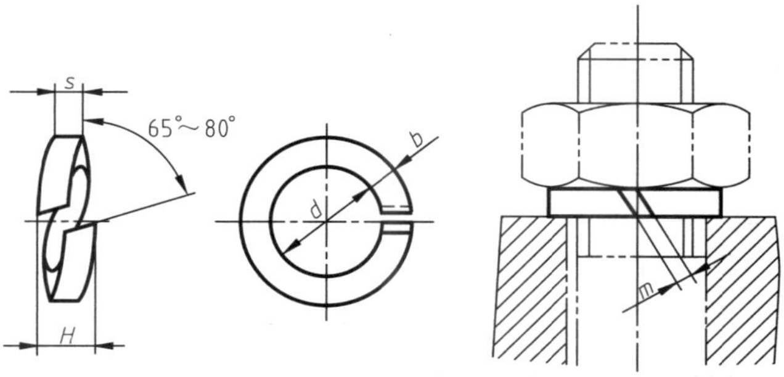

标记示例

公称尺寸 d＝16mm、材料为 65Mn、表面氧化的标准弹簧垫圈：

垫圈 GB/T 93—1987　16

附表 11　标准弹簧垫圈各部分尺寸　　　　单位：mm

规格(螺纹大径)	4	5	6	8	10	12	16	20	24	30
d(max)	4.4	5.4	6.68	8.68	10.9	12.9	16.9	21.04	25.5	31.5
$s(b)$公称	1.1	1.3	1.6	2.1	2.6	3.1	4.1	5	6	7.5
H(max)	2.75	3.25	4	5.25	6.5	7.75	10.25	12.5	15	18.75
$m\leqslant$	0.55	0.65	0.8	1.05	1.3	1.55	2.05	2.5	3	3.75

(8) 双头螺柱

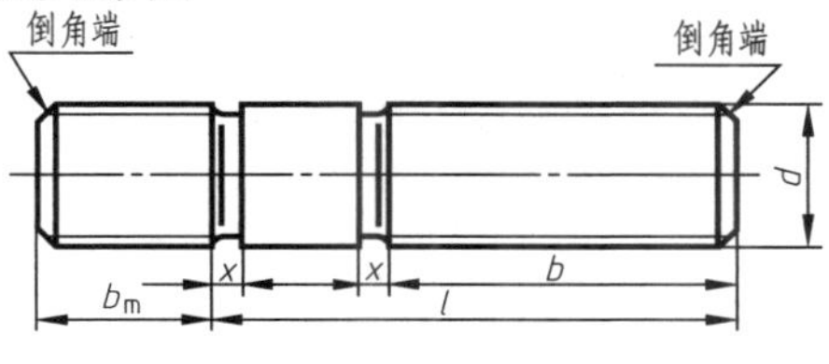

$b_m=d$ (GB/T 897—1988)

$b_m=1.5d$ (GB/T 899—1988)

A型

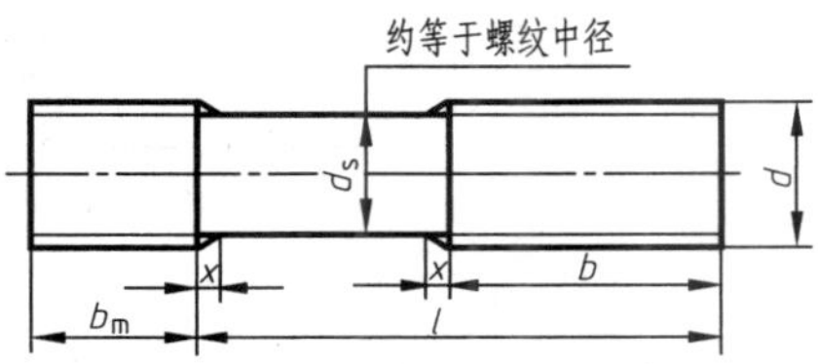

$b_m=1.25d$ (GB/T 898—1988)

$b_m=2d$ (GB/T 900—1988)

B型

标记示例

两端均为粗牙普通螺纹、d＝10mm、l＝50mm、性能等级为 48.8 级、不经表面处理、b_m＝1d 的 B 型双头螺柱：

螺柱 GB/T 897—1988 M10×50

旋入端为粗牙普通螺纹、紧固端为螺距 P＝1mm 的细牙普通螺纹、d＝10mm、l＝50mm、性能等级为 48.8 级，不经表面处理、b_m＝1.25d 的 A 型双头螺柱：

螺柱 GB/T 898—1988 A M10×1×50

附表 12　双头螺柱各部分尺寸　　　　单位：mm

螺纹规格 d		M5	M6	M8	M10	M12	(M14)	M16	(M18)	M20
b_m	公称	5	6	8	10	12	14	16	18	20
	min	4.40	5.40	7.25	9.25	11.10	13.10	15.10	17.10	18.95
	max	5.60	6.60	8.75	10.75	12.90	14.90	16.90	18.90	21.05

续表

螺纹规格 d		M5	M6	M8	M10	M12	(M14)	M16	(M18)	M20
d_s	max	5	6	8	10	12	14	16	18	20
	min	4.7	5.7	7.64	9.64	11.57	13.57	15.57	17.57	19.48
x	max	2.5P								
l		16~50	20~75	20~90	25~130	25~180	30~180	30~200	35~200	35~200

螺纹规格 d		(M22)	M24	(M27)	M30	(M33)	M36	(M39)	M42	M48
b_m	公称	22	24	27	30	33	36	39	42	48
	min	20.95	22.95	25.95	28.95	31.75	34.75	37.75	40.75	46.75
	max	23.05	25.05	28.05	31.05	34.25	37.25	40.25	43.25	49.25
d_s	max	22	24	27	30	33	36	39	42	48
	min	21.48	23.48	26.48	29.48	32.38	35.38	38.38	41.38	47.38
x	max	2.5P								
l		40~200	45~200	50~200	60~250	65~300	65~300	70~300	75~300	80~300

附录三　键（GB/T 1096—2003）

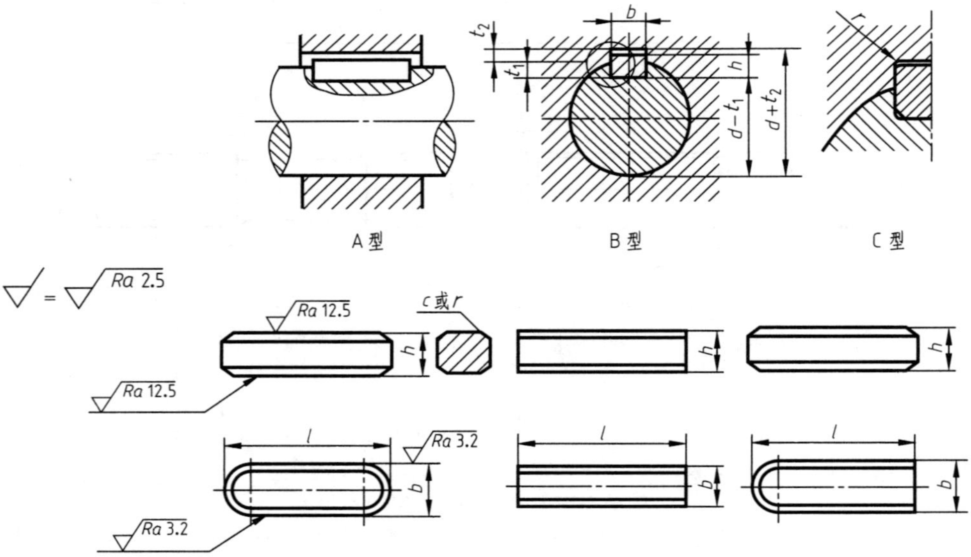

标注示例

宽度 b=16mm、高度 h=10mm、长度 l=100mm 普通 A 型平键的标记为：

GB/T 1096—2003 键 16×10×100

宽度 b=16mm、高度 h=10mm、长度 l=100mm 普通 B 型平键的标记为：

GB/T 1096—2003 键 B16×10×100

宽度 b=16mm、高度 h=10mm、长度 l=100mm 普通 C 型平键的标记为：

GB/T 1096—2003 键 C16×10×100

<table>
<caption>附表 13　键和键槽各部分尺寸　　单位：mm</caption>
<tr><th rowspan="5">轴公称直径 d</th><th rowspan="5">键尺寸 $b\times h$</th><th colspan="12">键　槽</th></tr>
<tr><th colspan="6">宽度 b</th><th colspan="4">深度</th><th rowspan="3" colspan="2">半径 r</th></tr>
<tr><th rowspan="3">基本尺寸 b</th><th colspan="5">极限偏差</th><th colspan="2">轴 t_1</th><th colspan="2">毂 t_2</th></tr>
<tr><th colspan="2">松联结</th><th colspan="2">正常联结</th><th>紧密联结</th><th rowspan="2">基本尺寸</th><th rowspan="2">极限偏差</th><th rowspan="2">基本尺寸</th><th rowspan="2">极限偏差</th></tr>
<tr><th>轴 H9</th><th>毂 D10</th><th>轴 N9</th><th>毂 JS9</th><th>轴和毂 P9</th><th>min</th><th>max</th></tr>
<tr><td>>10～12</td><td>4×4</td><td>4</td><td rowspan="3">+0.030</td><td rowspan="3">+0.078</td><td rowspan="3">0</td><td rowspan="3">±0.015</td><td rowspan="3">−0.012</td><td>2.5</td><td rowspan="3">+0.1</td><td>1.8</td><td rowspan="3">+0.1</td><td>0.08</td><td>0.16</td></tr>
<tr><td>>12～17</td><td>5×5</td><td>5</td><td>3.0</td><td>2.3</td><td rowspan="3">0.16</td><td rowspan="3">0.25</td></tr>
<tr><td>>17～22</td><td>6×6</td><td>6</td><td>3.5</td><td>2.8</td></tr>
<tr><td>>22～30</td><td>8×7</td><td>8</td><td rowspan="2">+0.036</td><td rowspan="2">+0.098</td><td rowspan="2">0</td><td rowspan="2">±0.018</td><td rowspan="2">−0.015</td><td>4.0</td><td rowspan="2">+0.2</td><td>3.3</td><td rowspan="2">+0.2</td></tr>
<tr><td>>30～38</td><td>10×8</td><td>10</td><td>5.0</td><td>3.3</td><td>0.25</td><td>0.40</td></tr>
</table>

附录四　销

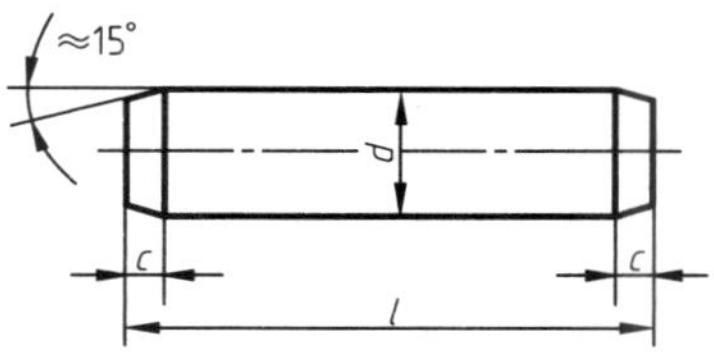

圆柱销

(GB/T 119.1—2000)

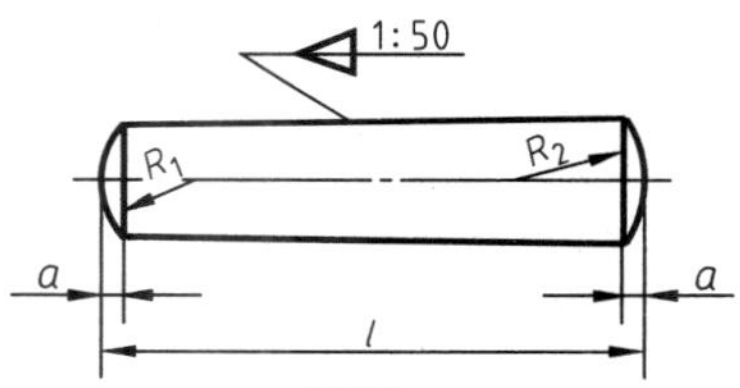

圆锥销

(GB/T 117—2000)

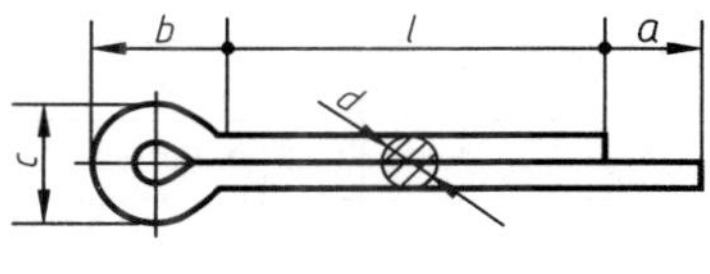

开口销

(GB/T 91—2000)

其中 $R_1=d$，$R_2\approx a/2+d+(0.02l\times0.02l)/8a$ 由于圆锥销是标准件，所以 a 的值可以查表得出。

标注示例：

公称直径 d=6mm、公差为 m6、公称长度 l=30mm、材料为钢、不经淬火、不经表面处理的圆柱销的标记：

销 GB/T 119.1—2000 6 m6×30

公称直径 d=10mm、长度 l=60mm、材料为 35 钢、热处理硬度 HRC28～38、表面氧化处理的 A 型圆锥销的标记为：

销 GB/T 117—2000 A10×60

公称直径 d=3.2mm、长度 l=16mm、材料为低碳钢、不经表面热处理的开口销的标记：

销 GB/T 91—2000 A3.2×16

附表 14　圆柱销各部分尺寸　　单位：mm

d(公称)	2	3	4	5	6	8	10	12	16	20	25
$c\approx$	0.35	0.5	0.63	0.8	1.2	1.6	2.0	2.5	3.0	3.5	4.0
l 范围	6～20	8～30	8～40	10～50	12～60	14～80	18～95	22～140	26～180	35～200	50～200
l 系列公称	2,3,4,5,6～32(2 进位),35～100(5 进位),120～200(20 进位)										

附表 15　圆锥销各部分尺寸　　单位：mm

d(公称)	2	2.5	3	4	5	6	8	10	12	16	20	25
$a\approx$	0.25	0.3	0.4	0.5	0.63	0.8	1.0	1.2	1.6	2.0	2.5	3.0
l 范围	10～35	10～35	12～45	14～55	18～60	22～90	22～120	26～160	32～180	40～200	45～200	50～200
l 系列公称	2、3、4、5、6～32(2 进位)、35～100(5 进位)、120～200(20 进位)											

附表 16　开口销各部分尺寸　　单位：mm

d(公称)		1	1.2	1.6	2	2.5	3.2	4	5	6.3	8	10	12
d(max)		0.9	1	1.4	1.8	2.3	2.9	3.7	4.6	5.9	7.5	9.5	11.5
c	max	1.8	2	2.8	3.6	4.6	5.8	7.4	9.2	11.8	15	19	24.8
	min	1.6	1.7	2.4	3.2	4	5.1	6.5	8	10.3	13.1	16.6	21.7
$b\approx$		3	3	3.2	4	5	6.4	8	10	12.6	16	20	26
a(max)		1.6	2.5				3.2	4				6.3	
l 系列		2,3,4,5,6,8,10,12,14,16,18,20,22,24,26,28,30,32,35,40,45,50,55,60,65,70,75,80,85,90											

附录五　极限与配合（GB/T 1800.2—2020）

附表 17　标准公差等级数值

公称尺寸 mm		标准公差等级																			
		IT01	IT0	IT1	IT2	IT3	IT4	IT5	IT6	IT7	IT8	IT9	IT10	IT11	IT12	IT13	IT14	IT15	IT16	IT17	IT18
大于	至	标准公差值																			
		μm													mm						
—	3	0.3	0.5	0.8	1.2	2	3	4	6	10	14	25	40	60	0.1	0.14	0.25	0.4	0.6	1	1.4
3	6	0.4	0.6	1	1.5	2.5	4	5	8	12	18	30	48	75	0.12	0.18	0.3	0.48	0.75	1.2	1.8
6	10	0.4	0.6	1	1.5	2.5	4	6	9	15	22	36	58	90	0.15	0.22	0.36	0.58	0.9	1.5	2.2
10	18	0.5	0.8	1.2	2	3	5	8	11	18	27	43	70	110	0.18	0.27	0.43	0.7	1.1	1.8	2.7
18	30	0.6	1	1.5	2.5	4	6	9	13	21	33	52	84	130	0.21	0.33	0.52	0.84	1.3	2.1	3.3
30	50	0.6	1	1.5	2.5	4	7	11	16	25	39	62	100	160	0.25	0.39	0.62	1	1.6	2.5	3.9
50	80	0.8	1.2	2	3	5	8	13	19	30	46	74	120	190	0.3	0.46	0.74	1.2	1.9	3	4.6
80	120	1	1.5	2.5	4	6	10	15	22	35	54	87	140	220	0.35	0.54	0.87	1.4	2.2	3.5	5.4
120	180	1.2	2	3.5	5	8	12	18	25	40	63	100	160	250	0.4	0.63	1	1.6	2.5	4	6.3
180	250	2	3	4.5	7	10	14	20	29	46	72	115	185	290	0.46	0.72	1.15	1.85	2.9	4.6	7.2
250	315	2.5	4	6	8	12	16	23	32	52	81	130	210	320	0.52	0.81	1.3	2.1	3.2	5.2	8.1
315	400	3	5	7	9	13	18	25	36	57	89	140	230	360	0.57	0.89	1.4	2.3	3.6	5.7	8.9
400	500	4	6	8	10	15	20	27	40	63	97	155	250	400	0.63	0.97	1.55	2.5	4	6.3	9.7
500	630			9	11	16	22	32	44	70	110	175	280	440	0.7	1.1	1.75	2.8	4.4	7	11
630	800			10	13	18	25	36	50	80	125	200	320	500	0.8	1.25	2	3.2	5	8	12.5
800	1000			11	15	21	28	40	56	90	140	230	360	560	0.9	1.4	2.3	3.6	5.6	9	14
1000	1250			13	18	24	33	47	66	105	165	260	420	660	1.05	1.65	2.6	4.2	6.6	10.5	16.5
1250	1600			15	21	29	39	55	78	125	195	310	500	780	1.25	1.95	3.1	5	7.8	12.5	19.5
1600	2000			18	25	35	46	65	92	150	230	370	600	920	1.5	2.3	3.7	6	9.2	15	23
2000	2500			22	30	41	55	78	110	175	280	440	700	1100	1.75	2.8	4.4	7	11	17.5	28
2500	3150			26	36	50	68	96	135	210	330	540	860	1350	2.1	3.3	5.4	8.6	13.5	21	33

注：表中数值来源于 GB/T 1800.1—2020。

附表 18　轴 a～j 的基本偏差数值（部分）　　单位：μm

公称尺寸 mm		基本偏差数值 上极限偏差，*es*												下级限偏差，*ei*		
大于	至	所有公差等级												IT5 和 IT6	IT7	IT8
		a	b[®]	C	cd	d	e	ef	f	fg	g	h	js	j		
—	3	−270	−140	−60	−34	−20	−14	−10	−6	−4	−2	0	偏差=±IT*n*/2，式中，*n* 是标准公差等级数	−2	−4	−6
3	6	−270	−140	−70	−46	−30	−20	−14	−10	−6	−4	0		−2	−4	
6	10	−280	−150	−80	−56	−40	−25	−18	−13	−8	−5	0		−2	−5	
10	14	−290	−150	−95	−70	−50	−32	−23	−16	−10	−6	0		−3	−6	
14	18															
18	24	−300	−160	−110	−85	−65	−40	−25	−20	−12	−7	0		−4	−8	
24	30															

附表 19　孔 A～M 的基本偏差数值（部分）　　单位：μm

公称尺寸 mm		基本偏差数值																		
		下极限偏差，*EI*												上极限偏差，*ES*						
大于	至	所有公差等级												IT6	IT7	IT8	≤IT8	>IT8	≤IT8	>IT8
		A[2]	B[®]	C	CD	D	E	EF	F	FG	G	H	JS	J			Ks,d		Mb,e,d	
—	3	+270	+140	+60	+34	+20	+14	+10	+6	+4	+2	0	偏差=±IT*n*/2，式中 *n* 为标准公差等级数	+2	+4	+6	0	0	−2	−2
3	6	+270	+140	+70	+46	+30	+20	+14	+10	+6	+4	0		+5	+6	+10	−1+Δ		−4+Δ	−4
6	10	+280	+150	+80	+56	+40	+25	+18	+13	+8	+5	0		+5	+8	+12	−1+Δ		−6+Δ	−6
10	14	+290	+150	+95	+70	+50	+32	+23	+16	+10	+6	0		+6	+10	+15	−1+Δ		−7+Δ	−7
14	18																			
18	24	+300	+160	+110	+85	+65	+40	+28	+20	+12	+7	0		+8	+12	+20	−2+Δ		−8+Δ	−8
24	30																			
30	40	+310	+170	+120	+100	+80	+50	+35	+25	+15	+9	0		+10	+14	+24	−2+Δ		−9+Δ	−9
40	50	+320	+180	+130																
50	65	+340	+190	+140		+100	+60		+30		+10	0		+13	+18	+28	−2+Δ		11+Δ	−1
65	80	+360	+200	+150																
80	100	+380	+220	+170		+120	+72		+36		+12	0		+16	+22	+34	−3+Δ		13+Δ	−13
100	120	+410	+240	+180																
120	140	+460	+260	+200		+145	+85		+43		+14	0		+18	+26	+41	−3+Δ		15+Δ	−15
140	160	+520	+280	+210																
160	180	+580	+310	+230																
180	200	+660	+340	+240		+170	+100		+50		+15	0		+30		+47	−4+Δ		−17+Δ	−17

1. 基孔制优先、常用配合

附表 20　基孔制配合的优先配合

基准孔	轴公差带代号																	
	间隙配合							过渡配合				过盈配合						
H6						g5	h5	js5	k5	m5		n5	p5					
H7					f6	g6	h6	js6	k6	m6	n6		p6	r6	s6	t6	u6	x6
H8				e7	f7		h7	js7	k7	m7					s7		u7	
			d8	e8	f8		h8											
H9			d8	e8	f8		h8											
H10	b9	c9	d9	e9			h9											
H11	b11	c11	d10				h10											

2. 基轴制优先、常用配合

附表 21　基轴制配合的优先配合

基准轴	孔公差带代号																	
	间隙配合							过渡配合				过盈配合						
h5						G6	H6	JS6	K6	M6		N6	P6					
h6					F7	G7	H7	JS7	K7	M7	N7		P7	R7	S7	T7	U7	X7
h7				E8	F8		H8											
h8			D9	E9	F9		H9											
h9				E8	F8		H8											
			D9	E9	F9		H9											
	B11	C10	D10				H10											

附录六　常用材料及热处理

1. 铸铁

灰铸铁（GB/T 9439—2023）　球墨铸铁（GB/T 1348—2019）　可锻铁件（GB/T 9440—2010）

2. 钢

普通碳素结构钢（GB/T 700—2006）　优质碳素结构钢（GB/T 699—2015）　合金结构钢（GB/T 3077—2015）

附表 22　常用铸铁

名称	牌号	应用举例	说　明
灰铸铁	HT100	用于低强度铸件，如盖、手轮、支架等	“HT”表示灰铸铁，后面的数字表示抗拉强度值（N/mm^2）
	HT150	用于中强度铸件，如底座、刀架、轴承座、胶带轮、端盖等	
	HT200	用于高强度铸件，如床身、机座、凸轮、齿轮、气缸泵体、联轴器等	
	HT225		
	HT250		

续表

名称	牌号	应用举例	说明
灰铸铁	HT275	用于重型机械、动力装备及精密部件的制造	“HT”表示灰铸铁，后面的数字表示抗拉强度值（N/mm^2）
	HT300 HT350	用于高强度耐磨铸件，如齿轮、凸轮、重载荷床身、高压泵、阀壳体、锻模、冷冲压模等	
球墨铸铁	QT400-18	具有较低的强度但较高的韧性，主要用于承受较大冲击和振动的零部件，如汽车底盘零件	“QT”表示球墨铸铁，其后第一组数字表示抗拉强度值（N/mm^2），第二组数字表示延伸率（%）
	QT500-07	具有较高的强度和韧性，主要用于制造汽车的零部件	
	QT600-03	具有更高的强度和韧性，用于制造承受较大负荷和复杂应力的汽车零部件，如曲轴、连杆、凸轮轴等	
	QT700-02	具有较高的强度和硬度，以及较好的耐磨性能，主要用于制造曲轴和齿轮等易磨损的零部件	
	QT800-02	具有更高的强度和硬度，主要用于制造高强度齿轮，如汽车后桥螺旋锥齿轮、大减速器齿轮等	
	QT900-02	具有极高的强度和耐磨性，主要用于制造高强度齿轮，如汽车后桥螺旋锥齿轮、大减速器齿轮等	
可锻铸铁	KTH300-06 KTH330-08* KTH350-10 KTH370-12*	黑心可锻铸铁，用于承受冲击振动的零件：汽车、拖拉机、农机铸件	“KT”表示可锻铸铁，“H”表示黑心，“Z”表示珠光体基体，“B”表示白心，第一组数字表示抗拉强度值（N/mm^2），第二组数字表示延伸率（%）。KTH300-06 适用于气密性零件。有*号者为推荐牌号
	KTZ450-06 KTZ550-04 KTZ650-02 KTZ700-02	珠光体可锻铸铁用于强度和耐磨性要求更高的场合，如齿轮箱、凸轮轴、曲轴等	
	KTB380-04 KTB380-12 KTB400-05 KTB450-07	白心可锻铸铁，韧性较低，但强度高、耐磨性、加工性好。可代替低、中碳钢及低合金钢的重要零件，如曲轴、连杆、机床附件等	

附表 23　常用钢

名称	牌号	应用举例	说明
普通碳素结构钢	Q215 A 级 B 级	金属结构件、拉杆、套圈、铆钉、螺栓、短轴、心轴、凸轮（载荷不大的）、垫圈、渗碳零件级焊接件	“Q”为普通碳素结构钢屈服点“屈”字的汉字拼音首位字母，后面数字表示屈服点数值
	Q235 A 级 B 级 C 级 D 级	金属结构件，心部强度要求不高的渗碳或氰化零件，吊钩、拉杆、套圈、气缸、齿轮、螺栓、螺母、连杆、轮轴、楔、盖级焊接杆	
	Q275	轴、轴销、刹车杆、螺母、螺栓、垫圈、连杆、齿轮以及其他强度较高的零件	
优质碳素结构钢	08F	可塑性要求高的零件，如管子、垫圈、渗碳件、氰化件等	牌号的两位数字表示平均含碳量，称碳的质量分数。45 号钢即表示碳的平均含碳量为 0.45%。碳的平均含碳量≤0.25%的碳钢，属低碳钢（渗碳钢） 碳平均含碳量在 0.25%～0.6%之间的碳钢，属中碳钢（调质钢）碳的平均含碳量≥0.6%的碳钢，属高碳钢。在牌号后加符号“F”表示沸腾钢
	10	拉杆、卡头、垫圈、焊件	
	15	渗碳件、紧固件、冲模锻件、化工贮器	
	20	杠杆、轴套、钩、螺钉、渗碳件与氰化件	
	25	轴、辊子、连接器、螺栓、螺母、轴销等紧固件	
	30	曲轴、转轴、轴销、连杆、模梁、星轮	
	35	曲轴、摇杆、拉杆、键、销、螺栓	
	40	齿轮、齿条、链轮、凸轮、轧辊、曲柄轴	
	45	齿轮、轴、联轴器、衬套、活塞销、链轮	
	50	活塞杆、轮轴、齿轮、不重要的弹簧	
	55	齿轮、连杆、扁弹簧、轧辊、偏心轮、轮圈、轮缘	
	60	偏心轮、弹簧圈、垫圈、调整片、偏心轴等	
	65	叶片弹簧、螺旋弹簧	
	15Mn	活塞销、凸轮轴、拉杆、铰链、焊管、钢板	锰的质量分数较高的钢，须加注化学元素符号“Mn”
	45Mn	万向联轴器、分配轴、曲轴、高强度螺栓、螺母	
	65Mn	弹簧、发条、弹簧环、弹簧垫圈等	

续表

名称	牌号	应用举例	说明
合金结构钢	15Cr	渗碳齿轮、凸轮、活塞销、离合器	钢中加入一定量的合金元素，提高了钢的力学性能和耐磨性，也提高了钢在热处理时的淬透性，保证金属在较大截面上获得好的力学性能。铬钢、铬锰钢和铬锰钛钢都是常用的合金结构钢
	20Cr	较重要的渗碳件	
	30Cr	重要的调质零件，如齿轮、轮轴、摇杆、螺栓等	
	40Cr	较重要的调质零件，如齿轮、进气阀、辊子、轴等	
	45Cr	强度及耐磨性高的轴、齿轮螺栓等	
	50Cr	重要的轴、齿轮、螺旋弹簧、止推环	
	20CrMn	轴、齿轮、连杆、曲柄轴及其他高耐磨零件	
	40CrMn	轴、齿轮	

3. 常用热处理工艺

附表 24　常用热处理工艺

名称	代号	说明	应用
退火	511	将钢件加热到临界温度以上（一般是 710～715℃），个别合金钢（800～900℃），保温一段时间，然后缓慢冷却（一般在炉中冷却）	用来消除铸、锻、焊零件内应力，降低硬度，便于切削加工，细化金属晶粒，改善组织，增加韧性
正火	512	将钢件加热到临界温度以上，保温一段时间，然后用空气冷却，冷却速度比退火快	用来处理低碳和中碳结构钢及渗碳钢零件，使其组织细化，增加强度与韧性，减少内应力，改善切削性能
淬火	513	将钢件加热到临界温度以上，保温一段时间，然后在水、盐水或油中（个别材料在空气中）急速冷却，使其得到高硬度	用来提高钢的硬度和强度极限，但淬火会引起内应力使钢变脆，所以淬火后必须退火
淬火和回火	514	回火是将淬硬的钢件加热到临界点以上的温度，保温一段时间，然后在空气中或油中冷却下来	用来消除淬火后的脆性和内应力，提高钢的塑性和冲击韧性
调质	515	淬火后在 450～650℃进行高温回火，称为调质	使钢获得高的韧性和足够的强度。重要的齿轮、轴及丝杆等零件就是调质处理的
表面淬火和回火	521	用火焰或高频电流将零件表面迅速加热至临界温度以上，急速冷却	使零件表面获得高强度，而心部保持一定的韧性，使零件既耐磨又能承受冲击。表面淬火常用来处理齿轮等
渗碳	531	在渗碳剂中将钢件加热到 900～950℃，停留一定时间，将碳渗入钢表面，深度约为 0.5～2mm，再淬火后回火	增加钢件的耐磨性能、表面硬度、抗拉强度和疲劳极限。适用于低碳、中碳结构钢的中小型零件
渗氮	533	渗氮是在 500～600℃向钢的表面渗入氮原子的过程。氮化层为 0.025～0.8mm，氮化时间 40～50h	增加钢件的耐磨性能、表面硬度、疲劳极限和抗蚀能力。适用于合金钢、碳钢、铸铁件，如机床主轴、丝杆以及在潮湿碱水和燃烧气体介质的环境中工作的零件
氰化	Q59（氰化淬火后，回火至 56～62HRC）	在 820～860℃炉内通入碳和氮，保温 1～2h，使钢件的表面同时渗入碳、氮原子，可得到 0.2～0.5mm 的氰化层	增加表面硬度、耐磨性、疲劳强度和耐蚀性。用于要求硬度高、耐磨的中、小型及薄片零件和道具等
时效	时效处理	低温回火后，精加工之前，加热到 100～160℃，保持 10～40h。对铸件也可用天然时效（放在露天中一年以上）	使工件消除内应力和维持稳定性状，用于量具、精密丝杠、床身导轨、床身等
发蓝发黑	发蓝或发黑	将金属零件放在很浓的碱和氧化剂溶液中加热氧化，使金属表面形成一层氧化铁保护性薄膜	防腐蚀、美观。用于一般连接的标准件和其他电子类零件

附录七　管道及仪表流程图中设备、机械图例

附表 25　管道及仪表流程图中设备、机械图例

类别	代号	图　　例
塔	T	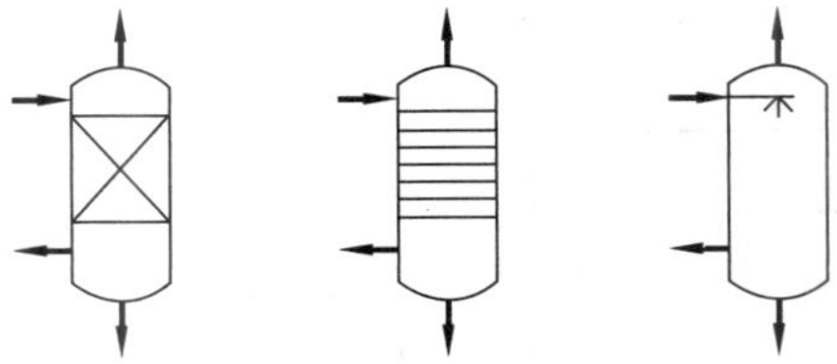 填料塔　板式塔　喷洒塔
塔内件		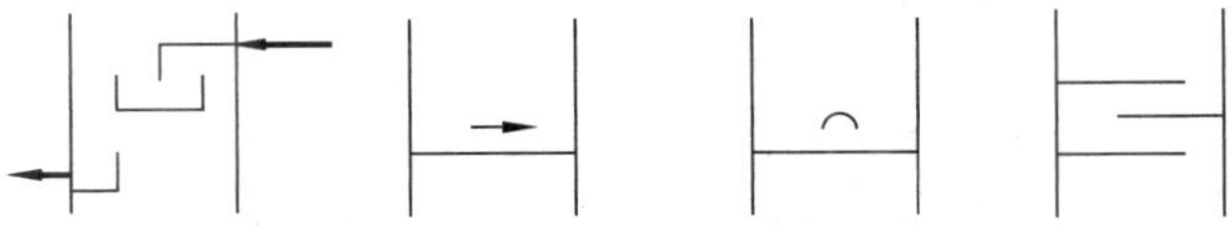 降液管　受液盘　浮阀塔塔板　浮阀塔塔板　格栅板  升气管　湍球塔　筛板塔塔板　分布器　丝网除沫层　填料除沫层
反应器	R	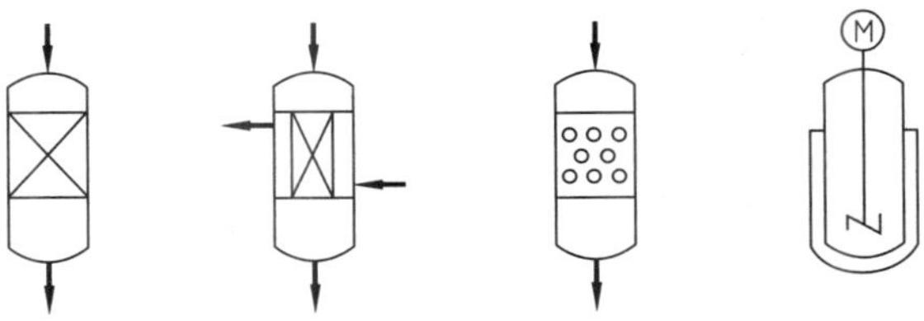 固定床反应器　列管式反应器　流化床反应器　反应釜(带搅拌、夹套)
工业炉	F	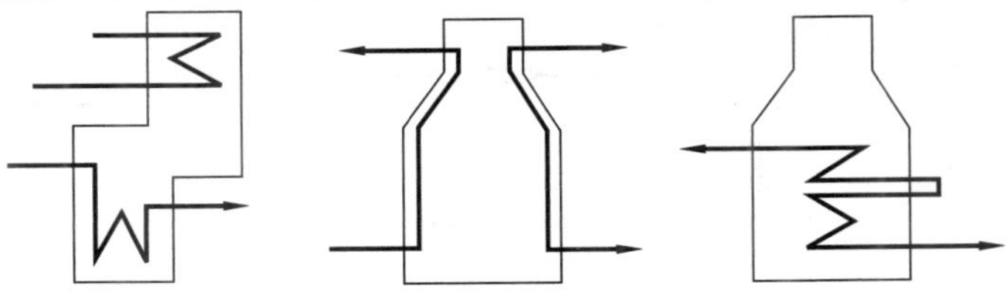 箱式炉　圆筒炉　圆筒炉
火炬 烟囱	S	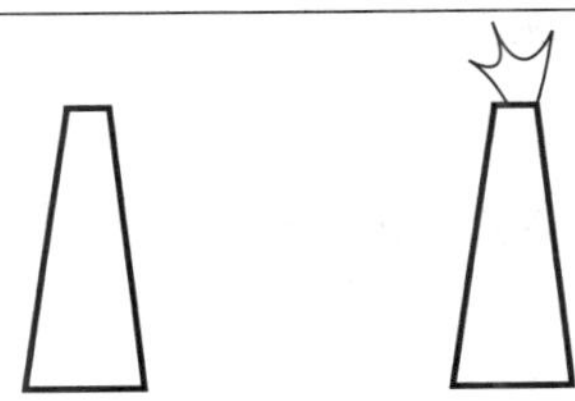 烟囱　火炬

续表

类别	代号	图例
换热器	E	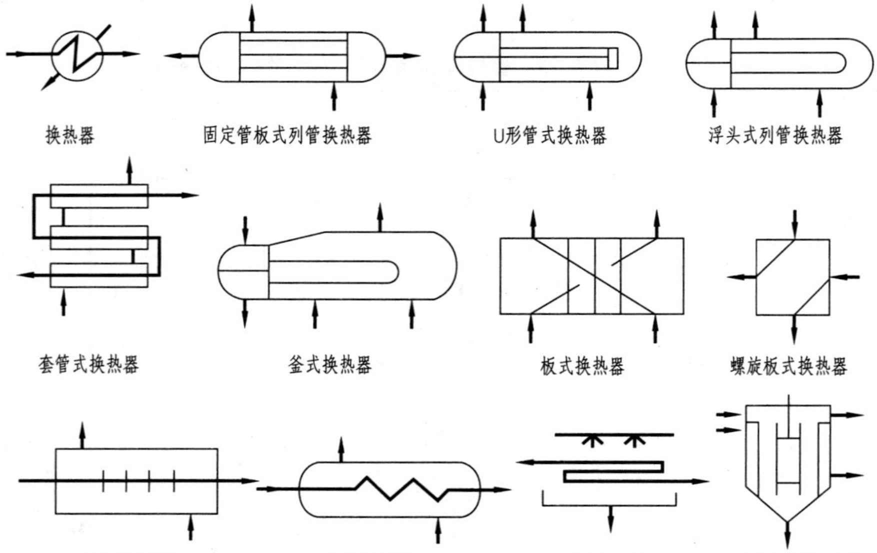 换热器　固定管板式列管换热器　U形管式换热器　浮头式列管换热器　套管式换热器　釜式换热器　板式换热器　螺旋板式换热器　翅片管换热器　蛇管换热器　喷淋式冷却器　刮板式薄膜蒸发器
泵	P	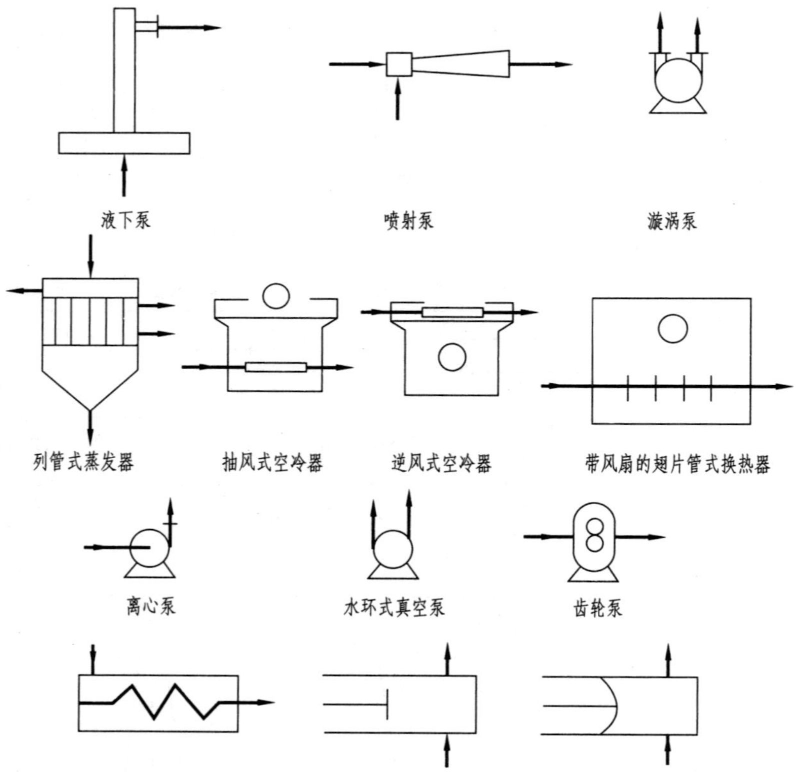 液下泵　喷射泵　漩涡泵　列管式蒸发器　抽风式空冷器　逆风式空冷器　带风扇的翅片管式换热器　离心泵　水环式真空泵　齿轮泵　螺杆泵　往复泵　隔膜泵

类别	代号	图例
压缩机	C	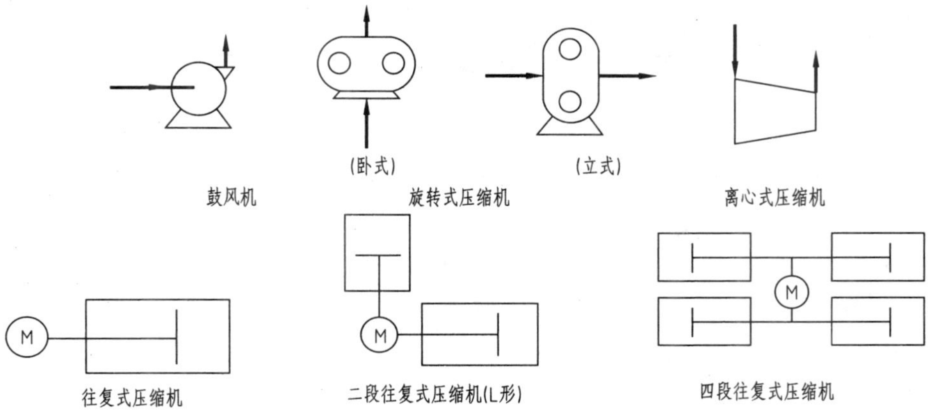 鼓风机；旋转式压缩机(卧式)(立式)；离心式压缩机；往复式压缩机；二段往复式压缩机(L形)；四段往复式压缩机
容器	V	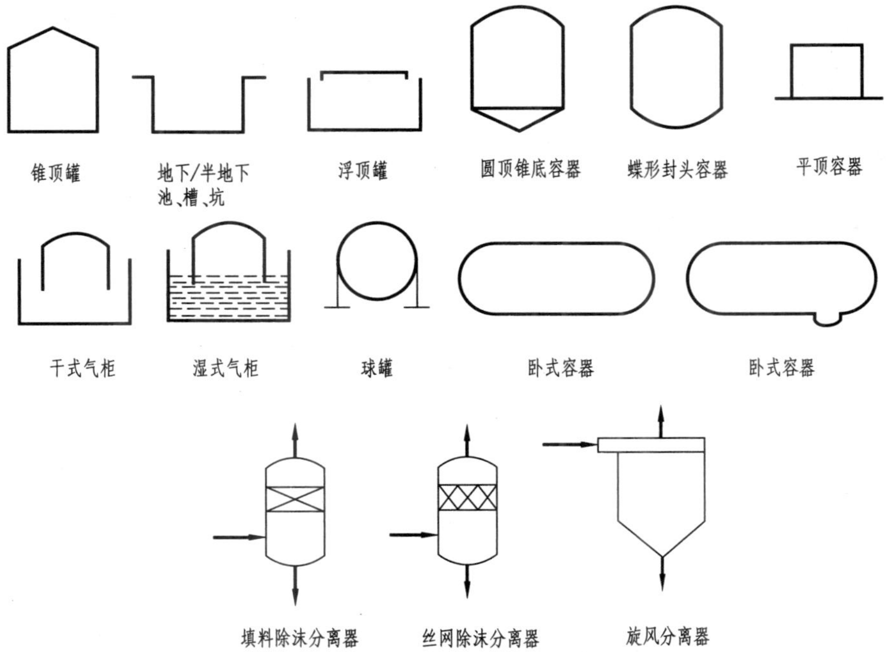 锥顶罐；地下/半地下池、槽、坑；浮顶罐；圆顶锥底容器；蝶形封头容器；平顶容器；干式气柜；湿式气柜；球罐；卧式容器；卧式容器；填料除沫分离器；丝网除沫分离器；旋风分离器
起重运输机械	L	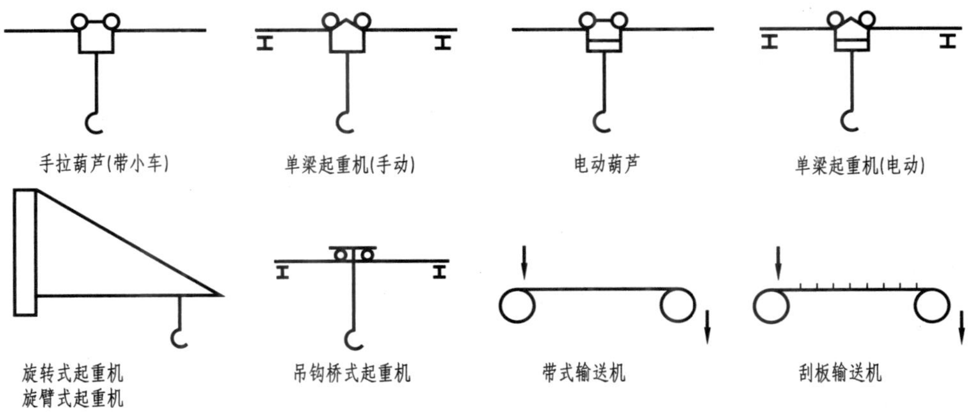 手拉葫芦(带小车)；单梁起重机(手动)；电动葫芦；单梁起重机(电动)；旋转式起重机 旋臂式起重机；吊钩桥式起重机；带式输送机；刮板输送机

续表

类别	代号	图例
其他机械	M	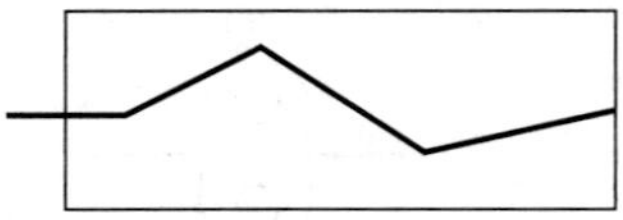 揉合机 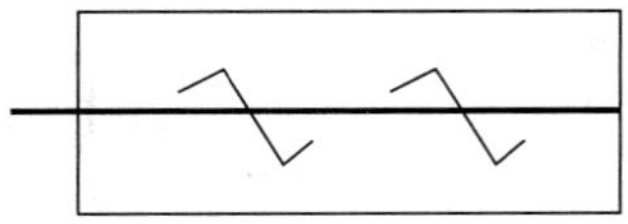 混合机
动力机	M E S D	 电动机  内燃机、燃气机  汽轮机  其他动力机  离心式膨胀机 透平机 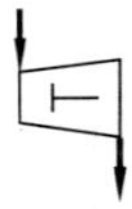 活塞式膨胀机

附录十　50m^3 CO_2 储罐装配图

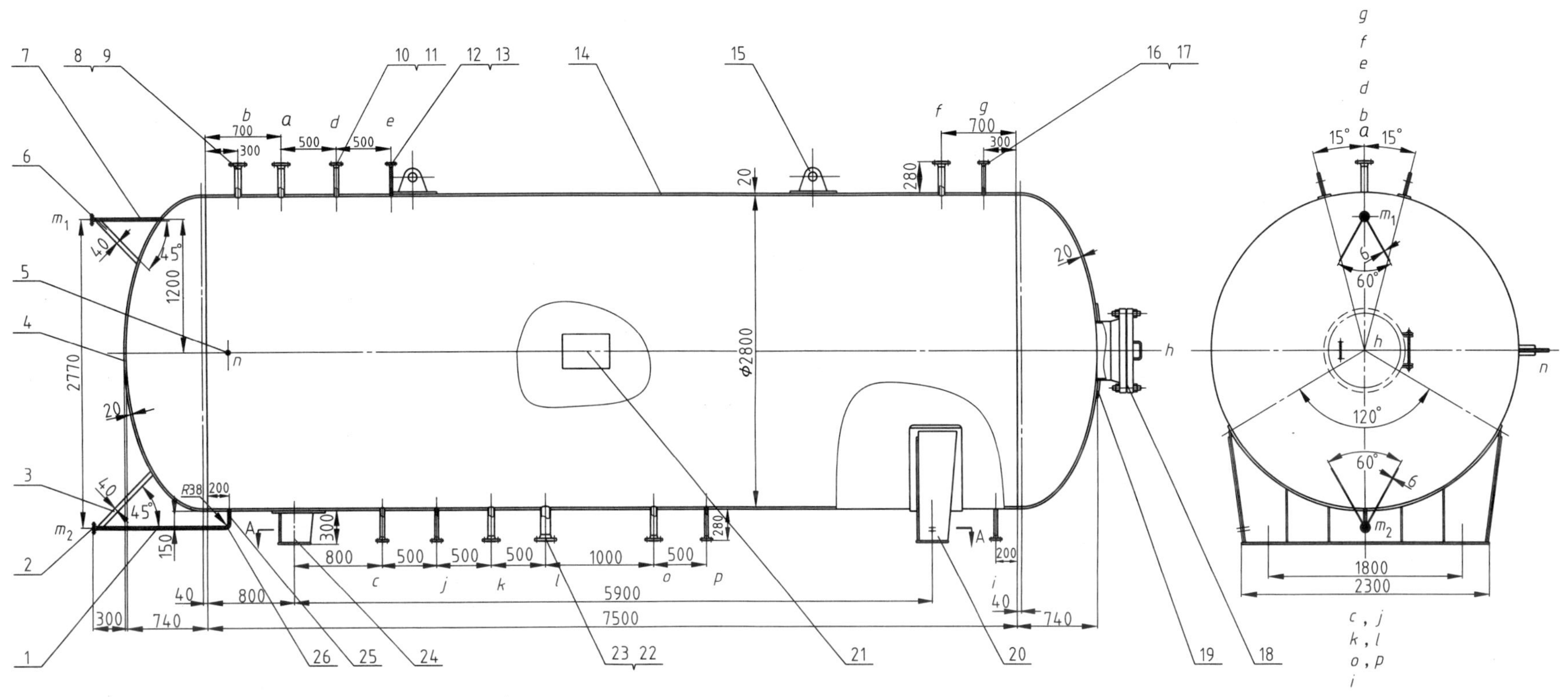

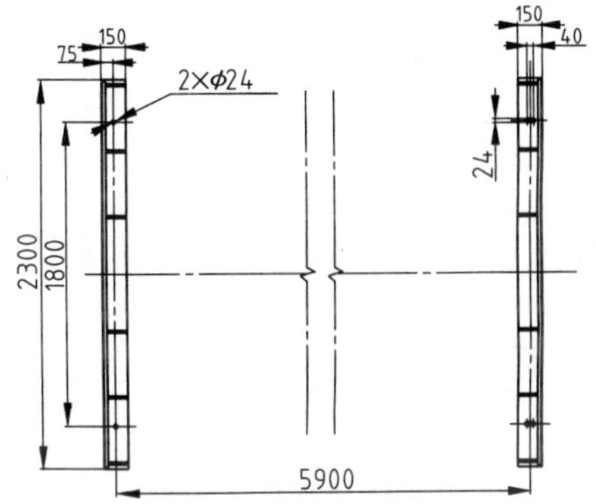

A—A

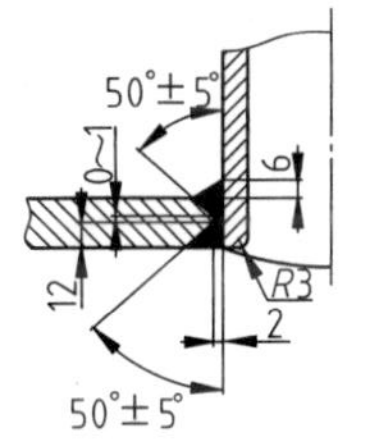

接管与壳体焊接接头详图

不按比例

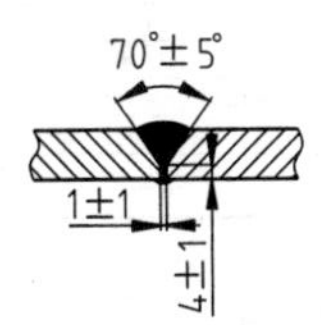

A、B类焊接接头详图

不按比例

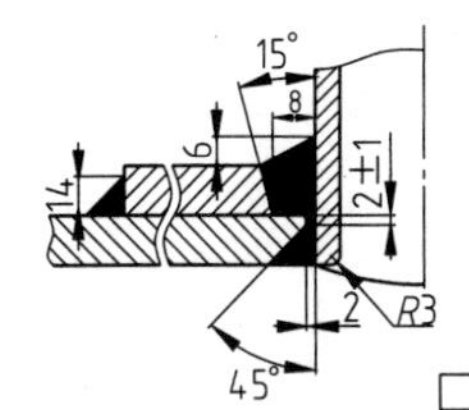

带补强圈接管与壳体焊接接头

不按比例

设计数据表

设计参数	
容器类别	二类
参数名称	容器内
工作压力/MPa	1.8
设计压力/MPa	2.0
工作温度/℃	-25.5
设计温度/℃	-40
介质	液态CD_2
介质特性	
介质密度/(kg/m^3)	
主要受压元件材料	16MnDR
腐蚀裕量/mm	1.5
焊接接头系数(筒体/封头)	1
全容积/m^3	55
充装系数	0.85
安全阀启跳压力/MPa	1.85
传热面积/m^2	
保温材料	
保温厚度/mm	
最大吊装质量/kg	14955
设备最大质量/kg	

设计、制造与检验标准				
YB 9073—2014《钢制压力容器设计技术规定》《压力容器安全技术监察规程》2009版。				
制造与检验要求				
接头型式	焊接采用全熔透结构，接头型式及尺寸除注明外，其余按HG/T 20583—2020中的规定，角焊缝的焊脚高度按相焊接件较薄板的厚度，法兰的焊接按相应的法兰标准。内表面焊缝圆滑过渡，附件的连接焊缝必须采用连续焊。			
焊条	XX与XX间的焊接	焊条牌号		
	16MnR与16MnR	J506NiLH		
	16MnR与Q235-A	J427		
	Q235-A与Q235-A	J422		
无损检测	焊接接头种类	检测率	检测标准	合格级别
	A 筒体	RT-100%	JB/T4730-2005	Ⅱ
	A 封头	RT-100%	JB/T4730-2005	Ⅱ
	B			
	C、D	MT-100%	JB/T4730-2005	Ⅰ
试验	试验种类	容器内		
	液压试验压力/MPa	2.63		
	气压试验压力/MPa			
热处理	整体消除应力热处理			

管口表

符号	公称规格	连接法兰标准	密封面形式	用途或名称
a	50	HG/T 20592-2009 WN50-4.0	RF	液相进口
b	50	HG/T 20592-2009 WN50-4.0	RF	气相进口
c	32	HG/T 20592-2009 WN32-4.0	RF	液相出口
d	32	HG/T 20592-2009 WN32-4.0	RF	回流口
e	20	HG/T 20592-2009 WN20-4.0	RF	测压口
f	50	HG/T 20592-2009 WN50-4.0	RF	安全阀接口
g	25	HG/T 20592-2009 WN25-4.0	RF	备用口
h	500	HG/T 21518-2009 MFM500-4.0	MFM	人孔
i	25	HG/T 20592-2009 WN25-4.0	RF	排污口
j	25	HG/T 20592-2009 WN25-4.0	RF	备用口
k	50	HG/T 20592-2009 WN50-4.0	RF	
l	80	HG/T 20592-2009 WN80-4.0	RF	
m_1,m_2	20	HG/T 20592-2009 WN20-4.0	RF	液面计口
n	M27×2			温度计接口
o	50	HG/T 20592-2009 WN50-4.0	RF	
p	25	HG/T 20592-2009 WN25-4.0	RF	

技术要求：

1. 本设备应按YB 9073—2014《钢制压力容器设计技术规定》进行制造、检验及验收，并接受《压力容器安全技术监察规程》监督。
2. 壳体材料采用16MnDR，其化学成份、力学性能应符合GB/T 713.3—2023的规定。受压元件所用材料和锻件应做-40℃低温夏比冲击试验，所用锻件检验级别不低于NB/T 47009—2017Ⅲ级的要求。
3. 焊接主要采用手工电弧焊和自动埋弧焊。焊条选用超低氢低合金钢焊条J507NiLH，焊丝采用H10Mn2。
4. 设备制造完毕后应进行整体清除应力热处理。
5. 设备退火后进行水压试验，试验压力为2.5MPa。
6. 碳钢外表面除锈并涂防锈漆，内表面喷砂，涂T541涂层。
7. 管口方位按本图。

件号	图号或标准号	名称	数量	材料	单质量/kg	总质量/kg	备注
26		90°弯头Φ27×3.5	1	16Mn(正火)		0.1	
25		接管Φ27×3.5	1	16Mn(正火)		0.3	L=132
24	NB/T 47065.1-2018	鞍座BI2800-F δ=20 4	1	16MnDR/Q235-A		622.5	h=300
23	HG/T 20592-2009	法兰WN80-4.0RF	1	16MnDⅢ		5.03	
22		接管Φ89×6	1	16Mn(正火)		3.7	L=300
21		铭牌(架)	1	Q235-A			
20	NB/T 47065.1-2018	鞍座BI2800-S $δ_4$=20	1	16MnDR/Q235-A		622.5	h=300
19	GB/T 25198-2010	补强圈DN500×20	1	16MnDR		52.3	
18	HG/T 21518-2014	人孔500-4.0MFM	1	16MnDR/Q235-A		414	
17		法兰WN25-4.0RF	4	16MnDⅢ	1.26	5.04	
16		接管Φ33.7×3.5	4	16Mn(正火)	0.8	3.2	L=300
15		吊耳	4	16MnDR/Q235-A	5.2	20.8	
14		筒体Φ2800×20	1	16MnDR		10431.8	H=7500
13	HG/T 20592-2009	法兰WN20-4.0RF	1	16MnDⅢ		1.05	
12		接管Φ27×3.5	1	16Mn(正火)		0.6	L=300
11	HG/T 20592-2009	法兰WN32-4.0RF	1	16MnDⅢ		2.05	
10		接管Φ42.4×4	1	16Mn(正火)		1.1	L=300
9	HG/T 20592-2009	法兰WN50-4.0RF	4	16MnDⅢ	3.11	12.4	
8		接管Φ60.3×5	4	16Mn(正火)	2.03	8.1	L=300
7		接管Φ27×3.5	1	16Mn(正火)		1.23	L=631
6		筋板 40×6	2	16MnR	1.1	2.2	
5		温度计接头M27×2	1	16MnDR		2.1	
4	GB/T 25198-2010	椭圆封头EHA2800×20	2	16MnDR	1367.8	2735.6	
3		筋板 40×6	2	16MnR	1.4	2.8	
2	HG/T 20592-2009	法兰WN20-4.0RF	2	16MnDⅢ	1.05	2.1	
1		接管Φ27×3.5	1	16Mn(正火)		2.3	L=1182

专业	会签	日期	专业	会签	日期

设计		50m^3 CO_2储罐 装配图	设计项目		
制图			设计阶段	施工图	
校核			图号		版次 1
审核					
审定		比例 1:20	合同号	第1张	共1张

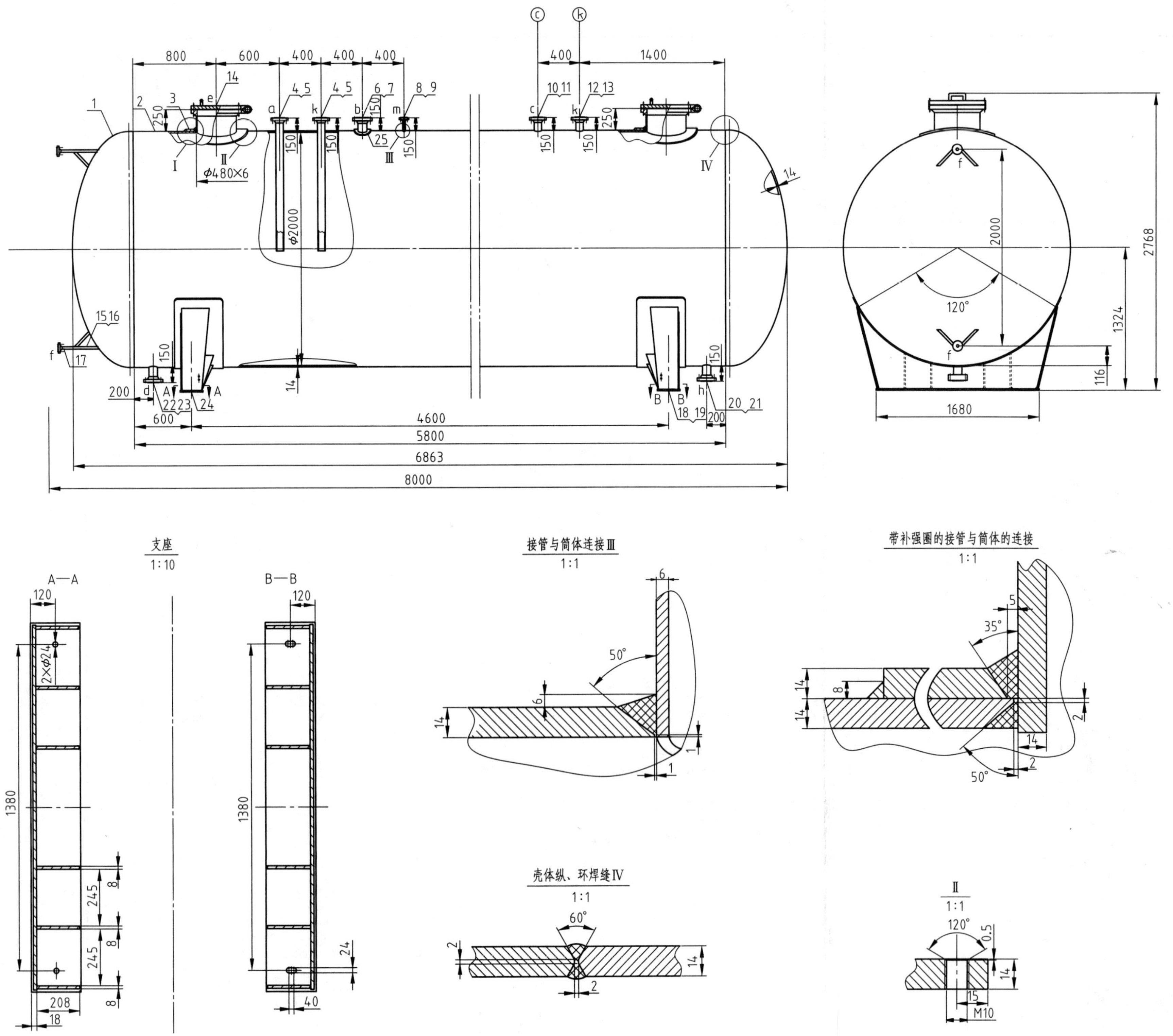

技术设计条件及数据 DESIGN TECHNICAL SPECIFICATION & DATA

监察规程 SUPVISE RULE	TSG R0004-2023	制造技术条件 MANUFACTURE SPEC.	HG 20584-2020
设计规范 DESIGN CODE	GB150-2024	焊接规程 WELDING SPEC.	JB/T 4708-2015
设计类别 VESSEL CLASS BY RULE	第Ⅱ类	无损检测标准 N.D.E STAND.	NB/T47013.10-2015
介质 FLUIDE	液氯	介质特性 FLUIDE CHARACTER.	高度危害
工作温度 OPERATING TEMP.℃	−20～50	腐蚀余量 CORR. ALLOW. mm	4
设计温度 DESIGN TEMP.℃	50	全容积 FULL VOLLUME m^3	25
工作压力 OPERATING PRESS. MPa(G)	1.33	焊接接头系数 JOINT EFFICIENCY 筒体/封头	1
设计压力 DESIGN PRESS. MPa(G)	1.4	装量系数 FILL EFFICIENCY	0.9
安全阀开启压力 SAFE-VALVE OPEN PRESS. MPa(G)	1.4	保温层厚度/防火层厚度 INSULATION/FIRE PROTECTION mm	无
最大允许工作压力 MAX.ALLOABLE WORKING PRESS. MPa(G)	1.4	主体材料与供货状态 MAIN MATERIAL & STAND	Q345R/热轧
水压试验压力 HYDRO. TEST PRESS. MPa(G)	1.66	设备净质量 NET MASS kg	5304.23
气密性试验压力 GAS LEAKAGE TEST PRESS. MPa(G)	1.4	设备空质量 EMPTY MASS kg	5304.23
管口及支座方位 NOZZLE ORIENTATION	见图	操作质量 OPERATING MASS kg	38179.55
接地要求 EARTHING BOSS	接地	充水后质量 MASS OF FULL WATER kg	30457.50

焊接结构及无损检测 WELDING STRUCTURE & N.E.D

焊接接头类别 JOINS TYPE		无损检测 N.E.D 检测率	方法-合格级别 METHOD-CLASS	标准 STANDARD	备注 REMARK
A/B类	A/B TYPE	100%	RT-Ⅱ	NB/T 47013-2015	
C/D类 C/D TYPE	接管与壳体焊接接头	100%	PT-Ⅰ	NB/T 47013-2015	
	补强圈与筒体连接	100%	PT-Ⅰ	NB/T 47013-2015	
	补强圈与接管连接	100%	PT-Ⅰ	NB/T 47013-2015	

焊接表 WELDING SHEET

接头母材 MATERIAL	焊条型号	焊条牌号示例
Q345R和Q345R	E5015	J507
Q345R和Q235B	E4304	J427
Q345R和16Mn	E5015	J507

技术补充要求

1. 接管角焊缝应进行着色检查.
2. 气密性试验完毕后，内壁擦干，涂磷化底漆一道，外涂防锈漆二道.
3. 设备出厂时，管口用木板封闭，液面积拆下装箱.
4. 鞍座垫板应在热处理前焊于筒体上，鞍座的制造、安装及基础应严格按照NB/T 47065.1—2018

管口表 NOZZLE SCHEDULE

符号 ITEM	公称尺寸 N. SIZE	公称压力 PN	连接标准 CONNECT. STD.	法兰型式 TYPE	密封面型式 FACING	用途或名称 SERVICE	设备中心线至法兰面距离 PROJ. FROM CENTER TO F.F
a	80	PN16	HG/T 20592-2009	WN	FM	进口	1264
b	100	PN16	HG/T 20592-2009	WN	FM	备用口	1264
c	80	PN16	HG/T 20592-2009	WN	FM	排气口	1264
d	80	PN16	HG/T 20592-2009	WN	FM	出口	1264
e	450	PN25	HG/T 21518-2005	WN	MFM	人孔	1364
f	25	PN16	HG/T 20592-2009	WN	FM	液位计口	1000
h	80	PN16	HG/T 20592-2009	WN	M	放净口	1264
k	80	PN16	HG/T 20592-2009	WN	FM	安全阀接口	1264
m	20	PN16	HG/T 20592-2009	WN	M	压力计口	1264

件号	图号或标准号	名称	数量	材料	单 质量(Kg)	总 质量(Kg)	备注
25	NB/T 11025-2022	补强圈 DN100×14-D	1	Q345R	2.37	2.37	
24	NB/T 47065.1-2018	支座BⅠ2200S	1	Q235-B/Q345R	205	205	
23	HG/T 20592-2009	法兰 WN80B-1.6FM	1	16MnⅡ	4	4	
22	GB/T 8163-2018	接管φ89×6	1	16Mn	0.95532	0.95532	L=114mm
21	HG/T 20592-2009	法兰 WN80B-1.6FM	1	16MnⅡ	4	4	
20	GB/T 8163-2018	接管φ89×6	1	16Mn	0.95532	0.95532	L=114mm
19	NB/T 47065.1-2018	地脚螺栓M20	4	Q235-A	0.113	0.452	
18	NB/T 47065.1-2018	支座BⅠ2200F	1	Q235-B/Q345R	205	410	
17	HG/T 21584-95	液位计UZ1.6M-1400-1.307AF-304C	2	组合件	1.25668	2.51336	L=1400mm
16	HG/T 20592-2009	法兰 WN20B-1.6FM	2	16MnⅡ	1	2	
15	GB/T 8163-2018	接管φ25×4	2	16Mn	0.25668	0.51336	L=400mm
14	HG/T 21518-2018	人孔MFMⅢs-35CM(NM)A450-2.5	1	组合件	245	245	
13	HG/T 20592-2009	法兰 WN80B-1.6FM	1	16MnⅡ	4	4	
12	GB/T 8163-2018	接管φ89×6	1	16Mn	0.95532	0.95532	L=114mm
11	HG/T 20592-2009	法兰 WN80B-1.6FM	1	16MnⅡ	4	4	
10	GB/T 8163-2018	接管φ89×6	1	16Mn	0.95532	0.95532	L=114mm
9	HG/T 20592-2009	法兰 WN25B-1.6FM	1	16MnⅡ	1	1	
8	GB/T 8163-2018	接管φ32×4	1	16Mn	0.34224	0.34224	L=124mm
7	HG/T 20592-2009	法兰 WN100B-1.6FM	1	16MnⅡ	4.5	4.5	
6	GB 8163-2018	接管φ108×12	1	16Mn	1.14912	1.14912	L=112mm
5	HG/T 20592-2009	法兰 WN80B-1.6FM	2	16MnⅡ	4	8	
4	GB/T 8163-2018	接管φ89×6	2	16Mn	0.95532	1.91064	L=1314mm
3	NB/T 11025-2022	补强圈 DN450×12-D	1	Q345R	29.6	29.6	
2	NB/T 47003.1-2022	筒体 DN2000×14	1	Q345R	3776.17	3776.17	L=8000mm
1	GB/T 25198-2023	封头EHA DN2000×14	2	Q345R	596.5	1193	

职责	签字	日期	液氯 DN2000 $V=25m^3$ 装配图	过程设备设计	
设计				专业班级	
制图				学号	
校核				A1	
审核					
			比例 1:20	第1张	共1张

图 11-2 贮槽装配图

附录八　苯-甲苯精馏塔装配图

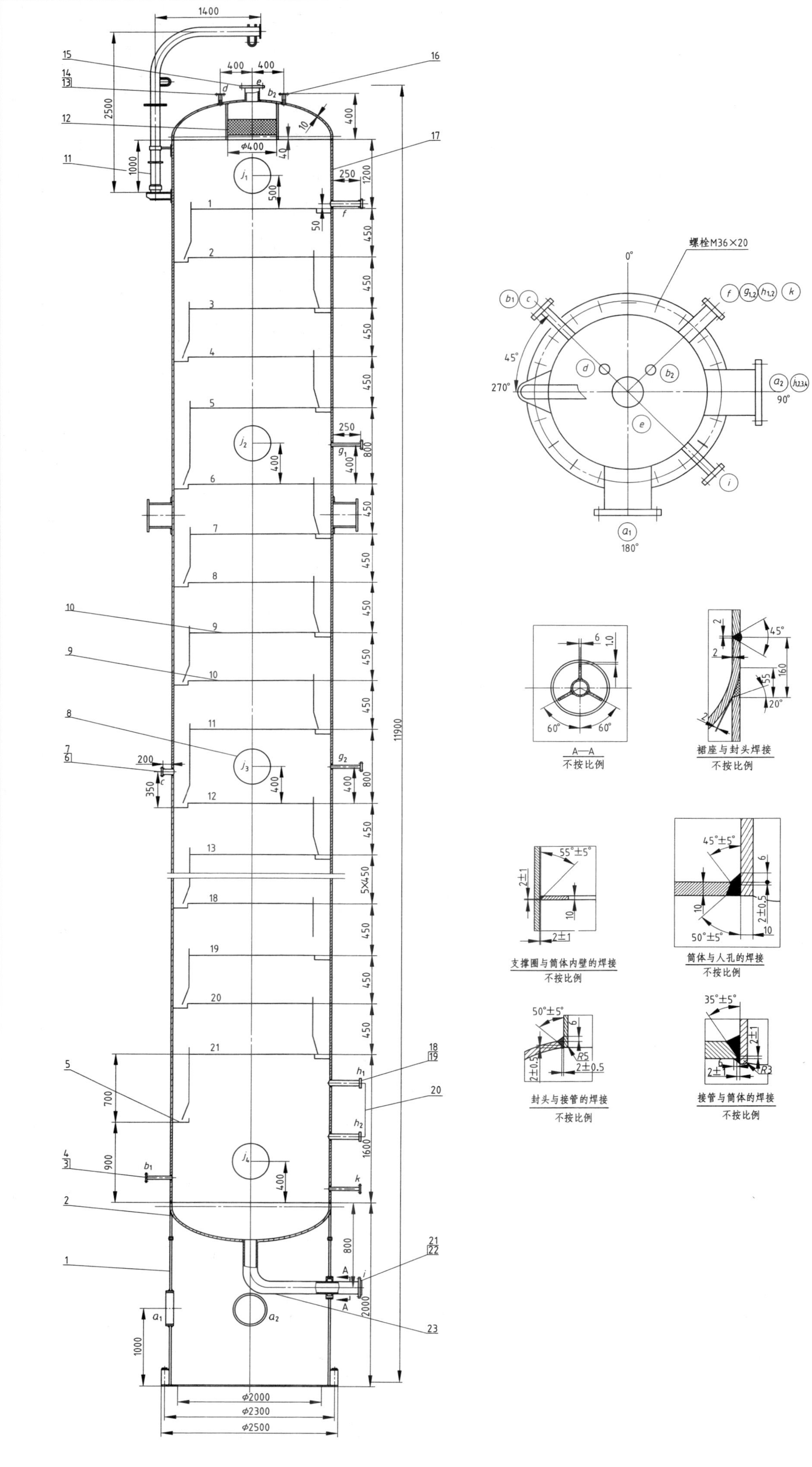

制造检验主要数据表

制造所遵循的规范及检验数据				技术特性表	
《塔式容器》NB/T 47041—2014，《压力容器》GB/T 150—2024，并接受国家质量监督检验检疫总局颁发的《固定式压力容器安全技术监察规程》的监督。				容器类别	第Ⅱ类
				工作压力 /MPa	0.1
				设计压力 /MPa	0.2
				工作温度 /℃	150
				设计温度 /℃	170
				物料名称	苯-甲苯混合液
				地震设防烈度	8
				基本风压/(kN/m²)	500
				物料处理量/(kmol/h)	15014
压力试验	水压试验压力/MPa		0.391	吊装质量 /kg	29323
致密性试验	致密性试验压力/MPa			充水后质量 /kg	78403
焊逢探伤要求	A,B类	探伤标准	NB/T 47013—2015		
		探伤长度	100%		
		合格级别	二级		
	C,D类	探伤标准	NB/T 47013—2015		

特殊要求及说明

1.塔体直线度允差为 30mm，塔体安装垂直度允差为 30mm；
2.裙座螺栓孔中心圆允差以及相邻两孔弦长允差为 2mm；
3.栅板应平整，安装后的平面度允差 2mm；
4.喷淋装置安装时平面度允差 3mm，标高允差 +3mm，其中心线与塔体中心线同轴度允差 3mm；
5.分布器及再分布器的平面度公差为3mm；
6.塔体内表面焊缝应修平，焊疤、焊渣应清除干净；
7.接管、人孔等与筒体焊接时，应与塔体内壁平齐；
8.所有受压焊缝必须全焊透；
9.设备制造完毕彻底除锈后，涂红丹防锈漆两遍，并进行水压实验。

管口表

符号	公称直径 DN/mm	公称压力 PN/MPa	连接标准	连接面形式	用途
$a_{1,2}$	500	1.0			裙座人孔
$b_{1,2}$	32	1.0	HG/T 20592	WN/RF	温度计
c	100	1.0	HG/T 20592	WN/RF	进料口
d	32	1.0	HG/T 20592	WN/RF	压力计
e	250	1.0	HG/T 20592	WN/RF	气体出口
f	100	1.0	HG/T 20592	WN/RF	回流口
$g_{1,2}$	25	1.0	HG/T 20592	WN/RF	采样口
$h_{1,2}$	20	1.0	HG/T 20592	WN/RF	液位计
i	100	1.0	HG/T 20592	WN/RF	出料口
$j_{1,2,3,4}$	500	1.0			人孔
k	250	1.0	HG20595	WN/RF	塔釜蒸汽返回管

设备净重：23767.6kg

件号	图号或标准号	名称	数量	材料	单质量/kg	总质量/kg	备注
23	311-04-08	引出管 ϕ273×8	1	20	10.5	10.5	
22	HG/T 20592	法兰 IF100-1.6RF	1	Q235-A	4.5	4.5	
21	311-04-07	接管 ϕ108×4	1	20	4.2		
20	311-05-02	液面计	1	组合件	39.5	39.5	
19	HG/T 20592	法兰 IF15-1.6RF	1	Q235-B	1.1	1.1	
18	311-04-06	接管 ϕ18×1.5	1	20	0.7	0.7	
17	311-03-02	筒体 DN2200×10	1	Q235-B	5665		
16	311-04-05	接管 ϕ38×4	1	20	1.2	1.2	
15	311-04-04	接管 ϕ273×8	1	20	5.7		
14	HG/T 20592	法兰 IF25-1.6RF	1	Q235-A	1.86		
13	311-04-03	接管 ϕ32×3.5	1	20	1.2	1.2	
12	311-05-01	除沫器	1	组合件	70.8		
11	HG/T21639 2005	吊柱	1	组合件	181	181	
10	311-02-04	塔盘 2	11	Q235-B	78.65	865.1	
9	311-02-03	塔盘 1	10	Q235-B	78.65	786.5	
8	HG/T 1514-95	筒体人孔 ϕ500×10	4	Q235-B	413	1652	
7	HG/T 20592	法兰 IF100-1.6RF	1	Q235-A	4.5	4.5	
6	311-04-02	接管 ϕ108×4	1	20	4.2		
5	311-02-02	液封盘 δ=3	1	Q235-B	7.5	7.5	
4	HG/T 220592	法兰 IF32-1.6RF	1	Q235-A	1.86		
3	311-04-01	接管 ϕ38×3	1	20	1.2		
2	GB/T 25198-2010	椭圆封头 DN2200×10	2	Q235-B	424.2	848.4	
1	311-02-01	裙座	1	Q235-B	1462	1462	

标记	处数	分区	更改文件号	签名	年月日	苯-甲苯精馏塔 DN2200×11900×10 装配图			
设计			标准化			阶段标记	质量	比例	
审核								1:20	311-03-01
工艺			批准						

附录九　换热器 FN= 5m^2 装配图

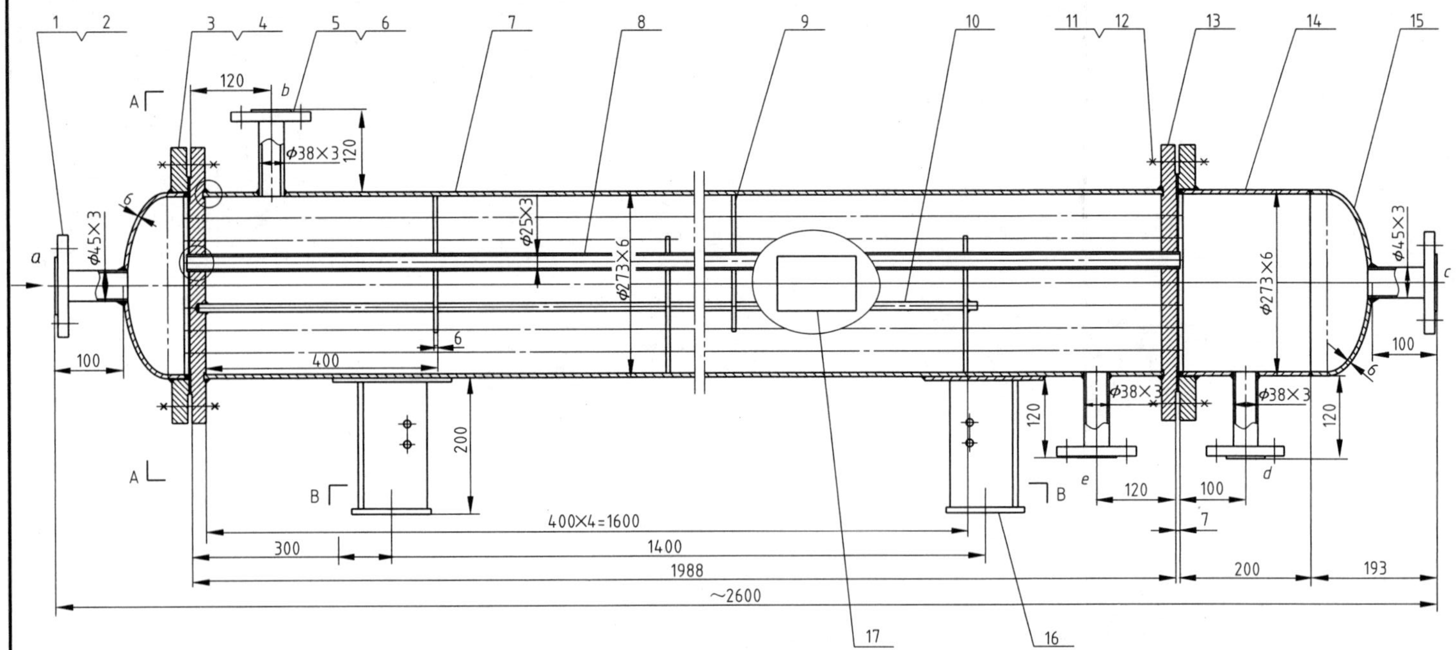

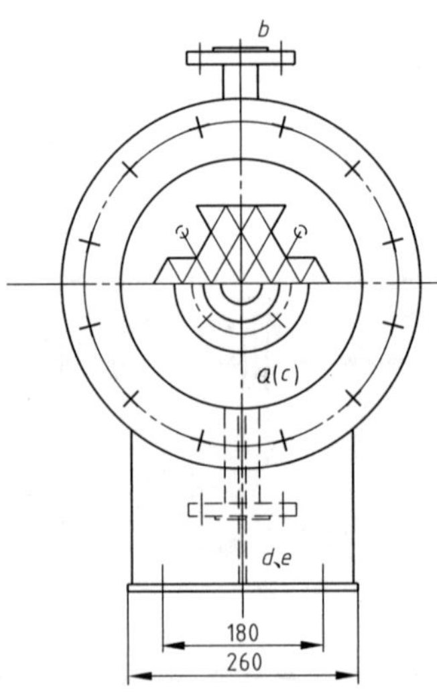

A—A

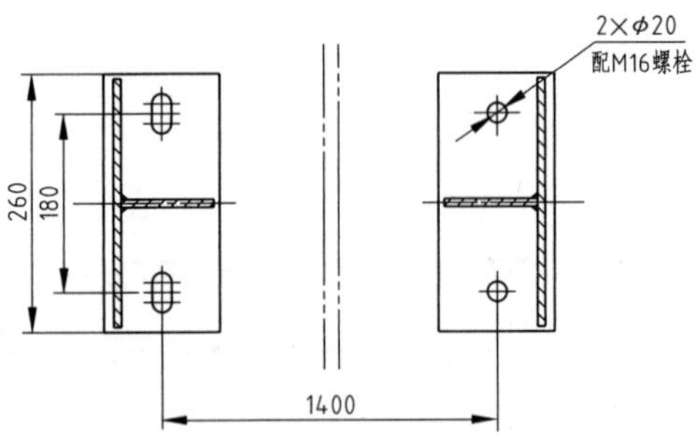

B—B

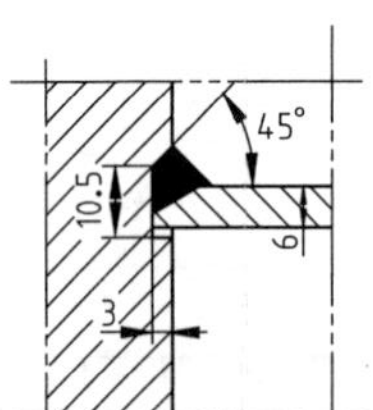

Ⅰ放大
不按比例

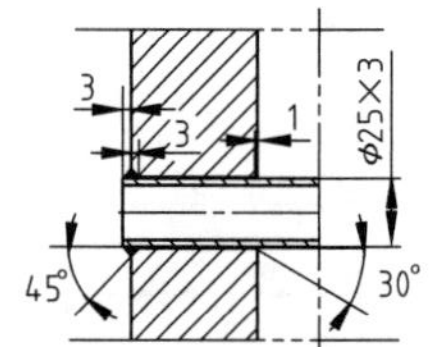

Ⅱ放大
不按比例

管　口　表

符号	公称尺寸/mm	连接尺寸标准	密封面	用途或名称
a	40	PL40-1.6　HG/T 20592	RF	蒸汽进口
b	32	PL32-1.6　HG/T 20592	RF	冷却水出口
c	40	PL40-1.6　HG/T 20592	RF	冷凝水出口
d	32	PL32-1.6　HG/T 20592	RF	排污口
e	32	PL32-1.6　HG/T 20592	RF	冷却水进口

1.换热器FN=5m^{2}装配图　HWAC09-5A-1　1张
2.换热器FN=5m^{2}零件图　HWAC09-5A-2　1张
3.铭牌　SQB09-01　1张

设计、制造与检验主要数据表

设计、制造与检验应遵循的标准规范	
	GB/T 150—2024《压力容器》
	GB/T 151—2014《热交换器》
	《压力容器安全技术监察规程》2009 版

设计参数

项目	管程	壳程
容器类别	—	
设计压力/MPa	0.9	0.2
工作压力/MPa	0.8	0.1
设计温度/℃	180	30
工作温度(进/出)/℃	175	20
物料名称	蒸汽	冷却水
物料特性		
腐蚀裕量/mm	1	1
焊接接头系数(筒体/封头)	1	1
程数	1	
换热面积/m^2	5	
管子与管板连接形式	强度焊	
保温层厚度/mm		
质量/kg　空重	约312	
质量/kg　其中不锈钢		
质量/kg　设备最大质量		
管口方位	管口及支座方位按本图	
热处理要求		

制造与检验要求

焊接结构：除注明外，焊接结构按HG/T 20583—2020规定，对接焊缝手弧焊为DU4或埋弧焊为DU26；接管(头)与壳体的焊缝为G2(全焊透)，角焊缝的焊角尺寸按较薄板的厚度，且不小于6mm；法兰焊接按相应法兰标准。

焊材：焊接规程 NB/T 47015—2023

焊接接头母材	手弧焊　焊条牌号	埋弧焊　焊丝	埋弧焊　焊剂
碳钢之间	J427		

无损检测：检验标准　NB/T 47013.2—2015

焊缝类别		检测方法	检测比例	合格级别
A,B	管程	X射线	≥20%	Ⅲ
A,B	壳程	X射线	≥20%	Ⅲ
C,D	管程			
C,D	壳程			

试验

试验方法	介质	试验压力/MPa　管程	试验压力/MPa　壳程
压力试验	水	1.125	0.25
气密性试验			

其他要求：
1.封头应整板成型，封头成形后的最小厚度为5mm
2.管板密封面与壳体轴线垂直，其公差为1mm

序号	图号或标准号	名称及规格	数量	材料	单件质量/kg	总计质量/kg	备注
12	HG/T 20613	螺母M24	48	Q235-A	0.09	4.32	
11	HG/T 20613	双头螺柱M24×100	24	Q235-A	0.28	6.72	
10		拉杆Φ12　L=1630	4	Q235-B	0.2	0.8	
9	HWAC09-5A-02	折流板　δ=6	4	Q235-B	0.6	2.4	
8		换热管Φ25×3　L=2000	33	20	3.26	107.58	
7		筒体Φ273×6　H=1952	1	20		77.12	
6	HG/T 20592	法兰PL32-1.6　RF	3	20Ⅱ	1.86	5.58	
5		接管Φ38×3　L=125	3	20	0.32	0.96	
4	HG/T 20606	垫片 RF250-1.6	2	石棉橡胶板			
3	HG/T 20592	法兰PL250-1.6　RF	2	20Ⅱ	13.8	27.6	
2	HG/T 20592	法兰PL40-1.6　RF	2	20Ⅱ	2.12	4.24	
1		接管Φ45×3　L=105	2	20	0.33	0.66	

序号	图号或标准号	名称及规格	数量	材料	单件质量/kg	总计质量/kg	备注
17	SQB09-01	铭牌	1	组合件			S型各一件
16	NB/T 47065.1-2018	鞍座BI273-F/S	2	Q235-B	9	18	F、
15	GB/T 25198-2010	椭圆封头EHB273×6	2	Q235-B	4.5	9	
14		短节Φ273×6　L=195	1	20		7.7	
13	HWAC09-5A-2	管板δ=24	2	Q235-B	19.7	39.4	

				2009
职责	签字	日期	换热器 FN=5m^2 装配图	设计项目
设计				设计阶段　施工图
校核				HWAC09-5A-1
审核				总重/kg　约312
审定				
批准			比例　1:6	第1张　共2张